兽医师知识全书系列

牛场兽医师

杨自军　主编

河南科学技术出版社

·郑州·

图书在版编目（CIP）数据

牛场兽医师/杨自军主编 . —郑州：河南科学技术出版社，2014.4
（兽医师知识全书系列）
ISBN 978-7-5349-6472-5

Ⅰ . ①牛…　Ⅱ . ①杨…　Ⅲ . ①牛病-防治　Ⅳ . ①S858. 23

中国版本图书馆 CIP 数据核字（2013）第 167801 号

出版发行：河南科学技术出版社
　　　　　地址：郑州市经五路 66 号　　邮编：450002
　　　　　电话：(0371) 65737028　65788613
　　　　　网址：www. hnstp. cn
策划编辑：杨秀芳
责任编辑：张　鹏
责任校对：丁秀荣
封面设计：张　伟
版式设计：栾亚平
责任印制：张　巍
印　　刷：新乡市凤泉印务有限公司
经　　销：全国新华书店
幅面尺寸：170 mm×240 mm　　印张：22.5　　字数：520 千字
版　　次：2014 年 4 月第 1 版　　2014 年 4 月第 1 次印刷
定　　价：38. 00 元

《牛场兽医师》
编写人员名单

主　编　杨自军
副主编　汪纪仓　张　才　王宏伟　韩卫红
编　者　张　鹏　王亚垒　尚泽松　张菲菲
　　　　宋　超　韩卫红　朱华丽　刘凤军
　　　　李海利

前　言

　　根据现代化奶牛场实际生产需要，编者在查阅大量文献资料的基础上，结合近20年的临床实践，组织有关专家撰写了本书。本书在内容上突出创新性，强调实用性，同时适当阐述相关的基本理论。全书共分十章，涵盖现代牛场疾病综合防控知识概述、牛病诊断技术、牛病常用治疗技术、奶牛传染病防控、奶牛寄生虫病防治、奶牛内科病防治、外科手术及奶牛外科疾病、奶牛产科疾病与繁殖障碍、其他疾病及奶牛用药知识等。内容通俗易懂，可操作性强，主要适合牛场兽医师使用，也可供广大畜牧兽医工作者、防疫检疫科技人员、大专院校教学及科学研究专业人员学习与参考。

　　本书在编写过程中，依据编写人员的知识特点，分工合作，限于我们的水平，不当之处，恳请有关专家和广大读者给予批评指正。

编者

2013 年 10 月

目　录

第一章　现代牛场疾病综合防控知识概述

现代牛场的疾病防治主要以预防为主，从场区选址建设、牛场布局、兽医室的建设，到牛场各种规章制度及消毒体系的建立等，都是预防疾病发生的重要因素。另外，现代牛场越来越重视牛的保健，以减少日常发病，提高奶牛抗病能力，提升产奶量。依据奶牛的生物学特性及生产性能，常见疾病的治疗仍是奶牛场兽医工作的重要内容，因此，加强兽医队伍素质建设是不容忽视的重要方面。

第一节　奶牛场兽医室建设

一、兽医室建设目标及工作范围

为保证奶牛群的健康，每一个养殖场尤其是大型奶牛养殖场都应该在建场的时候把兽医室建设到位。以奶牛的数量和规模为依据，以能完成牛场奶牛疾病防治为建设目的，兽医室的结构应当有兽医诊疗室、观察室、兽药室、化验室、兽医值班室、兽医疾病档案及资料室。

（一）建设目标

1. **兽医值班室**　值班室需要配备一定的办公用品、夜间值班所需的床铺等设施，保证兽医全天值班，能及时处理突发状况。

2. **兽医档案室**　必须建立牛群检疫时间表、疾病治疗、淘汰、剖检记录等各种业务档案，并通过电脑存档。

3. **兽药室**　包括奶牛疾病治疗的必备药物，以及符合药物存储的合适设备、储存疫苗的恒温冰箱等，要保证药物合格。

4. **兽医诊疗室**　诊疗室内应有1~2个六柱栏，室内有供奶牛倒卧保定的空间。水电齐全，便于清洁地面的卫生。

5. **观察室**　距离诊疗室与值班室较近，便于诊疗后随时观察病牛状态，要具有一定运动空间。

6. **化验室**　要有进行血液化验、细菌及寄生虫检测的设备及药敏试验和抗奶检测的设备等，如天平、冰箱、恒温培养箱、干燥箱、高压消毒器、离心机、超净工作台、水浴锅、显微镜、电脑等。能进行一定项目的检测，为疾病诊断提供参考。

7. **手术室** 手术室内应有手术台、六柱栏和倒牛垫子，并配备各类手术器械（必要的产科器械及能开展大的外科手术的手术器械）、高压消毒器、器械台、手术灯等。

（二）工作范围

（1）对全场奶牛疾病的防疫、消毒、检疫、治疗全面负责。

（2）制定奶牛场各类疾病的防治规程，及时发现病牛，尽早采取恰当、有效的治疗方法，保证奶牛的健康。

（3）制定奶牛重大疫病的防疫规程并切实执行，防止重大疫病的发生。

（4）协助挤奶厅搞好抗病工作，预防乳腺炎的发生，及时治疗奶区患病奶牛。

（5）协助繁育人员搞好子宫炎等生殖系统疾病的防治工作，做好干奶牛的干奶工作。

（6）及时发现无饲养价值奶牛，并提出淘汰无饲养价值奶牛的建议。

二、兽医室的作用

养殖场建设相应的兽医室是为了预防疾病，把疾病带来的损失降至最低，以增加效益为目的。兽医室相应设施的完善能更好地为兽医工作者提供条件，方便日常工作的开展。兽医要坚持以预防为主，防治结合的思想为原则，在疾病发生时能及时、快速、安全地完成疾病检测并做出相应治疗，实现损失最小化。

第二节　奶牛场消毒体系

一、消毒的意义及范围

消毒是预防和控制疾病发生和发展的重要措施，主要是控制传播途径，清除或杀灭物体表面的有害微生物或将有害微生物的数量减少到无害的程度，从而防止疾病的发生和传播。合理的消毒程序，严格执行的消毒措施能有效地降低疾病发生，从而降低疾病带来的经济损失，提高效益。

牛场的消毒范围包括人员及车辆消毒，牛舍消毒，生产区环境消毒，生活区消毒，工具消毒以及场区大门消毒。

二、常用消毒方法及消毒药物

（一）机械性消毒法

机械性消毒法指用清扫、洗刷、通风等机械方法，清除粪便、垫草、杂物等。该方法应与其他消毒方法结合进行，能达到更好的消毒目的。

（二）物理消毒法

物理消毒法主要有阳光消毒和高温消毒两类。阳光是天然的消毒剂，紫外线有较强的杀菌能力，暴晒能起到干燥、灭菌的作用。高温消毒法主要是对器械、衣物、玻璃用具等进行蒸煮，耐火材料可进行火焰高温消毒以达到消毒的目的。

（三）化学消毒法

1. **氢氧化钠（烧碱）**　常用2%～5%的热溶液消毒牛舍地面和用具等。该溶液能溶解蛋白质，对细菌和病毒有较强杀灭力。由于溶液有腐蚀性，使用时注意安全。

2. **氧化钙（生石灰）**　用新鲜石灰1 kg，加1 L水搅拌，再加4 L水搅拌后可用于牛栏和地面的消毒。

3. **含氯石灰（漂白粉）**　用前配成5%～20%的混悬液或1%～6%的澄清液，用于牛舍、土壤以及粪池的消毒。

4. **来苏儿**　1%～3%来苏儿溶液用于洗手消毒，3%～5%溶液用于牛栏、地面及器械、用具消毒。

5. **新洁尔灭**　0.1%～0.2%的溶液可用于手、皮肤和器械的消毒。

6. **酒精（乙醇）**　70%～75%的溶液用于器械、手、皮肤及注射部位的涂抹消毒。

7. **甲醛**　常用2%～4%甲醛溶液喷洒墙壁、地面、用具等可达到消毒目的。

（四）生物热消毒

生物热消毒主要用于粪便的处理。粪便堆积过程中，微生物发酵产热，温度高达70℃以上，经过一段时间，可以杀死病毒、病菌和寄生虫卵等病原体。

三、奶牛场消毒系统建设

（一）建立消毒设施

场门口应有消毒池、紫外线消毒室，场内有污物处理池，备有高压消毒机等消毒器械，要有3种以上可交替使用的高效消毒药。

（二）建立消毒制度

规模饲养场必须建立并实施消毒制度。牛舍每周1次，环境每2周1次，走道每天1次消毒；发病时每天全场消毒1～2次，每1～2天更换1次消毒药。

（三）消毒的方法

预防性消毒时应先清除污物，冲洗后再用药物消毒。出现疫情时，清扫出的粪便和污物直接堆积发酵或倒入无害化处理池，然后全面消毒，保持2小时后再用水冲洗，反复消毒2～3次。带牛消毒时应选用对人、畜体无害的消毒药，注意消毒药应交替使用。消毒药液用量要足，被消毒的物品表面要全部湿润，同时消毒液浓度要达到要求，有疫情时可加大浓度 1~2 倍。温度适宜（6~30℃），时间充分（应保持 30 分钟以上）。消毒次序应从上到下，牛转群时应带牛全群消毒。

四、奶牛场的消毒制度

（一）人员及车辆消毒规定

（1）任何进入场区大门的人员必须在门卫室严格消毒（紫外线、消毒垫、消毒盆）。

（2）任何进入生产区的工作人员必须严格消毒，更换已消毒的工作服、鞋等。

（3）来访人员需经批准方能进入生产区，同时应严格消毒。

（4）任何进入场区大门的车辆必须严格消毒（高压喷雾消毒）。

（5）进入生产区的车辆应彻底冲洗干净（包括车厢内），经过严格消毒处理后在场外至少停留 30 分钟以上才能进入生产区。

（6）每天将消毒药品喷洒于大门管辖范围及进出通道。消毒药品可选用生石灰、2%~4% 氢氧化钠溶液，消毒药品每月轮换用药。

（7）工作人员进入本车间或其他车间时都应遵循入前消毒出后消毒，包括消毒盆洗手，脚踏消毒垫。

（二）牛舍消毒规定

（1）饲养员负责本车间及牛舍周边环境的消毒工作。

（2）每 3 天消毒 1 次，及时清理粪便、食槽、水槽，特殊情况由生产主管另行安排。

（3）消毒覆盖面积尽量达到 100%，消毒效果以地面、墙面湿润，牛体、牛栏滴水为准。

（4）严格按照消毒剂使用说明配比溶液。

（5）每 2 周更换 1 次消毒剂，消毒剂交替使用。

（6）及时做好消毒记录。

（三）生产区环境消毒规定

（1）生产主管负责生产区环境消毒工作。

（2）每周消毒 1 次，特殊情况另行安排。

（3）消毒范围包括水泥地面、道路、下水道及各种设施，消毒覆盖面尽可能达到 100%。

（4）生产区大门消毒池内的消毒液每周更换 1 次，以达到消毒效果。

（5）生产区内的各个车间根据实际情况由生产主管安排消毒时间间隔。

（6）严格按照消毒剂使用说明配制溶液。

（7）每月更换一种消毒剂，消毒剂要交替使用。

（8）做好消毒记录。

（四）生活区消毒规定

（1）后勤主管负责生活区环境消毒工作。

（2）严格按照消毒剂使用说明配制溶液。

（3）每2周消毒1次。

（4）消毒范围：道路、下水道、食堂、宿舍、大门、厕所等，覆盖面100%。

（5）及时做好记录。

（五）工具消毒

（1）生产工具由本车间饲养员定期消毒。

（2）治疗用医疗器械由指定人员每天定时消毒。

（3）生产工具包括饲料铲、饲料车、粪铲、粪车、料箱等。

（4）消毒方式：生产工具用消毒液做喷雾消毒；医疗注射用具用高压蒸煮消毒；实验室用具和器械用干燥箱消毒；产房器械及设施用消毒液消毒或熏蒸消毒；上水设备、饮水器、水箱等用漂白粉稀释成3%的溶液，冲洗或浸泡消毒；配送饲料的车辆应专车专用，并定期严格消毒。粪车在使用后在指定地点冲洗干净，待干燥后消毒。

（六）消毒注意事项

（1）正确使用各种消毒药，遵循使用说明。

（2）消毒液使用时防止进入眼睛，避免其直接接触皮肤，尤其在使用腐蚀性消毒液时。

（3）配制消毒液和实施消毒时应佩戴口罩和手套等防护用品。

（4）不得同时使用两种消毒液于同一部位和物品，防止相反作用原理的消毒液同时使用降低消毒效果。

（5）对饮水和上水设备消毒后，在使用前应彻底冲洗干净。

（6）大门等处的消毒池应定期更换药液，一般每周更换1~2次。

五、奶牛场员工的防疫制度

（1）奶牛场员工每年统一进行乙肝等病检查。

（2）进入生产区前必须进行喷雾消毒，再经紫外线照射1分钟后方可进入，不得将工作服、鞋、帽穿出场外，防止病毒、病菌的相互传播。

（3）因公外出人员必须洗澡、消毒，更换衣、鞋等后方可入场。

（4）严禁技术人员对外服务，严禁从疫区及其周边地区采购草料及其他物品。

（5）从疫区归场的人员必须隔离一周后，无异常现象后方可入场。

（6）发现人畜共患病者，应将其暂时调离生产区，在未确诊痊愈前，不得进入生产区。

六、具体消毒措施的实施

（一）牛场大门消毒

（1）牛场入口处供车辆通行的道路上应设置大于车轮周长1.5倍的消毒池。

（2）消毒药品选用生石灰、2%~4%氢氧化钠溶液、1:500配比可佳等消毒药品，每月轮换用药。

（3）每天将消毒药品喷洒于大门管辖范围及进出通道。

（4）外来人员必须经消毒通道，洗手消毒后沿指定参观通道方可入内，但不得进入生产区（特殊情况进入者须经场长批准，严格消毒后方可进入）。

（5）禁止外来车辆（包括自行车）进入牧场场区。饲料车、运奶车、运粪车全车消毒后方可进场。

（二）牛舍的消毒措施

（1）每天1次对产房、病房进行清洗喷雾消毒，消毒液轮换使用。配比浓度如下：2%~4%氢氧化钠、0.2%~0.5%的84消毒液，5%来苏儿或0.3%~0.5%过氧乙酸。

（2）犊牛舍每日清扫、换垫草、消毒，消毒液轮换使用。配比浓度如下：2%~4%氢氧化钠、0.2%~0.5%的84消毒液，5%来苏儿。

（3）产后至60日龄的牛舍，每周消毒3次，消毒液轮换使用。配比浓度如下：5%来苏儿、0.3%~0.5%过氧乙酸。

（4）产后60~140日龄的饲养牛舍、干奶圈、青年牛舍及育成舍，每周消毒2次，消毒液轮换使用。配比浓度如下：0.2%~0.5%的84消毒液，5%来苏儿。

（5）每周1次对所有牛舍饲槽消毒，消毒液轮换使用。配比浓度如下：0.2%~0.5%的84消毒液严格按照说明书使用。

（6）每周2次对所有牛舍的饮水槽清洗并消毒，消毒液轮换使用。配比浓度如下：0.3%~0.5%过氧乙酸、0.2%~0.5%的84消毒液。

（7）每月对牛场全场场地清扫消毒1次，消毒液轮换使用。配比浓度如下：0.3%~0.5%过氧乙酸或5%来苏儿。

（8）生产区内不得饲养其他畜禽（含犬），禁止携带生肉及小牛进场。

（9）场内外运输车辆和用具要严格分开，场外的物品运输到周转库房后由场内车辆转运，场内车辆不得出场。

（三）生产区内等入口的消毒

供人员通行的通道上设置消毒槽，槽内用草垫或其他消毒垫。消毒垫以20%

新鲜石灰乳、2%~4%的氢氧化钠或3%~5%的来苏儿浸泡。

（四）运动场消毒

运动场清除污物后用10%~20%漂白粉液喷洒，运动场围栏可用15%~20%的石灰乳涂刷。

第三节　奶牛场兽医操作规程

一、兽医巡栏的操作规程

巡栏时首先进行群体观察，其次进行个体观察。整体观察时应注意牛群的整体精神状态、体格发育、营养状况，一般同一圈的牛营养状况基本一致，要特别注意较瘦的营养不良的牛。在饲喂时间，兽医要及时巡察，注意不上槽或食欲缺乏的牛。另外，从以下几个方面进行个体观察。

（一）头部观察

鼻镜湿润，眼睛有神，牛耳竖立，对外界刺激反应灵敏。

（二）尾部观察

站立姿势端正，腹部两侧大小适度，外阴部无异常。

（三）乳房观察

注意乳房是否出现外伤、红肿等现象。

（四）运动状态观察

如果出现运步迟缓、弓腰、共济失调等情况时，应及时对该牛做详细检查。

（五）饲喂观察

如出现少食、拒食、咀嚼减弱等异常情况时，应对该牛做详细检查。

二、病牛诊疗规程

（一）建立病牛病历档案

一头病牛，一份病历。了解病情和所患疾病的病因及发展转归，牛的胎次及是否有胎、产后天数、产奶量、既往病史、疾病诊断及治疗方案等，并登记在病历上。

（二）病牛临床检查

对病牛体温、呼吸、心率、粪便、鼻镜、精神状态、瘤胃蠕动、肠音等做详细检查，必要时可做直肠探查。

（三）组织会诊

对不能确诊的病牛，要及时向上一级领导汇报，由上一级领导组织会诊以免贻误治疗时机。

（四）实验室检查

对会诊后仍不能确诊的病牛，可采集相关样本，送化验室进行检验。

（五）病情确诊

在进行全面检查综合分析后，对病牛确诊。

（六）治疗方案

认真填写处方、制订详细治疗方案、合理用药并采取相应辅助治疗手段。

（七）观察病牛恢复情况

密切观察实施治疗后病牛的恢复情况，如果出现异常情况要及时诊疗。

（八）奶牛痊愈后

使用抗生素治疗的泌乳牛要注意弃奶的天数，停药期过后，采奶样进行抗生素检测，检测为阴性后方可转回健康牛群，填写转群记录表。

三、泌乳牛干奶期处理规程

（一）干奶时间

干奶期为 60 日龄。

（二）快速干奶法

（1）干奶前 10 日逐步减少精料饲喂量，然后进行一次性快速停奶。

（2）干奶前 10 日检测是否患有隐性乳房炎，对检测结果≥+++的奶牛对症治疗，≤++后方可停奶。

（3）检测确定无乳房炎后，挤净乳房内残余奶后进行干奶。

（4）用酒精棉球擦净乳头。

（5）对每一乳区都要注射单个剂量的"干奶针"。

（6）用挤后药浴液对所有乳区药浴。

（7）干奶后每天对干奶牛乳房进行药浴，连续 1 周。

（三）干奶后奶牛检查

1. 时间 每日药浴时注意奶牛乳房变化，药浴结束后 1 周要每天检查乳房变化。

2. 检查是否发生乳房炎

（1）发生乳房炎治疗：对症治疗，注意要选用对胎儿无影响的药物。

（2）乳房恢复正常的干奶牛：及时调整日粮结构，满足干奶期营养需求。

四、犊牛去角及去除副乳头规程

1. 犊牛去角

（1）去角日龄：犊牛出生后 15~30 日龄。

（2）去角方法：烧烙法或涂抹去角灵。

2. 犊牛去除副乳头

（1）去副乳日龄：出生后立即去除副乳头。

（2）去副乳头方法：先清洗、消毒副乳头周围的皮肤，然后轻拉副乳头，用消毒后的剪刀沿着副乳头基部剪除副乳头，压迫止血，用 5% 碘酊消毒，防止感染。

五、修蹄操作程序及注意事项

（一）修蹄操作程序

（1）修蹄用具的准备：保定绳、修蹄器械及所用药品等。

（2）修蹄所用器械的消毒。

（3）将牛赶进修蹄架，卡住牛头，挂好腹带，将牛翻起，升到适合操作方位，固定四肢。

（4）将牛蹄冲洗干净。

（5）根据牛蹄的变形程度进行修蹄。

（6）修蹄完毕后，四肢松绑，将牛翻至站立状态，解开腹带。

（7）将牛送回原圈舍。

（8）做好修蹄记录（修蹄日期、牛号、圈舍、蹄变形情况、操作员等信息）。

（二）修蹄注意事项

（1）赶牛及保定时要注意人员和牛只的安全。

（2）修蹄时一般先剪掉过长的角质，再削蹄负侧面、蹄间面和蹄壁侧缘。修整蹄弓时内侧要光滑没有棱角，同时要适当保留受力面（受力面宽度不能小于1.5cm）。修蹄弓时蹄尖 1cm 处内侧和蹄底最容易出血，所以修蹄时要多加小心，如果出血可用高锰酸钾止血，伤口过大时用高锰酸钾止血的同时可进行包扎处理，防止继发感染。

（3）蹄弓修好后用电刨或修蹄刀将蹄底修平，注意不要过度修理。

（4）怀孕大月龄奶牛，禁止修蹄，需干奶的奶牛在干奶前要及时修蹄。

六、其他应注意的规程

（一）病牛转群

发现患病奶牛，病情较轻可在原圈舍治疗，在牛蹄绑布条做标记，或者将牛转移到病牛舍进行治疗，并做好转群记录。

（二）淘汰奶牛处理

对于患病严重的奶牛或无饲养价值的奶牛，经兽医会诊，确定无治疗价值或饲养价值的奶牛，经批准后淘汰。

第四节　奶牛场疾病综合防控体系与措施

一、奶牛场传染病的基本特点

传染病是指病原微生物侵入机体，并在体内生产繁殖而引起的具有传染性的疾病。传染病在现代牛场中很常见，同时也是一类很重要的疾病。因为牛场一旦发生传染病，特别是大面积流行的病毒性传染病，往往会给养牛业造成巨大的经济损失。传染病的病因包括各种病毒、细菌、真菌、支原体、螺旋体和衣原体等。牛场传染病具有一些特征：主要是由特异的致病微生物引起的传染病；具有传染性和流行性；被感染的牛具有相对特征性的临床症状；耐受过某些传染病的牛在一定时期或终生不再感染该种传染病等。

二、奶牛场疾病综合防控体系的基本内容和措施

（一）现代养牛业的特点及趋势

1. 集约化、规模化程度越来越高　近年来牛场的规模不断扩大，并且日趋专业化、工厂化，机械化水平普遍提高，集约化管理成为趋势。通过提高集约化、规模化的程度，养牛企业提高了抗风险能力，并获得了较高的经济效益。

2. 新技术的推广应用　随着生物科学技术的迅速发展，一大批比较成熟的新技术如基因工程、同期发情、胚胎移植、胚胎性别鉴定等，在养牛业中得到推广应用，并取得了较好的效果，产生了较高的经济效益。

3. 品种单一化、大型化　世界范围内培育的奶牛和肉牛品种较多，但近年来奶牛品种日趋单一化和大型化。例如由于荷斯坦奶牛具有产奶量高、饲料报酬高、生长发育快等优点。各国饲养的荷斯坦奶牛的头数日益增加，其他的奶牛品种则日渐减少。

4. 重视饲料加工的研究　通过采取挤压法、胶化法、湿化法、颗粒法等新的加工技术，并推行混合日粮，实行全价饲养，从而提高了养牛业的经济效益。

（二）牛病防治中的新动向

1. 新病逐年增加　由于市场经济和外向型国际贸易，一些牛病通过牛群在省际和国际之间的引进而使一些地区出现本地区从未发生过的牛病，如蓝舌病、疯牛病、附红细胞体病等。不少基层兽医人员对这些新病知之不多，诊疗经验缺乏，因此，容易造成误诊，给疾病防控工作带来很大的难度。

2. 过去常发病降为少发病　由于防疫工作的加强以及饲养管理、卫生条件的改善，一些在过去常发的病，如牛的气肿疽、牛瘟、牛肺疫、牛甘薯黑斑病中毒、牛腐蹄病等，其发病率大为降低，甚至已被消灭或得到有效控制。

3. 过去少见病上升为主要疾病　现在我国奶牛的存栏数比过去大幅增加，养牛场（户）增加，这些养牛场（户）大多是个人经营，一旦发生如口蹄疫等重大疫病，由于政府补贴较低，牛户一般不愿向防疫主管行政部门报告疫情。兽医诊疗人员也担心上报疫情，会得罪养牛户，影响诊疗收益，一般也采取瞒报。特别是病牛死后，尸体处理不当，加速了疫病的传播。另外，由于近年来饲料和兽药工业的迅速发展，相关法律法规不够健全，假冒伪劣产品增多，引起牛诸如代谢病、营养缺乏症等疾病不断增加。

4. 混合感染的病例增多　由于新病增多，一些病毒病、细菌性疾病常与内科病、外科病、寄生虫病等混合感染，容易造成误诊、误治现象。

5. 防治牛病的兽医人才缺乏　目前有经验的老兽医大多数已年老退休，而新进入基层从事兽医工作的相关专业人员减少，尤其是从事大动物的专业人才缺乏，另一方面这些人员关于大动物的临床经验缺乏。因此，培养一批对牛病的理论和实践经验丰富的兽医人才，是我国目前养牛业发展形势的迫切需要。

（三）现代牛场防疫体系建立的基本原则

1. 坚持预防为主，防重于治的原则　搞好饲养管理、防疫卫生、预防接种、检疫、隔离、消毒等综合性防疫措施，以提高牛群的健康水平和抗病能力，控制和杜绝传染病的传播蔓延，降低发病率和死亡率。

2. 采用综合性的防疫措施　任何一种疫病的发生与流行都不是单一因素造成的，可将这些因素划分为致病因子、环境因子和宿主因子。三者相互依赖、相互作用，从而导致了牛群整体的疫病流行。采用单一措施常不能有效地预防、控制或消灭疫病，也不能提高群体的健康水平。因此要确立疫病的多因论观点，在现代养牛的兽医工作中采取综合性措施来防治疫病。

3. 切断传染病的流行环节　目前传染性疾病依然是我国养牛业的最大威胁，特别是烈性传染病。实践中，在从事预防疫病流行的工作时，必须学习和运用牛传染病的流行病学知识，针对传染病流行过程的三个基本环节及其相互关系，采取消灭传染源、切断传播途径和提高牛群的抵抗力等综合性预防措施，以有效地降低传染病的危害。

4. 制订兽医保健防疫计划　现代养牛业是一项系统工程，整个系统内各个环节相互影响，只有熟悉各环节才能制订更为合理、严格的防疫计划。兽医工作者应熟悉各个环节，如不同品种牛的特性、相关设备性能、生产工艺流程、饲料及其加工调制、饲养与管理等的情况，依据牛场的不同生产阶段特点，合理制订兽医保健防疫计划。

（四）现代牛场综合防疫体系的基本内容

牛病种类繁多，其中传染病危害最严重，其次是寄生虫病、中毒性疾病、营养缺乏病。这些疾病往往造成牛群大量死亡或生产性能严重下降，给牛场造成严重经济损失。牛病的发生和流行同牛体的内在和外在因素存在着密切的关系。防治牛病，必须坚持预防为主的方针，坚持科学养牛，制定合理的防疫制度，防范和控制发病的内外因素，是预防牛病的根本措施。

1. 日常预防措施

（1）防止疫病传播：

①牛场选址与布局应科学合理：应选择背风向阳、地势高燥、土质坚硬、通风良好、易于排水、水源条件好，且远离交通要道、居民住宅区、屠宰场、肉食品加工厂、皮毛加工厂的地方。牛场周围应修建围墙。场内生活区与办公区和生产区分开。贮粪场、兽医室、病牛舍应设在距牛舍200m以外的下风向偏僻处，这样有利于防疫和环境卫生。

②防止引种带入疾病：尽量避免从外地买牛，坚持自繁自养，防止从外带进传染病。必须买牛时，要从非疫区购买。购买前须经当地兽医部门检疫，购买的牛经全身消毒和驱虫后方可引入。引入后继续隔离观察至少1个月，进一步确认健康后，再并群饲养。引入种牛和奶牛时，必须对疯牛病、口蹄疫、结核病、布鲁杆菌病、蓝舌病、牛白血病、副结核病、牛传染性胸膜肺炎、牛传染性鼻气管炎和黏膜病进行检疫。引入役用牛和育肥牛时，必须对口蹄疫、结核病、布鲁杆菌病、副结核病、牛传染性胸膜肺炎进行检疫。

③建立健全防疫制度：场外车辆、用具等禁止入场；谢绝无关人员进入；进入牛场时必须换鞋和穿戴工作服、帽；不从疫区和自由市场上购买草料；患有结核病和布鲁杆菌病的人不得从事饲养和挤奶工作；不准把生肉带入生产区，不允许在生产区内宰杀和解剖牛；消毒池的消毒药水要定期更换，保持有效浓度。北方牛场在冬季时消毒池内要定期更换生石灰。

④灭鼠、杀虫、防兽：老鼠、蚊、蝇和其他吸血昆虫是病原体的宿主和携带者，能传播多种传染病和寄生虫病。清除牛舍周围的杂物、垃圾等，填平死水坑。开展杀虫、灭鼠工作。同时，饲养区禁止饲养犬、猫等，同时禁止犬、猫等进入饲养区，防止其粪便污染饲料、水源。

（2）加强饲养管理：

①合理饲喂：按照牛的品种、性别、年龄阶段、体质强弱、体重等分群饲养，根据不同品种牛的各个生产阶段的营养需求制定不同的饲养标准和方法，以保证牛的正常发育；按饲养标准合理配制日粮，要求日粮中草料搭配合理，饲料种类多样化，不要长期饲喂单一的、过硬过长的或过软过细的饲料，防止营养缺乏病和消化系统疾病的发生；饲料加工过程中防止铁丝之类的异物混入，饲喂前最好将饲料通过电磁筛除去铁丝等异物，及时清理食槽中的异物并经常清除周围环境中的金属异物，防止创伤性网胃心包炎的发生；饲喂要定时定量，防止忽饱忽饿；避免随意改动饲喂时间和突然变更饲料配方，防止胃肠疾病的发生。

②改善饲养环境：牛舍要阳光充足，通风良好，排水通畅。冬天防寒，夏天防暑，舍内温度以 9~16℃、湿度以 50%~70% 为宜，运动场干燥无积水，经常刷洗牛体。良好的饲养环境不仅能促进牛体健康生长和繁殖，还能防止多种呼吸道、消化道和皮肤病的发生。

③充足的饮水：牛每天都需要大量的饮水，饮水池的水要经常更换，有条件的牛场应设置自动给水装置，以满足牛的饮水需求。使牛饮用清洁无污染的水，有助于牛的新陈代谢，维持健康体质。

④预防中毒：毒性物质可使牛发生中毒病，损伤牛的免疫功能，降低牛的免疫力，致使许多疾病乘虚而入。因此，严禁饲喂霉烂的谷草、变质的糟渣、有毒的植物、带毒的饼粕，避免在被工业"三废"和农药污染的地区建厂，发现中毒现象，必须马上查明原因，立即采取解毒措施。

（3）严格消毒制度：根据消毒的目的可分三种情况。

①预防性消毒：对畜舍、场地、用具等的日常消毒。

②临时消毒：传染病发生时，为了及时消灭从传染源排出的病原体而采取的消毒措施。

③终末消毒：病牛解除隔离、痊愈或死亡后，或者在疫区解除封锁前为了消灭疫区可能残存的病原体而进行的全面彻底消毒。

（4）预防接种：为了预防某些传染病的发生和流行，应有目的、有计划地给牛按免疫程序进行免疫接种。预防接种通常使用生物制剂，如疫苗、类毒素等作为抗原激发免疫。根据生物制品种类的不同，预防接种的途径也不同。牛一般以肌内及皮下注射为主，也有采用呼吸道或消化道途径进行免疫的。被预防接种的牛，一般几天到 3 周可产生免疫力，免疫持续时间可达半年到 1 年。在预防接种时应注意：

①了解当地近年各种传染病的发生和流行情况，针对所掌握的情况，制订预防接种方案。方案中应优先安排特定病的紧急预防。

②对被接种的牛进行详细的检查，特别是要注意其健康状况，在牛处于最佳的健康状态时进行免疫接种。

③逐瓶检查疫苗，不能使用无瓶签的、保存不当或失效的疫苗。疫苗的用法、剂量要严格按说明书要求进行。

④做好免疫准备工作，备齐足够的器械、消毒药品，并做好人员的安排。

⑤采用多联苗时，要根据多联苗的特点合理制定接种的次数和间隔时间，以获得最佳免疫效果。

（5）定期驱虫：为了预防牛的寄生虫病，应在发病季节到来之前，给牛群进行预防性驱虫。预防性驱虫的药物很多，应根据病的流行情况选择使用。丙硫咪唑（丙硫苯咪唑）具有高效、低毒、广谱的特点，对牛常见的胃肠道线虫、肺线虫、肝片吸虫和绦虫均有效，同时可驱除混合感染的多种寄生虫，是较理想的驱除寄生虫的药物。一般情况下，全牛群的驱虫时间应选择在春秋两季，各进行一次，通常结合转群、转饲或转场实施。犊牛在1月龄和6月龄各驱虫一次。驱虫前应进行粪便虫卵检查，弄清牛群内寄生虫的种类和危害程度，或根据当地寄生虫病发生情况，有针对性地选择驱虫药。驱虫过程中发现病牛，应及时进行对症治疗，解救出现毒副作用的牛。

（6）药物预防：牛场可能出现的疫病种类很多，有些疾病目前已研制出有效的疫苗，而还有不少的疾病尚无有效的疫苗可供使用。有些病虽然有疫苗但在实际应用还有问题，但采用药物预防这些疫病仍是一项非常重要的措施。常用的药物有磺胺类药物、抗生素和硝基呋喃类药物。值得注意的是长期使用化学药物预防，容易产生耐药性菌株，影响药物的预防效果。因此，要经常进行药敏试验，选择敏感性较高的药物用于防治。实施药物预防所需药物的用量、用法，详见本书有关章节的介绍。

2. 牛场发生疫病时的紧急措施

（1）早发现，早隔离。饲养人员在平时饲养过程中要留心观察牛群，发现疑似传染病的病牛时应马上告知兽医人员，并迅速将病牛和可疑牛进行隔离。

（2）早诊断，早确诊。兽医人员接到报告后，应迅速赶到现场进行诊断，采取综合性诊断措施，尽快确诊，迅速上报。病原不明或不能确诊时，应采取相关病料送有关部门检验。

（3）根据诊断结果，采取具体防治措施。

①对非传染性的内科病、外科病、营养代谢病等，根据不同疾病采取相应的治疗措施。

②对中毒性疾病，应立即停喂可疑的饲草、饮水、药物等，并采样进行相关化验，对病牛采取一些解毒措施。

③对寄生虫病，应立即用抗寄生虫药物进行防治，并对粪便进行发酵处理，消灭虫卵。

④对传染病的处理：

A. 急性传染病：发现疑似患有急性传染病的病牛后，应及时将其隔离，并尽快确诊。对全群进行检疫，病牛隔离治疗或淘汰屠宰，对假定健康牛进行预防接种或药物预防。被病牛和可疑病牛污染的场地、用具及其他污染物等必须彻底消毒，吃剩的草料、病牛圈的粪便及垫草应烧毁或进行无害化处理。病牛及疑似病牛的皮、肉、内脏和奶，根据规定分别经无害化处理后或利用或焚毁或深埋。屠宰病牛应在远离牛舍的地点进行，屠宰后的场地、用具及污染物，必须严格消毒。

B. 慢性传染病：对于结核病、副结核病和布鲁杆菌病等慢性病，牛一旦感染，死亡率高，危害面广，不易治愈，不易清除。若全群淘汰，经济损失很大。因此，对于这种牛群要采取系列防疫措施，达到更新牛群的目的。

C. 结核病牛群的净化：根据牛群结核病污染的程度，确定检疫方法和次数。对从未进行过检疫的牛群及结核反应阳性检出率达 3% 以上的牛群，应用结核菌素皮下注射结合点眼的方法，每年进行 4 次以上的检疫；污染率在 3% 以下的牛群用结核菌素皮下注射的方法，每年检疫 4 次；对犊牛群采取皮下注射的方法，分别于生后 20～30 天、100～120 天、6 月龄时进行 3 次检疫。对所检出的结核反应阳性牛应进行隔离，开放性结核病牛立即扑杀。连续 3 次检疫不再发生阳性反应牛群，可认为该牛群已净化，以后按照健康牛群的方法进行检疫。即每年春秋两季用皮内注射方法各进行 1 次检疫。

D. 副结核牛群的净化：每年用禽型结核菌素或副结核菌素皮内注射进行检疫，每 3 个月 1 次。对检出的变态反应阳性牛，集中隔离，分批淘汰。开放性病牛及时扑杀处理，逐步达到净化牛群的目的。

E. 布鲁杆菌病牛群的净化：每年用凝集反应定期进行 2 次检疫，检出的病牛严格隔离，严禁与健康牛接触。经检疫为阴性的牛，定期进行预防接种。坚持数年可逐步从牛群中清除布鲁杆菌病牛，建立起无布鲁杆菌病牛群。

F. 隔离饲养：非开放性的阳性母牛，可以用来培育健康牛犊。方法是在犊牛出生后，立即用 0.5% 过氧乙酸全身消毒，送到远离病牛舍的地方专门饲养。先喂 3～5 天母乳，使犊牛获得母源抗体，增强抵抗力，然后移至更远的隔离牛舍，单独组群饲养。这时要喂给犊牛健康牛的混合乳，若无健康牛乳，可用阳性反应牛乳代替，但要经过 80～85℃ 隔水加热消毒 15～20 分钟。隔离期内，根据净化目的进行检疫，即在生后 20～30 日龄、100～120 日龄和 6 月龄时进行 3 次结核病检疫，在生后 1、3、6 月龄时进行 3 次副结核病检疫，在生后 80～90 日龄、4 月龄和 6 月龄时进行 3 次布鲁杆菌病检疫。凡阳性反应犊牛一律淘汰。连续 3 次检疫均阴性反应的牛，体表彻底消毒后转入健康牛群饲养。对布鲁杆菌病阴性反应的犊牛，要马上接种布鲁杆菌苗，并观察 1 个月，凝集反应转阴后，方可转入健康牛群。

三、奶牛传染病免疫及检疫

做好疫苗的免疫接种是奶牛场防疫工作的关键。牛场应根据《中华人民共和国牛防疫法》及相关法规的要求，结合当地实际情况，有选择地进行疫病的预防接种工作。凡国家规定应强制实行牛疫病（如口蹄疫）免疫的，要切实实行免疫措施，对按规定免疫过的奶牛必须加挂免疫耳标，并建立免疫档案。

规模奶牛场应做好口蹄疫、肺疫、链球菌、副伤寒、牛传染性鼻气管炎和病毒性腹泻、黏膜病等病的常规免疫。根据疫情，还应做好伪狂犬病、大肠杆菌病等疫病的免疫，选择合格的疫苗，严格按免疫程序免疫。

（一）布氏杆菌病免疫及检疫程序

1. **疫苗种类** 首先选择肌内注射布鲁杆菌病疫苗，其次选择口服布鲁杆菌病疫苗，有效期 12 个月。疫苗必须在接种的当日领出，稀释后的疫苗当日用完。

2. **疫苗效价** 布鲁杆菌病疫苗免疫前，每批次疫苗抽检 1 支，效价合格率为 100%，得出效价结果后方可进行免疫。

3. **疫苗使用方法** 详见疫苗说明书。

4. **免疫对象** 全群进行布鲁杆菌病免疫。

5. **抗体效价检测** 免疫后 21 日对所免疫奶牛做免疫抗体效价检测（无免疫抗体的奶牛再进行第二次免疫，免疫效价同第一次效价），免疫奶牛抗体合格率 100%判定为合格。

6. **检疫** 在首次免疫前和一个免疫周期结束后，对全群奶牛进行布鲁杆菌病检疫。检疫方法：ELISA（酶联免疫吸附测定）中检测。

7. **注意事项**

（1）疫苗接种操作人员在操作过程中应做好自身防护，如戴眼镜、口罩、手套和穿隔离服等。

（2）如果在操作过程中皮肤划破，要用碘酊消毒。

（3）投服疫苗用投药器，用后要用 0.5%过氧乙酸浸泡消毒，以备下次使用。

（4）每接种 1 头牛用一个注射器及 1 个针头，不得重复使用。

（二）口蹄疫疫苗免疫程序及注意事项

1. **疫苗种类** 口蹄疫 O 型、亚洲 I 型二联灭活疫苗，A 型灭活苗。免疫期为 6 个月，2~8℃冷藏，不得冻结，必须在接种疫苗的当日领出，稀释后的疫苗当日用完。

2. **疫苗效价** 口蹄疫疫苗免疫前，先每批次疫苗抽检 1 支，效价合格率为 100%，得出效价结果后方可进行免疫操作。

3. **免疫方法** 详见疫苗说明书。

4. **免疫剂量**　详见疫苗说明书。

5. **免疫时间**　根据地方兽医防疫部门规定并结合牛场实际情况确定免疫时间。

6. **免疫条件**　详见疫苗说明书。

7. **抗体效价检测**　免疫后 21 日对所免疫奶牛做免疫抗体效价检测（无免疫抗体的奶牛再进行第二次免疫，免疫效价同第一次效价），免疫奶牛抗体合格率 100% 判定为合格。

8. **注意事项**

（1）接种疫苗时用 20mL 金属注射器或 3mL 连续注射器。每接种 1 头牛换 1 个针头。

（2）疫苗接种前必须准备好抗过敏药物：肾上腺素、地塞米松。

（三）流行热疫苗免疫

1. **疫苗种类**　奶牛流行热疫苗。必须在接种疫苗的当日领出，稀释后的疫苗当日用完。

2. **疫苗效价**　流行热疫苗免疫前，先每批次疫苗抽检 1 支，效价合格率为 100%，得出效价结果后方可进行免疫操作。

3. **疫苗使用方法**　详见疫苗说明书。

4. **免疫剂量**　详见疫苗说明书。

5. **免疫时间**　根据地方兽医防疫部门规定并结合牛场实际情况确定免疫时间。

6. **免疫条件**　详见疫苗说明书。

7. **抗体效价检测**　免疫后 21 日对所免疫奶牛做免疫抗体效价检测（无免疫抗体的奶牛再进行第二次免疫，免疫效价同第一次效价），免疫奶牛抗体合格率 100% 判定为合格。

（四）驱虫

1. **驱虫药物**　根据牧场所在地区情况用药，如伊维菌素或阿维菌素，有效期 6~12 个月。

2. **驱虫用药剂量及方法**　详见说明书。

3. **驱虫时间**　每年 4 月和 11 月进行驱虫。

4. **驱虫条件**　详见说明书。

四、疫苗的紧急接种

紧急接种是指在发生传染病时为了迅速控制和扑灭疫情而对疫区和受威胁区尚未发病的牛进行的应急性计划外免疫接种。紧急接种时仅能对正常无病的牛以疫苗进行紧急接种。每个牧场要密切注意牛场附近牛的疫情，严防疫病传入牛场，确保牧场人畜安全。

五、传染病发生后的紧急预案

（一）迅速隔离病牛

立即隔离，疑似传染病的牛隔离期间继续观察诊断，采取相应治疗措施。设专人饲养和护理，使用专用的饲养用具，禁止接触健康牛群。

（二）及时报告疫情

发现疫情时，应立即向上级部门报告，详细汇报病牛种类、发病时间和地点、发病头数、死亡头数、临床症状、剖检病变、初诊病名及已采取的防治措施。必要时通报周边地区，以便共同防治，防止疫病扩散。

（三）全面彻底消毒

病牛所在牛舍、接触过的物品要进行严格消毒。病牛粪便应集中到指定地点堆积发酵。同时对其他牛舍进行紧急消毒。

（四）逐头临床检查

对同牛舍或同群的其他牛要逐头进行临床检查，必要时进行血清学检测，以便及早发现病牛。

（五）紧急预防接种

对多次检查无临床症状或血清学诊断为阴性的假健康牛进行紧急预防接种，以防止疫病扩散。

（六）全场封锁

在周边或本场发生传染病时，实行全场封闭，以免疫情扩散，封锁行动要果断迅速，封锁措施要严密。

（七）妥善处理死亡病牛

对死亡病牛的尸体要按防疫法规定进行无害化处理后，火化或深埋。

第五节　奶牛的保健工作

一、奶牛群保健

（一）奶牛群的保健目标

奶牛保健是运用预防医学的观点，对奶牛实施各种防治疾病发生和卫生保健的综合措施和方法，以保证奶牛的稳产、高产、健康、长寿的系统工程。

对于一个牛群质量、饲料供应和饲养技术相对稳定的奶牛场来说，要想获得高的经济效益，关键是做好牛群保健工作。尽管气候条件、饲料种类、饲养水平等各不相同，各自的牛群管理方法和牛群保健计划也不尽一致，但尽可能生产出数量多、质量高的牛奶是每个奶牛场所共同期望达到的最终目标。对于一个奶牛场来说，把保健目标控制在以下几个指标以内是非常必要的。

（二）奶牛群保健的内容

牛群保健工作要贯彻预防为主，防治结合的方针，通过制订合理的饲养方式，严格执行防疫、免疫、检疫措施以及兽医临床工作的实施，以达到控制疾病的发生、发展，创造牛群适宜的生活环境，保证牛群健康，实现牛群经济效益最大化的目的。

1. 制定合理的饲养方式　营养是奶牛健康的物质基础，是机体健康的根本保证。科学的饲养，平衡的日粮，能增强机体抵抗力，而营养不均衡则会导致奶牛在临床上发生营养代谢性疾病。

全混合日粮（TMR）是一种将粗饲料、精饲料、矿物质、维生素和其他添加剂按照牛的不同生理阶段，依照设定的饲养配方充分混合，能够提供充足的营养以满足奶牛生产需要的饲养技术。TMR 饲养技术在配套技术措施和性能优良的基础上，能够保证奶牛每采食一口日粮都是精、粗比例稳定、营养浓度一致的全价日粮。大型奶牛场应使用全混合日粮（TMR）的饲养方式，以减少营养代谢病的发生。

2. 奶牛群疾病的防治　牛群保健计划能否完成，其关键决定于疾病的早期预防、正确的诊断和有效的治疗。

（1）牛群疾病的预防：奶牛的保健及疾病的预防应该贯彻以"预防为主、防治结合"的方针。

①加强奶牛卫生保健工作。保证牛场环境清洁，保证做到牛身、牛舍、周围环境、使用工具清洁卫生。特别是在产犊前后，应彻底严格的消毒，以减少环境中微生物的生长繁殖，减少犊牛肠道及肺炎病的发生，提高犊牛成活率。

②兽医要根据牛场所在地的疫病流行情况，合理地制订疫苗接种的时间。

③对发病牛或从其他奶牛场引进的奶牛，应及时隔离与检疫，确保健康并注射相应的疫苗后，方可混群。

④每年春秋两季对牛群进行结核病与布鲁杆菌病的检疫，对可疑结核病的牛在第 1 次检疫后 2 个月，用同样的检测方法重新检验，如果两次检验都为可疑反应者，应判定为结核病牛。检测布鲁杆菌病牛时，先用平板凝集试验检验出阳性牛，再进行试管试验，出现凝集反应阳性者，或出现可疑者，且经 3~4 周重新采血试验，仍为可疑者的可判为阳性。这两种病凡是阳性反应的牛应当淘汰。

⑤定时修蹄，预防奶牛蹄病。

（2）牛疾病的诊断：疾病的早期诊断是牛群保健计划中不可缺少的一个部分。没有正确的诊断就不能及时发现病牛，也就不可能采取有效的治疗措施。因此，在牛群保健工作中，应注意以下几点：

①平时注意观察奶牛的采食情况：健康奶牛食欲旺盛，吃草料的速度也较快，吃饱后20~30分钟开始反刍。牛不反刍是有病的表现。在草料新鲜无霉变的情况下，如果发现奶牛不吃或食量减少、挑食，都是有病的表现。

②观察粪尿情况：健康牛的粪便落地为圆形，呈饼状，并散发出新鲜的牛粪味。尿呈淡黄色、透明。如果发现大便呈粒状或腹泻，或粪中混有血液和脱落的肠黏膜，有的甚至有恶臭味。尿的颜色变黄或变红都是有病的表现。

③观察牛的精神体态：健康的奶牛眼睛灵活，被毛光亮，动作敏捷。如果发现牛眼睛无神，被毛粗乱，弓背，离群独处，甚至颤抖摇晃，就是有病的表现。

④望鼻镜：健康牛鼻镜湿润有汗珠，若鼻镜干燥无汗珠或流鼻涕就是有病的表现。

⑤查体温：牛的正常体温为37.5~39.5℃，体温升高或低于正常范围，要定时检查。

⑥产奶量：健康的奶牛产奶量比较平稳，如果产奶量突然下降，则是有病的征兆。

⑦掌握奶牛疾病的发病规律：依据奶牛疾病的典型症状，以便快速做出诊断。

（3）奶牛疾病的治疗：及时正确治疗奶牛疾病是奶牛保健措施中一个重要的环节。治疗方法很多，如药物和手术治疗。因为牛奶是奶牛的生产产品，又是人类生活中营养最丰富的食品之一。因此，兽医用药时要正确地选择药物种类，遵守用药休奶期，一般来说能用中药治疗的尽量不用化学药品，从而减少奶中药物残留。

二、乳房炎的预防

奶牛乳房炎病因很多，多由机械性刺激、病原微生物侵入及化学或物理性损伤所致。乳房出现红、肿、热、痛等炎症表现，乳汁发生变化，泌乳减少或停止。泌乳量及乳汁品质的变化严重影响了奶牛的经济价值，因此，乳房炎的预防对于奶牛养殖至关重要。我们从以下几方面来预防乳房炎的发生。

（一）牛舍的合理建设

牛舍通风不良及卫生条件差，提高了奶牛乳房炎的发病率。牛床垫料不足，奶牛运动时易打滑，易损伤乳房、乳头而引起外伤性乳房炎。运动场建立卧床，可使牛群乳房炎发病率大为降低。

（二）乳房炎的及时发现

通过牛奶的体细胞测定，用加州乳房炎测试法（CMT），都可以尽早发现乳房炎。患有乳房炎的牛（隐性乳房炎和临床型乳房炎）在干奶期中进行治疗康复，是减少产犊后乳房炎的最重要措施。

（三）挤奶时的乳房卫生

1. 挤奶工应保持相对固定 手工挤奶采用拳握式，开始时用力宜轻，速度稍慢，逐渐加快速度，每分钟挤压 80~100 次。机器挤奶，真空压力应控制在46.7~50.7kPa，频率控制在 60~80 次/分。要防止空挤。

2. 挤奶前对乳头进行清洁处理 可用一张纸浸药液清洗奶牛的乳头（用热的 200~300mg/L 有机氯消毒液清洗），再用另一张纸擦干奶牛的乳头。先手工挤头 3 把奶，但头 3 把奶挤掉不用。

3. 挤奶前准备 挤奶前将牛体刷拭干净尤其是乳房，手工挤奶员双手要清洗干净，挤奶前对乳房进行按摩。机器挤奶，当挤奶完毕时，要立即用手工方法挤净乳房内的余奶，然后用 3%~4% 次氯酸钠溶液或 0.5%~1% 碘酊溶液对乳头进行药浴。

4. 药浴 乳头药浴杯应每天清洗，药浴液应每天更换。乳头药浴可有效地减少乳房炎发病率。

5. 顺序挤奶 按一定的次序挤奶，一胎牛最先挤，患乳房炎的牛最后挤，这种挤奶顺序可减少乳房炎的发病率。

（四）及时淘汰病牛

对久治不愈，慢性顽固性乳房炎病牛，应及时淘汰。

（五）干奶期乳房保健

（1）干奶期乳房保健目的是减少下次产犊时乳房炎的发生。

（2）在决定干奶时要完全挤空乳房内所有乳汁。

（3）在干奶时要用导乳针向每个乳腺的乳池内注入抗生素，并用抗生素软膏封闭乳头管开口。现在有"干奶针"可直接注入乳房进行干奶。

（4）立即进行乳头药浴，使乳头药浴液自然干燥。

（5）奶牛一旦停奶，应饲养在干净、干燥的环境，并提供清洁、干燥的垫料。根据乳腺生长发育的需要，精、粗饲料与饲草配比应合理，并供给丰富的维生素 A、维生素 E 和微量元素硒的平衡日粮。

（6）干奶后对干奶牛进行 7~10 天的乳房药浴。

三、蹄病的预防

蹄是奶牛重要的支柱器官，奶牛因蹄病被迫淘汰带来的经济损失，对每个牛场管理者来说都是十分棘手的问题。所以，做好牛蹄保健，预防奶牛蹄病，是奶牛场必须重视的工作，具体措施如下。

（一）合理搭配日粮，防止蹄病发生

饲喂精料过多容易导致瘤胃酸中毒，瘤胃产生的乳酸和组织胺经循环作用于蹄组织上的毛细血管，刺激局部的神经引起蹄病的发生。为了控制牛瘤胃 pH 值在 6.2~6.5，可适当添加缓冲剂。饲料的精、粗比不超过 60：40，能量与蛋白比 1：5、钙、磷比 1.4：1。日粮中必须保证钙、磷、镁、钾、钠和硫等常量元素的需要量；提供铁、铜、锰、锌、钴、硒和碘等微量元素的需要量；保证奶牛维生素 A、维生素 D、维生素 E 和烟酸的供应。高产奶牛日粮中应注重蛋白质、矿物质的投入。发现变形蹄要及时修蹄并注射维生素 D_3，补充钙、磷和锌。

（二）改善饲养条件，加强牛舍卫生管理

1. 牛舍环境对牛蹄的影响

（1）夏秋季节，牛舍内卫生条件差，牛蹄长期浸渍于污物中，角质变软，容易发生蹄病。

（2）牛舍阴暗潮湿，通风不良，氨气积聚，蹄角质蛋白易分解变性成为死角质。

（3）水泥地面和粪尿积存的牛栏，可促使软化的角质过度磨损，常引起蹄底严重挫伤。

2. 改善措施 改善饲养条件，建立经常的卫生管理制度。及时清除粪尿和积水，保持运动场干燥、平坦、无砖石瓦块等。实行散放式饲养，自锁颈枷、机械化挤奶，有条件的牛舍铺塑胶牛床。

（三）遗传育种与蹄病

兽医人员与畜牧育种繁殖人员密切配合，对因遗传因素引起的某些蹄病，如趾间增生物、螺旋状变形蹄及蹄叶炎等奶牛应坚决淘汰，不留作种用。选择肢蹄性状遗传能力好的公牛作为种公牛是育种工作者应优先考虑的事情。对于多数牛场，一般采用市场购买的冷冻精液时要注意所买精液的品质，注意后期牛群蹄病防治。

（四）加强蹄病监控

每年春秋季节进行全场范围修蹄，统计蹄病发生情况，及时修蹄。

（五）修蹄

1. 预防性修蹄 即指蹄形尚无异常、无跛行出现而进行的修蹄。经常性修蹄可减少蹄挫伤的发生和变形蹄的形成，减少跛行牛只。建立定期修蹄制度，每年于春秋季节全群普查修蹄，或于干奶前集中修蹄。

2. 功能性修蹄 指蹄已发生变形或因蹄病而出现跛行，通过对蹄的切削修整使蹄形正常，跛行减轻以至消失，故又称"治疗性修蹄"。功能性修蹄可解除过度负重引起的蹄底挫伤。修蹄时可将息（指）趾削低，除去松脱的角质，削落角质边缘。凡因蹄病（真皮损伤）修整处治的病牛，应置于干净、干燥的圈舍内饲喂，保持蹄部的清洁，减少感染机会。

凡蹄底溃疡或蹄底化脓的蹄，修蹄后再用 5%碘酊消毒并用松馏油棉纱填塞蹄底部并打蹄绷带。也可给牛穿牛蹄靴。主要是使患蹄保持清洁防止感染，促进

病蹄修复。

（六）蹄浴

1. 药物　用 0.3%~0.5% 福尔马林（温度保持在 15℃以上）或 4% 硫酸铜溶液。

2. 方法

（1）喷洒蹄浴：先用清水清洗蹄部脏物，然后用药物对牛蹄喷洒进行蹄浴。夏、秋季每 5~7 天蹄浴 1~2 次，冬、春季可适当延长蹄浴间隔。

（2）浸泡蹄浴：蹄浴最恰当的地方是设在挤奶间的出口处，建一个长 3~5m、宽 1m、深 15cm 的池子用来装药液。牛四蹄站于药浴池中 10~20 分钟，浸浴后在干燥的地方停留 30 分钟，其效果更佳。如果浴液过脏应予更换新液。在舍饲情况下，蹄浴 1 次后，间隔 1~2 周再进行 1 次，对防治趾间皮炎效果特佳。

（3）积极治疗：对慢性腐蹄病在抗生素治疗的同时，局部进行扩创清理病灶，填塞高锰酸钾粉，并用凡士林封口后，再用纱布包扎好。对蹄叶炎可采用能量合剂、普鲁卡因封闭疗法进行治疗。

四、代谢病的预防

（一）科学配制饲料

科学饲喂奶牛既要结合当地饲料资源，以满足奶牛营养需要为基本要求，同时又要降低饲料成本，争取最大的经济效益。

1. 粗饲料占日粮比例　根据奶牛的生理特点，粗饲料占日粮比例的 40%~70%，粗纤维含量应占干物质的 15%~24%。在泌乳早期粗料比例也应在 40%，才会保证牛体健康。

2. 精料喂量　一般按奶牛维持需要 3kg/天，然后每产 3kg 奶加喂 1kg 精料来确定。食盐占精料的 1%~2%。

3. 采食量　为了保证奶牛有足够的采食量，日粮中应保证有足够的容积和干物质食量，高产奶牛（日产奶量 20~30kg）干物质需要量为体重的 3.3%~3.6%。中产奶牛（日产奶 15~20kg）为 2.8%~3.3%；低产奶牛（日产奶量 10~15kg）为 2.5%~2.8%。

4. 预混料　由一种或多种添加剂、载体和（或）稀释剂均匀混合后的混合物叫添加剂预混料，简称预混料。奶牛的预混料包括单一预混料（如微量元素或维生素添加剂）和复合预混料（包括维生素、微量元素、小苏打等添加剂）。预混料是一种不完全饲料，不能单独直接喂奶牛，预混料在奶牛精料中的用量一般为 1%~5%，养殖户购买时应了解预混料所含成分，按配方需要购买。为了方便使用，可购买复合预混料。由于预混料占的比例较小，因此混合时，应采取逐级稀释再混匀的办法。

5. **浓缩饲料**　奶牛的浓缩饲料是指蛋白质饲料、矿物质饲料（钙、磷和食盐）和添加剂预混料按一定比例配制而成的均匀混合物。浓缩饲料不能直接饲喂奶牛，使用前要按标定含量配一定比例的能量饲料（主要是玉米、麸皮），成为精料混合料才能饲喂。目前，市场上奶牛浓缩料品种很多，营养成分差异也很大，养殖户可根据自己的能量饲料（玉米、麸皮）和奶牛的生理阶段情况购买使用。

6. **精料补充料**　奶牛精料补充料又称精料混合料，是为补充奶牛青粗饲料的营养不足而配制的饲料。由于奶牛的瘤胃生理特点，精料混合料使用时，应另喂粗饲料和多汁饲料。使用奶牛精料补充料时，养殖户应首先根据自己粗饲料情况和奶牛的不同生理时期购买不同的精料补充料。如干奶期奶牛不能用产奶期的饲料，犊牛期不能用育成期的饲料；如果粗饲料品种差，应购买粗蛋白及能量高、质量好的饲料。

（二）代谢性疾病的监控措施

（1）每年定期对血样进行 2~4 次抽查，检查项目主要包括血细胞数、红细胞压积、血红蛋白、血糖、血磷、血钙、血钠、血酮体、总蛋白等。

（2）产前 1 周至分娩后 2 个月内，隔日测定尿 pH 值和酮体 1 次。凡测出阳性或可疑反应的牛只要及时治疗。

（3）对体弱、高产等牛只及时调整日粮配方，经临床检查未发现异常的，产前 1 周用糖钙疗法，预防产后瘫痪。高产奶牛在泌乳高峰期时，应在精饲料中适当加喂碳酸氢钠、氧化镁等添加剂。

（杨自军　张菲菲）

第二章　牛病诊断技术

第一节　临床诊断技术

一、临床检查的基本方法

临床检查的基本方法是指利用检查者的眼、耳、鼻及手等感觉器官或配合使用简单的诊断器械，对病牛进行客观的观察与检查方法。这些方法主要包括问诊、视诊、触诊、叩诊、听诊和嗅诊六种。

（一）问诊

问诊就是以询问的方式，听取饲养管理人员关于病牛发病情况和经过的介绍。问诊是实施临床检查的第一步，通过问诊可获得详细的临床资料，并为下一步诊断检查提供指导性依据。

（二）视诊

视诊是指通过用肉眼或借助于简单器械观察牛的表现，判断牛是否正常，以寻求诊断线索。视诊是接触病牛，进行客观检查的第一个步骤。

1. **视诊方法**　视诊可分为个体视诊和群体视诊两种。

（1）个体视诊：在距牛大约2.5m的位置，观察全貌。然后由前到后、由左到右地边走边看，围绕病牛行走一周做细致的检查。一般来说，应先观察病牛静止时姿态的变化，然后再进行牵遛，以发现其运动过程及步态的改变。

（2）群体视诊：群体视诊是深入牛舍巡视牛群时的重要内容，是在牛群中早期发现病牛的重要方法。视诊的一般程序是先检视牛群，判断其总的营养、发育状态并发现患病的个体；然后对病牛进行整体状态观察，继而观察其各个部位的变化。视诊应在适宜的场地进行。应注意灯光对颜色的影响，如黄疸色常受灯光颜色的影响。

2. **视诊内容**

（1）观察牛只整体状态：重点观察牛体格大小、发育程度、营养状况、体质强弱、躯体结构、胸腹及肢体的匀称性等。

（2）判断其精神及体态、姿势、运动与行为：观察牛精神的沉郁或兴奋，静止时的姿势改变或运动中步态的变化，是否有运步强拘或强迫运动等病理性行动等。

（3）发现其表被组织的病变：如被毛状态，皮肤及黏膜的颜色及特征，体表的创伤、溃疡、疹疱、肿物等外科病变的位置、大小、形状及特点。

（4）检查某些与外界直通的体腔：如口腔、鼻腔及阴道等外界直通的体腔。注意其黏膜的颜色改变及其完整性，并确定其分泌物、排泄物的数量、性状及其混合物等。

（5）注意其某些生理活动异常：如呼吸动作及有无喘息、嗳气、采食、咀嚼、吞咽、反刍等消化活动，以及有无腹泻，排粪、排尿的姿态，粪便、尿液的量、性状与混合物。

（三）触诊

触诊是利用检查者的手，或用器械对被检部位组织、器官进行触压和感觉，以判断有无病理性变化的一种检查法。

1. 触诊方法 触诊可分为外部触诊法和内部触诊法两种。

（1）外部触诊法：外部触诊法又可分为浅表触诊法和深部触诊法。

（2）内部触诊法：主要包括对牛直肠、食管及尿管等的检查。如直肠内部触诊牛瘤胃呈捏粉样或坚实感多为瘤胃积食，而当食道或尿道阻塞时，探管无法进入。

2. 触诊应用范围

（1）检查牛的体表状态：如判断皮肤表面的温度、湿度，皮肤与皮下组织的质地、弹性及硬度，浅在淋巴结及局部病变的位置、大小、形态及其温度，内容物的性状、硬度、可动性及疼痛反应等。

（2）检查某些器官、组织，感知其生理性或病理性的动态：如在心区检查心搏动，判定其位置、强度、频率及节律；检查瘤胃，判定其蠕动次数及力量强弱；检查尾动脉的脉搏，判定其频率、性质及节律等变化。

（3）腹部触诊：腹部触诊除可判定腹壁的紧张度及敏感性外，还可通过软腹壁进行深部触诊，感知病牛的腹腔状态，胃、肠的内容物与性状，反刍兽的瘤胃、瓣胃与真胃的状态和内容物性状，肝、脾的边缘及硬度，肾脏与膀胱以及母牛的子宫与妊娠情况等。

（4）感受力与敏感性：触诊也可作为对牛机体某一部位所给予的机械刺激，并根据其对此刺激所表现的反应，判断其感受力与敏感性。如检查胸壁、网胃或肾区的疼痛反应，腰背与脊椎的反射，神经系统的感觉、反射功能，体表局部病变的敏感性等。

（四）叩诊

叩诊是对牛体表的某一部位进行叩击，借以引起其振动并发出声响，根据产生的声响的特征，去判断被检查的器官、组织的物理状态的一种方法。

1. **叩诊方法**　叩诊可分为直接叩诊法与间接叩诊法。

（1）直接叩诊法：用一个或数个并拢且呈曲屈的手指，向牛体表的一定部位叩击。由于牛个体较大，且其体表的软组织振动性能较差，产生的音量小且不易辨别，因此应用不多，仅在判定瘤胃鼓气时含气量及紧张度，或诊查鼻窦、喉囊时采用。

（2）间接叩诊法：间接叩诊法的特点是在被叩击的体表部位上，先放一振动能力较强的附加物，然后用叩诊槌或手指叩击附加物，这一附加的物体，称为叩诊板。叩诊板有两个基本作用，一是叩诊的声音响亮、清晰，易于听取和辨认；二是可很好地向深部传导，便于听取深部反应。在牛病诊断中应用较多。

2. **叩诊的应用范围**　叩诊常用于检查浅在的体腔及体表的肿物，以判定内容性状（气体或液、固体）与含气量的多少。

检查肺脏及胃肠投影区，以判定其含气量及病变的物理状态。检查含气器官与实质器官交错处，以推断某一器官或病变的位置、大小、形状及其与周围器官、组织的相互关系。

3. **叩诊音**　叩诊牛不同部位时，可产生三种基本的叩诊音，即浊音、清音、鼓音。

（1）浊音：叩诊丰厚的肌肉组织及不含气的实质器官时产生浊音，如臀部，以及心脏、肝脏、脾脏等与体壁直接接触的部位。

（2）清音：叩诊正常肺区的部位产生清音。

（3）鼓音：叩诊健康牛瘤胃上部 1/3 处产生鼓音。

三种基本音调之间，可有程度不同的过渡阶段，如清音与浊音之间可有半浊音等。当肺、胃肠等含气器官的含气量发生病理性改变，或胸、腹腔积液或积气时，叩诊音会发生变化。

（五）听诊

听诊也是利用听觉去辨识音响的一种检查方法。听诊的应用范围很广，可听取牛的喘息、咳嗽、嗳气、咀嚼的声音及高朗的肠鸣音等均应属于听诊的范围。

1. **听诊方法**　听诊可分为直接听诊法与间接听诊法。

（1）直接听诊法：直接听诊时不用器械，一般先于牛体表上放一听诊布做垫，然后将耳直接贴于牛体表的相应部位进行听诊。此法具有简单、声音真实的优点，但很少用于牛病诊断。

（2）间接听诊法：间接听诊又叫器械听诊法，即应用听诊器听取牛生理及病理性变化音。

2. **听诊内容**　听诊在牛病诊断中应用较广，主要包括以下内容。

（1）心脏血管系统：听取心脏及大血管的声音，特别是心音。判定心音的频率、强度、性质、节律以及有无附加的心杂音，还有心包的摩擦音及击水音也是应注意检查的内容。

（2）呼吸系统：听取呼吸音，如喉、气管以及肺泡呼吸音、附加的杂音与胸膜的病理性声音。

（3）消化系统：听取胃肠的蠕动音，判定其频率、强度、性质以及腹腔的振荡音。

3. 注意事项

（1）一般应选择在安静的室内进行。

（2）听诊器的接耳端，要适宜地插入检查者的外耳道，不宜过松或过紧；听时头要紧密地放在牛体表的检查部位，但也不应过于用力压迫。

（3）被毛的摩擦将是最常见的干扰因素，要尽可能地避免，必要时可将其濡湿。

（4）注意防止一切可能发生的杂音，如听诊器胶管与手臂、衣服的摩擦杂音等。

（5）检查者要将注意力集中在听取的声音上，并且同时要注意观察牛的动作，如听呼吸音时同时应观察其呼吸活动。

（六）嗅诊

嗅诊是利用检查者的嗅觉，嗅牛呼出气、排泄物及病理性分泌物的气味，并辨别异常气味与病变之间关系的一种检查方法。

1. 嗅诊方法　嗅诊时检查者用手将病牛散发的气味扇向自己的鼻部，或挑取病理性分泌物、排泄物进行嗅闻。

2. 嗅诊内容　主要应用于嗅闻病牛的呼出气体、口腔的臭味以及病牛所分泌和排泄的带有特殊臭味的分泌物、排泄物以及其他病理产物。呼出气体、皮肤、乳汁及尿液带有类似烂苹果味、氯仿味或丙酮味时，常提示牛酮病；呼出气体或流出鼻液带有腐败臭味，常是呼吸道及肺脏的坏疽性病变的重要线索；阴道流出带有腐败臭味的脓性分泌物，常提示子宫蓄脓或胎衣滞留；胃内容物或粪便带酸臭味，常见于瘤胃酸中毒。

二、临床检查的程序

在临床上，有系统地按照一定程序和步骤进行检查，不仅会使诊断工作更有秩序，而且能获得有关疾病的全面症状、资料，这在综合判断上是十分重要的。

（一）个体牛临床检查程序

一般在门诊条件下，对个体病牛，大致按下列步骤进行：病牛登记、病史调查和现症检查。

1. 病牛登记　病牛登记的目的，在于了解病牛的个体特征，并在这些登记事项中也会给诊断工作提供某些参考性资料。

（1）品种：品种与牛个体的抵抗力及其体质类型有一定关系，如高产乳牛易患某些代谢紊乱性疾病。

（2）年龄：不同年龄的牛，由于其机体的免疫功能不同及其他原因，对疾病的抵抗能力和感受性也不同。如犊牛容易发生某些传染性或非传染性疾病；酮血症和产后瘫痪多发于4~9岁的乳牛。此外，根据不同年龄的发育状态，在确定药量以及判断预后上也值得参考。

（3）体重：主要与用药剂量有关。

（4）其他：应注明畜名、耳标号等事项。为便于联系，更应登记病牛的所属单位或管理人员的姓名及住址。

2. 病史调查　病史调查，即通过问诊探索发病情况，包括现病史、既往史和生活史。

（1）现病史：病牛现病史是疾病史的主要部分，重点了解病牛本次发病的全过程，即疾病的发生、发展、演变、诊断和治疗经过。具体询问内容见问诊现病史部分。

（2）既往史：是指病牛过去的健康状况。病牛过去是否患过同样的疾病，是否做过手术，药物过敏史等，特别是有无和现病相关的疾病，了解这些有助于确诊是否旧病复发。

（3）生活史：主要包括饲养管理、卫生防疫、繁殖方式及配种、生活环境等。

①饲养管理：详细询问饲养管理情况，对集约化养殖场的奶牛极其重要。不仅可以从中查出饲养管理与疾病发生的关系，寻找可能的病因，而且有助于制定合理的防治措施。如牛常因饲养制度的突然改变，而引发前胃疾病；犊牛暴饮大量水易引起犊牛水中毒，热天缺水易中暑。

②卫生防疫：询问病牛是否预防接种和驱虫，有助于传染病的流行病学分析和诊断。

③繁殖方式及配种：繁殖方式及配种资料有助于生殖系统疾病和遗传病的诊断。妊娠、胎次、产奶情况与许多营养代谢病密切相关，如酮病主要发生于高产奶牛。

④调查环境：调查周围环境，对中毒病及微量元素缺乏与过多症的诊断具有重要意义。环境污染能引起多种疾病，如矿山尘埃飞扬，工厂废水污染牧场可引起氟中毒，滨水沙土地区易发生铜和钴缺乏症，而泥炭地区易发生钼过多症。

3. 现症检查

（1）一般检查：包括整体状态检查、可视黏膜检查，以及体温、脉搏和呼吸数测定。

（2）系统检查：包括被毛、皮肤及相关组织检查，淋巴系统检查，循环系统检查，呼吸系统检查，泌尿系统检查，生殖系统检查，运动、感觉系统检查，神经系统检查等。

（3）实验室检查：包括血液学检查、尿液检查、粪便检查、瘤胃内容物检查、肝功能检查、代谢功能检查、体腔体液检查等。

（4）特殊检查：包括 X 线透视、心电图、超声检查、内镜检查等。

（二）牛群的临床检查程序

随着奶牛业生产集约化、工厂化和产业化发展，对牛群的临床检查就显得越来越重要。对牛群的检查，通过问诊、视诊及查阅病历资料、现场巡检、群体观察，结合实验室化验，对牛群的健康状况得出初步诊断结果，并对潜在的疾病提出预警方案。

1. 病史调查　病史调查包括牛群的现状、牛场环境、饲养管理、生产性能及传染病的检疫情况等。

（1）牛群的现状：主要调查牛群的组成、规模、来源及繁育情况，牛场周围其他畜群有无疫情发生及不安全因素，以及牛群的发病史、既往史，防疫制度、措施及执行情况，驱虫制度及预防接种情况等。

（2）牛场环境：主要调查牛场的地理位置、土壤、气候、植被是否受到污染，以及牛舍建筑、饲养密度、保温及降温设施、运动场条件等。

（3）饲养管理：主要调查日粮组成、配方比例及营养价值，维生素、矿物质及微量元素等营养物质的补充情况，饲喂方法、制度及其他情况。

（4）生产性能：主要指产奶数量及质量，以及配种能力、产胎率及繁育能力等。

（5）传染病的检疫情况：主要注意结核、布鲁杆菌病检疫情况，定期的网胃金属异物探测及抽样检查结果等。

2. 牛群检查　牛群检查主要包括一般检查和特殊检查两个部分。

（1）一般检查：在了解、查阅病历和记录资料的基础上，对牛群进行全面视诊，观察牛群、周围环境的总体情况，必要时挑选可疑牛只进行个体检查。

（2）特殊检查：在牛群检查的总体印象和抽样个体检查的基础上，结合牛群病史、饲养管理及防疫条件进行综合分析，做出判断。必要时，可对典型病历采取特殊检查法进行检查，以获得可靠结论。

三、整体及一般检查

检查的内容包括：整体状态的观察，被毛、皮肤、鼻镜及皮下组织的检查，眼结膜的检查，浅在淋巴结及淋巴管的检查，体温、脉搏及呼吸次数等项目的测定等。

（一）整体状态的观察

接触病牛进行检查的第一步，就是观察病牛的整体状态。应着重判定其体格、发育、营养程度、精神状态、姿势、体态、运动与行为的变化及异常表现。

1. **体格及发育** 体格、发育状况一般可根据骨骼与肌肉的发育程度来确定。为了确切地判定，可应用测量器械测定其体高、体长、体重、胸围及管围。检查结果可区分体格的大、中、小或发育良好与发育不良。体格的大小，主要可作为发育程度的参考；此外，在决定药量尤其是剧毒药的用量时，也应注意牛体格的大小及发育程度。

2. **营养程度** 营养程度标志着机体物质代谢的总趋势。临床上常根据其肌肉的丰满度来判定，被毛的状态和光泽也是重要的参考依据。

3. **精神状态** 牛的精神状态是其中枢神经功能的标志。可根据其对外界刺激的反应能力及其行为表现而判定之。

4. **姿势与体态** 姿势与体态系指牛在相对静止间或运动过程中的空间位置及其姿态表现。健康状态时，牛姿势自然、动作灵活而协调。病理状态下所表现的反常姿态常由中枢神经系统疾病及其调节功能失常，骨骼、肌肉或内脏器官的病痛及外周神经的麻痹等原因而引起。

（1）牛站立异常：常见的站立异常有木马样、四肢疼痛和异常站立等情况。

①木马样：牛头颈平伸、肢体僵硬、四肢关节不能屈曲、牙关紧闭等，此乃破伤风的特征，此乃全身骨骼肌强直的结果。

②四肢疼痛：四肢发生病痛时，驻立间呈不自然的姿势，如单肢疼痛则患肢呈负重或提起；四肢蹄部疼痛则常将四肢集于腹下而站立；两前肢疼痛则两后肢极力前伸，两后肢疼痛则两前肢极力后送以减轻病肢的负重；肢体的骨骼、关节或肌肉的疼痛性疾病，如骨软症、风湿症时，四肢常频频交替负重。

③异常站立：站立时如经常保持前躯高位、后躯低位，将前肢蹬于饲槽上或后肢站于粪尿沟中，常为提示前胃及心包的创伤性病变的启示；当中枢有偏位的局灶性或占位性病变（脑包虫症）时，可呈头颈歪斜的姿态。

（2）强迫卧位姿势：健康牛多于饱食后卧下休息并反刍，但姿势很自然，常将四肢屈于腹下，而呈背腹立卧姿势，且驱赶时即行自然起立。

①四肢的骨骼、关节、肌肉有带痛性疾病时，多呈强迫卧位姿势。此时，经驱赶或由人抬助而可勉强起立，但站立后因肢体疼痛伴有全身肌肉的震颤。可见于母牛产前、产后发生的骨软症。

②牛体的高度瘦弱、衰竭时，多长期躺卧，并有长期病史，一般不难识别。

③牛强迫的躺卧姿势常可见于某些营养代谢紊乱性疾病时。如在乳牛，呈曲颈侧卧的同时伴有嗜睡或半昏迷状，常为生产瘫痪的特征。

④四肢轻瘫或瘫痪，常见有两后肢的截瘫，此时多因两前肢保有运动功能，

而反复挣扎，企图起立并屡呈犬坐样姿势，常提示脊髓横断性疾病（如腰扭伤等）的可能，多伴有后躯的感觉迟钝、反射功能障碍及粪、尿失禁。

5. 运动、行为 运动及行为异常主要表现为共济失调、盲目运动、骚动不安及跛行。

（1）共济失调：由于在运动中四肢配合不协调，呈醉酒状，行走欲跌，走路摇摆或肢蹄高抬、用力着地，步态似涉水样。可见于脑脊髓的炎症或寄生虫病，某些中毒以及营养缺乏与代谢紊乱性疾病时，多为疾病侵害小脑的标志。此外，当急性脑贫血时，也可见有一时性的共济失调现象，应根据病史、心血管系统的变化而加以区别。

（2）盲目运动：无目的地徘徊，直向前冲、后退不止，绕桩打转或行圆圈运动，有时以一肢做轴而呈时针样运动，可提示为脑、脑膜的充血、出血、炎症或某些中毒与严重的内中毒。如占位性脑包虫症。

（3）骚动不安：牛呈现兴奋、哞叫的同时，屡做后肢蹴腹的动作，表示腹部剧痛，常见于肠套叠。

（4）跛行：因肢蹄的带痛性疾病而引起的运动功能障碍，称为跛行。运动过程中如患肢着地时因疼痛而表现有变化称为支跛，当患肢提举时有障碍者称悬跛，二者兼有称为混合跛。跛行多因四肢的骨骼、关节、肌腱、蹄部或外周神经的疾病而引起。

（二）表被状态的检查

检查表被状态，主要应注意其被毛、皮肤、皮下组织的变化以及表在的外科病变的有无及特点。重点检查牛的鼻镜，要注意其全身各部皮肤的病变，除头部、颈侧、胸腹侧外，还应仔细检视其会阴、乳房，甚至蹄、趾间等部位。

1. 被毛 健康牛被毛整洁、有光泽。被毛蓬乱而无光泽，常为营养不良的标志，可见于慢性消耗性疾病及长期的消化紊乱。

2. 皮肤的温度、湿度及弹性

（1）皮肤温度的检查：可用手或手背触诊其躯干判定之，为确定躯体末梢部位皮温分布的均匀性，可触诊角根、耳根及四肢的末梢部位。

皮温增高是体温升高、皮肤血管扩张、血流加快的结果。全身性皮温增高可见于一切热性病；局限性皮温增高提示局部的发炎。皮温降低是体温过低的标志。可见于衰竭症及营养不良、大失血及重度贫血，严重的脑病及中毒。皮温分布不均而末梢冷厥，乃重度循环障碍的结果。表现为耳鼻发凉，肢梢冷感，可见于心力衰竭及虚脱、休克等。

（2）皮肤湿度的检查：皮肤湿度受汗分泌状态的影响。多汗可见于高热性病、热射病及日射病。伴有剧烈疼痛性的疾病及有高度呼吸困难时，也可见汗分泌的增加。某些中毒病时也可见有多汗现象。在皮温降低、末梢冷厥的同时伴有冷汗淋漓，常为预后不良的指征，可见于虚脱、休克或重度心力衰竭之时，偶可见于内脏破裂。局限性的多汗，可能与局部病变或与神经功能失调有关。

（3）牛的鼻镜检查：健康牛鼻镜湿润并附少许水珠。鼻镜干燥，可见于发热病及重度消化障碍与全身病。严重时可发生龟裂，提示牛瘟、恶性卡他热等。

（4）皮肤的弹性检查：皮肤的弹性，通常可于颈侧、肩前等部位，用手将皮肤捏成皱褶并轻轻拉起，然后放开，根据其皱褶恢复的速度而判定之。皮肤弹性良好的牛，拉起、放开后，皱褶很快恢复、平展；如恢复很慢，是皮肤弹性降低的标志。皮肤弹性减退，可见于疥癣、湿疹引起机体的严重脱水以及慢性皮肤病。

3. 皮肤及皮下组织的肿胀 皮肤或皮下组织的肿胀，可由多种原因而引起，不同原因引起的肿物又有不同的特点。

（1）大面积的弥散性肿胀：大面积的弥散性肿胀，并伴有局部的热、痛及明显的全身反应，应考虑蜂窝织炎的可能，尤其多发于四肢，常因创伤感染而继发。

（2）皮下水肿：皮下水肿好发于胸、腹下的大面积肿胀或阴囊与四肢末端的肿胀。一般局部并无热、痛反应，多提示为皮下水肿，触诊呈生面团样，且指压后留有指压痕为其特征。根据发生原因可分为营养性、肾性及心性水肿。营养性水肿常见于重度贫血，高度的衰竭；肾性水肿多源于肾炎或肾病；心性水肿则系由于心脏衰弱、末梢循环障碍并进而发生瘀血的结果。牛的皮下水肿多见于下颌、颈下、胸垂、胸下及腹下等处。除应注意一般的心性、肾性、营养性水肿外，牛严重的皮下水肿，更应提示创伤性心包炎或肝片吸虫病。

（3）皮下气肿：皮下气肿常于肘后、颈侧等处发生肿胀，触诊有捻发感，且局部无热、痛反应，应考虑为皮下气肿。颈侧的皮下气肿，常因肺间质气肿时空气沿气管、食管周围组织窜入皮下而引起；肘后的气肿可于附近皮肤损伤后，随运动因空气窜入皮下而引起，统称为窜入性皮下气肿。此外，牛颈侧皮下气肿，也可由于食管破裂后气体窜入皮下而引起。

（4）脓肿、血肿、淋巴外渗：特点是呈圆形局限性肿胀，触诊呈明显的波动感；多发于躯干或四肢的上部。必要时宜行穿刺并抽取内容物而区别之。

（5）其他肿物：

①腹壁或脐部、阴囊部的触诊呈波动感的肿物，要考虑有疝症的可能，此时，进行深部触诊可探索到疝孔，且有时可将脱垂肠段送回腹腔，听诊时局部或有肠蠕动音，并应结合病史、病因等条件而仔细进行区别。

②体表的局限性肿物，如触诊呈坚实感，则可能为骨质增生、肿瘤、肿大的淋巴结等；牛的下颌附近的坚实性肿物，提示放线菌病。

4. 皮肤疱疹 当发生于口、鼻及其周围、蹄趾部的小水疱性病变，继而溃烂，并呈迅速传播的流行特性，提示口蹄疫。诊断时应结合流行病学特点而分析之，必要时应依特异性诊断法而鉴别之。

5. **痘疹** 皮肤出现豆粒大小的疹疱，如蔷薇疹、水疱、脓疱并继而结痂的定期、分期性经过，则为痘疹的特征。牛痘疮好发于被毛稀疏部位及乳房皮肤上，呈圆形豆粒状。

6. **皮肤的创伤与溃疡** 皮肤完整性的破坏，还可表现为各种创伤及溃疡，一般性的创伤与溃疡，可见于普通的外科病。

7. **皮肤及体表的战栗与震颤** 观察表被状态时，有时可发现肢体皮肌的战栗或震颤。可因机体发热初期、剧烈的疼痛性疾病、中毒及内中毒、神经系统疾病而引起。当寒冷季节，瘦弱的个体长期受凉时也可见之。皮肤的战栗多以肘后、肩部、臀部肌肉为最明显；重时也可波及全身各部。

（三）可视黏膜检查

凡是肉眼能看到或借助简单器械可观察到的黏膜，均称可视黏膜，如眼结膜、鼻腔、口腔、阴道等部位的黏膜。健康可视黏膜湿润，有光泽，呈微红色。

1. **可视黏膜的检查方法** 当检查左眼时，检查者站立于牛头一侧，用左手握住牛鼻中隔，将右手的最后三指置于眼眶上固定后，食指置于上眼睑中间处，并伸直小心插入眼内窝，同时拇指将下眼睑拨开，即可暴露眼结膜和巩膜。或用一手握住牛鼻中隔，向检查者拉，同时另一手用力向外推，使牛头转向侧方，眼结膜和巩膜即可暴露出。也可用两手分别握住牛的两角，将头向侧方转，观察眼结膜和巩膜。

2. **可视黏膜的病理变化** 检查可视黏膜时，除注意其温度、湿度、有无出血、完整性外，更要仔细观察颜色变化，尤其是眼结膜的颜色变化。结合膜的颜色变化，不仅可反映其局部的病变，并可推断全身的循环状态及血液某些成分的改变，在诊断和预后的判定上均有一定的意义。眼结膜的颜色决定于黏膜下毛细血管中的血液数量、性质以及血液和淋巴液中胆色素的含量。正常时结合膜呈淡红色。结膜颜色的改变，可表现为潮红、苍白、发绀或黄疸等。

（1）潮红：眼结膜潮红是结膜下毛细血管充血的征象。单眼的潮红，常由局部的结膜炎所致，而双侧均潮红，除可见于眼病外，多标志全身性炎症。弥漫性潮红常见于各种热性病及某些器官、系统的广泛性炎症过程；如小血管充盈特别明显而呈树枝状，则称树枝状充血，多为血液循环或心功能障碍的结果。

（2）苍白：结膜色淡，甚至呈灰白色，是各型贫血的特征。如病程发展迅速而伴有急性失血的全身及其他器官、系统的相应症状变化，可考虑大创伤、内出血或偶见于内脏破裂。如慢性经过的逐渐苍白并有全身营养衰竭的体征，则多为慢性营养不良或消耗性疾病，如衰竭症、慢性传染性病或寄生虫病，尤多见于牛结核病。

（3）发绀：即可视黏膜呈蓝紫色。系血液中还原血红蛋白增多或形成大量变性血红蛋白的结果。一般引起发绀的常见病因是：

①因高度吸入性呼吸困难或肺呼吸面积的显著减少，而引起动脉血的氧未饱和度增加，肺部供氧不足。见于各型肺炎、胸膜炎。

②因血流过缓或过少而使血液经过体循环的毛细血管时，过量的血红蛋白被还原，称外周性发绀。多见于全身性淤血，特别是发生心脏衰弱或心力衰竭等心脏功能障碍疾病。

③血红蛋白的化学性质的改变，常见于某些毒物中毒、饲料中毒或药物中毒，形成变性血红蛋白或硫血红蛋白，如亚硝酸盐中毒。

不同病因引起的发绀，在结合膜呈蓝紫色的同时，应具有不同的其他临床症状，要注意全面检查、综合分析。

（4）黄疸：黏膜黄疸色乃胆色素代谢障碍的结果。

①实质性黄疸：因肝实质的病变，致使肝细胞发炎、变性或坏死，并有毛细胆管的淤滞与破坏，造成胆汁色素混入血液或血液中的胆红素增多，称为实质性黄疸。可见于实质性肝炎、肝变性，以及引起肝实质发炎、变性的某些传染病和营养代谢病与中毒病。

②阻塞性黄疸：因胆管被结石、异物、寄生虫所阻塞或被其周围的肿物压迫，引起胆汁的淤滞胆管破裂，造成胆汁色素混入血液而发生黏膜黄染，称为阻塞性黄疸。可见于胆结石、肝片吸虫病等。

③溶血性黄疸：因红细胞被大量破坏，使胆色素蓄积并增多而形成黄疸，称溶血性黄疸，如牛的血红蛋白尿症。此时，由于红细胞被大量破坏而同时造成机体的贫血，所以，在可视黏膜黄染的同时常伴有苍白现象。结膜的重度苍白与黄疸色，乃为溶血性疾病的特征。

（四）体表淋巴结检查

体表淋巴结的检查，在诊断某些传染病上有很大的意义。临床检查中应予注意的淋巴结主要有：下颌淋巴结、耳下及咽喉周围的淋巴结、颈部淋巴结、肩前淋巴结、腹股沟淋巴结、乳房淋巴结等。

1. 检查方法　淋巴结的检查方法，可用视诊，尤其是常用触诊的方法。必要时可配合应用穿刺检查法。进行浅在淋巴结的视、触诊检查时，主要注意其位置、大小、形状、硬度及表面状态、敏感性及其与周围组织的关系。

2. 病理性变化　淋巴结的病理变化主要可表现为急性或慢性肿胀，有时可呈现化脓。淋巴结的急性肿胀，通常呈明显的肿大，表面光滑，且伴有明显的热、痛反应；淋巴结的急性肿胀，可见于周围组织、器官的急性感染。有时尚可波及咽喉周围、耳下及颈上、颈中等部的淋巴结。

淋巴结的慢性肿胀，一般呈肿胀、硬结、表面不平，无热、无痛，且多与周围组织粘连而固着，有难于活动的特点；淋巴结的慢性肿胀主要见于结核病；淋巴结的慢性肿胀也可见于各个淋巴结的周围组织、器官的慢性感染及炎症时。淋巴结化脓则在肿胀、热感和呈疼痛反应的同时，触诊有明显的波动。如配合进行穿刺，则可吸出脓性内容物。牛的淋巴结肿胀，还可见于淋巴细胞性白血病以及泰氏焦虫症。

（五）体温、脉搏、呼吸数测定

体温、脉搏、呼吸数，是牛生命活动的重要生理指标。在正常情况下，除受外界气候及运动、使役等环境条件的暂时性影响外，一般变动在一个较为恒定的范围之内。但是，在病理过程中，受病原因素的影响，却要发生不同程度和形式的变化。因此，临床上测定这些指标，在诊断疾病和分析病程的变化上有重要的实际意义。

1. **体温** 恒温牛均具有较为发达的体温调节中枢及产热散热装置，所以，能在外界不同温度的条件下，经常保持着恒定的体温，其正常指标变动在较为稳定的范围之内。

（1）影响体温的因素：健康牛的体温，受某些生理性因素的影响，并可引起一定程度的生理性变动。

①年龄：通常在幼龄阶段，均比成年牛为高，如成年牛的体温一般低于39.5℃，而6月龄以内的犊牛，正常体温可达40.0℃。

②性别、品种、营养及生产性能：一般母牛于妊娠后期及分娩之前可稍高，如乳牛在分娩之前可高0.5~1.0℃。据测定，高产乳牛比低产乳牛的体温，平均高0.5~1.0℃，尤以泌乳盛期更为明显。

③牛的生理状态：牛兴奋、运动以及采食、咀嚼活动之后，可使其体温呈暂时的一时性升高。

④外界环境：外界温度、湿度、风力、风速等气候条件对体温有一定的影响。一般夏季外界温度高时体温可稍高，冬季外界气温低时体温可稍低。

（2）体温升高：如由病理原因所引起，称为发热病，系机体对病原微生物及其毒素、代谢产物或组织细胞的分解产物（如于无菌手术后或输血后的发热）的刺激，以及某些有毒物质被吸收后所发生的一种反应。根据体温升高的程度，可分为以下四种：

①最高热：体温升高3.0℃以上称为最高热，提示某些严重的急性传染病，如传染性胸膜肺炎、炭疽、脓毒败血症及日射病与热射病。

②高热：比正常体温升高2.0~3.0℃称为高热，可见于急性感染性病与广泛性的炎症，如牛肺疫、流行性感冒、大叶性肺炎、小叶性肺炎、急性弥散性的胸膜炎与腹膜炎等。

③中热：比正常体温升高1.0~2.0℃称为中热，通常见于消化道、呼吸道的

一般性炎症以及某些亚急性、慢性传染病，如胃肠炎、结核、布鲁杆菌病等。

④微热：比正常体温升高 0.5~1.0℃称为微热，仅于局限性的炎症及轻微的病程时见之，如感冒、口腔炎、胃卡他等。

（3）根据发热经过的特点，可区分为几种不同的发热类型：

①稽留热：高热持续数天或更长时期，且每昼夜的温差在 1.0℃以内。为致热物质在血液中长期存在并对中枢给予不断刺激的结果。可见于牛肺疫、胸膜肺炎、流行性感冒、大叶性肺炎等。

②弛张热：昼夜体温有较大的升降，变动于 1.0~2.0℃及以上，且体温不降到正常范围为其特点，可见于许多化脓性疾病及败血症、小叶性肺炎及非典型经过的某些传染病。

③间歇热：在持续数天的发热后，出现无热期，如此以一定间隔期间而反复交替出现发热的现象，称为间歇热。根据疾病的性质、程度与类型不同，热的持续与间歇期可有长短不同的变化，通常依其病原性有毒物质周期性地进入血液的规律为转移。

④不定型发热：如体温曲线是无规律性的变动，属于不定型发热，可见于许多非典型经过的疾病中，如牛结核病、布鲁杆菌病等。

（4）依发热病程的长短，可区分为：

①急性发热：一般发热期延续 1~2 周，如长达 1 个月有余则为亚急性发热。可见于多种急性传染病。

②慢性发热：表现为发热的缠绵，可持续数月甚至 1 年有余，多提示为慢性传染病，如结核病。

③一过性热或暂时性热：仅见体温的暂时性升高，常见于注射血清、疫苗后，或由于暂时性的消化功能紊乱。依据体温下降的特点，可分为热的渐退与骤退。前者表现为在数天内逐渐地、缓慢地下降以至常温，且全身状态亦随之逐渐地改善而至康复；后者以于短期内迅即降至常温甚或常温以下为其特点，如热骤退的同时，脉搏反而增数且病牛全身状态不见改进甚或恶化，多提示预后不良。

（5）体温降低：由于病理性的原因引起体温低于常温的下界，称为体温过低或低体温。

低体温可见于老龄、重度营养不良、严重贫血的病牛，如衰竭症。也可见于某些脑病，如慢性脑室积水或脑肿瘤及中毒。大失血、肝脾等内脏破裂以及多种疾病的濒死期均可表现低体温。明显的低体温，同时伴有发绀、末梢冷厥、高度沉郁或昏迷、心脏微弱与脉搏不感于手，多提示预后不良。

2. **脉搏**　伴随每次心室收缩，向主动脉送一定数量的血液，同时引起动脉的冲动，以触诊的方法，可感知浅在动脉的搏动，称为脉搏。诊查脉搏可获得关于心脏活动功能与血液循环状态的概念，这在疾病的诊断及预后的判定上都有很重要的实际意义。检脉时要注意其频率、节律及性质的变化。

（1）健康牛脉搏：健康牛脉搏的频率每分钟的脉搏次数较为恒定。某些外界条件、地区性以及生理因素均可引起脉搏次数发生改变。如外界温度、海拔高度的变化，牛的运动及采食活动，因外界刺激而引起的恐惧与兴奋等，一般均引起牛心脏活动的加快和脉搏次数的一时性增多。

在个体的特点中，要首先注意其年龄因素，一般幼龄阶段比成年牛的脉搏数有明显的加快，成年牛的正常脉搏为40~80次/分；1~2月龄至1岁犊牛则80~100次/分；半月龄内的1犊牛可达100~120次/分。其次，性别、品种、生产性能也有一定影响：如公黄牛多为36~60次/分；而母黄牛可达61~80次/分。据有关资料显示：高产乳牛的脉搏数较低产牛为高，尤于泌乳盛期更为明显。

（2）脉搏的病理性变化：主要表现为次数、性质及其节律的变化。

（3）脉搏的性质：脉搏的性质一般指脉搏快慢、脉管的紧张度、脉管内血液的充盈度及脉搏波形等特性而言。脉性受多种因素的影响，其中主要决定于：心脏的收缩力量，脉管壁的弹性及其紧张度，血液含量。

（4）脉搏的节律：是指每次搏动的间隔时间的均匀性及每次搏动的强弱而言。正常情况下，每次脉搏的间隔时间均等且强度一致，称为有节律的脉搏。如每次脉搏的间隔时间不等或强弱不一，则称为脉搏节律不齐。脉律不齐，一般是心律不齐的直接后果。此时，应同时注意检查心脏的功能状态，并将其结果一并综合分析之。

3. 呼吸次数测定　呼吸活动由吸入及呼出两个阶段而组成一次呼吸。呼吸的频率一般以次/分表示之。计测呼吸次数的方法：一般可观察牛胸、腹壁的起伏动作而计算之。当寒冷季节，可按其呼出的气流计数。一般应计测2分钟的次数而平均之。

（1）健康牛的呼吸次数：一般犊牛比成年牛为多，母牛于妊娠期可增多，而高产乳牛一般较肉牛、役牛为多。外界温度对呼吸数也有一定影响：炎热的夏季，外温过高、日光直射、通风不良时，会引起呼吸次数显著增多。此外，还应注意牛的体位、姿势，如饱食后取卧位时也可引起呼吸次数的增多。

（2）呼吸次数增多：

①呼吸器官本身的疾病，当上呼吸道的轻度狭窄及呼吸面积减少时可反射的引起呼吸加快，如上呼吸道的炎症、各型肺炎及胸膜炎以及主要侵害呼吸器官的各种传染病（如结核、牛肺疫等）。

②见于多数发热性疾病，为热性及菌、毒刺激的结果。

③心力衰竭及贫血、失血性疾病。

④导致呼吸活动受阻的各种病理过程，如膈的运动受阻、腹压升高、胸壁疼痛性疾病等。

⑤中枢神经的兴奋性增高，如脑充血、脑及脑膜炎的初期等。

⑥某些中毒，如亚硝酸盐中毒引起的血红蛋白变性。

（3）呼吸次数减少：呼吸次数减少在临床上比较少见，通常的原因是：引起颅内压显著升高的疾病，如慢性脑室积水，某些中毒病及重度代谢紊乱等。当上呼吸道高度狭窄而引起严重的吸入性呼吸困难时，由于每次吸入的持续时间显著延长的结果，可相对地使呼吸次数减少。此外，常伴有吸入期的明显的狭窄音，且表现痛苦甚至呈窒息状，或呼吸次数的显著减少并伴有呼吸形式与节律的改变，常提示预后不良。

四、系统检查

（一）消化系统检查

消化系统和外界直接相通，最易遭受物理、化学、生物学刺激和侵害，引起生理功能和解剖形态的变化，从而影响机体的其他器官、系统的功能紊乱。消化系统诊断，多用视诊、触诊和听诊等方法进行。胃导管探诊和腹腔穿刺检查在某些疾病的诊断上具有重要意义。

1. 饮欲、食欲及摄食状态检查

（1）饮欲检查：饮欲检查主要检查牛饮水量的多少。健康牛的饮水量与气温高低、泌乳量及饲料含水量密切相关。天气炎热，出汗多，饲料含水量多，则饮水量增加；反之，饮水量减少。饮欲的病理性改变包括饮欲增强和饮欲减弱。

①饮欲增强：饮欲增强时饮水量增多，多见于腹泻、多汗、大出汗和胸腹腔有大量液体渗出等引起脱水的病症。

②饮欲减弱：饮欲减弱时饮水量减少，见于有意识障碍的脑病及不具有腹泻的肠胃病。

（2）食欲检查：良好的食欲是牛健康的标志。临床上常通过观察牛对饲料的要求欲望和采食量判断食欲。健康牛采食精料时，常一次吃完，并将食槽舔得非常干净。食欲发生改变，在排除饲料品质不良、饲喂制度及饲养环境突然改变等因素外，一般认为是病理性结果引起。食欲的病理性变化，常见的有食欲减弱、食欲废绝、异食癖、食欲不定和食欲亢进。

①食欲减弱：指病牛采食缓慢和采食量显著减少。临床上表现为牛退缩、离开饲槽。食欲减弱主要是由于一些致病因素导致舌苔生成，味觉减退，反射地影响胃的饥饿性收缩引起的。可见于各种热性病、代谢障碍性疾病、各种胃肠疾病及钴缺乏症。

②食欲废绝：指病牛的采食欲完全丧失，拒绝采食。可见于各种高热性疾病、重症疾病、瘤胃积食和瘤胃鼓气等。

③异食癖：指病牛采食一些不应该吃或视为无营养价值的物质，如煤渣、木

片、碎布甚至粪尿等。一般认为，异食癖是由机体缺乏某些营养物质引起的，如盐分、磷、钙及微量元素等。牛粗饲料采食不足可引起异食癖。

④食欲不定：即牛食欲时好时坏，常见于牛真胃左方变位和创伤性网胃胃炎等疾病过程。

⑤食欲亢进：指牛食欲旺盛，采食量多。主要是由于机体能量需求增多，代谢加强，或对营养物质的吸收和利用障碍所致，见于甲状腺功能亢进、胰腺功能低下及重病恢复期。

（3）摄食状态检查：牛通常用舌卷食饲草，当拒绝采食时，除由食欲障碍引起外，还与采食、吞咽和咽下障碍有关。

①采食障碍：表现为采食不灵活，不能用舌采食，或采食后不能利用舌将饲草送入口腔咀嚼。常见于口炎、舌炎、齿龈炎、异物刺入口腔黏膜、慢性氟中毒等病症。

②咀嚼障碍：牛在咀嚼时口微张开，稍稍仰头，以免食物漏掉。当口腔有疼痛性疾病时，往往表现为咀嚼中突然张口、上下不能很好咬合，使咀嚼不全的饲草掉出口外。见于能引起舌、齿、腭和颊等部位疼痛性疾病，如放线菌病、口蹄疫、恶性卡他热、齿槽热、肿瘤及异物等。

③吞咽障碍：吞咽动作是一种复杂的生理性反射活动。临床上病牛表现为吞咽时摇头、伸颈、呻吟及咽部蓄积食物，有时从口中掉出食物，或由鼻孔逆流出混有饲草残渣的唾液和饮水。见于咽部疼痛性肿胀、异物、肿瘤等病症。

④咽下障碍：病牛吞咽后不久，呈现伸颈、摇头，或食管的逆蠕动，然后由鼻孔逆流出混有唾液的食物残渣。常见于食管梗阻、食管炎、食管痉挛及食管狭窄等。

2. 反刍、嗳气、反流检查

（1）反刍检查：反刍是反刍牛特有的反射活动，是消化功能良好的重要表现，与前胃、真胃等功能及机体的健康状态密切相关。牛一般在饲喂后 0.5~1.5 小时开始反刍，每次反刍时间持续 40~50 分钟，每昼夜进行 6~8 次。

①反刍功能减弱：反刍功能减弱主要是前胃功能障碍的结果。前期常表现为反刍时间延迟，以后表现为每昼夜反刍次数减少、反刍时间短暂。可见于各种热性病、前胃弛缓、瘤胃积食、瘤胃鼓气、创伤性网胃胃炎、瘤胃或网胃放线菌病、瓣胃阻塞、真胃变位等。

②反刍完全停止：反刍完全停止表示前胃运动功能高度障碍，是病情严重的标志，可见于胃内容物干涸及胃肌麻痹等。

（2）嗳气检查：嗳气是反刍兽的一种生理现象。健康牛嗳气次数为 20~30 次/时；如喂干草嗳气次数相对较少，而喂幼嫩青草或豆类植物，可达 60~90 次/时。许多疾病可引起嗳气减少或停止。当瘤胃产气量减少或蠕动力减弱时，可呈现嗳气减少，见于前胃弛缓、瘤胃积食、创伤性网胃炎等；当食管梗阻及严重的前胃功能障碍时，嗳气可完全停止。

（3）反流检查：反流是指食管、胃或瘤胃内容物逆流进入口腔或鼻腔。牛需要重新咀嚼摄入饲草，故反流属正常现象。而呕吐属病理现象，但牛不发生真性呕吐。

3. 牛腹痛检查　牛的腹痛较轻微，表现为呻吟、不安、磨牙、努责、摇尾、前蹄刨地或四肢交替踏地等。可见于瘤胃积食、瓣胃阻塞、真胃变位、肠阻塞及肠套叠等。

4. 上消化道检查　当发现牛饮食欲减损，有采食、咀嚼、吞咽障碍，流涎等现象时，应对上消化道进行系统检查。

（1）口腔检查：

①开口法：对牛一般采用徒手开口法，检查者一手捏住牛鼻中隔并向上提，另一手从嘴角牵出牛舌并下压，即可打开牛口腔。

②检查内容：常采用视诊、触诊、嗅诊等方法检查以下项目。

A. 流涎：口腔中分泌物或唾液不由自主流出口外，称为流涎。牛在采食过程或采食后突然流涎，并伴有咽下障碍，吸气性呼吸困难，可提示食管阻碍。如牛群中有多数牛相继发生流涎，应考虑有口蹄疫流行的可能。

B. 口色：牛口腔黏膜颜色较浅，口腔黏膜颜色的病理性变化与眼结膜颜色变化的意义相同。

C. 口气：健康牛口腔无特殊气味。当食欲减弱及患口腔疾病时，口腔中出现异常的酸臭味；当患酮病时，口腔中有酮味或氯仿味；当患尿毒症时，口腔中有尿臭味。

此外，还应注意观察牛颊囊和舌背侧突起的前或后有无未咽下的饲料。

（2）咽检查：当牛流涎并有吞咽障碍时，需做咽部检查。常用视诊和触诊的方法进行。如发现牛流涎并有吞咽障碍，同时表现咽部肿胀，头颈伸直，运动不灵活，则应怀疑咽炎；如咽部局限性肿胀，在咽的后方可触到圆形的肿物，可见于咽喉淋巴结化脓、结核和放线菌肉芽肿。

（3）食管检查：检查食管时，可用视诊和触诊的方法进行。食管的局限性鼓隆见于食管阻塞或食管扩张。触诊食管时检查者可立于牛颈左侧，面向后方，左手置于右侧颈静脉沟出固定颈部，右手手指端沿左侧颈静脉由上而下，进行触摸。

5. 胃肠检查

（1）腹部视诊：腹部视诊主要观察腹围外形变化。牛腹部鼓胀常发生于左侧或两侧。如瘤胃鼓气常呈左侧高位性鼓胀，二迷走神经性消化不良时，瘤胃扩张，充满体液，从后方观察呈梨形。腹围容积缩小主要见于长期饲喂不足、食欲紊乱、顽固性及慢性贫血。

（2）腹部触诊：腹部触诊主要用于感知腹腔内部器官的状态，常采用冲击式触诊。触诊时检查者站在牛胸侧，面向尾方，一手置于背部作为支点，另一手做触压动作。

（3）腹部叩诊：腹部叩诊常用槌板叩诊法。牛左侧腹肋部为瘤胃，叩诊上部呈鼓音，下部为浊音。当牛瘤胃鼓气时，叩诊呈广泛性鼓音，而当瘤胃积食时叩诊呈浊音。如于腹腔两侧同时发现水平浊音区，而且此浊音区随体位的变化而变化，为腹腔积液，见于腹腔积水及渗出性腹膜炎。

（4）胃的检查：牛的胃包括瘤胃、网胃、瓣胃及真胃四个部分，约占腹腔容积的3/4。四个胃的功能密切相连，当其中一个胃患病时，就能不同程度地影响其他胃的功能。

①瘤胃检查：成年牛的瘤胃容积为全部胃容积的80%，占据左侧腹腔的绝大部分。因此，可在左侧腹腔壁上用视诊、触诊、叩诊和听诊的方法对瘤胃进行检查，了解瘤胃内容物的性状和数量，以及瘤胃收缩次数和强度。

②网胃检查：可用听诊、触诊的方法检查网胃，以触诊常用。网胃的触诊在左腹部前下方，第6~7肋骨与剑状软骨上方。主要判断网胃有无疼痛，有条件时可用金属探测仪检查网胃内的金属异物。检查时，检查者蹲于牛左前肢稍后方，面向牛的头方，以右手握拳，顶在剑状软骨部，肘部抵于右膝上，将右膝频频高抬，抵压网胃部，观察牛的反应。此外，也可用一木棍，于剑状软骨部向上缓缓抬举，再突然落下，实施对网胃的压迫。

③瓣胃检查：瓣胃检查在右侧第7~9肋间、肩关节水平线上下3cm范围内进行。在瓣胃区用拳叩击，或实施压迫，如出现疼痛反应，考虑瓣胃阻塞和创伤性炎症。瓣胃蠕动音减弱或消失，见于瓣胃阻塞、炎症的前胃疾病及热性病。

④真胃检查：真胃位于右腹部第9~11肋间，在右侧肋骨弓区直接与腹壁接触。可用视诊、听诊、触诊和叩诊法检查。真胃积食时，右侧季肋部明显膨大，而真胃右方变位，右腹部后上方膨大。真胃蠕动音增强，触诊呻吟、躲闪，常见于真胃炎。蠕动音减弱、稀少，提示真胃内容物干涸或真胃功能减弱。

（5）肠的检查：牛的消化功能障碍，主要发生于前胃和真胃，发生于肠管者较少，故肠的检查不是十分重要。肠的检查主要用触诊和听诊的方法进行。牛肠管位于腹腔右侧的后半部，紧靠瘤胃右壁，结肠回环呈圆盘状，盲肠结位于肠盘的上方，曲于结肠盘的周围。病理状态下，肠音增强见于肠痉挛、腹泻和肠炎等，肠音减弱或消失见于热性病和胃肠功能严重障碍性疾病。在重症肠炎或腹水时，冲击触诊可闻拍水音。

（二）呼吸系统检查

1. 胸廓、胸壁的检查 胸廓和胸壁的检查主要是检查胸廓的大小、外形、对称性及胸壁的敏感性。临床上常用视诊和触诊的方法进行。在必要的时候还可进行胸腔穿刺液检查、X 射线检查和其他特殊检查。

（1）胸壁、胸廓的视诊：着重注意观察胸廓的形状和对称性，胸壁有无损伤、变形，肋骨及肋骨间有无异常，胸前和胸下有无水肿等。检查时，检查者需站在牛前、后、左、右的适当位置，进行仔细的观察才能发现胸廓形态的异常变化。

①胸廓的形状：主要通过观察牛胸廓两侧的对称性及发育情况，判断病变的部位及程度。胸廓常见的病理性形状的改变有以下几种。

A. 桶状胸：特征为胸廓向两侧扩大，左右横径明显增大，肋骨间隙变宽，看上去形如圆桶，故称桶状胸。这是由于肺组织弹性减退，肺泡内气体过度充满的结果，常见于重症慢性肺泡气肿。

B. 扁平胸：特征为左右横径明显缩小，胸廓狭窄而扁平。见于纤维素性骨营养不良和慢性消耗性疾病。

C. 两侧不对称：特征为胸廓向一侧扩大。是由于一侧胸腔积液、积气或代偿性扩大所致。常见于单侧性胸膜炎、气胸、肋骨骨折等。

②胸廓皮肤的变化：注意创伤、皮下气肿、丘疹、溃疡、结节和局部肌肉的震颤等。胸部皮下水肿，常见于牛创伤性心包炎、营养不良、贫血及心力衰竭；肘后、肩胛和胸壁的震颤，常见于发热病的初期，也见于疼痛性疾病、中毒、某些代谢性及神经性疾病。此外，当胸壁有脓肿、外伤及炎症时，视诊可见局部隆起。当肋骨骨折时，可发现患部平坦或凹陷变形，且呈腹式呼吸。

（2）胸壁的触诊：胸壁触诊对于确定牛胸壁的温度、敏感性，以及感知胸膜震颤和支气管震颤均具有一定的诊断意义。

①胸壁的温度：检查牛胸壁温度时应用手背感知，同时要注意左右对照。若胸壁局部温度升高，常提示局部炎症。若胸侧壁温度升高，见于胸膜炎。

②胸壁的敏感性：触诊胸壁时，牛表现骚动不安、回顾、躲闪，甚至反抗或呻吟，是胸部疼痛的反应。见于胸膜炎、肋骨骨折以及软组织炎症等。

③胸膜和支气管震颤：当触诊胸壁时，感觉到摩擦感，且与吸气或呼气一致，提示胸膜表面有纤维蛋白大量沉积，见于胸膜炎。此外，当大支气管内啰音粗大时，胸壁也可感知有轻微的震颤，称为支气管震颤。

2. 呼吸运动的检查　牛在呼吸过程中，鼻翼、胸廓和腹壁有节律地协调运动，称为呼吸运动。呼吸运动的协调性和强度是牛呼吸状态的临床反应，对呼吸运动的检查能获得重要的诊断依据。检查呼吸运动时，主要检查呼吸式、呼吸节律，以及有无呼吸困难和呼吸运动是否对称。

（1）呼吸式的检查：呼吸式是指呼吸运动的形式，检查时应注意胸廓和腹壁的起伏动作的协调性和强度。

①胸腹式呼吸：胸腹式呼吸也称混合呼吸。健康牛的呼吸方式都是胸腹式呼吸，即呼吸时，胸廓和腹壁的运动协调，强度均匀一致。

②胸式呼吸：特征为呼吸时胸壁起伏动作明显，而腹壁动作相对微弱或消失。常见于膈肌和腹肌运动障碍性疾病，如急性胃扩张、肠鼓气、创伤性网胃心包炎、膈肌炎、腹膜炎以及胸腔大量积液等。

③腹式呼吸：特征为呼吸时腹壁起伏动作明显，而胸壁的活动及其微弱。常见于胸壁运动障碍性疾病，如急性胸膜炎、肋骨骨折、肋间肌麻痹、心包炎、肺泡气肿等疾病。

（2）呼吸节律的检查：呼吸节律的病理性改变，主要有以下几种。

①吸气延长：其特征是吸气时间显著延长，这是空气进入呼吸系统发生障碍的结果。常见于上呼吸道狭窄性病患，如鼻炎、鼻腔狭窄、喉水肿等。

②呼气延长：其特征是呼气时间显著延长，是由于肺泡内气体排出受阻的结果。主要见于细支气管炎、慢性肺泡气肿和膈肌舒张不全等。

③断续性呼吸：其特征是在吸气和呼气的过程中，出现多次短暂间歇的动作，这是由于病牛为了缓解胸膜疼痛，将一次吸气或呼气分为两次或多次进行的结果。常见于细支气管炎、慢性肺泡气肿、胸膜炎和胸腹痛性疾病。另外，在脑炎、中毒时，由于呼吸中枢的兴奋性降低，也可出现断续性呼吸。

④陈-施二氏呼吸：陈-施二氏呼吸又称潮式呼吸，其特征是呼吸由弱、慢、浅逐渐加强、加快、加深，达到顶峰后又渐变得弱、慢、浅，然后暂停15~30秒后，又重复上述特点的呼吸。这主要是由于呼吸中枢的兴奋性降低，血液中二氧化碳和氧的浓度变化对呼吸的调节占主导地位的结果。主要见于脑炎、心功能衰竭、尿毒症及中毒病牛。

⑤毕欧特呼吸：毕欧特呼吸又称间歇式呼吸，其特征是数次连续的、深度大致相等的深呼吸和呼吸暂停交替出现。这是由于呼吸中枢兴奋性极度降低的结果，多提示病情危重。常见于脑膜炎和脑炎，有时也见于尿毒症、蕨中毒和重症酸中毒等。

⑥库斯茂尔呼吸：库斯茂尔呼吸又称深长呼吸，其特点是吸气与呼吸显著延长，发生深而大的慢呼吸，呼吸次数减少但不中断，常伴有明显的呼吸杂音，如喘息声和鼾声。这是呼吸中枢极度衰竭的结果，多提示预后不良。

（3）呼吸困难的检查：呼吸困难是一种复杂的病理性呼吸障碍。病牛表现为呼吸异常费力，辅助呼吸肌参与呼吸运动，这种呼吸状态称为呼吸困难。高度的呼吸困难称为气喘。临床上主要通过观察牛的呼吸运动、呼吸频率、呼吸类型、呼吸节律以及姿态等判定有无呼吸困难。呼吸困难按其发生原因和表现形式分为以下三类。

①吸气性呼吸困难：其特征为患病牛在吸气时，表现吸气用力、吸气时间显

著延长、头颈伸直、肘头外展、肋骨上举、肛门内陷，同时听到类似吹口哨的狭窄音。吸气性呼吸困难主要是由于上呼吸道狭窄造成的，常见于鼻腔、喉和气管的炎等症。

②呼气性呼吸困难：其特征为病牛在呼气时，表现为呼气用力、时间延长，脊柱弓曲、腹肌收缩、腹部容积变小、肛门突出，呈明显的二段呼气（二重呼气），并在肋骨和肋软骨的交汇处形成一条沟或线（称为喘沟、喘线、息劳沟）。呼气性呼吸困难是由于肺泡弹性减退或细支气管狭窄，导致正常的呼气运动不能将肺泡内的气体排出，继正常呼气之后，腹肌又强力补充收缩的结果。主要见于细支气管炎、慢性肺泡气肿等疾病。

③混合性呼吸困难：其特征是吸气和呼气均发生困难，并常伴随有呼吸次数增加。

（4）呼吸运动对称性检查：呼吸对称性也称匀称性，是指呼吸时，两侧胸壁起伏强度一致。不对称性呼吸主要是由于一侧胸部有病，该侧胸壁起伏运动受到限制而减弱或消失，而健侧出现代偿性增强，见于一侧性胸膜炎、肋骨骨折、胸腔积液、积气等。若两侧同时患病，病变较重的一侧减弱更加明显，临床上需仔细观察才能发现。检查呼吸运动的对称性时，可站在牛的正后方或正后方高位处，观察两侧胸廓或胸壁的起伏运动是否一致。

3. **上呼吸道检查** 上呼吸道是气体出入肺的通道，包括鼻、咽、喉和气管。上呼吸道检查主要包括呼出气体检查、鼻腔及鼻液的检查、咳嗽的检查、鼻旁窦的检查、咽囊、喉及气管的检查。

（1）呼出气体检查：呼出气体的检查，对上呼吸道及肺脏疾病的诊断具有重要的意义。检查时应注意两侧鼻孔呼出气体的强度、温度及气味。

①呼出气流的强度：检查呼出气流强度时，可将两手背置于鼻前感觉。在冬季可通过观察呼出气体凝成的水雾判定。健康牛鼻孔两侧呼出气流的强度完全相同。两侧气流不匀称可由患侧鼻腔狭窄引起，常见于一侧鼻窦肿大或大量积脓。

②呼出气体的温度：呼出气体的温度与牛体温密切相关，健康牛呼出的气体稍有温热感。检查时，可将手背置于鼻前感觉。当体温升高时，呼出气体的温度也随之升高，见于各种热性病；呼出气体温度降低见于内脏破裂、大失血、严重的脑病和中毒病。

③呼出气体的气味：检查时用手将牛呼出的气体扇向检查者的鼻端嗅闻。健康牛呼出的气体一般无特殊气味。当呼吸系统患坏死性病变时，呼出气体散发腐败性臭味；呼出气体带有丙酮或烂苹果味见于酮病；患尿毒症时，呼出气体带有尿臊味；呼出气体带有蒜臭味，常见于有机磷农药中毒。

（2）鼻及鼻液的检查：鼻及鼻液的检查以视诊和触诊为主，重点观察鼻腔外部形态及鼻黏膜的异常变化，以及鼻液。

①鼻的外部检查：鼻的外部观察，应重点注意鼻孔周围组织，鼻甲骨形态的变化及鼻的痒感等。鼻甲骨增生、肿胀，见于严重的软骨病及肿瘤。鼻孔周围组织可发生各种各样的病理变化，如鼻翼肿胀、水疱、脓肿、溃疡和结节等；鼻孔周围组织肿胀，可见于血斑病、纤维素性鼻炎、异物刺伤等；鼻孔周围组织有局限性或弥散性肿胀，见于牛瘟、口蹄疫、羊痘、炭疽和气肿疽等传染病；鼻孔周围有结节，可见于牛的丘疹性口膜炎和牛的坏死性口膜炎。

②鼻液的检查：鼻液是呼吸道黏膜的分泌物及炎性渗出物。在病理状态下，会出现鼻液量增加。鼻液的病理性变化主要包括鼻液的量和鼻炎性质的变化。鼻液量可反映炎症、渗出的范围、程度及病期。

（3）咳嗽的检查：咳嗽是呼吸道及胸膜受刺激的结果，是牛的一种保护性反射动作，同时也是呼吸系统疾病过程中常见的一种症状。

①人工诱咳法：在临床上检查时，往往不能观察到病牛自然发生的咳嗽，此时需要进行人工诱咳检查。可用双手捂住其两侧鼻孔，也可反复用力牵拉舌体，健康牛反应不明显，如咳嗽增多为病态。

②咳嗽的病理性变化：咳嗽的程度与呼吸道炎症及受刺激的严重性密切相关。临床检查时应注意咳嗽的性质、频度、强弱及有无疼痛等。

A. 干咳：即咳嗽声音清脆，洪亮，干而短，常有痛苦表现。咳嗽时没有或仅有少量黏稠分泌物，可见于喉及气管内有异物，呼吸器官的慢性炎症及急性炎症的早期。

B. 湿咳：即咳嗽声音钝浊而湿长。咳嗽时从鼻孔内流出大量稀薄鼻液，见于咽喉炎、支气管炎、肺脓肿及肺坏疽等。

C. 稀咳：为单发性咳嗽，每次仅咳嗽一两声，常发生在清晨、饲后或运动之后，多是呼吸器官慢性疾病的特征，常见于肺结核、肺丝虫病等。

D. 频咳：即连续性咳嗽，咳嗽连续不断，常见于急性喉炎。

E. 痉咳：即痉挛性咳嗽或发作性咳嗽，表现为咳嗽剧烈，连续发作，并有痛苦，常为呼吸道内有异物强烈刺激所致。

F. 痛咳：咳嗽的声音短弱低沉，并有呻吟、摇头不安、头颈伸直等痛苦表现，可见于急性喉炎、胸膜炎、喉水肿等。

（4）鼻旁窦检查：鼻旁窦又称鼻窦或副鼻窦，包括上颌窦、额窦、蝶窦和筛窦，它们均直接或间接与鼻腔相通。兽医临床上主要以视诊、触诊和叩诊的方法检查额窦和上颌窦。

①视诊：注意鼻旁窦有无外形变化。牛恶性卡他热等病变可引起额窦和上颌窦膨隆、变形。当发生鼻旁窦炎时，常从单侧或两侧流出多量鼻液。

②触诊：应注意两侧对照检查鼻旁窦敏感性、温度及硬度的变化。窦区敏感、温度增高，见于急性鼻窦炎或骨膜炎。局部骨壁凹陷和敏感，常见于外伤。

窦区隆起、变形，触诊坚硬、不敏感，可见于纤维素性骨营养不良、肿瘤和放线菌病。

③叩诊：用叩诊槌或弯曲的手指对窦腔进行先轻后重的叩击，同时应注意两侧的对称性。健康牛窦区叩诊呈空盒音，声音清晰高朗；当窦内积液或有肿瘤时，叩诊呈浊音。

（5）咽、喉及气管的检查：咽、喉及气管的检查分为外部检查和内部检查两部分，临床上常用视诊、触诊和听诊等方法进行。

①视诊：应注意咽喉部有无肿胀，气管有无变形和塌陷。咽喉部的肿胀常见于咽喉部皮肤及皮下组织发生炎症，此时可呈现呼吸和吞咽困难。牛喉部肿胀常见于恶性水肿、化脓性鳃腺炎和创伤性心包炎等。

②触诊：主要用于判定咽喉及气管有无增温、肿胀、疼痛及咳嗽等。检查时，检查者可站于牛的头颈部侧方，以一手放于鬐甲部，另一手自喉部两侧同时轻轻加压并向周围滑动，以感知局部的温度、硬度和敏感性。

③听诊：听诊主要是判定喉及气管呼吸音有无改变。在健康牛喉部听诊时，可以听到气流通过声门形成涡旋而产生的声音。在病理状态下，可发生呼吸音增强、狭窄音和啰音等。

咽喉及气管的内部检查常用视诊法。视诊时需借助于喉气管镜进行检查。视诊时应注意喉黏膜有无肿胀、溃疡、渗出物和异物等。

（6）上呼吸道杂音的检查：健康牛呼吸时，一般听不到异常杂音。在病理状态下，会产生鼻呼吸音、喉狭窄音、喘鸣音、啰音和鼾声等上呼吸道杂音。

①鼻呼吸音：又称鼻塞音，是鼻腔黏膜高度肿胀，或有黏稠的分泌物、肿瘤和异物存在时，气流通过狭窄的孔道而产生的声音，分为鼻狭窄音、喘息声、喷嚏、喷鼻、呻吟等五种病理性呼吸音。

②喉狭窄音：其性质类似口哨声和呼噜声以至拉锯声，有时声音相当大，以至在数十步之外都可听见。可由喉黏膜发炎、水肿或有肿瘤和异物导致喉腔狭窄变形产生。常见于喉水肿、咽喉炎、炭疽、结核和放线菌病等。

③啰音：当喉和气管有分泌物时，伴随呼吸可出现啰音。根据喉和气管内分泌物的性质不同，可分为干啰音和湿啰音两种。当分泌物黏稠时，可听到干啰音，在分泌物稀薄时，则出现湿啰音。常见于喉炎、咽喉炎、气管炎和气管异物等。

④鼾声：是一种特殊的呼噜声。此为咽、软腭或喉黏膜发生炎症肿胀、增厚导致气道狭窄，呼吸时发生震颤所致；或由于黏稠的黏液、脓液或纤维素团块部附着在咽、喉黏膜上，自由颤动产生共鸣而发生。见于咽炎、咽喉炎、喉水肿和咽喉肿瘤等。牛在生产瘫痪过程中，有时也发鼾声。

4. 肺、胸膜的检查

（1）叩诊：叩诊是检查肺和胸膜腔脏器的重要方法之一。叩诊的目的在于根据叩诊音的变化了解胸腔内各脏器的解剖关系、物理性状和肺叩诊区的大小，发现异常，借以诊断肺脏和胸膜的疾病。

①叩诊方法：分间接叩诊法和直接叩诊法两种。胸、肺的叩诊常用间接叩诊法，而牛多采用槌板叩诊法。

②肺叩诊区：叩诊健康牛肺区时，产生清音的区域，称为肺叩诊区。肺叩诊区仅表示可以检查的肺区部分，即肺的体表投影。牛的非叩诊区分为肩前叩诊区和胸部叩诊区两个部分。

③肺叩诊区的病理变化：肺叩诊区的病理变化，主要表现为扩大或缩小。由于牛叩诊区可因胸廓形状、营养状态及妊娠等因素而改变。因此，临床上当其变动范围与正常肺叩诊区相差 2~3cm 及以上时，才可认为是病理性变化。

A. 肺叩诊区扩大：为肺过度膨胀和胸腔积气（气胸）的结果，表现为肺界后移。如在急性肺气肿时，肺后界后移可达最后一个肋骨，心脏绝对浊音区缩小或完全消失。

B. 肺叩诊区缩小：为腹腔器官对膈的压力增强，并将肺的后缘向前推移所致。见于怀孕后期、急性胃扩张、急性瘤胃鼓气、肠鼓气、腹腔大量积液等。

此外，牛患创伤性心包炎时，心脏浊音区扩大，而肺叩诊区缩小为其特殊表现。

④肺区正常叩诊音：叩诊肺区时，可得清楚的叩诊音，称为清音或肺音。健康牛肺区叩诊音呈现清音，特征为音响较长，响度较大而洪亮，音调较低，反映肺组织的弹性、含气量和致密度良好。

⑤胸、肺病理叩诊音：在病理情况下，胸、肺叩诊音的性质和范围，取决于病变的性质、大小及深浅。

A. 浊音、半浊音：乃肺泡内充满炎性渗出物，使肺组织发生实变，密度增加的结果，或为肺内形成无气组织所致。由于病变的大小，深浅和病理发展过程不同，肺泡中的含气量也各异，叩诊时有时为浊音，有时则为半浊音。

B. 鼓音：胸肺部叩诊呈鼓音，常见于肺区有炎性浸润周围的健康肺组织、肺空洞、气胸及膈疝等。

C. 过清音：为清音和鼓音之间的一种过渡性声音，其音调近似鼓音。因过清音类似敲打空盒的声音，故亦称空盒音。此乃肺组织弹性显著降低，气体过度充盈的结果，常见于肺气肿。

D. 破壶音：为一种类似叩击破瓷壶所产生的声响。此乃叩诊时空气受排挤而突然急剧地从狭窄缝隙经过所产生的声音。见于肺脓肿或肺结核等形成的大空洞。

E. 金属音：类似敲打金属板的声音或钟鸣音，声音较鼓音高朗。此乃肺部有较大的空洞，且位于浅表，四壁光滑而紧张时，叩诊发出的声音。当气胸或心包积液积气同时存在而达到一定紧张度时，叩诊也可产生金属音。

（2）听诊：

①胸、肺听诊法：肺听诊区和叩诊区基本一致。听诊时，首先从胸壁中部开始，然后向前向后逐渐听取，最后听取肺上部和下部。每个部位听 2~3 次呼吸音，再变换位置，直至听完整个肺区。如发现异常呼吸音，宜将该点与其邻近部位比较，必要时还应与对侧相应部位对照听诊，确定其性质。在听诊时若呼吸音较弱、不清楚，可将牛做短暂的驱赶运动，或短时间闭塞鼻孔后，引起深呼吸，再行听诊，往往可以获得良好的效果。

②肺部的正常呼吸音：健康牛的呼吸音，主要包括肺泡呼吸音、支气管呼吸音及支气管肺泡呼吸音。检查时应注意呼吸音的强度，音调的高低和呼吸时间的长短以及呼吸音的性质。

③病理呼吸音：牛胸部的病理呼吸音包括肺泡呼吸音增强、肺泡呼吸音减弱或消失、断续呼吸音等情况。

A. 肺泡呼吸音增强：临床上主要表现为普遍性增强和局限性增强两种。肺泡呼吸音普遍性增强为呼吸中枢兴奋、呼吸运动和肺换气加强的结果。见于发热、代谢亢进及其他伴有一般性呼吸困难的疾病。

B. 肺泡呼吸音局限性增强：亦称代偿性增强，为病变侵及一侧肺或一部分肺组织，使其功能减弱或丧失，而健侧或无病变的部分出现代偿性呼吸功能亢进的结果。见于大叶性肺炎、小叶性肺炎、渗出性胸膜炎等。

C. 肺泡呼吸音减弱或消失：特征为肺泡呼吸音极其微弱、听不清楚，甚至听不到。根据病变的部位、范围和性质，可表现为全肺的肺泡音减弱，亦可表现为一侧或某一部分的肺泡音减弱或消失，见于各型肺炎、肺结核等。当肺组织极度扩张而失去弹性时，则肺泡呼吸音亦减弱，见于肺气肿，进入肺泡的空气量减少等。

（三）心血管系统检查

1. 心脏检查

（1）听诊心音的方法：一般用听诊器进行听诊。应先将牛的左前肢向前拉半步，以充分显露心区，通常与左侧肘头后上方心区部位听取，必要时，再于右侧心区听诊。宜将听诊器的集音头放于心区部位，并使之与体壁密切接触。

（2）测定心音的频率：依据每分钟的心音次数而计算出来。但须注意，正常时每个心动周期有两个心音，当某些病理过程中可能只能听到一个心音，此时，应配合心搏动和动脉脉搏频率的检查结果而确定。心音频率的增多与减少，一般随脉搏次数的增减而变化，其原因及意义基本是相同的。

（3）心音的强度：心音的强度取决于心音本身的强度及其向外传导过程中的

介质的状态，而心音本身的强度，又受心肌的收缩力量、瓣膜振动能力和性状、循环血量及其分配状态等主要因素影响。通常，第一心音的强度主要决定于心室的收缩力量，第二心音的强度则决定于动脉根部的血压。心音的强弱变化，可表现为第一、第二心音同时增强或减弱，有时也表现为某一心音的单独增强或减弱。

①病理性心音增强：第一心音、第二心音同时增强，可见于心肥大或某些心脏病的初期而代偿功能亢进时，或伴有剧烈的疼痛性的疾病、发热性疾病的初期阶段、轻度的贫血或失血、应用强心剂等。

A. 第一心音增强：可见于心肌收缩力量增强与瓣膜紧张度增高之际，较多的情况是表现为第二心音减弱的同时，第一心音相对增强。第一心音相对增强而第二心音相对的减弱甚至难于听取，主要发生于动脉根部血压过低之际，如大失血或频繁、剧烈的腹泻而引起的重度脱水、休克与虚脱、某些其他因素引起的病理性心动过速。

B. 第二心音增强：一般均是相对的，可见于动脉根部血压显著升高之际，依主动脉根部或肺动脉根部的血压增高为转移，可分别表现为主动脉口的第二心音增强或肺动脉口的心音增强。主动脉口的第二心音增强，见于右心肥大及肾炎等；肺动脉口的第二心音增强，见于小循环休克、瘀血等。

②病理性的心音减弱：第一心音与第二心音同时减弱见于一切引起心肌收缩力量减弱的病理过程中，如心肌炎、心肌变性的后期、心肌代偿障碍期、渗出性心包炎、渗出性胸膜炎、胸腔积水、心包积水等，以及重度的胸壁肿胀和肺气肿等。第二心音减弱，是临床常见的症状，是动脉根部血压降低的标志，见于大失血、脱水、休克与虚脱、循环衰竭及心动过速等；第二心音显著减弱或消失的同时，伴有心率过速、明显的心律不齐，常提示预后不良。单独的第一心音减弱，在临床诊断的实践中，很少遇到。一般都是在第二心音增强的同时，第一心音同时减弱，则如前所述，见于主动脉根部血压升高。

（4）心音性质的改变：

①心音混浊：主要表现为音质低、浊，甚至含混不清。主要是由于心肌及其瓣膜变性，而使振动能力发生改变的结果。主要见于心肌炎的后期、重症的心肌营养不良与心肌变性、高热性疾病、严重的贫血、重度的衰竭症等时，因伴有心肌性质的变化，所以多出现心音混浊的现象。另外，也见于某些能够引起心肌损害的传染病如口蹄疫、流行性感冒等及某些代谢病如白肌病或中毒性疾病。

②金属音：心音过于清脆而带有金属音，主要见于破伤风、心脏表面覆盖有带有含气空洞的组织器官，如肺出现空洞，膈疝等。

（5）心音的分裂：正常的缩期或舒期的某一声音，因病理原因而分裂为两个音响时，称为心音分裂。如分裂的程度明显，且分裂开的两个声音有明显的间隔时，则称为心音的重复。分裂与重复的意义相同，仅程度不同而已。

①第一心音分裂：是由于左右房室瓣关闭的时间不一致所致。可见于传导阻滞，提示心肌的重度变性。

②第二心音分裂：主要反映主动脉与肺动脉根部血压有较悬殊的差别。依心脏收缩时驱出的血液量及承受血液的动脉管内的压力高低为转移，如左右心室某一方的血液量少或主动脉、肺动脉某一方的血压低，则其心室的收缩的持续时间短，而这方面的动脉根部的半月瓣提早关闭，遂造成第二心音分裂，主要见于重度的肺炎或肾炎。

③奔马音：除第一心音和第二心音外，又有第三个附加的心音连续而来，恰如远处传来的奔马蹄音。此第三心音，可发生于舒张期（第二心音之后），或发生于收缩期前（第一心音之前），但此附加音一般没有心音那样清晰。可见于心肌炎、心肌硬化或左房室口狭窄。

（6）心音节律的改变：正常情况下，每次心音的间隔时间均等而且每次心音的强度相似，此为正常的节律。如果每次心音的间隔时间不等并且强度不一，则称为节律不齐。心脏的节律不齐一般称为心律不齐。

（7）心杂音：心杂音是伴随心脏舒缩活动而产生的正常心音以外的附加音响。以产生杂音的病变所存在的部位不同，可分为心内性杂音和心外性杂音。心外性杂音又可分为心包杂音与心包外杂音。心内性杂音可分为器质性杂音和非器质性杂音，后者又可分为相对的闭锁不全杂音和机能性杂音。

①心外性杂音：是心包或靠近心区的胸膜发生病变的结果。心包外杂音主要为肺杂音和胸膜杂音。心外性杂音都是伴随心脏的活动而出现的。心包杂音依杂音性质的不同，可分为心包摩擦音与心包击水音。

A. 心包击水音：呈液体振荡音，类似于振荡有半量液体的玻璃瓶时所产生的声音。心包击水音是渗出性心包炎与心包积水的特征。

B. 心包摩擦音：类似于两个粗糙的膜面相互摩擦的声响，呈断续的、粗糙的、破裂的特性。心包摩擦音实际纤维素性心包炎的特征。心包摩擦音与心包击水音常见于创伤性网胃心包炎。杂音的强度及其是否出现，不仅取决于心包的病变和程度，还取决于心脏收缩的力量的大小及其他条件。

②心内性杂音：是心内瓣膜及其相应的瓣膜口发生形态改变或血液性质发生变化时，伴随心脏活动而产生的杂音。按有否心内膜的形态改变而区分为器质性杂音和非器质性杂音。

A. 器质性杂音：慢性心内膜炎的后果，常引起某一瓣膜或其周围组织的增生、肥厚及其粘连，瓣膜缺损或腱索的短缩，这些形态学的病变统称为慢性心脏瓣膜病。心脏瓣膜病的类型很多，一般可概括地分为：瓣膜的闭锁不全及瓣膜口的狭窄。

B. 非器质性杂音：由于心脏瓣膜上并无不可逆的形态学改变，多由功能变化而引起，一般称为功能性杂音。通常有两种情况可引起：一是当心肌高度弛缓或扩张时，房室瓣不能将扩大了的相应的房室口完全闭锁，形成相对的房室瓣闭锁不全；二是当血液性质发生改变时，即变为稀薄时，随心脏活动而流速加快，形成杂音，称为贫血性杂音。相对闭锁不全性杂音可见于心肌迟缓与心扩张，贫血性杂音可见于重度的贫血。功能性杂音通常只出现于心缩期，所以称为缩期杂音，一般较为柔和；而贫血性杂音又使第一心音延长，声音粗糙，类似吹风样。

2. 脉管的检查 临床诊断时主要是检查动脉脉搏，判断其频率、节律及其性质的变化，检查较大的体表静脉，判断其充盈状态及有无病理性波动。

（1）动脉脉搏的检查：检查动脉脉搏首先要确定其频率，其次要注意脉搏的性质及节律。脉搏的性质一般是指脉搏的大小、脉管的紧张度、脉管内血液的充盈度及脉搏的形状等而言。脉搏的性质受多种因素影响，主要取决于心脏的收缩力量，脉管壁的弹性及其紧张度，以及血液数量，包括总血量及每搏输出量。

（2）浅在静脉的检查：

①牛颈静脉沟处肿胀，并伴有颈部垂皮肿胀，但无热痛反应，一般是创伤性心包炎的特征，应注意进行鉴别诊断。

②牛的颈静脉充盈而显露，呈绳索状，常提示创伤性心包炎。

③颈静脉波动，检查颈静脉有时可看到随着心脏活动而由颈根部的逆行性波动，称为颈静脉波动。正常情况下，颈静脉波动的高度不超过颈部的下 1/3 处，这是生理现象。

（3）病理性的颈静脉波动：

①阴性波动（心房性颈静脉波动）：当生理性颈静脉波动过强，由颈根部向头部的逆行波超过颈中部以上时，即为病理现象，是心力衰竭、右心瘀滞的结果。阴性波动的特点是波动出现于心搏动与动脉搏动之前。

②阳性波动（心室性静脉波动）：颈静脉的阳性搏动是三尖瓣闭锁不全的特征。此时，随心室的收缩使部分血液经闭锁不全的空隙而逆流入右心房，并进一步经前腔静脉而至颈静脉。此时搏动高，力量较强，并以出现于心室收缩期为其特点。

③伪性搏动：当颈动脉搏动过强时，可引起颈静脉沟处发生类似的搏动现象，一般称为颈静脉的伪性搏动。

为区别不同的颈静脉搏动，应注意区别搏动的强度及逆行波的高度，特别要确定其出现的时期，必要时还可进行指压实验：用手压在颈静脉的中部并立即观察压住后搏动的情况，如远心端及近心端的搏动均消失，则为阴性搏动；如远心端消失而近心端不消失，则为阳性搏动；如远心端和近心端均不消失，则为伪性搏动。

（四）泌尿生殖系统检查

泌尿系统的检查方法，主要有问诊、视诊、触诊、导管探诊、肾功能检验、排尿和尿液的检查。必要时还可应用膀胱镜、X线等特殊检查法。

1. 泌尿器官检查 泌尿器官由肾脏、肾盂、输尿管、膀胱和尿道组成。肾脏是形成尿液的器官，其余部分则是尿液排出的通路，简称尿路。

（1）肾脏检查：

①视诊：当发生急性肾炎、化脓性肾炎肾脏疾病时，由于肾脏的敏感性增高，肾区疼痛明显，病牛常表现出腰背僵硬、拱起，运步小心，后肢向前移动迟缓。此外，应特别注意肾性水肿，通常多发生于眼睑、腹下、阴囊及四肢下部。

②触诊：触诊为检查肾脏的重要方法。牛可行外部触诊、叩诊和直肠触诊；外部触诊或叩诊时，注意观察有无压痛反应。肾脏的敏感增高，则可能表现出不安、拱背、摇尾和躲避压迫等反应。直肠触诊应注意检查肾脏的大小、形状、硬度、有无压痛、表面是否光滑等。

（2）肾盂及输尿管的检查：肾盂位于肾窦之中，输尿管是一细长而可压扁的管道，起自肾盂，终至膀胱。健康牛的输尿管很细，经直肠难以触摸到。当肾盂积水时，可能发现一侧或两侧肾脏增大，呈现波动感。患肾盂肾炎时，直肠触诊肾盏部，病牛可呈现疼痛反应。输尿管严重发炎时，由肾脏至膀胱的径路上可感到输尿管呈粗如手指、紧张而有压痛的索状物。

（3）膀胱的检查：可占据整个盆腔，甚至垂入腹腔，手伸入直肠即可触知。牛的膀胱检查，只能行直肠触诊。检查膀胱时，应注意其位置、大小、充满度、膀胱壁的厚度以及有无压痛等。在病理情况下，膀胱疾患所引起的临床症状表现有尿频、尿痛、膀胱压痛、排尿困难、尿潴留和膀胱膨胀等。直肠触诊时，膀胱可能增大、空虚、有压痛，其中也可能含有结石块、瘤体或血凝块等。

（4）尿道检查：对尿道可通过外部触诊、直肠内触诊和导尿管探诊进行检查。母牛的尿道宽而短，检查较为方便。检查时可将手指伸入阴道，在其下壁可触摸到尿道外口。此外，可用橡皮制或塑料制的导尿管进行探诊。

2. 外生殖器官检查

（1）外生殖器：外生殖器主要指阴道和阴门。检查时可借助阴道开张器扩张阴道，详细观察阴道黏膜的颜色、湿度、损伤、炎症、肿物及溃疡。同时注意子宫颈的状态及阴道分泌物的变化。这对于诊断泌尿生殖器官疾病有重要意义。

（2）乳房：乳房检查对乳腺病的诊断具有很重要的意义。在奶牛一般临床检查中，应重点检查乳房。检查方法主要包括视诊、触诊，并注意乳汁的性状。

①视诊：注意乳房大小、形状、乳房和乳头的皮肤颜色，有无发红、橘皮样变、外伤、隆起、结节及脓疱。

②触诊：可确定乳房皮肤的厚薄、温度、软硬及乳房淋巴结的状态，有无脓

肿及硬结部位的大小和疼痛程度。

3. 排尿动作及尿液感观检查

（1）排尿动作检查：

①排尿姿势：母牛排尿时，后肢展开、下蹲、举尾、背腰拱起。

②排尿次数和尿量：排尿次数和尿量的多少，与肾脏的泌尿功能、尿路状态、饲料中含水量和牛的饮水量及机体从其他途径所排水分的多少有密切关系。健康牛一昼夜排尿 5~10 次，尿量 6~12L，最多达 25L。

（2）排尿异常：在病理情况下，泌尿、贮尿和排尿的任何障碍，都可表现出排尿异常，临床检查时应注意下列情况。

①频尿：频尿是指排尿次数增多，而一次尿量不多甚至减少或呈滴状排出，故 24 小时内尿的总量并不多。多见于膀胱炎、膀胱受机械性刺激（如结石）、尿液性质改变（如肾炎、尿液在膀胱内异常分解等）和尿路炎症。牛发情时也常见频尿。

②多尿：是指 24 小时内尿的总量增多，其表现为排尿次数增多而每次尿量并不少，或表现为排尿次数虽不明显增加，但每次尿量增多，乃因肾小球滤过功能增强或肾小管重吸收能力减弱所致。见于肾小管细胞受损伤。

③少尿和无尿：24 小时内排尿总量减少甚至接近没有尿液排出，称为少尿或无尿。临床上表现排尿次数和每次尿量均减少或甚至久不排尿。此时，尿色变深，尿相对密度增高，有大量沉积物。按其病因可分为肾前性少尿或无尿、肾原性少尿或无尿、肾后性少尿或无尿三种情况。

④尿闭：肾脏的尿生成虽能进行，但尿液滞留在膀胱内而不能排出者称为尿闭，又称尿潴留。可分为完全尿闭和不完全尿闭。多由于排尿通路受阻所致，见于因结石、炎性渗出物或血块等导致尿路阻塞或狭窄时。膀胱括约肌痉挛或膀胱麻痹时，也可引起尿闭。

（3）排尿困难和疼痛：某些泌尿器官疾病可使牛排尿时感到非常不适，甚至呈现腹痛样症状和排尿困难，称为尿痛。病牛表现弓腰或背腰下沉，呻吟，努责，后肢踏地回顾或蹴踢腹部，并常引起排尿次数增加，频频试图排尿而无尿排出，或呈细流状或滴沥状排出也常引起排粪困难而使粪停滞。见于膀胱炎、膀胱结石。

（4）尿失禁：牛未采取一定的准备动作和排尿姿势，而尿液不由自主地经常自行流出者，称为尿失禁，通常在脊髓疾病而致交感神经调节机能丧失时，因膀胱内括约肌麻痹所引起，例如脊髓腰荐段全横径损伤。

4. 尿液的感观检查

尿液的检查对某些疾病，特别是对泌尿系统疾病的诊断具有重要意义，对肝脏病、代谢病等也有很大参考价值。

（1）尿量：健康牛一昼夜排尿 5~10 次，尿量 6~12L，最多达 25L。

（2）尿色：健康牛尿色因饲料、饮水、出汗和泌乳条件等不同而不同，新鲜尿液呈淡黄色。牛尿中含有多量的胆色素时，尿呈棕黄色、黄绿色，振荡后产生黄色泡沫，见于各种类型的黄疸。

红尿是尿变红色、红棕色甚至呈棕色的泛称，既可能是血尿，也可能是血红蛋白尿、肌红蛋白尿、卟啉尿或药尿等。

（3）透明度：健康牛新鲜尿液清亮透明，但放置不久即因磷酸盐沉淀而变混浊。

（五）神经系统检查

神经系统主要包括大脑、小脑、脑干、脊髓和周围神经等。对于神经系统的检查，主要包括精神状态、头颅和脊柱检查、运动功能、感觉功能、反射和自主神经系统功能障碍的检查，必要时要有选择地进行脑脊液穿刺诊断和实验室检查。

1. 精神状态的检查　牛的精神状态受大脑皮层的控制，牛的意识障碍提示中枢神经系统功能发生改变，表现为精神兴奋或精神抑制。检查牛精神状态，除通过向饲养员问诊外，并须注意观察和检查牛的面部表情、眼、耳、尾、四肢及皮肌的动作，身体的姿势，运动时的反应。健康牛姿态自然，动作敏捷而协调，反应灵活，病理状况下可出现精神兴奋或精神抑制。

（1）精神兴奋：精神兴奋是中枢神经功能亢进的结果。临床上表现不安、易惊，对轻微的刺激产生强烈反应，甚至挣扎脱缰，不顾一切地前冲、后退，有时攀登饲槽或顶撞墙壁，暴眼凝视不顺从饲养人员管理，乃至攻击人、畜，有时癫狂、抽搐、摔倒、骚动不安。兴奋发作，与外界影响无关，相反，在发作时可见病牛对外来刺激的感受性降低。兴奋发作时，常伴有心率增快、节律不齐、呼吸粗厉、快速等症状。精神兴奋多提示为脑膜充血、炎症，颅内压升高，代谢障碍，以及各种中毒病、日射病或热射病、各型流行性脑脊髓炎、酮病、急性铅中毒等。

（2）精神抑制：精神抑制为中枢功能障碍的另一种表现形式，乃大脑皮层和皮层下网状结构占优势的表现，根据程度不同可分为以下几种。

①精神沉郁：为最轻度的抑制现象。病牛对周围事物注意力减弱，反应迟钝，常卧地，头颈弯向胸侧。但病牛对外界刺激，尚易做出有意识的反应。

②嗜睡：为中度抑制的现象。病牛重度萎靡，躺卧而沉睡。只在给予强烈的刺激才能产生迟钝的和暂时的反应，但很快又陷入沉睡状态。见于脑炎、颅内压增高等疾病。

③昏迷：为高度抑制的现象。病牛意识完全丧失，对外界刺激全无反应，表现卧地不起，呼唤不应，全身肌肉松弛，反射消失，甚至瞳孔散大，粪、尿失

禁。虽强刺激不能引起反应，仅保留自主神经系活动，心搏和呼吸虽仍存在，但多变慢而节律不齐。重度昏迷常为预后不良征兆。见于颅内病变如脑炎、脑肿瘤、脑创伤、代谢性脑病以及由于感染、中毒引起的脑缺血、缺氧、低血糖等。

2. **头颅和脊柱的检查**　由于脑和脊髓位于颅腔和脊柱椎管中，对其直接进行检查尚有困难，所以只有利用对头颅和脊柱检查以推断脑、脊髓可能发生的变化，对于头颅和脊柱检查，可利用视诊、触诊，对头颅部也可运用叩诊。

（1）头颅部检查：应注意其形态和大小的改变，温度、硬度以及有无浊音等。头颅局限性隆突，可由于外伤、脑和颅壁的肿瘤所致。头颅部异常增大，多见于先天性脑室积水。头颅部骨骼变形，多因骨质疏松、软化、肥厚所致，常提示某些骨质代谢疾病，例如骨软症、佝偻病、纤维性骨炎等。

（2）脊柱检查：脊柱变形是临床上比较重要的症状。脊柱上弯、下弯或侧弯是因支配脊柱上下或左右的肌肉不协调，最常见的原因为脑膜炎、脊髓炎、破伤风以及骨软症等骨质代谢障碍疾病或骨质剧烈疼痛性疾病所致。由此可造成后头挛缩、角弓反张。由于后头挛缩或斜颈的结果，甚至可使牛强迫后退或圆圈运动。

（六）运动系统检查

1. **强迫运动**　强迫运动是指不受意识支配和外界因素影响，而出现的强制发生的一种不自主的运动。检查时应将病牛鼻绳等松开，任其自由活动，方能客观地观察其运动情况。

（1）回转运动：病牛按同一方向做圆圈运动，圆圈的直径不变者称圆圈运动或马场运动；以一肢为中心，其余三肢围绕这一肢而在原地转圈者称时针运动。当一侧的向心兴奋传导中断，以致对侧运动反应占优势时，便引起这种运动。转圈的方向，随病变性质、部位、大小和病期不同；或朝向患病的同侧，如颞叶部占位性病变、前庭核或迷路的一侧性损伤；或朝向患部的对侧，如四叠体后部至脑桥的一侧性损伤。牛患多头蚴病、脑脓肿、脑肿瘤等占位性病变时，常以圆圈运动或时针运动为特征，其转圈方向不仅与发病部位有关，而且与发病时期及病变大小有关。

（2）盲目运动：病牛做无目的地徘徊，不注意周围事物，对外界刺激缺乏反应。有时不断前进，一直前进到头顶障碍物而无法再向前走时，则头抵障碍而不动，故又名强制彷徨。这一症状乃因脑部炎症，大脑皮层额叶或小脑等局部病变或机能障碍所引起。

（3）暴进及暴退：病牛将头高举或沉下，以常步或速步，跟跄地向前狂进，甚至落入沟塘内而不躲避，称为暴进；如病牛头颈后仰，颈肌痉挛而连续后退，后退时常颠踬，甚或倒地，则称为暴退。

（4）滚转运动：病牛向一侧冲挤、倾倒或以身体长轴向一侧打滚时，称为滚转运动。滚转时，多伴有头部扭转和脊柱向打滚方向弯曲。出现此种症状，常是迷路、听神经、小脑脚周围的病变，使一侧前庭神经受损，从而迷路紧张性消失，以致身体两侧肌肉松弛所致。

2. 共济失调　健康牛依靠小脑、前庭、锥体束及锥体外系以调节肌肉的张力，协调肌肉的动作，从而维持姿势的平衡和运动的协调。视觉也参与维持体位平衡和运动协调的作用。如各个肌肉收缩力正常，而在运动时肌群动作相互不协调所导致牛体位和各种运动的异常表现，称为共济失调。

（1）静止性失调：即牛在站立状态下出现共济失调，而不能保持体位平衡。临床表现为头部摇晃，躯体左右摆动或偏向一侧，四肢肌肉紧张力降低、软弱、战栗、关节屈曲，向前、后、左、右摇摆。常四肢分开而广踏，力图保体位平衡。运步时，步态踉跄不稳，易倒向一侧或以腹着地。提示小脑、小脑脚、前庭神经或迷路受损害。

（2）运动性失调：即站立时可能不明显，而在运动时出现的共济失调。病牛步幅、运动强度、方向均呈现异常。临床表现为后躯踉跄，整个身躯摇晃，步态笨拙。运步时肢高举，并过分向侧方伸出，着地用力，如涉水样步态。其出现原因，主要是因深部感觉障碍，见于大脑皮层、小脑、前庭或脊髓受损伤时。运动性共济失调按病灶部位不同则可将其分为脊髓性、前庭性、小脑性以及皮质性失调四种。

（3）脊髓性失调：运步时左右摇晃，但头不歪斜。主要是由于脊髓背侧根损伤，肌、腱、关节的深感觉感受器所发生的冲动，不能由背根入脊髓，或不能沿脊髓上行到延髓而上传至丘脑，使肌肉运动失去中枢的精确调节所致。

3. 不随意运动的检查　不随意运动是指病牛意识清楚但不能自行控制肌肉的病态运动。检查不随意运动时，应注意不随意运动的类型、幅度、频率、发生部位和出现时间等。不随意运动，兽医临床上常见的有痉挛、震颤及纤维性震颤等。

（1）痉挛：肌肉的不随意收缩称为痉挛。大多由于大脑皮层受刺激，脑干或基底神经受损伤所致。按其肌肉不随意收缩的形式，痉挛可分为阵发性痉挛和强直性痉挛两种。

（2）震颤：由于相互颉颃肌肉的快速、有节律、交替而不太强的收缩所产生的颤抖现象，称为震颤。其幅度可大可小，速度可快可慢，范围可为局限性也可为大范围甚至全身肌肉震颤。检查时，应注意观察其部位、频率、幅度和发生的时间。按其发生的时间，可分为静止性震颤、运动性震颤和混合性震颤三种。

（3）纤维性震颤：是指单个肌纤维束的轻微收缩，而不扩及整个肌肉，不产生运动效应的轻微性痉挛。临床上常见其先从肘肌开始，后延及肩部、颈部和躯干肌肉的某些肌纤维，也有只见舌肌肌纤维的痉挛者。在牛患创伤性网胃心包炎、酮血症、肝脂肪营养不良、急性败血症等严重疾病时均可见之。

4. **瘫痪** 运动神经原的损伤致使肌肉与脑之间的传导中断，或运动中枢障碍所导致的发生骨骼肌随意运动减弱或丧失，称为瘫痪或麻痹。根据致病原因可分为器质性瘫痪与功能性瘫痪。器质性瘫痪是因运动神经的器质性疾病所引起。

根据瘫痪程度不同可分为完全瘫痪和不完全瘫痪。完全瘫痪简称全瘫，是横纹肌完全不能随意收缩；不完全瘫痪简称轻瘫，是随意运动仅减弱但仍能不完善的运动。按发生肢体部位又可分为单瘫、偏瘫、截瘫及交叉瘫痪。少数神经节支配部位的某一肌肉或肌群瘫痪者称为单瘫，两对称部位瘫痪者称为双瘫或两侧瘫；而躯体双侧发生瘫痪者称截瘫；一侧大脑半球或锥体传导径路受损伤所引起的半边身体瘫痪称为偏瘫；两侧不对称部位发生瘫痪者称为交叉性瘫痪。牛因背腰部损伤部位以后的背腰、臀部、尾部和后肢瘫痪者甚多见，称为腰麻痹或后躯瘫痪。

5. **感觉功能的检查** 牛的感觉功能系由感觉神经系统所完成，牛的感觉，除了视觉、嗅觉、听觉、味觉及平衡感觉外，还包括浅感觉、深感觉，它们都有各自的感受器和传入神经，产生各自的感觉。兽医临床上，将感觉功能分为浅感觉、深感觉和特殊感觉三类。

（1）浅感觉检查：浅感觉是指皮肤和黏膜感觉，包括触觉、痛觉、温觉和电的感觉等。牛主要检查其痛觉和触觉。因牛没有语言，其感觉如何只能根据运动形式加以推断。因此，在检查中不仅要考虑牛的神经活动类型，而且要注意到当时牛的心理状态。检查时要尽可能先使其安静，最好由经常饲养及管理人员在旁，并采用温柔的动作进行检查。

①感觉性增高：即轻微刺激或抚触即可引起强烈反应，除起因于局部炎症外，一般乃由于感觉神经或其传导径路被损害所致。多提示脊髓膜炎，脊髓背根损伤，视丘损伤，或末梢神经发炎、受压等。

②感觉性减退：即缺失感觉能力降低或感觉程度减弱称感觉减退。严重者，在意识清醒的情况下感觉能力完全缺失。这是由于感觉神经末梢、传导径路或感觉中枢障碍所致。

③感觉异常：不受外界刺激影响而自发产生的感觉，如痒感、蚁行感、烘灼感等。牛表现为对感觉异常部的舌舔、啃咬、摩擦、搔抓，甚至咬破皮肤而露出肌肉、骨骼仍不止。感觉异常及因感觉神经传导径路存在有强刺激而发生，可见于酮病。

（2）深感觉检查：深感觉是指位于皮下深处的肌肉、关节、骨、腱和韧带等，将关于肢体的位置、状态和运动等情况的冲动传到大脑，产生深部感觉，即所谓本体感觉，借以调节身体在空间的位置、方向等。因此，临床上根据牛肢体在空间的位置改变情况，可以检查其本体感觉有无障碍或疼痛反应等。

（3）特殊感觉：特殊感觉是由特殊的感觉器官所感受，如视觉、听觉、嗅觉、味觉等。某些神经系统疾病，可使感觉器官与中枢神经系统之间的正常联系破坏，导致相应感觉功能障碍。故通过感觉器官的检查，可以帮助发现神经系统的病理过程。但特种感觉的异常也可因非神经系统的、该感觉器官本身的疾病所引起，因此应注意加以区别。

6. **反射功能的检查**　反射是神经活动的最基本方式。无论是起源于机体内部或外部的刺激，还是由分布于各个组织和器官中的感受器官所感受，经由感觉神经经脊髓背根传至丘脑下部，然后再到大脑皮层；冲动在中枢神经系统经过分析、综合及协调后，再经脊髓腹根沿运动神经远心地传到相应组织和器官的效应器，而实现活动反应。

（1）反射种类及其检查方法：兽医临床上所检查的神经反射可分为浅反射、深反射、器官反射等，不同反射的检查，其诊断意义也不同。反射检查结果一般对神经系统受损害部位的确定有诊断价值。但对牛反射障碍检查，常难以收到满意结果，故仅简述兽医临床涉及的反射及其反射弧有关神经可为参考。器官反射有呼吸、咳嗽、心搏动、吞咽、排粪、排尿等反射。

①浅反射：指皮肤反射和黏膜反射。耳反射检查者用纸卷、毛束等轻触耳内侧被毛，正常时牛摇耳或转头。反射中枢在延髓和脊髓的第一、二颈椎段。腹壁反射用针轻刺激腹部皮肤，正常时相应部位的腹肌收缩、抖动，即为腹壁反射。眼反射和角膜反射中枢在延脑，传出神经纤维为面神经的运动纤维。

②深反射：指肌腱反射，兽医临床检查受一定局限。

（2）反射功能的病理变化：

①反射减弱或反射消失：反射减弱或反射消失是反射弧的径路受损伤所致。无论反射弧的感觉神经纤维、反射中枢、运动神经纤维的任何一部位被阻断时，或反射弧虽无器质性损害但其兴奋性降低时，都可导致反射减弱甚至消失。因此，临床检查发现某种反射减弱、消失，常提示其有关传入神经、传出神经、脊髓背根、腹根，或脑、脊髓的灰白质受损伤，或中枢神经兴奋性降低，例如意识丧失、麻醉、虚脱等。

②反射增强或亢进：反射增强或亢进是反射弧或中枢兴奋性增高或刺激过强所致；或因大脑对低级反射弧的抑制作用减弱、消失所引起。因此，临床检查发现某种反射亢进，常提示其有关脊髓背根、腹根或外周神经过敏、炎症、受压和脊髓膜炎等。在破伤风、士的宁中毒、有机磷中毒等常见全身反射亢进。

五、建立诊断方法、步骤

诊断是认识疾病的过程，是从疾病的现象到本质的认识过程。诊断的目的是透过现象深入认识疾病的本质。建立诊断就是诊断的形成。为能正确地诊断，就必须运用正确的方法和步骤。

（一）建立诊断的方法

1. **论证诊断法** 论证诊断法是根据可以反映某疾病本质的特有症状，提出疾病的假定诊断，再将获得的资料和症状与假定的疾病加以比较和分析，如大部分主要症状和条件能解释疾病的表现，则这一诊断即可成立，建立初步诊断。

论证诊断以丰富而确切的病史、症状资料为基础，但同一疾病的不同类型、程度或时期，所表现的症状不尽相同。此外，牛的种类、品种、年龄、性别及个体的营养条件和反应能力不一，会使其呈现的症状发生差异。所以，论证时应根据具体情况记忆认真分析。

论证诊断应以病理学为基础，从整个疾病考虑，以解释所有现象，并找出各个变化之间的关系。对并发症与继发症、主要疾病与次要疾病、原发病与继发病要有明确认识，以求深入认识疾病本质和规律，制定合理的综合防治措施。

2. **鉴别诊断法** 鉴别诊断法是根据某一个或某几个主要症状，提出的一组可能的、相近似的而有待区别的疾病，再从病因、症状、发病经过等方面进行分析和比较，采用排除法排除可能性较小的疾病，最后留下一个或几个可能性较大的疾病，作为初步诊断结果，并通过治疗实践的验证，最后做出确切诊断。

论证诊断法和鉴别诊断法在疾病诊断中互相补充，相辅相成。一般当提出某一疾病的可能性诊断时，主要通过论证方法，并适当与近似的疾病加以区别，进而做出肯定或否定结论。但当提出有几种疾病的可能性诊断时，则首先应进行比较、鉴别，经逐个排除，对最后留有的可能性疾病加以论证。如此经过论证与鉴别或鉴别与论证的过程，假定的可能性诊断即可成为初步诊断。

（二）建立诊断的步骤

建立诊断的步骤首先是通过病历调查、一般检查和分系统检查，并根据需要进行必要的实验室检验或 X 射线检查，系统全面地收集症状和有关发病经过资料。然后，对所收集到的症状、资料进行综合分析、推理、判断，初步确定病变部位、疾病性质、致病原因及发病机制，建立初步诊断。最后，依据初步诊断实施防治，以验证、补充和修改，对疾病做出确切诊断。

搜集病料、综合分析、验证诊断是诊断疾病的三个基本步骤。三者互相联系，相辅相成，缺一不可。其中搜集病料是认识疾病的基础，分析病症是建立初步诊断的关键，而实施防治、观察效果是验证和完善诊断的必由之路。

（三）预后判断

1. **预后良好** 是指估计不仅能被完全治愈，而且会保持原有的生产能力和经济价值。

2. **预后不良** 是指估计牛会死亡或丧失生产能力和经济价值。

3. **预后慎重** 是指结局良好与否不能判定，有可能在短时间内完全治愈，也有可能转为死亡或丧失其生产能力和经济价值。

4. **预后可疑** 是指材料不全，或病情正在发展变化之中，结局尚难推断，一时不能做出肯定的预后。

可靠的预后判断，必须建立在正确诊断的基础上，这不仅要求具有丰富的临床经验和一定的专业理论水平，还要充分考虑具体病例的个体条件和有无并发症，并且随时注意疾病发展过程中出现的新变化。对重症病例应注意心脏、呼吸、体温、血象等的变化。

（四）病历记录

病历记录是诊疗机构的法定文件，可供内部诊疗人员和外来工作者查阅和参考，并成为法医学的根据。因此，必须认真填写，妥善保管。

1. **填写病历的原则**

（1）全面而详细：应将所有关于问诊、临床检查、特殊检查的所见及结果，都详尽地记录。某些检查项目的阴性结果，亦应记入，其目的是可作为排除某诊断的依据。

（2）系统而科学：所有内容应按系统或检查部位有顺序地记载，以便于归纳、整理各种症状和所见，应以通用名词或术语加以客观描述，不宜以病名概括所见现象。

（3）具体而肯定：各种症状的表现和变化，力求真实具体，最好以数字、程度标明或用实物加以恰当的比喻，必要时附上简图，进行确切地形容和描述。避免用可能、似乎、好像等模棱两可的词句，至于一时无法确定的，可在词语后加问号，表示继续观察。

（4）通俗而易懂：记录词句应通俗、简明，有关主诉内容，可用畜主自述话语记录。

2. **病历内容** 记录牛的名称、特征、主诉及问诊资料。在临床检查资料方面，首先，记录体温、脉搏、呼吸数。其次，记录整体状态以及被毛皮肤情况、眼结膜颜色、浅表淋巴结及淋巴管的变化。第三，按心血管系统、呼吸系统、消化系统、泌尿生殖系统、神经系统顺序，逐一记录检查结果的症状、变化；也可按照头颈部、胸部、腹部、臀尾、四肢等躯体部位和器官记录。第四，则为辅助和特殊检查结果，或以附表形式记录。

（五）总结

治疗结束时，以总结的方式，概括诊断、治疗结果，并对今后生产能力加以评定，并指出在饲养管理上应注意的事项。如发生死亡转归时，应进行尸体剖检并附病理剖检报告。最后整理、归纳诊疗过程中的经验、教训或附病例讨论。

第二节　实验室诊断技术

一、血液检查

（一）血液样品的采集和处理

血液样本的质量直接影响血液实验室检查结果的准确性和可靠性，不正确采集和处理血样，可引起血细胞及血液生化指标异常。

1. 血液样品的采集

（1）血液样本的种类：血液样本的种类有全血、血浆和血清三种。全血是指液态血液，主要用于全血细胞成分检查。血浆是指含有抗凝剂的血液取出血细胞后剩余的液体部分，常用于血液生化检测、凝血因子检查等。血清是指不含抗凝剂的血液凝固后析出的液体，可用于血液生化检查和血清学检查。

（2）血液样本的采集：牛一般于颈静脉处采集血液，也可于乳静脉或尾中静脉采血。从颈静脉采血时，将牛头保定，站立于牛颈侧，用一手手指压住颈静脉近心端，使静脉怒张；另一手持注射器针头或采血针头刺入颈静脉，将针头向近心端反方向推入，见血后连接注射器或采血针，采集血液。

2. 血液样品的处理　制备血清样本时，将采集的血液直接注入不含抗凝剂的试管内，置于室温下使其自然凝固，析出血清。制备全血或血浆样品时，在采血前应在采血管中加入抗凝剂，制备抗凝管。

（二）血液常规检查

1. 细胞沉降速度的测定　红细胞沉降率简称血沉率，是指在室温下观察抗凝血中红细胞在一定时间内在血浆中的沉降速率。测定血沉率的方法很多，兽医临床上常用魏氏法。

2. 血红蛋白的测定（沙利氏比色法）　血红蛋白测定是指测定并计算出每升血液中血红蛋白的克数。

临床意义：血红蛋白增多主要见于脱水，血红蛋白相对增加。也见于真性红细胞增多症，是一种原因不明的骨髓增生性疾病，目前认为是多能干细胞受累所致。其特点是红细胞持续性显著增多，全身总血量也增加。血红蛋白量减少主要见于各种贫血。

3. 红细胞压积容量测定　红细胞压积又称红细胞比容，是指红细胞在血液中所占容积的比值，测定时将抗凝血在一定的条件下离心沉淀，即可测得每升血液中血细胞所占容积的比值。

红细胞压积增高见于各种原因所引起的血液浓缩，使红细胞相对性增多，如急性胃肠炎、肠便秘、肠变位、瓣胃阻塞、渗出性胸膜炎和腹膜炎，以及某些传染病和发热性疾病。

由于红细胞压积增高的数值与脱水程度成正比，因此在临床上可根据这一指标的变化推断机体的脱水情况，并计算补液的数量及判断补液量的实际效果。红细胞压积降低见于各种贫血，但降低的程度并不一定与红细胞数一致，因为贫血有小细胞性贫血、大细胞性贫血及正细胞性贫血之分。

4. 红细胞计数 红细胞计数是指计算每升血液内所含红细胞的数目。红细胞计数的方法有显微镜计数法、血沉管计数法、光电比色法、血细胞电子计数器计数法等。目前在兽医临床上使用最广泛的是显微镜计数法。

健康牛红细胞数为 600 万~800 万/μL。由于血红蛋白是红细胞的内含物，占红细胞重量的 32%~36%，或红细胞干重的 96%，因此红细胞数与血红蛋白含量的增多或减少通常是平行的相对关系。但在某些类型贫血时，如低色素贫血时，红细胞与血红蛋白降低的程度常不一致，血红蛋白的降低比红细胞明显。故同时测定红细胞数与血红蛋白量做比较，对诊断更有实际意义。

5. 白细胞计数 白细胞计数是指计算每升血液内所含白细胞的数目。白细胞计数的方法有显微镜计数法和血细胞电子计数器计数法等。

健康牛白细胞的正常值为 8 000~9 000 个/μL。当白细胞数高于参考值的上限时，称白细胞增多。见于大多数细菌性传染病和炎性疾病，如炭疽、腺疫、巴氏杆菌病、纤维素性肺炎、小叶性肺炎、腹膜炎、肾炎、子宫炎、乳房炎、蜂窝织炎等疾病。此外，还见于白血病、恶性肿瘤、尿毒症、酸中毒等。当白细胞数低于参考值的下限时，称白细胞减少。见于某些病毒性传染病及各种疾病的濒死期和再生障碍性贫血。此外，还见于长期使用某些药物时，如磺胺类药物、青霉素、链霉素、氨基比林、水杨酸钠等。

二、血清离子的检查

1. 血清钙 钙离子是机体各项生理活动不可缺少的离子。它可以维持细胞膜两侧的生物电位，维持正常的神经传导功能，维持正常的肌肉伸缩与舒张功能以及神经-肌肉传导功能，还有一些激素的作用机制均通过钙离子表现出来。

轻度的血钙升高与血浆中白蛋白密切相关，在兽医临床实际中，常见于过度使用葡萄糖酸钙。病理性血钙升高多是由于甲状腺功能亢进的结果。高钙的主要症状表现为多尿。血钙降低在乳牛是十分常见的，常于分娩后发生。这是泌乳因素、激素因素和泌乳早期对钙的过度需求共同作用的结果。

2. 血清钾 钾离子是细胞内液的主要阳离子，体内 98% 的钾存在于细胞内。心肌和神经肌肉都需要有相对恒定的钾离子浓度来维持正常的应激性。血清钾过高时，对心肌有抑制作用，可使心跳在舒张期停止；血清钾过低时，能使心肌兴奋，可使心跳在收缩期停止。血钾对神经肌肉的作用与心肌相反。正常情况下，日粮中的钾含量能足以满足机体的需要，不会出现缺钾。

血钾升高见于钾排出减少，如肾功能衰竭少尿期，长期使用利尿剂，肾上腺皮质功能减退，肾小管排钾功能缺陷，尿毒症以及溶血等。血钾降低见于钾丢失过多引起，如严重腹泻、肾上腺皮质功能亢进，应用排钾利尿剂等。

3. **血清钠** 血清钠离子是机体血浆渗透压重要的溶质成分，钠离子和水的正常代谢及平衡，直接关系到机体内环境的稳定，而钠离子与水两者之间又相互依赖，彼此影响。任何一个方面发生变化，必然会引起另一个方面的改变，影响机体的代谢。血清钠离子浓度的变化直接影响着血浆渗透压的高低，因此，血钠离子的浓度实际上就是渗透浓度的反映。正常情况下，日粮中的钠含量能足以满足机体的需要，不会出现缺钠。所以很少发生钠缺乏问题。但在长期出汗过多、腹泻及肾上腺皮质不足等情况下，会发生钠缺乏症。钠缺乏症可造成生长缓慢、食欲减退，由于失水体重减轻、泌乳减少、肌肉痉挛等病症。血钠升高可引起脑细胞吸收水分过多，进而引发中枢神经系统症状。

4. **血清磷** 血清磷主要是指血中的无机磷，健康牛血清磷浓度为 $1.0\sim2.5mmol/L$。幼龄牛的血清磷水平比成年牛的高。血清磷升高，在慢性肾病中最为常见，因肾功能排泄功能下降，血清磷浓度升高。典型血钙降低，即为奶牛产后低钙血症。牛表现为意识清醒，食欲、反刍、排粪尿正常，且无内科或外科疾病，但就是不能站立。

5. **血清氯** 氯离子是细胞外液主要的阴离子，在维持细胞外液渗透压上起重要作用。红细胞和血浆之间存在氯离子和碳酸氢离子离子交换，当血浆碳酸氢离子增高时，碳酸氢离子从血浆进入红细胞，红细胞中的氯离子进入血浆，以维持电荷平衡，这一过程称为氯离子转移。通过氯离子转移可调节血浆碳酸氢离子浓度，从而调节酸碱平衡。血浆氯离子浓度降低时，红细胞中的碳酸氢离子向血浆转移，可导致低氯性碱中毒；血浆氯离子浓度增高时，血浆中的碳酸氢离子向红细胞转移，导致高氯性酸中毒。血浆氯升高，常发生于酸中毒中，也见于与高钠血症有关的疾病。血氯减少，常发生于碱中毒中，也见于与低钠血症有关的疾病。治疗氯的紊乱，主要是纠正酸碱平衡。

三、尿液常规检查

尿常规检查在临床上是不可忽视的一项初步检查，不少肾脏病变早期就可以出现蛋白尿或者尿沉渣中有形成分。一旦发现尿异常，常是肾脏或尿路疾病的第一个指征，亦常是提供病理过程本质的重要线索。

（一）尿液的采集和保存

有条件时用清洁的容器在牛排尿时直接接取尿液，必要时可进行人工导尿。尿液采集后因立即检查，如不能及时送检。需根据检查项目加入适当的防腐剂，以防止尿液发酵和分解，但不可在做细菌学检查的尿样中加防腐剂。

常用的防腐剂有：甲苯（按尿量的 0.5%~1.0% 添加）、硼酸（按尿量的 1/400 添加）、甲醛（每 100mL 加 3~4 滴）和麝香草酚（100mL 尿液中加 0.1g）。

（二）尿液物理学检查

1. **尿量**　一般情况下正常牛一昼夜排尿 6~12L。但饮水量、运动、出汗、气温及泌乳皆可影响尿量。病理情况下，尿量增加见于肾充血、肾萎缩、饲料中毒、犊牛发作性血色素尿症、急性热性病的减热期；尿量减少见于肾瘀血、急性肾炎、心功能不全、腹泻和发汗等。

2. **尿色**　正常尿液为淡黄色，常受饲草、运动、出汗等影响。肝细胞性黄疸、阻塞性黄疸时见橘黄色或深黄色，即胆红素尿，如服用核黄素、复合维生素 B、呋喃类药物亦可呈深黄色，应与上述胆红素尿区别；泌尿系统肿瘤、结石、结核或外伤及急性炎症时出现血尿，外观呈红色，显微镜下可见大量红细胞，尿中出现大量白细胞、微生物、上皮细胞或有大量非晶形磷酸盐及尿酸盐时呈乳白色。

3. **透明度**　新鲜尿清澈透明无沉淀，如放置一段时间后尿液混浊，往往由于白细胞、上皮细胞、黏液、微生物等引起，需做显微镜检查予以鉴别。

4. **相对密度**　尿液的相对密度在 $1.015~1.025g/mm^3$，犊牛的尿相对密度偏低，尿相对密度受年龄、饮水量和出汗的影响。尿相对密度的高低，主要取决于肾脏的浓缩功能，故测定尿相对密度可作为肾功能检验之一。尿相对密度增加见于热性病、急性肾炎、心力衰竭；尿相对密度减低，可见于慢性肾小管性肾炎、酮尿症以及使用利尿剂之后。

5. **气味**　牛尿液中存在挥发性有机酸，因此，有特殊气味，在病理状态下可发生改变。尿液中有氨味，见于膀胱炎或膀胱积尿；尿液有腐败臭味，见于尿路溃疡、坏死或化脓性炎症；尿液有丙酮味，见于酮血症或产后瘫痪。

（三）尿液化学检查

1. **酸碱度**　正常牛尿呈弱碱性。牛尿液变为酸性，见于酮血病、饥饿、大出汗、纤维素性骨营养不良、消耗性疾病及一些热性病。

2. **蛋白质**　健康牛尿液中仅有微量的蛋白质，一般方法不能检出。检验尿液中的蛋白质时，被检尿液必须澄清透明，必要时需经过过滤或离心沉淀。临床上常用试纸法、煮沸加酸法及磺基水杨酸法对尿蛋白进行定性检验，尿蛋白定量检查常用双缩脲比色法。

牛大量食用高蛋白饲料，剧烈运动，怀孕母牛以及新生犊牛可出现暂时性尿蛋白，这属于生理现象。病理状态下，出现尿蛋白，主要是肾脏疾病引起。此外，当牛患尿道感染、膀胱炎、肝脏疾病时，也会引起尿蛋白。当尿蛋白含量高达 0.5%，而且持续不下降者，表示预后不良。

3. **潜血** 健康牛尿液中不含红细胞或血红蛋白。当尿液中存在不能用肉眼直接观察出来的红细胞或血红蛋白叫潜血。尿液中出现红细胞，见于尿路出血。

4. **酮体** 酮体由肝脏产生，是脂肪酶分解代谢的产物。酮体经血液运送到其他组织被氧化成二氧化碳和水，当碳水化合物代谢发生障碍时，脂肪的分解代谢加速，产生酮体的速度超过肝外组织利用速度，酮体就会聚集，即为酮症。过多的酮体经由尿液排出体外，称为酮尿。

5. **亚硝酸盐** 健康泌尿系统中含有硝酸盐。当尿路感染时，尿路中的细菌可将硝酸盐还原成亚硝酸盐。因此，如果亚硝酸盐定性试验为阳性，则表示有细菌存在，见于膀胱炎和菌尿症等。值得说明的是，亚硝酸盐定性试验为阴性，并不表示没有细菌感染，因为不具备还原能力的细菌病不能将硝酸盐还原为亚硝酸盐。

（四）尿液沉渣检查

1. 尿液沉渣标本的制作和镜检

（1）标本制作：取新鲜尿液5~10mL置于沉淀管内，1 000转/分离心5~10分钟；取上清，留0.5mL尿液；将留下的尿液摇匀，用吸管吸取1滴5%卢戈碘液（碘5g，碘化钾15g，蒸馏水100mL），盖上盖玻片即可。

（2）标本镜检：镜检时，将集光器降低，缩小光圈，使视野稍暗，以便发现曲光力较弱的成分；先用低倍镜全面观察标本情况，找到视野后，再换高倍镜仔细辨认细胞成分和管型等。

2. 无机沉渣检查 尿中无机沉渣是指各种盐类结晶和一些非结晶物。碱性尿中无机沉渣主要包括草酸钙、尿酸、磷酸铵镁结晶。病理性结晶主要有胱氨酸结晶、亮氨酸结晶、酪氨酸结晶、胆固醇结晶、放射造影剂结晶、磺胺类药物结晶、阿司匹林结晶、磺基水杨酸结晶等。牛尿液中缺乏碳酸钙时，提示尿液呈酸性，如无明显饲养因素影响，则为病态。

3. 有机沉渣检查

（1）血细胞：高倍镜下，每个视野尿红细胞大于3个时，可认为红细胞超标，可提示肾脏和泌尿系统的多种疾病。也可见于剧烈运动后，外伤性的导尿。血尿可见于肾盂肾炎、肾结石、肾肿瘤和泌尿道的其他恶变，也可见于出血性疾病。高倍镜下，每个视野尿白细胞大于5个时，提示泌尿道感染。脓尿还可见于急性肾小球肾炎。

（2）上皮细胞：出现大量的肾性上皮细胞，可提示活动性的肾小管变性。这些细胞常见于急性坏死和肾乳头炎性坏死。

（3）管型：尿沉渣中管型可分为红细胞管型、白细胞管型颗粒管型和透明管型。尿沉渣中红细胞管型指标异常提示急性肾小球肾炎、肾梗塞、胶原组织疾病；而尿沉渣中白细胞管型指标异常可见于急性肾小球肾炎肾综合征或肾盂肾炎；透明管型的形成与肾小球毛细管的损害有关。

（4）颗粒管型：颗粒管型分为"粗颗粒"和"细颗粒"，在正常尿液中可见到一个颗粒管型。大多数情况下，颗粒管型提示肾盂肾炎，还可见于慢性肾脏疾病。

四、粪便检查

粪便检查常用于诊断寄生虫病，了解消化器官的功能以及有无炎症、出血或其他病理变化。一般检查时，采取少量粪便即可。通常粪便排出立即采集没有接触地面的部分，盛于清洁的干燥的纸盒或广口瓶中，但不能采集陈旧或被尿液污染的粪便，将其采集于试管中；做细菌学检查时应采集于灭菌的试管中；无粪便可以采的而必须检查时，可从直肠采粪。

（一）粪便的物理学检验

1. **数量**　健康牛一昼夜排粪量 2.5~3.0kg。排粪量增加常见于胃肠有炎症或肠道功能紊乱时。若排粪量减少，常见于肠变位、便秘及肠鼓气及胃肠迟缓等。

2. **气味**　健康牛的粪便无难闻的臭味。当消化不良及患胃肠炎时，由于内容物的腐败发酵，粪便有腐败或酸败味。

3. **异常混合物**

（1）黏膜：正常粪便表面有极微量的黏液层，粪便黏液层增多表示肠管有炎症或排便迟滞。

（2）伪膜：粪便上有伪膜，提示患纤维素性或病毒性腹泻。

（3）食物残渣：正常情况下少量见到食物残渣，若其增多提示消化吸收不良。

（4）血液：粪便中有血液或血凝块，常提示患肠道出血性病变。

（5）脓汁：见于细菌性痢疾、直肠脓肿破溃等。

（6）沙砾等其他异物：见于异食癖。

（二）粪便的化学检查

1. **酸碱度检查**　粪便的酸碱度与日粮成分及肠内容物的发酵或腐败过程有关。正常情况下牛粪便呈碱性。粪便酸碱度检查一般用 pH 试纸测定粪便的 pH 值。

2. **粪便潜血检验**　粪便潜血检验方法同尿液潜血检验，粪便潜血检验阳性见于出血性胃肠炎以及其他引起胃肠道出血的疾病。

（三）粪便中寄生虫的检查

1. **直接涂片法**　在清洁的载玻片上滴 1~2 滴水或 1 滴甘油与水的等量混合液，其上加少量粪便，用火柴棍仔细混匀。再用镊子去掉大的草棍和渣子等，之后加盖玻片，置光学显微镜下观察虫卵或幼虫。另一方法是直接涂片法的改良法叫回旋法。取 2~3g 粪样加清水 2~3 倍，充分混匀成悬液。后用玻璃棒搅拌 0.5~1 分钟，使之成回旋运动，在搅拌过程中迅速提起玻璃棒，将棒端附着的液体放于载片上涂开，加上盖片在镜下检查。检查时多取几滴悬液。该方法的原理是由于回旋搅动的结果，可使玻璃棒端悬液小滴中附有较多量的寄生虫卵或幼虫。

2. **漂浮法** 取新鲜粪便 2g 放在平皿或烧杯中，用镊子或玻璃棒压碎，加入 10 倍量的饱和盐水，搅拌混合，用粪筛或纱布过滤到平底管中，使管内粪汁平于管口并稍隆起为好，但不要溢出。静置 30 分钟左右，用盖片蘸取后，放于载片上，镜下观察；或用载片蘸取液面后翻转，加盖片后镜检；也可用特制的铁丝圈进行蘸取检查。

3. **沉淀法** 其原理是利用虫卵相对密度比水大的特点，让虫卵在重力的作用下，自然沉于容器底部，然后进行检查。沉淀法可分为离心沉淀法和自然沉淀法两种。

（1）离心沉淀法：通常采用普通离心机进行离心，使虫卵加速集中沉淀在离心管底，然后镜检沉淀物。方法是取 5g 被检粪便，置于平皿或烧杯中，加 5 倍量的清水，搅拌均匀。经粪筛和漏斗过滤到离心管中。置离心机上离心 2~3 分钟，然后倾去管内上层液体，再加清水搅匀，再离心。这样反复进行 2~3 次，直至上清液清亮为止，最后倾去大部分上清液，留约为沉淀物 1/2 的溶液量，用胶帽吸管吹吸均匀后，吸取 2 滴粪汁置载玻片上，加盖玻片镜检。

（2）自然沉淀法：操作方法与离心沉淀法类似，只不过是将离心沉淀改为自然沉淀过程。沉淀容器可用大的试管进行。每次沉淀时间约 30 分钟。自然沉淀法缺点是所需时间较长，但其优点是不需要离心机，因而在基层乡下操作较为方便。

4. **虫卵计数法** 虫卵计数法主要用于了解牛感染寄生虫的强度及判断驱虫的效果。方法有多种，这里介绍两种常用的计数方法。

（1）麦克马斯特法：取 2g 粪便混匀，放入装有玻璃珠的小瓶内，加入饱和盐水 58mL 充分振荡混合，通过细的粪筛过滤，后将滤液边摇晃边吸管吸出少量滴入计数室内，置于显微镜台上，静置几分钟后，用低倍镜将两个计数室内见到的虫卵全部数完，取平均值，再乘以 200，即为每克粪便中的虫卵数。

（2）斯陶尔法：特制球状烧瓶，在瓶的下颈部有两个刻度，下面为 56mL，上面为 60mL。计数时，先加入 0.1N（或 4%）NaOH 溶液加至 56mL 处，再徐徐加入捣碎的粪便，使液面达 60mL 处为止。然后加入 10 多个玻璃小球，充分振荡，使呈细致均匀的粪悬液。后用吸管吸取 0.15mL 置载玻片上，盖以不小于 22mm×40mm 的盖玻片镜检计数。所见虫卵总数乘以 100，即为每克粪便中的虫卵数。

除上述方法之外，也可以用漂浮法或沉淀法来进行虫卵计数。即称取一定量粪便，加入适量的漂浮液或水后，进行过滤，而后或漂浮或进行反复水洗沉淀，最后用盖玻片或载玻片蘸取表面漂浮液或吸取沉渣，进行镜检，计虫卵数。计数完一片后，再检查第二片、第三片，直到不再发现虫卵或沉渣全部看完为止。然后将见到的虫卵总数除以粪便克数，即为每克粪便虫卵数。

五、瘤胃内容物的检查

（一）瘤胃内容物的采集

用量较少时，可用长针头在左侧肷窝部穿刺抽取。亦可在反刍时，用手将刚吐出的食团由口腔内取出，榨取瘤胃液。用量较多或牛反刍废绝时，一般通过插入胃导管抽取。由口腔插入粗口径的胃导管，确证进入瘤胃内后，将牛头压低用唧筒抽吸，有时亦可自行流出。采集的瘤胃内容物，在一般感观检查后，可用两层纱布滤去粗纤维，作为检查纤毛虫用。

（二）物理检查

1. **气味**　正常时具有芳香气味。瘤胃酸中毒时，由于乳酸增多，常呈酸臭味。氨过多时，有腐败臭味。

2. **颜色**　正常为淡绿色或绿色，以青贮料为主时，呈黄褐色。瘤胃酸中毒时，常呈乳灰白色。

3. **黏稠度**　正常瘤胃液有一定的黏稠度。在瘤胃酸中毒和第四胃移位时，常呈稀薄水样。

（三）酸碱度的测定

取新采集的瘤胃液，先用广范围 pH 试纸，后用精密 pH 试纸测定。正常瘤胃液的 pH 值在 6.5~7.5，低于 6.5 或高于 7.5 时，应考虑为异常。pH 值 6.0 以下或 8.0 以上，应考虑乳酸过多或氨过多。瘤胃酸中毒时 pH 值可降至 4.0~4.8。

（四）纤毛虫检查

1. **纤毛虫运动性观察**　取新采集的瘤胃液，用 4 层纱布滤过后，滴在载玻片上涂成薄层后，用低倍镜观察 10 个视野，计算每个视野中纤毛虫的平均数，并计算其中有活动力的纤毛虫百分数。采集后的纤毛虫，由于受温度的影响，其活力逐渐下降，最好使用显微镜保温装置，如无条件时，可将玻片在酒精灯上稍加温后立即镜检。一般认为，样品采集后 45 分钟内检测，纤毛虫活力为 4.6%~5.0%。

2. **纤毛虫计数**　有条件时应用特制加深的血细胞计数板，一般情况下可利用普通的血细胞计数板加以改制。将滤过的瘤胃液直接滴在计数板上，再加上盖片，按白细胞计数法计数。但计算时不应乘稀释倍数，并应换算为每毫升瘤胃液中的纤毛虫数。

正常时每毫升瘤胃液中约含 40 万个纤毛虫，如低于 1 万个，即可提示为消化器官疾病或消化功能紊乱。

（五）纤维素消化试验

做纤维素消化试验时，取 10mL 瘤胃过滤液，加 10% 葡萄糖 0.2mL，再加入 1g 纯纤维素，置于 39℃ 水溶液中，静置，观察纤维素消化时间。健康牛为 48~54 小时，若大于 60 小时则说明消化功能减退。

六、胸、腹腔穿刺液的检验

（一）胸、腹腔穿刺液物理性质的检查

1. **颜色与透明度**　在光线明亮处观察，正常胸、腹腔液为无色或微带黄色的透明液体。炎性渗出液为黄、淡红或红黄色，混浊半透明。非炎性的漏出液为稀薄、淡黄、透明的液体。若为血样液体，可能是出血性炎症或内脏破裂。

2. **凝固性**　正常的胸、腹液不凝固。炎性渗出液因含多量纤维蛋白原，故易凝固，非炎性漏出液不易凝固，但放置时可有微细的纤维蛋白凝块析出。

3. **相对密度**　测定方法与尿相对密度的测定方法同。渗出液的相对密度在 $1.018g/mm^3$ 以上，漏出液的相对密度在 $1.018g/mm^3$ 以下。

（二）胸、腹腔液的检验

胸、腹腔液的检验主要是检验蛋白质的性质与含量，以便鉴别是渗出液还是漏出液。

1. **黏蛋白定性试验**　胸（腹）膜的炎性过程中，可渗出大量的浆液黏蛋白，它是一种酸性糖蛋白，等电点在 pH 值 3~5，在稀释的冰醋酸溶液中，可产生白色云雾状沉淀。用毛细滴管吸取被检穿刺液，滴管尖端接近稀醋酸液液面时，滴加穿刺液 1~2 滴。在穿刺液下沉时，如有白色云雾状物自上而下直至管底者，为阳性反应，说明是渗出液；若无云雾状痕迹，或微有混浊，在下沉中途消失者，为阴性反应，说明是漏出液。

2. **蛋白质定量**　胸（腹）腔穿刺液的蛋白质定量可用尿蛋白试纸法测定，但应注意胸、腹腔穿刺液含蛋白质较多，故应将穿刺液稀释 10 倍后进行测定。必要时，可用血液检验中血清总蛋白定量法测定。渗出液含蛋白质在 4% 以上，漏出液常在 2.5% 以下。

（三）胸、腹腔液的显微镜检查

1. **细胞计数**　包括红细胞、白细胞、间皮细胞等。可用红，白细胞计数的方法计数，细胞少时，用生理盐水做 20 倍稀释；细胞多时，用生理盐水稀释 100 或 200 倍。

2. **白细胞分类计数**　将穿刺液离心后，倾去上清液，取 1 滴沉淀物置载玻片上涂片，用瑞氏染色法染色，油镜观察。在化脓性炎症及结核性胸膜炎的初

期，嗜中性白细胞大量增加。慢性胸、腹膜炎及牛的结核性胸膜炎的中后期，淋巴细胞大量增加。

（四）胸、腹腔液检验的临床意义

1. **鉴别液体的性质**　胸、腹腔液检验的主要目的是鉴别液体的性质，是炎性渗出液还是因循环障碍而引起的漏出液。

2. **判定预后**　在某些情况下，穿刺液的检验可对疾病的确诊提供可靠的证据并判定预后的好坏。如直肠检查时，因动作粗暴而损伤直肠后，究竟是穿孔还是未穿孔，可进行腹腔穿刺加以鉴别。直肠穿孔后，穿刺液呈淡红或血样，或呈黄绿色，混有或多或少的粪渣。腹腔穿刺液中混有饲料碎片，是胃或肠破裂。膀胱破裂后，穿刺液有尿臊味。在胸膜疾病过程中，胸腔穿刺液由浆液性转变为脓性或腐败性时，也多为预后不良。

七、细菌学检查技术

牛检疫工作中，很多传染病根据临床症状和病理变化很难确诊。要想查明传染病的病原和毒型，迅速采取有效的控制、扑灭措施，就必须通过尸体剖检，采取典型病料进行实验室检查。因此，正确掌握病料的采取、保存和送检方法，对正确诊断牛传染病具有重要意义。

（王宏伟　宋超　王亚垒）

第三节　奶牛尸体剖检病理诊断技术

病理剖检信息对检验病牛临床诊断的准确性，对群发病进行死后诊断，及早提出防治措施具有重大的意义。在实践中，有条件的情况下要尽可能多地进行病牛的尸体剖检，必要时可剖杀典型病牛。

一、牛死亡尸体变化

牛死亡后，有机体变为尸体，受体内酶和细菌的作用以及外界环境的影响，逐渐发生一系列的死亡变化，其中包括尸冷、尸僵、尸斑、血液凝固、尸体自溶与腐败等。在检查判断大体病变前，正确地辨认尸体的变化，有助于我们判断尸体是否能进行病理剖检（尸僵不全或不出现尸僵的可疑尸体，确定为炭疽的不能剖检）、是否有剖检意义（一般死后超过 24 小时的尸体失去剖检意义）；避免把某些死后变化误认为生前的病理变化；指导我们对病牛尸体做相应的无害化处理。

1. **尸冷**　牛死亡后，机体内产热过程停止，尸体温度逐渐降至同于外界环境温度的水平。尸体温度下降的速度，在最初几小时较快，后渐变慢。通常在室温条件下，一般以 1℃/时的速度下降，因此牛的死亡时间大约等于牛的体温与尸体温度之差。了解或测定尸冷有助于确定死亡时间。环境温度会影响尸体温度下降的速度，环境温度高将延缓尸冷的过程，相反则加快该过程。

2. **尸僵** 牛死后几小时（一般 1.5~6 小时），即从头部开始，各部位的肌肉痉挛性收缩而变为僵硬，各关节不能屈伸，尸体固定成一定的姿态，这种现象称尸僵。尸僵保持一天到两天，可因外界温度高低、尸体体质情况、死因的不同而出现有早有晚。48 小时后就解僵（从头开始）。如果尸僵提前，则提示急性死亡、高热、剧烈运动（破伤风），如果尸僵拖后，则提示恶病质或者烈性传染病（炭疽）。

3. **尸斑** 牛死亡后，心脏和大动脉管有临终收缩及尸僵的发生，将血液排挤到静脉系统内，并由于重力作用，血液流向尸体的低下部位，使该部血管充盈血液，组织呈暗红色（死后 1~1.5 小时出现）。尸斑在尸体倒卧侧的皮肤、肺、肝、肾等表现均很明显。要注意不要把这种病变与生前的充血、淤血相混淆。在采取病料时，如无特异病变或特殊需要，最好不取这些部位的组织作为病料。

4. **血液凝固** 牛死后不久，心脏和大血管内的血液即凝固成血凝块。死亡较慢者，血凝块往往分为两层，上层呈黄色鸡油样的是血浆，下层呈暗红色的为红细胞；急性死亡者，血凝块呈一致的暗紫红色。死于败血症或窒息、缺氧的牛，血液凝固不良并呈暗褐色。剖检时注意将血凝块与生前形成的血栓相区别。

5. **尸体自溶** 尸体自溶是指体内组织受到酶（细胞溶酶体的酶）的作用而引起自体消化的过程，表现最明显的是胃和胰腺。当外界气温高时，死亡时间较久的尸体常见到胃肠道黏膜脱落，就属自溶现象。

6. **尸体腐败** 尸体腐败是指尸体组织蛋白由于细菌的作用而发生腐败分解的现象。参与腐败过程的细菌主要是来自肠道内的厌氧菌，也有从体外进入的，腐败的尸体表现腹围膨大、尸绿、尸臭。死于败血症或大面积皮肤创伤化脓的尸体，腐败速度更快。尸体腐败后破坏了生前的病变，因此，牛死后应尽早进行剖检。

7. **死后鼓气** 牛死后因胃肠内细菌繁殖，胃肠内容物腐败发酵、产生大量的气体，这种现象在反刍兽中的前胃中最为明显，此时胃肠中充满气体，使得尸体的腹部鼓胀，肛门突出，严重时可发生腹壁或横膈的破裂。

二、尸体剖检的过程

（一）尸体登记

记录送检人姓名、送检单位与地址、牛种类、性别、年龄、特征、临床摘要和诊断、死亡时间、送检时间、剖检人姓名、剖检地点、剖检时间和在现场主要参加人姓名都需要完整登记和签名。

（二）尸体的剖检

1. **体表检查**　剖检前对尸体体表进行仔细检查，如姿势、卧位、尸僵、腹部鼓气情况以及可视黏膜、被毛、皮肤、腋下、膘情等。可做出初步死亡分析。对于突然死亡、尸僵不全、腹部迅速鼓气、天然孔出血的病例，应首先怀疑为炭疽，严禁剖检，可采耳尖血或颈静脉血涂血片数张，立即送实验室做进一步诊断，伤口用浸有石炭酸或来苏儿的脱脂棉堵住，排除炭疽后方可剖检。

2. **腹腔的剖开与检查**

（1）剖开方法：从剑状软骨处开始，沿腹壁白线做 1 个短切口，用左手的食指和中指插入切口，做"V"形叉开，使切开腹壁时刀尖不致刺破内脏，然后在腹壁上行直线切开，一直切到耻骨联合部。在脐的后方左、右侧各做 1 个横切至腰椎横突起部，这样腹腔即可暴露出来。

（2）腹腔的检查：腹腔中如有多量腹水时，要注意其分量、性状、颜色等。有时在渗出物中，因胃肠破裂混有胃肠内容物，因血管破裂混有血块。此外，还应注意检查腹腔中有无肿瘤、寄生虫、包囊及各种异物等。剖开腹腔后，应先不移动内部器官，要注意观察各个器官的正常位置有无改变，特别注意肠管有无发生扭转、套叠等变位病变。切开腹腔后，应立即检查腹膜。正常的腹膜组织是平滑有光泽的，有病变时浆膜面表现充血、出血以及有纤维蛋白渗出物沉着等变化。

（3）腹腔器官的采出：先切除网膜，后沿真胃的幽门部找出十二指肠，将幽门以下用线双重结扎，并切断。然后在直肠末端再做 1 个双重结扎，在 2 个结扎间切断直肠，分离整个肠道周围附着组织，则可将各段大小肠一起取出。

由于牛的瘤胃很大，采出时应加留心，避免因用力过猛损伤胃壁。先将瘤胃向后方牵引，暴露食管，并在食管末端结扎，切断。然后再用刀分离瘤胃与背部相联系的结缔组织，切断脾膈韧带，即可将瘤胃和脾同时采出。瘤胃采出后再分离肝的附着韧带及周围联系组织，肝脏也就取出。常用手先分离肾脏，而后再分离输尿管、膀胱，在膀胱和尿道连接部结扎切断，再依次将各器官取出。

（4）腹腔器官的检查：为避免牛胃肠内容物污染器械和用具，一般先检查实质器官，再检查胃肠道。肝脏应检查形态、大小、重量、色泽、质地、包膜紧张度，有无充血、出血、寄生虫结节及坏死灶等。当肝脏发生萎缩时，边缘往往变薄，或呈皮革样。如发生肿大时，边缘可变钝圆。肝的质地和硬度可用手按压加以判定。如硬度增加，可能系硬化表现，如质地脆弱，往往系变性所致。此外，还须注意检查肝脏表面是否平滑，有无颗粒、肿块和结节。外表检查完毕以后，切开肝脏各叶，检查切面变化。肝肿大时，切面的边缘往往外翻，两边合不起来。如有间质结缔组织增生时，切面上可以看到白色条纹的分布。在肝脏变性时，切面上肝小叶的轮廓变得模糊不清，实质容易用刀刮下。肝脏瘀血时，切面上可见有多量暗红色血液流出，肝小叶的颜色也变暗红色。肝脏检查完毕之后，再检查胆囊，注意胆囊中胆汁充盈度，胆汁的性质，囊壁的黏膜状态及结石形成。

脾脏先检查形态、体积、颜色、质地和包膜紧张度。然后检查脾的切面，注意观察脾髓、淋巴滤泡和脾小梁。正常时，小梁呈白色细条状，淋巴滤泡呈灰白色小颗粒状。发生病变时，这些结构变得模糊不清。胰腺检查其大小、色彩、质地和重量，并做切面检查。

肾脏先检查其形状、体积和颜色，然后注意其包膜。正常时，牛的肾脏包膜菲薄，容易剥离。如发生病变，包膜可以与肾实质发生粘连。外表观察后，再用利刀把整个肾脏纵切开，检查切面性状，观察皮质和髓质的界限是否清楚。如有病变，皮质和髓质的界限是否清楚。例如发生急性肾小球性肾炎时，皮质部往往增宽；肾萎缩时，皮质部变薄；脂肪变性时，皮质呈灰黄色；出血时，可在表面和切面见到出血斑点；淤血时，肾脏则呈暗红色。检查肾盏，注意其容积，内容物有无积尿、积脓、结石及黏膜状态。

分别剪开牛的4个胃和肠道后，可检查内容物和黏膜状态，注意内容物数量和性状，如有饲料或农药等中毒怀疑时，应取内容物做进一步的毒物检验。

3. 胸腔剖开与检查

（1）剖开方法：先检查胸腔压力，然后从两侧最后肋骨的最高点至第一肋骨的中央做二锯线，锯开胸腔用刀切断横膈附着部心包纵隔与胸骨间的联系，除去锯下的胸骨，胸腔即被打开。

（2）胸腔的检查：打开胸腔后先看肺胀有无粘连和纤维状渗出物，看左右肺的大小质地颜色，心包有无积液等。

（3）胸腔器官的采出与检查：心脏的采出，切开心包膜露出心脏，检查心外膜和心脏的外观，然后在左纵沟左右各约2cm处，切开左右心室，检查血量及其性状。再用左手拇指和食指伸入心室口，将心脏提起，检查底部各大血管后，切断动脉、静脉，取出心脏。先检查心脏纵沟、冠状沟的脂肪量和性状，有无出血。然后检查心脏的外形、大小、色泽及心外膜的性状。最后切开心脏检查心腔。沿左侧纵沟切开右心室及肺动脉，同样再切开左心室及主动脉。检查心腔内血液的性状，心内膜、心瓣膜是否光滑，有无变形、增厚，心肌的色泽、质度，心壁的厚薄等。

肺脏的摘出，首先注意其大小、色泽、重量、质度、弹性、有无病灶及表面附着物等。然后用剪刀将支气管剪开，注意检查支气管黏膜的色泽、表面附着物的数量、黏稠度。最后将整个肺脏纵横切割数刀，观察切面有无病变，切面流出物的数量、色泽变化等。

4. 骨盆腔脏器的采出 先锯断髂骨体，然后锯断耻骨和坐骨的髋臼支，除去锯断的骨体，盆腔即暴露。用刀切离直肠与盆腔上壁的结缔组织。母牛还应切离子宫和卵巢，再由盆腔下壁切离膀胱颈、阴道及生殖腺等，最后切断附着于直肠的肌肉，将肛门、阴门做圆形切离，即可取出骨盆腔脏器。

5. 口腔及颈部器官的采出 剥去颈部和下颌部皮肤后，用刀切断两下颌的内侧和舌连接的肌肉，左手指伸入下颌间隙，将舌牵出，剪断舌骨，将舌咽喉气管一并采出看气管有无黏液出血点等；扁桃体有无肿大出血点等。

6. 颅腔的打开与脑的采出 先切断头部，沿环枕关节切断颈部使头与颈分离，然后除去下颌骨体及右侧下颌支，切除颅顶部附着的肌肉。然后采取脑组织，沿两眼的后缘用锯横行锯断，再沿两角外缘与第一锯相接锯开，并于两角的中间纵锯一正中线，然后两手握住左右两角，用力向外分开，使颅顶骨分成左右两半，这样脑即取出。

7. 鼻腔的锯开 沿鼻中线两侧各 1cm 纵行锯开鼻骨、额骨，暴露鼻腔、鼻中隔、鼻甲骨及鼻窦。

8. 脊髓的采出 剔去椎弓两侧的肌肉，凿（锯）断椎体，暴露椎管，切断脊神经，即可取出脊髓。

上述各体腔的打开和内脏的采出，是系统剖检的程序。在实际工作中，可根据生前的病性，进行重点剖检，适当地改变或取舍某些剖检程序。

（三）诊断报告

用规范的语言记录尸体外表和内脏器官眼观病变，完整详尽，图文并茂，重点突出，描述客观。色，有主次深浅；形，有方圆点片；体，有大小厚薄；位，有里表直曲；质，有硬软松实；量，有多少轻重；味，有香臭腥酸，最终做到定性定量。

疾病诊断部分记录根据剖检的结果结合病史、临床症状等进行综合分析和推理判断，找出病变的内在关系，得出病牛诊断病名和死亡的原因，提出处理意见或建议。

（四）病理材料的采取和寄送

尸体剖检中，有因临床表现不典型，仅凭肉眼观察难以确诊时，必须采取病理材料送化验室做进一步检验。

1. 微生物检验材料的采取与寄送 采取病料应于病牛死后立即进行，或于病牛死前扑杀后采取，尽量避免外界污染，用无菌操作采取所需组织，采后放在预先消毒好的容器内。所采取组织的种类要根据检查目的而定。例如，急性败血性疾病可采心血、脾、肝、肾和淋巴结等。有神经症状的病牛可采脑和脊髓等。心血、浆膜腔积液可用消毒吸管或注射器吸取，脓汁和阴道分泌物可用消毒棉球收集后放于消毒试管内。如果怀疑是病毒性疾病，可将所采取的组织放入 50% 甘油盐水溶液中，不同病料要分装，不可混合。血液涂片和组织触片固定后，可在玻片间用火柴梗隔开后包扎寄送。

2. 中毒病料的采取与寄送　采集肝、胃等脏器的组织、血液和较多的胃肠内容物，装入清洁的容器内，并注意切勿与任何化学试剂接触和混合，密封后在冷藏条件下（装有冰块的保温瓶）送出。

3. 病理组织学检验材料的采取和寄送　为了查明病因，做出正确诊断，需采取病理组织检验材料，进行切片的显微镜检查。而病理组织学诊断的正确与否，在很大程度上，取决于材料的采取与固定。病理组织材料的采取，在可能条件下，不管肉眼病变有无，要做到系统、全面，才不至有所遗漏。特别是在病情不明的情况下，更应如此。但有时也可根据剖检所见和疑似病变等具体情况，有重点地采取组织。

所取组织块通常固定在不少于 5 倍以上体积的 10% 福尔马林溶液中，容器底部垫上脱脂棉，以防组织固定不良和变形。当组织漂浮于固定液面时，可覆盖脱脂棉或纱布。胃肠、胆囊、膀胱等黏膜组织，切取后，将浆膜面贴于硬纸上，徐徐放入固定液中。切勿用手触及黏膜，也不要用水冲洗，以免改变其原有的颜色和微细结构。固定时间 12~24 小时。当组织块很多，为避免混淆，可将组织块分类固定，几个病例的材料放在同一容器时，应先将每一病例的组织块附以标签，分别用纱布包好，再放入固定液中。

4. 血清学试验材料的采取和寄送　应采取无菌操作，在疾病发展期的病牛颈静脉（或在刚死尸体的心脏内），采血 15~20mL，注入消毒干燥的试管内使其凝结。所取材料应在冷藏条件下送出。

三、尸体处理

剖检前要先挖好坑，坑要挖的大、深，一般填入尸体后深度仍不少于 1m。剖检在坑边进行，检查完的内脏器官随手丢弃坑内，剖检后，将尸体和尸垫一起投入坑内，在尸体上撒上生石灰或其他消毒药，铲净污染的表层土壤，投入坑内，埋好后，对埋葬地区表面进行消毒。对人畜危害严重的烈性传染病，一经剖检，先将尸体焚烧后再深埋。尽量减少对环境、用具的污染。搬运尸体前，须用浸有消毒液的脱脂棉或破布堵塞尸体天然孔，以防液体流出污染环境。对搬运尸体用过的车辆、用具及死畜生前接触过的环境要进行全面、彻底消毒。

四、自身防护

剖检者要戴好乳胶手套，尽量避免或减少与尸体脏器直接接触。切割脏器时，下刀要准确，操作要慎重。如不慎割破皮肤，应即停止工作，用清水冲洗，挤出污血，涂上碘酊，包敷纱布、胶布后再继续工作。剖检结束，要彻底洗手，并用5%水合氯醛等消毒液消毒。

五、原则和注意事项

及早剖检，减少死后变化；防止疫病扩散和对人员的感染；细致观察，详细记录病变。注意，要调查了解（病史、流行病学、治疗、免疫状态等），要分析剖检的病变（分清主次），要选择剖检地点，剖检应在白天光线充足的场所进行，要预先准备好器械，要彻底地消毒现场和用具，焚烧尸体。

（张才）

第四节　特殊诊断技术

在疾病诊断中，影像技术的应用越来越普遍，这些技术的应用提高了临床诊断的准确性。目前，兽医临床中较为常见的是普通X线技术和超声诊断技术。

一、普通X线诊断技术

（一）X线片图像特点

当X线透过牛不同组织结构时，被吸收的程度不同，所以到达荧屏或胶片上的X线量即有差异。这样，在荧屏或X线片上就形成明暗或黑白对比不同的影像。这些不同灰度的影像称为不同的密度。在工作中，通常用密度的高与低表达影像的灰度。例如用高密度、中等密度和低密度分别表达高亮度（白色）、中等亮度（灰色）和低亮度（黑色）。当组织密度发生改变时，则用密度增高或密度减低来表达影像的灰度改变。因此，这些密度反映了牛机体组织结构的解剖及病理状态。

另外，X线图像是X线束穿透某一部位的不同密度和厚度组织结构后的投影总和，是该穿透路径上各个结构影像相互叠加在一起的影像。同时，X线束是从X线管向牛机体做锥形投射的，因此，X线影像有一定程度的放大和使被照体原来的形状失真，并产生伴影。伴影使X线影像的清晰度减低。这些都是要在实际工作中考虑的。

（二）X线机的使用方法

各种类型的X线机都有一定的性能规格与构造特点，使用之前必须先详细阅读说明书，切勿超性能使用，新安装和长期不用的X线机在使用前应按说明书进行调试，除此之外不同型号机器形式虽有差别，但操作程序大致相同。一般应按下列规程操作。

（1）操纵机器以前，应先看控制台面上各种仪表，调节器、开关等是否处于零位。

（2）合上电源闸，按下机器电源按钮，调电源电压于标准位，机器预热。特别要注意在冬季室温较低时，如不经预热，突然大容量曝光，易损坏 X 线管。

（3）根据工作需要，进行技术选择，包括焦点及台次交换、摄影方式、透视或摄影的条件选择。在选择摄影条件时，应注意毫安、千伏和时间的选择顺序，即首先选毫安值，然后选千伏值，切不可先选择千伏值后定毫安值。

（4）曝光时操纵脚闸或手开关的动作要迅速，用力要均衡适当。

（5）机器使用完毕，各调节器置最低位，关闭机器电源，最后断开电源闸。

（三）检查法

普通 X 线摄影检查分为透视检查和摄影检查，由于透视检查在牛场中的应用不多，因此不做介绍。摄影检查是 X 线透过牛体后照射到胶片上，使胶片感光成像，经过暗室冲洗获得照片，通过观察照片影像进行诊断的方法。目前在兽医上主要使用普通的摄影方法。

1. 器材设备　根据实际需要，摄影检查需要准备 X 线胶片，增感屏，片盒（暗盒），聚光筒，测厚尺，滤线器，摄影架等设备。

2. X 线摄影条件的选择　X 线照片的感光作用受多种条件因素的影响，主要有电流、电压、曝光时间、焦片距离等。要拍摄质量良好的 X 线照片，对不同 X 线机的性能及电源情况应有所了解，按实际情况制定出一张适用的摄影曝光条件表，以供日常工作参考。

（1）摄影的技术条件：

①千伏（kV）为管电压的单位，决定 X 线的穿透力。管电压越高则产生 X 线的穿透能力越强。摄影工作中通常是先对某一具体厚度的部位，求得一最佳的千伏为基准（见后述曝光条件表的制订），以后当遇到被检部位厚度有变化时，千伏数也应随之变化。千伏变化的标准是：一般厚径每增减 1cm，电压相应增减 2kV。较厚密的部位（当需用 80kV 以上者），厚径每增减 1cm，则要增减 3kV。特别厚的部位（需在 100kV 以上者），厚径每增减 1cm，需增减 4kV。

②毫安（mA）为管电流的单位，表示 X 线的量，毫安大即单位时间内 X 线射出的量大。

③时间（s）为曝光时间，以秒为单位，是管电流通过 X 线管的时间。

实际工作时，X 线的量不易测量，因此常以毫安·秒（mA·s）表示 X 线的量，即毫安（mA）与时间（s）的乘积，例如：100mA×0.5s = 50mA·s。

④焦片距，一般多采用 75～100cm，若机器性能容许，胸部照片距离可延至 100～180cm。

摄影时怎样达到所要求的毫安秒，应按机器的实际性能选择。它决定每张照片的感光度，感光度适当，过黑或过白都不适宜。在机器性能容许情况下，原则上以选择尽可能短的曝光时间为佳，以免牛在曝光时移动而损害照片的清晰度。

（2）摄影曝光条件表的制定：为了摄影工作的需要，X线室应制定供日常摄影使用的技术条件表，即拍摄某个部位的照片时，可从表内选择到适用的千伏峰值（kV）、毫安（mA）、时间（s）和焦片距（cm）等条件。但不同的机器其性能特点也不尽相同，而不同感光速度的胶片对这些条件的要求亦有差异，故使用新的机器（或变更使用新牌号胶片时），都应注意适当调整摄影的条件。试验的具体方法是：

首先选取中等体形的成年牛，选好X线胶片和增感屏，暗室条件标准化，即新鲜显影液、定影液，固定温度在18~20℃，显影时间5分钟，确保暗室红灯安全。根据机器性能、设备要求设定焦片距离，一般为75~100cm。大体划分牛体部位，试验一般在一张胶片上用三个不同条件拍摄三次。拍摄同一种组织，厚度一样，用相同的kV（kV基值＝体厚×2＋基数，基数的范围在20~30。）不同的mA·s。通常用三个倍增数如2.5、5.0、10.0mA·s拍摄，拍摄时用铅板将胶片分别遮挡形成三个区域。对这三个区域依次进行曝光，成片后对三个区域的影像质量主要是密度进行比较，评出质量最好的投照条件作为制订投照条件表的依据。如三个区域的密度都过低，则应成倍增加mA·s然后重新进行试验，即将上述投照条件改为10、20和40mA·s，或增加10kV，而把毫安秒减半为5、10、20mA·s。如第一次试验中三个区域的密度均过高，则应把mA·s减半重新试验。一旦找出了最佳的条件，则可以此为基准，按被检部厘米厚度的变化，制定出一个技术条件表来。

为了保持原来的满意感光效果，而又不使条件因素的关系复杂化，应使距离和毫安秒等条件因素固定不变，只根据被检部厚度（cm）的变化而改变千伏一个条件因素。

3. X线摄影的步骤及注意事项　X线的摄影步骤，先从确定被检查的部位开始，进行胶片的准备、X线编号登记、被检部测厚。然后选择管电压（kV）、管电流（mA）、曝光时间（s）、遮光筒的大小及焦点胶片距等。再放置暗盒和摆好位置，对准X线中心线、最后进行曝光。对摄影检查的部位，要清洁干燥，去除附着的药物和绷带，并确定投照的方向与位置。胶片的大小要与被检部大小一致，小的胶片装在大的暗盒时，要在盒面标记胶片的大小位置。X线编号与暗盒上的铅号码要核对无误。被检部的厚径不均匀时，可取其平均值或中间的厚度为准，X线管的阳极端应位于厚径较薄的一端。曝光时应在牛呼吸间歇或安静的瞬间进行，以免发生移动。

（四）暗室技术

1. 暗室设备　安全红灯，洗片夹，洗片箱，冲片池，定时钟，温度计，升温恒温器及观片灯等。

2. **显影剂与定影剂** 目前有市售的显影液和定影液，可按说明书配制使用。特别注意的是配制温度要严格按说明书操作。

3. **胶片的装卸操作** 胶片的装卸过程中注意不要污染和折损胶片等。

4. **冲洗操作** 胶片的冲洗操作过程，包括显影、洗影、定影、冲影及干燥等几个步骤，前三个步骤须在暗室内进行。

（1）显影：将已夹好胶片的洗片架浸入显影液中，上、下往返移动数次，随后把盖子盖好，并立即拨好定时钟预定的显影时间（通常为 5 分钟）。待听到定时钟的闹铃声响，显影时间已到，拿起洗片架，把多余的药液滴回箱内，随后进行洗影。

（2）洗影：即在清水中洗去胶片上的显影剂。把显影完毕的胶片放入盛满清水的洗影箱内漂洗片刻（10～20 秒）后拿起，滴去片上的水滴即可进行定影。

（3）定影：把洗影后的胶片放入定影箱内的定影液中，定影的标准温度为 20～25℃，定影的时间不像显影之严格，一般 10～15 分钟，但不应超过 30 分钟，定影箱上应加盖。

（4）冲影：定影完毕的胶片，放入流动的清水池中冲洗 0.5～1 小时，把胶片上的药液彻底冲净，若无流动清水，则需延长浸洗的时间。

（5）干燥：冲影完毕的胶片可放入电热干片箱中快速干燥。没有此设备时，则把洗片架悬挂于木架上，置于通风处把胶片晾干。

在摄影工作量不大的单位，为节约药物，冲洗操作过程可以采用盆冲法，即用普通搪瓷方盆或塑料冲盆平冲，以代替上述冲片箱的立冲，无须洗片加显影时全片要迅速与药液接触并来回摆动数次，避免胶片下覆盖着任何气泡。冲洗药液平时储存于磨砂塞玻璃瓶中，用时倒出，用毕装回瓶内。胶片定影完毕才夹于洗片架上进行冲影和晾干。

（五）特殊造影检查

对缺乏天然对比的组织和器官，为扩大其检查范围，提高诊断效果，可以把人工对比剂引进被检器官的内腔或其周围，造成密度对比差异，使被检组织器官的内腔或外形显现出来，这种人工对比技术谓之造影术，而所用的对比剂称为造影剂。

消化道造影是兽医临床上意义最大的一种造影技术，大牛主要用于食管检查，能显示食管内腔病变及外壁的占位性病变，对食管疾病的诊断提供有价值的依据。病牛无须特殊准备，在保定栏站立保定，于其左侧做透视检查。一般用40%左右硫酸钡悬浮液 300～500mL，如同水剂投药法，经鼻孔插管后灌注造影剂。检查颈段食管时，插管不宜过深，约超过咽后 15cm 则可，在透视下可以看见胶管的位置。然后接上灌药器把钡剂徐徐灌入，边灌边透视，可以看见颈段和胸段食管情况，如发现异常变化，必要时可拍摄局部食管的照片。在检查过程中，要把导管固定好，避免因牛摇头摆动而使导管倒退，致药液误入气管。亦需注意避免药液溅出，污染被检部的被毛和皮肤。

（六）X 线的防护

X 线的生物学作用，对人体可产生一定程度的损害，其中一部分是累积性的，在长时间后仍可发生影响。故必须增强防护的意识和采取有效的防护措施。如避免 X 线直接照射到操作人员，充分使用各种防护设备，采用低条件曝光，减少不必要的投照。

（七）X 线诊断的原则与程序

X 线诊断以 X 线图像为基础，因此需要对 X 线影像进行认真、细致地观察，分辨正常与异常，并恰当地解释影像所反映的病理变化，综合所见，以推断它的性质。然后需与临床资料以及其他临床检查结果进行对照分析。

二、超声检查技术

超声在预防、诊断、治疗疾病中有很高的价值。其在兽医上的应用也十分广泛，尤其是在妊娠诊断方面。

（一）超声的类型

1. A 型超声诊断仪 A 超是一种幅度调制型超声诊断仪，是国内早期最普及最基本的一种超声诊断设备，目前在人类医学中已基本淘汰，但在兽医临床还有所应用。

2. M 型超声诊断仪 M 超是采用辉度调制，以亮度反映回声强弱，M 型显示体内各层组织对于体表（探头）的距离随时间变化的曲线，是反映一维的空间结构，因 M 型超声多用来探测心脏，故常称为 M 型超声心动图，目前一般作为二维彩色多普勒超声心动图仪的一种显示模式设置于仪器上。

3. B 型超声诊断仪 B 型显示是利用 A 型和 M 型显示技术发展起来的，它将 A 型的幅度调制显示改为辉度调制显示，亮度随着回声信号大小而变化，反映牛机体组织二维切面断层图像。

4. D 型超声诊断仪 超声多普勒诊断仪简称 D 型超声诊断仪，这类仪器是利用多普勒效应原理，对运动的脏器和血流进行探测。在心血管疾病诊断中必不可少，目前用于心血管诊断的超声仪均配有多普勒，分为脉冲式多普勒和连续式多普勒两种。

（二）图像特点

不同类型的超声仪有不同的图像特点，因 B 型超声是最重要的诊断方法，故对其图像特点做以下介绍。B 型超声的回声在监视屏上以光点的形式表现出来，从而组成声像图（sonography）。声像图上的光点状态是超声诊断的重要或唯一依据。

1. 切面声像图的回声描述

（1）回声强弱的描述：根据图像中不同灰阶将回声信号分为强回声、等回声、低回声和无回声。回声强弱或高低的标准一般以该脏器正常回声为标准或将病变部位回声与周围正常脏器回声强度的比较来确定。如液体为无回声，结石或钙化灶为强回声等。正常机体软组织的内部回声由强到弱排列如下：肾窦>胎盘>胰腺>肝脏>脾脏>肾皮质>皮下脂肪>肾髓质>脑>静脉血>胆液和尿液。

（2）回声分布的描述：按图像中光点的分布情况分为均匀或不均匀，密集或稀疏。在病灶部的回声分布可用"均质"或"非均匀"表述。

（3）回声形态的描述：光团即回声光点聚集呈明亮的结团状，有一定的边界。光斑是回声光点聚集呈明亮的小片状，边界清楚。光点为回声呈细小点状。光环显示圆形或类圆形的回声环。光带显示形状似条带样回声。

（4）某些特殊征象的描述：即将某些病变声像图形象化地命名为某征，用以强调这些征象，常用的有"靶环"征、"牛眼"征、"驼峰"征、"双筒枪"征等。

2. 超声图像的常见伪像

（1）多次反射：超声垂直照射到平整的界面而形成声波在探头与界面之间来回反射，出现等距离的多条回声，强度渐次减弱，尤其与薄层气体所构成的界面上，如肝左叶与胃内气体之间、膀胱回声前部分的细小回声。

（2）多次内部混响：超声在靶内来回反射，形成彗星尾征。

（3）切片厚度伪像：又称部分容积效应，因声束宽度较宽（超声切面图的切片厚度较厚）引起。如胆囊内假胆泥样图像。

（4）旁瓣伪像：由声束主瓣外的旁瓣反射造成，在结石和肠气等强回声两侧呈现"狗耳"样或称"披纱"样图像。

（5）声影：由于前方有强反射或声衰减很大的物质存在，以致在其后方出现声束不能到达的区域即纵条状无回声区称为声影区，利用声影可识别结石、钙化灶和骨骼等。

（6）折射声影：超声从低声速介质进入高声速介质，在入射角超过临界角时，产生全反射，以致其后方出现声影，见于球形结构的两侧后方或器官的两侧边缘，又称边缘声影。

（7）镜面伪像：超声束投射到表面平滑的人体强回声大界面如横膈面上时，犹如光投射到平面镜上一样，产生相似的实、虚两图像，如横膈两侧出现对称的两个肿块回声。

（三）探测技术

超声诊断仪的操作主要包括：

（1）电压必须稳定在 190~240V。

（2）选用合适的探头。

（3）打开电源，选择超声类型。

（4）调节辉度及聚焦。

（5）牛保定，剪（剔）毛，涂耦合剂（包括探头发射面）。

（6）扫查。

（7）调节辉度、对比度、灵敏度视窗深度及其他技术参数，获得最佳声像图。

（8）冻结、存储、编辑、打印。

（9）关机、断电源。

（四）母牛妊娠的超声诊断

母牛妊娠的超声诊断是牛场常用的一项技术，因此在这里做一简要介绍。

1. 探查部位的选择　妊娠早期母牛的子宫位于盆腔入口前后，耻骨前被乳房所占，左侧为瘤胃，右侧为肠祥，臀部又有厚实的肌肉群，均离妊娠早期的子宫较远。因此，最佳的探查部位只能选择在离子宫较近的阴道或直肠。妊娠中期、后期，当子宫下垂到接近腹壁时，可以在侧下腹壁进行探查。

2. 探查方法　母牛取自然站立姿势保定于牛床上或柱栏内，如同进行直肠触诊和直肠把握输精一样，一人即可操作，不需特殊保定。必要时助手在旁固定尾巴。

（1）直肠内探查：B型仪探查都是手持特制的大牛用直肠探头，带入直肠贴近卵巢、子宫进行扫查。直肠内蓄粪多时，应先排粪，以便探头密接肠壁。探头沾粪影响探查时，应取出清除。为密接肠壁和保护探头，最好涂耦合剂。

（2）腹壁探查：用于妊娠中期和后期，在右侧膝褶处或下腹壁，局部适当剪毛，涂耦合剂，一般取定点扇形扫查。

（张才）

第五节　类症鉴别诊断

一、呼吸困难

呼吸困难是一种复杂的病理性呼吸障碍，表现为呼吸频率的增减，呼吸深度的加强，呼吸类型和呼吸运动的改变。呼吸困难不是一种独立的疾病，而是许多原因引起的或多种疾病伴有的综合征。高度呼吸困难，称为气喘。

（一）呼吸困难的病因分类

1. 气道性呼吸困难　是由呼吸道通气障碍所致的呼吸困难，临床上表现为吸气困难，为上呼吸道狭窄的特征。可见于鼻炎、鼻腔狭窄、喉水肿、气管炎、支气管炎、气管狭窄、上呼吸道肿瘤及呼吸道异物等。

2. **肺源性呼吸困难** 肺器官及胸膜的病变引起肺通气、换气功能障碍所致的呼吸困难，见于肺呼吸面积减少。包括非炎性肺病和炎性肺病所致的换气障碍性呼吸困难。非炎性肺病，包括肺充血、肺水肿、肺出血、急性肺泡气肿、慢性肺泡气肿、间质性肺气肿、气胸、胸腔积液等；炎性肺病，包括支气管肺炎、纤维素性肺炎、化脓性肺炎、坏疽性肺炎、间质性肺炎以及侵害肺的某些传染病及寄生虫病，如结核、牛出血性败血病、牛肺疫等。

3. **呼吸运动障碍性呼吸困难** 胸壁、腹肌、膈肌疾病所致的呼吸运动障碍性呼吸困难，临床表现为混合性呼吸困难。胸壁运动障碍的疾病呈现腹式呼吸，见于胸膜炎、胸腔积液、胸腔积气、肋骨骨折等；腹肌、膈肌运动障碍的疾病呈现胸式呼吸，见于腹膜炎、腹壁创伤、腹腔积液、胃肠胀满、膈肌炎、膈破裂、膈麻痹等。

4. **血源性呼吸困难** 为携氧障碍性呼吸困难，是由于红细胞减少或血红蛋白变性，使红细胞携氧量减少，血氧含量减低，呼吸常加快加深。临床表现为混合性呼吸困难，伴有黏膜和血液颜色的改变，见于重度贫血、硫化血红蛋白血症、亚硝酸盐中毒、一氧化碳中毒等。

5. **心源性呼吸困难** 由循环系统疾病所引起，主要见于心功能不全，尤其是左心衰竭时，由于肺淤血，使其换气功能发生障碍所致呼吸困难。临床表现为混合性呼吸困难，其特点为运动后加重，休息时减轻。见于心肌炎、心内膜炎、创伤性心包炎等。

6. **中枢性呼吸困难** 为呼吸中枢调节机能障碍性呼吸困难，主要是由于中枢神经系统损伤或机能障碍所致的肺通气和换气障碍。临床表现为混合性呼吸困难，具有一般脑症状和局部脑症状，常表现呼吸节律异常，见于脑震荡、脑肿瘤、脑出血、脑炎及高热、酸中毒、尿毒症、某些中毒病等。

7. **细胞性呼吸困难** 为内呼吸障碍性呼吸困难，是由于组织对氧的利用率降低所致，表现为混合性呼吸困难，见于氰氢酸中毒，其特点是静脉血鲜红。

（二）呼吸困难的症状分类

依据呼吸频率和呼吸强度的改变将呼吸困难分为呼气性呼吸困难、吸气性呼吸困难和混合性呼吸困难。

1. **吸气性呼吸困难** 其特征是吸气用力，吸气时间延长，常伴有狭窄音，指示病变部位在上呼吸道。常见于上呼吸道狭窄性疾病，如鼻炎、鼻腔狭窄、鼻窦炎；喉炎、喉水肿；气管狭窄、咽、颈淋巴结肿胀等。此外，牛恶性卡他热等疾病过程中，也可伴有吸气性呼吸困难。

2. **呼气性呼吸困难** 其特征是呼气用力，呼气时间延长，呼气时脊背弯曲，肛门突出，腹部容积缩小，呈明显的二段呼气，可伴有喘沟。主要是由于肺泡弹性减退或细支气管狭窄，致使肺泡内气体排出发生障碍，见于慢性肺泡气肿、细支气管炎等。

3. **混合性呼吸困难**　即吸气和呼气均发生困难，并伴有呼吸次数的增加，是临床常见的一种呼吸困难。表现有混合性呼吸困难的疾病很多，涉及众多组织器官，可见于除慢性肺泡气肿以外的非炎性肺病和炎性肺病；红细胞减少或血红蛋白变性等血源性因素；心力衰竭所致的肺循环淤滞；中枢神经系统损伤或功能障碍等。

（三）呼吸困难的鉴别诊断思路

以呼吸困难为共同症状的呼吸器官疾病，如果呈现吸气性呼吸困难，伴有咳嗽多，病在上呼吸道，注意有无鼻腔、喉、气管狭窄；如呈呼气性呼吸困难，尤以二段呼吸明显，病变可能在细支气管或肺泡；呼气吸气都困难的，病在支气管或肺脏；出现疼痛性呼吸困难的，病在胸膜或肋骨；腹式呼吸者，病在胸部。

在确定疾病性质时，首先要鉴别是炎性或非炎性疾病，凡是体温升高、白细胞数增多者，为炎性疾病；反之，白细胞、体温均正常的为非炎性呼吸器官疾病。其次考虑是传染性或是非传染性。另外还要考虑神经性、心脏、血液等情况。

1. **吸气性呼吸困难的类症鉴别**　临床上出现呼吸困难，以吸气困难为主，表现吸气用力，吸气时间延长，吸气时，鼻孔阔开，头颈伸展，常伴发有口哨样狭窄音。吸气性呼吸困难，表明上呼吸道异常，可考虑鼻腔狭窄，喉炎、喉水肿、气管狭窄等。

如果鼻液多，呼吸时伴有鼻狭音，常打鼻喷或喷嚏，鼻黏膜潮红肿胀，以及鼻腔狭窄，可能是鼻腔疾病，如鼻炎、羊鼻蝇蛆、鼻腔肿瘤、鼻腔异物等。

如果以咳嗽症状为主，头颈伸展，喉部肿胀，触诊敏感，合并有咽炎症状（尤其是小牛），可能是喉的疾病，如喉炎、咽喉炎等。

如果牛兴奋不安，采食、饮水、运动时伸长脖子，有时出现间隔性干咳，听诊气管有捻发音，触诊颈部气管变平而且能触到弯曲的气管边缘，可能是气管麻痹。

2. **呼气性呼吸困难的类症鉴别**　肺内气体排出障碍，病变可能在细支气管或肺，常见于细支气管管腔狭窄或肺泡弹性减退的疾病，如细支气管炎、急性肺气肿、慢性肺泡气肿、间质性肺气肿、肺水肿等。应根据胸部听、叩诊等变化，加以鉴别。

如果有大支气管的炎症病史，幼龄牛多发。胸部听诊，有广泛性干啰音和水泡音，胸部叩诊呈过清音，肺界常扩大，体温升高，可确诊为细支气管炎。

如果临床上以高度呼吸困难、流泡沫样鼻液、胸部听诊有广泛性水泡音为特征，体温正常，可诊断为肺水肿。

如果呼吸困难，呈二段呼气，沿肋骨与肋软骨结合部出现一条明显的喘沟，胸部叩诊界扩大，呈过清音；肺部听诊，肺泡呼吸音减弱至消失，有啰音或捻发音，常伴发于剧烈运动、变态反应及某些传染病、慢性呼吸道病、剧烈咳嗽病程中，可确诊为急慢性肺泡气肿。

如果表现呼吸高度困难，剧烈的气喘，有时张口伸舌呼吸，黏膜发绀，易于疲劳，体温一般正常，伴发或继发皮下气肿，肺部听诊肺泡音减弱，可听到捻发音、破裂音，肺部叩诊呈过清音，可确诊为间质性肺气肿。

3. 混合性呼吸困难的类症鉴别　混合性呼吸困难伴有呼吸式改变的，健康牛均为胸腹式呼吸。在呼吸运动中，以胸式呼吸为主，表明参与呼吸运动腹肌、膈肌运动障碍，重点检查腹腔容积和腹膜。对肚腹膨大的，要考虑胃肠膨胀（积食、积气、积液）、腹腔积液（腹水、弥漫性腹膜炎、膀胱破裂）；肚腹不膨大的，要考虑腹膜炎初期、腹壁创伤、肠变位等。如果呼吸困难并以腹式呼吸为主，见于胸壁运动障碍的疾病，对左右呼吸不对称的，要考虑肋骨骨折、气胸等；对呈断续性呼吸的，要考虑胸膜炎初期；对于呼吸浅表、快速而用力的，要考虑胸腔积液、胸膜炎中后期。当腹压增高时，也会不同程度的影响呼吸型改变，而致呼吸困难，因此注意腹腔疾病的类症鉴别。

混合性呼吸困难伴有呼吸节律明显改变的，多为病情危重，呼吸衰竭的征兆，如陈-施氏呼吸、库斯茂尔呼吸或间断性呼吸等。对神经症状明显的，要考虑各种脑病，如脑炎、脑水肿、脑出血、脑肿瘤等；对全身症状重剧的，要考虑中毒性疾病以及疾病的危重期。

混合性呼吸困难伴有心功能不全体征的，心音、脉搏变化明显，心功能的改变发生在呼吸困难之前，常指示心源性呼吸困难。左心衰竭性呼吸困难可见有肺循环淤血的表现，如肺淤血、肺水肿；右心衰竭性呼吸困难可见有体循环淤滞的表现，如水肿、腹水、胸水等。主要见于心内膜疾病、心肌疾病和心包疾病。

混合性呼吸困难伴有黏膜和血液学变化特征的，常指示血源性呼吸困难。其可视黏膜潮红、极度呼吸困难、病程短急的，要考虑氰氢酸中毒；其可视黏膜苍白的，常提示贫血性呼吸困难；同时伴有体温升高者，见于梨形虫病、钩端螺旋体病、溶血性链球菌病及附红细胞体病等；体温不高者，见于失血性、营养性及再生障碍性贫血等；其可视黏膜发绀和血液呈暗褐色的，见于各种原因引起的缺氧等。

混合性呼吸困难伴有流鼻液、咳嗽的，常提示肺源性呼吸困难。对频发咳嗽、胸部听诊有啰音，肺泡呼吸音增强，叩诊无变化，且全身症状较轻微的，可能是支气管疾病；对胸部听、叩诊有变化，且全身症状较重剧的则多是肺的疾病。如果听诊有湿啰音和捻发音，肺泡呼吸音有强有弱，叩诊呈小片浊音区，可能是细支气管和肺都有病变，见于支气管肺炎；如果听诊局部肺泡呼吸音消失，并有支气管呼吸音，叩诊出现大片浊音区，多是肺实变的疾病，如纤维素性肺炎的肝变期等；如果听诊有啰音或捻发音，肺泡呼吸音有强有弱，叩诊出现浊鼓音，多是肺泡内同时存在液体和气体，兼有肺泡弹性减退的疾病，提示肺水肿、纤维素性肺炎的充血水肿期和溶解吸收期等；如果听诊有空瓮性呼吸音，叩诊出现破壶音，可见于肺脓肿、肺坏疽、肺结核等。

如果出现混合性呼吸困难，全身症状明显者，应结合特有症状逐一鉴别，如日射病和热射病、伪狂犬病等，因有特征的症状或病史，不难区别。

二、贫血

贫血是指单位容积的循环血液中红细胞数及血红蛋白含量低于正常值。贫血不是一种独立的疾病，而是一种临床综合征。其临床表现主要有：皮肤和可视黏膜苍白，精神沉郁，食欲减退，水肿，心跳加速，呼吸困难及各器官组织缺氧症状，甚至昏迷。

临床上诊断贫血比较容易，但要弄清楚贫血的原因、性质、程度及发展则比较困难，所以在临床上对贫血应逐级鉴别。首先判定是不是贫血，贫血的表现主要有可视黏膜苍白，不耐运动，呼吸困难，心跳加快，红细胞和血红蛋白含量降低等。依此症状，可初步确定为贫血。其次判定是那种性质贫血，一般从红细胞的形态学和色素含量入手，依据红细胞的直径、大小和色素含量多少，初步判定贫血的性质。最后探讨病因，进行类症鉴别。

（一）依据贫血的病因鉴别诊断

临床上，牛发生贫血的种类繁多，病因复杂，可按病因把贫血分为失血性贫血、溶血性贫血、营养性贫血和再生障碍性贫血。

1. **失血性贫血** 属急性失血的，发病快，病程急，有明显的出血史。如各种创伤，内脏破裂（肝、脾、胃、肠破裂，穿刺腹腔可流出大量红色液体），血管破裂（如寄生性肠系膜动脉瘤破裂等），急性出血性疾病（急性血尿、产后大出血、华法林中毒等）。属慢性失血的，共同表现持续少量出血，病程长，但每种疾病又各有特征。有胃肠寄生虫病，如钩虫病、圆线虫病、血矛线虫病、球虫病等；胃肠溃疡、慢性血尿、血友病、血小板病等。

2. **溶血性贫血** 各种原因引起红细胞大量溶解导致的贫血。有细菌感染，如钩端螺旋体病、溶血性梭菌病、附红细胞体病、A 型产气荚膜杆菌病等；血液寄生虫病，如梨形虫感染、血孢子虫病、锥虫病、住白细胞虫病等；中毒性疾病，如铅中毒、铜中毒及某些灭鼠药中毒等；免疫性溶血，如新生幼畜溶血性疾病，输血时血型不配等；溶血毒，如蛇毒、野洋葱、蓖麻籽等；物理因素，如大面积烧伤、犊牛水中毒及牛产后血红蛋白尿病。

本类疾病的共同特点是贫血，可视黏膜苍白，多数有黄染，体温升高或正常，往往排血红蛋白尿，黄疸指数升高，尿中可见大量胆红素，粪便因胆红素代谢增强而变黄。但各类疾病又有各自特点，如溶血性贫血疾病中，体温升高者，主要考虑感染性，体温正常或偏低时，应重点考虑中毒性或其他因素等。

3. 营养性贫血　主要原因是造血物质缺乏或丢失过多所致，如铁缺乏、铜缺乏、维生素 B_6 缺乏等。幼龄牛生长过快，需求量相对不足而致，多为慢性表现。属血红素合成障碍的，如维生素 B_{12} 缺乏、钴缺乏、叶酸缺乏和烟酸缺乏。属珠蛋合成障碍的，有蛋白质不足，赖氨酸不足等。胃肠道寄生虫病，慢性胃肠道病及某些代谢病也可造成营养性贫血。

4. 再生障碍性贫血　本类疾病的特点，病程较慢，主要原因是造血系统受到破坏。有放射线、化学毒、植物毒、真菌毒素、药物毒（磺胺药、保泰松、苯巴比妥、青霉胺、抗癫痫药等）等因素所致。

（二）依据贫血的形态学鉴别诊断

按红细胞平均体积和红细胞平均血红蛋白浓度，可将贫血分为正细胞正色素、正细胞低色素、大细胞正色素、大细胞低色素、小细胞正色素和小细胞低色素等类型。在此仅对临床常见的小细胞低色素、正细胞正色素和大细胞正色素型贫血进行鉴别。

1. 小细胞低色素型贫血　应考虑血红素合成障碍，包括缺铁性和铁失利用性所致的贫血。其中血清铁含量降低，骨髓细胞外铁和铁粒幼细胞稀少或消失的，可确认为缺铁性贫血。血清铁升高，骨髓细胞外铁和铁粒幼细胞增多的，应确定为铁失利用性贫血，见于维生素 B_6 缺乏、铜缺乏、铅中毒等。

2. 正细胞正色素型贫血　应考虑再生障碍性贫血、溶血性贫血和失血性贫血。各种未成熟红细胞在循环血液内出现和增多，骨髓粒红比降低的，为再生性贫血，见于急性失血性贫血和溶血性贫血。循环血液中无未成熟红细胞，骨髓有核细胞减少，粒红比增高的，为非再生性贫血，见于骨髓造血功能障碍所致的贫血。

3. 大细胞正色素型贫血　应考虑核酸合成障碍所致的贫血。如血片上见到较多的大红细胞乃至巨红细胞，出现分叶过多的中性粒细胞，骨髓红系细胞变为巨幼红细胞的，可确认为维生素 B_6 缺乏、叶酸缺乏、烟酸缺乏及钴缺乏所致的贫血。

（三）依据贫血的症状鉴别诊断

根据贫血发生的快慢可分为急性贫血和慢性贫血，并可据此作为贫血的鉴别要点。常从可视黏膜色泽变化为出发点。对发病突然，可视黏膜苍白迅速的，应考虑急性失血性贫血和急性溶血性贫血。如果可视黏膜急剧苍白无结膜黄染，或伴有休克危象的，则考虑是失血，应立即检查体表有无大创伤或大血管破裂以及内脏破裂而出血的可能。伴有黏膜黄染的，可能是血管内溶血，注意有无血红蛋白血症、血红蛋白尿和体温反应；出现血红蛋白症伴发有高热现象的，可能是感染性溶血性贫血，应怀疑某些能引起急剧溶血的传染病和血液寄生虫病，如钩端螺旋体病、梨形虫病及牛细菌性血红蛋白尿病等；如果体温正常或偏低者，则可能是溶血毒物或抗原抗体反应引致的溶血性贫血。如新生幼畜溶血病、不相合型输血、毒蛇咬伤、牛产后血红蛋白尿病、水牛血红蛋白尿病等。如果病程较长，可视黏膜慢性苍白的，应怀疑慢性失血性贫血、慢性溶血性贫血、再生障碍性贫血和营养性贫血，其鉴别要点如下：

1. **慢性失血性贫血**　病牛日趋消瘦，贫血渐进加重，后期伴有四肢和胸腹下水肿，乃至体腔积水。血液检查呈正细胞低色素性贫血，血浆蛋白减少。

2. **慢性溶血性贫血**　可视黏膜逐渐苍白并黄染，但不显血红蛋白血症，亦不排血红蛋白尿，血液学变化为正细胞正色素或低色素型贫血。伴有发热的，应考虑巴尔通氏体病、附红细胞体病、溶血性链球菌病等；体温不高的，应考虑慢性铜中毒、慢性铅中毒、丙酮酸激酶缺乏症、葡萄糖-6-磷酸氢酶缺乏症及红细胞先天性缺陷引起的溶血。

3. **营养性贫血**　如果呈群发性、地区性发病，常提示营养性贫血。小细胞低色素型贫血，可能是缺铁性、缺铜性、缺维生素 B_6 性贫血；大细胞正色素型，则可能是叶酸缺乏、维生素 B_{12} 缺乏、钴缺乏所致的贫血。

4. **再生障碍性贫血**　伴有出血性素质，反复发生感染，血液学变化为正细胞正色素、非再生型，红细胞、血小板、粒细胞均减少，确定诊断须进行骨髓检查。

三、黄疸

黄疸是由于胆色素代谢障碍（胆红素形成过多或排泄障碍），血浆中胆红素含量蓄积增高，致使黏膜和组织发生黄染的一种病理变化，以眼结膜及口腔黏膜表现明显。对于伴有黄疸症状的疾病，正确地认识和鉴别黄疸的类型，结合病因和疾病的各自特征，综合分析不难确诊。黄疸形成的原因比较复杂，应从以下几点分析黄疸的原因。

1. **病史调查**　了解病牛是否患过传染性肝炎、传染性肠炎、有无患过明显的寄生虫病，是否接触过四氯化碳、氯仿或误食杀虫药物等。

2. **分析病程**　黄疸出现快、病程急者，首先应考虑实质性肝炎、胆结石或急性溶血性疾病；慢性持久黄疸者，应考虑肝硬化、肝癌等疾病；黄疸波动性较大者，应考虑胆管结石等疾病。

3. **体温反应**　先有发热而后有黄疸者，多见于急性实质性肝炎或急性溶血性疾病；先有黄疸而后有发热者，应考虑胆管阻塞性疾病，如胆管结石、化脓性胆管炎等。

4. 腹痛症状 黄疸伴有腹痛者，应考虑胆道结石、肝脓肿、胆道蛔虫、肝炎等。

5. 腹腔积水 黄疸伴有腹水者，多见于肝硬化。

测定血清酶的活性和尿液检查，可以帮助确诊黄疸的存在和类型。

（一）黄疸的病因分类

临床上，常将黄疸分为三种类型，一是溶血性黄疸（肝前性黄疸），二是肝细胞性黄疸（肝性黄疸），三是阻塞性黄疸（肝后性黄疸）。

1. 溶血性黄疸 由于红细胞破坏过多，使血液中胆红素含量增多而发生黄疸。常见于溶血性链球菌病、溶血性梭菌病、A 型产气荚膜杆菌病、钩端螺旋体病等细菌感染；血孢子虫病、巴贝斯虫病、利什曼原虫病等寄生虫感染；新生畜溶血病、不相合血输注等同族免疫性抗原抗体反应；吩噻嗪类、美蓝、醋氨酚、铅、铜、萘、皂素等化学毒；牛产后血红蛋白尿病。

2. 肝细胞性黄疸 由于肝脏对胆红素的摄取、结合和排泄障碍，使血中胆红素含量增加而发生黄疸，见于中毒性肝病，如磷、砷、锑、硒、铜、钼、四氯化碳、六氯乙烷、棉酚、煤酚、氯仿等化学毒中毒；千里光、猪屎豆、羽扇豆、杂三叶、天芥菜等有毒植物中毒；黄曲霉、红青霉、杂色曲霉等真菌毒素中毒。感染性肝病，如沙门氏菌病、钩端螺旋体病等。寄生虫性肝病，如肝片吸虫病、血吸虫病、血孢子虫病、弓浆虫病等。也见于硒缺乏、维生素 E 缺乏及大叶性肺炎、心力衰竭病程之中。

3. 阻塞性黄疸 由于胆管内胆汁外流受阻（肝内或肝外），胆红素返流入血，使胆红素含量增加而发生黄疸。可见于胆管结石，胆管受压或狭窄，如肝脏肿瘤、十二指肠炎；胆管寄生虫，如肝片吸虫、蛔虫等；胰腺疾病，如胰腺炎、胰腺肿瘤等。

（二）溶血性黄疸的症状鉴别

溶血性黄疸（肝前性黄疸）疾病的特点是全身性反应明显，以感染性溶血或中毒性疾病为主，可视黏膜苍白黄染，血红蛋白尿症或血红蛋白血症，体温正常或升高。血浆或血清中间接胆红素大量增加。

对起病快，可视黏膜苍白黄染，且排血红蛋白尿的，应考虑急性溶血性黄疸。其体温升高的，要怀疑某些传染病和血液寄生虫病。其体温低下或正常的，可怀疑溶血性毒物、同族免疫抗原抗体反应或物理因素所致。对病程长，可视黏膜逐渐苍白黄染，但不显血红蛋白尿症或血红蛋白血症的，应怀疑慢性溶血性疾病，如自体免疫性溶血性贫血、巴尔通氏体病、附红细胞体病等。

（三）肝细胞性黄疸（肝性黄疸）的症状鉴别

肝细胞性黄疸临床特征是血浆或血清中直接胆红素和间接胆红素含量增加，

血、尿中尿胆原含量增加，粪中尿胆原含量减少，肝功能异常，消化障碍，神经症状等。对体温升高的，应怀疑感染性和寄生虫性肝病引起的黄疸；对体温正常或低下的，应考虑中毒性肝病引起的黄疸。临床常见于急性肝炎、慢性肝炎、肝硬化等。

1. 急性肝炎　表现为消化不良，粪便中臭味大而色泽浅淡，食欲减退或废绝。全身无力，可视黏膜黄染，消瘦。肝区触诊有痛感，腹壁紧张，小便发黄。有时也表现肌肉震颤、痉挛或兴奋不安。体温升高或正常。

2. 慢性肝炎　多由急性肝炎转化而来，呈现长期消化不良，逐渐消瘦。可视黏膜苍白，皮肤水肿，肝脏触诊有压痛，体积肿大，继发肝硬化时，可出现腹水。

3. 肝硬化　是肝脏常见的一种慢性疾病，是一种或多种致病因素长期或反复刺激损害肝脏所致。多因慢性肝炎或其他病转化而来，临床发病缓慢，食欲缺乏或废绝，消瘦、贫血、黄疸。肝脏早期稍大，有腹水，后期出现痉挛、昏睡或昏迷而衰竭死亡。多见于中毒性或病毒性肝炎继发所致。

（四）阻塞性黄疸（肝后性黄疸）的症状鉴别

阻塞性黄疸类疾病，临床上比较难诊断，表现有消瘦、消化不良、黄疸或有腹痛现象，或见皮肤瘙痒、心动徐缓，往往于死后剖检时才能确诊。血浆或血清直接胆红素含量增加，尿中胆红素阳性反应，粪中无尿胆原，尿中尿胆原也减少，粪便呈灰黄色或白陶土色。

有条件者，腹部超声检查，如果检出胆道被阻塞或者渗漏则可诊断为肝后性黄疸。如果胆囊增大或胆道扩张则提示存在肝外性胆道阻塞。超声检查还可检查胰中是否有块状物的形成以及与胆道阻塞相关的胰腺炎。在偶然的情况下，胆道肿瘤、胆结石或胆汁浓缩团块物可造成肝后性黄疸。

四、水肿

水肿，是皮下组织的细胞内及组织间隙液体潴留过多所致的综合征。组织间隙液体在胸腔、腹腔、关节腔等浆膜腔内蓄积时，称为积水。轻度水肿视诊不易发现，须配合触诊。该病多发于胸腹部、四肢下部、阴囊和眼睑等部位。水肿的特征是容积较大，皮肤紧张，弹性降低，指压留痕，呈捏粉样硬度、无热无痛反应和颜色苍白等。

（一）水肿的分类

水肿的分类方法有很多，按水肿的性质分为炎性水肿与非炎性水肿；按水肿波及的范围分为局部性水肿和全身性水肿；根据水肿发生的部位分为脑水肿、喉头水肿、肺水肿、四肢水肿等；按水肿发生的病因可分为心性水肿、肾性水肿、肝性水肿、营养性水肿、淋巴性水肿、超敏反应性水肿及特发性水肿等。

（二）影响水肿发生的因素

1. 毛细血管壁通透性增加　各种致病因子，如病原微生物、创伤、烧伤、冻伤、化学伤、昆虫叮咬、药物过敏、组织缺氧、酸中毒等，均可使毛细血管壁通透性增高，血浆胶体渗透压降低，从而导致血液中的液体大量渗入组织间隙而发生水肿。

2. 组织间液渗透压升高　在局部缺氧及炎症过程中，由于毛细血管壁通透性增加，血浆蛋白渗出较多，组织分解代谢产物增多，引起局部组织间液渗透压升高，组织晶体渗透压升高，出现局部水肿。而由心、肝、肾等功能不全引起的水、钠潴留，则是全身性组织间液渗透压升高，故出现全身性水肿。

3. 血浆胶体渗透压降低　血浆胶体渗透压降低，主要是由于血浆蛋白减少所致。见于合成减少（如蛋白质摄取不足、慢性消化道疾病、慢性消耗性疾病或严重肝功能障碍导致合成白蛋白的能力低下）、丢失过多（如肾病综合征、肾功能不全、由于肾小球基底膜严重破坏等，使大量白蛋白从尿中丢失）、分解增加（如恶性肿瘤、慢性感染等使白蛋白分解代谢增强）、血液稀释（如体内钠、水潴留或输入过多的非胶体溶液使血浆白蛋白浓度降低）。从而引起血浆胶体渗透压降低，主要是引发全身性水肿。

4. 毛细血管流体静压增高　主要是由于心功能不全、肝硬化、静脉栓塞、肿瘤压迫及血容量增加等，引起静脉压增高，使血浆液体成分滤出增加，组织间液生成增多，而引发水肿。

5. 钠、水异常潴留　肾脏是调节钠、水的摄入量与排出量保持动态平衡的主要器官，在细胞外液容量的维持上起着重要作用。肾脏对水、钠排出减少兼或重吸收增加，便可发生组织间隙水、钠潴留而发生水肿，多见于急性肾小球肾炎、慢性肾炎、心力衰竭、肝硬化腹水等疾病。多为全身性水肿。

6. 淋巴回流受阻　淋巴管是组织间液返回血流的经路之一，由于淋巴管阻塞，淋巴液回流受阻所致，多见于淋巴结炎、淋巴管炎、丝虫病、肿瘤压迫等，多为局部性。

（三）水肿的鉴别诊断要点

依据病因分类鉴别，更便于临床应用。心性水肿、肾性水肿、肝性水肿、营养性水肿、淋巴性水肿、超敏反应性水肿等，多为全身性水肿。炎性水肿、淋巴回流受阻性水肿、局部静脉栓塞等，多为局部性水肿。

1. 全身性水肿鉴别要点

（1）心性水肿：是由于心脏衰弱，造成体循环淤滞的结果。心性水肿鉴别诊断的主要依据是具有充血性心力衰竭的体征和循环淤滞的临床表现，常伴有体腔积水及脏器淤血的症状。其水肿的特点是，逐渐形成水肿，多发于远离心脏及血液反流困难的部位，如胸下、腹下及四肢的末梢部位，常是先从四肢末梢开始，而后扩展至全身，往往呈对称性分布。轻度的心性水肿，适当运动后症状有所减轻或消失。常见于心内膜炎、充血性心力衰竭、急性或慢性心包炎等。

（2）肾性水肿：是由于水、钠潴留、血浆蛋白质丢失所引起。诊断的主要依据是尿液的改变，呈现血尿、蛋白尿、管型尿等症状。其水肿特征是，水肿出现迅速，水肿部位不受重力影响，以富有疏松结缔组织的部位最明显，最初表现于眼睑，后期可出现于四肢及其他部位。常见于肾小球肾炎、肾盂肾炎及肾病综合征等。

（3）肝性水肿：是由于水、钠潴留、低蛋白血症所引起。肝性水肿的诊断依据主要是肝功能障碍、营养不良、腹水等症状，在腹水之前常有轻度四肢水肿。见于肝硬化。

（4）营养性水肿：是由于低蛋白血症所引起，常见于慢性消化不良、慢性消耗性疾病、重症贫血、营养衰竭症等。其特征是，水肿先从四肢开始，然后扩展到全身。常见于低蛋白血症、渗出性素质、维生素缺乏症等。

（5）超敏反应性水肿：特征是水肿突然出现，迅速消退，常伴有黏膜下水肿。见于血管神经性水肿、荨麻疹、血斑病、血清病等。荨麻疹的水肿好发部位为胸下。血斑病水肿的特征是，可视黏膜出血，同时鼻唇、眼睑、四肢上部、体躯两侧发现无痛或热痛轻微的硬固性水肿，其周边呈河堤状，常左右对称。

（6）其他水肿：在严重贫血、妊娠中毒、恶性水肿病、大肠杆菌病及某些中毒病过程中，也常伴有皮下水肿，应注意鉴别。

2. 局部性水肿鉴别要点

（1）炎症性水肿：皮肤炎性肿胀既有囊性肿胀，也有实性肿胀，但均伴有不同程度的局部红、肿、热、痛和炎症的全身反应，由于皮肤或皮下组织受到创伤发炎，致使炎症处血管扩张渗出引起水肿。主要见于血斑病、蜂窝织炎、挫伤、刺伤和疖肿等。而非炎性水肿无热无痛，一般不伴有功能障碍。

（2）淋巴梗阻性水肿：由于淋巴回流受阻，常见于淋巴管炎、淋巴结炎、丝虫病或异物、肿瘤压迫等。

（3）静脉梗阻性水肿：常见于血栓性静脉炎、四肢静脉曲张等。

（4）变态反应性水肿：常见于血管神经性水肿、接触性皮炎等。

五、红尿

红尿是指尿液的颜色发红，它不是一个独立的疾病，而是许多疾病伴发的综合征，主要包括血尿、血红蛋白尿、肌红蛋白尿、卟啉尿和红色药尿等。

（一）红尿的类型鉴别诊断

根据尿液的性质和尿液中是否混有红细胞，临床将红尿分为真性血尿和假性血尿两大类。即尿液中混有红细胞的称为真性血尿；外观清亮，放置后无红色沉淀，镜检没有红细胞或仅有少量红细胞的称为假性血尿，包括血红蛋白尿、肌红蛋白尿、卟啉尿和药物性红尿。

1. **血尿** 尿液中混有多量红细胞。血尿的颜色，因尿液的酸碱度和所含血量而不同。碱性血尿显红色；酸性血尿显棕色或暗黑色。常将血尿分为3种：其尿液外观如洗肉水色或血样，放置或离心后红细胞沉于管底而上清红色消失的，称为眼观血尿；肉眼无法观察出尿中带血，尿沉渣镜检有多量红细胞，称为显微镜下血尿；尿液由电脑尿液分析仪或联苯胺潜血试验呈阳性反应，镜检发现有红细胞者，称为隐性血尿。

2. **血红蛋白尿** 血红蛋白尿，尿液中含多量游离血红蛋白。新鲜的血红蛋白尿，含氧合血红蛋白和还原血红蛋白，显红色、浅棕色；陈旧（包括膀胱内滞留）的血红蛋白尿，含高铁血红蛋白和酸性血红蛋白，显棕褐色乃至黑褐色。血红蛋白尿外观清亮，放置后管底无红细胞沉淀，镜检尿渣没有红细胞，联苯胺试验呈阳性。血红蛋白尿症多伴有血红蛋白血症。

3. **肌红蛋白尿** 肌红蛋白尿，尿液中含多量肌红蛋白。肌红蛋白尿显暗红、深褐乃至黑色，外观与血红蛋白尿颇相类似，联苯胺试验亦呈阳性反应。肌红蛋白尿定性试验包括尿液分光镜检查、硫酸铵盐析法、肌红蛋白电泳法及分光光度法。

4. **卟啉尿** 卟啉尿，尿液中含多量卟啉衍生物，主要是尿卟啉和粪卟啉。卟啉尿显深琥珀色或葡萄酒色，镜检尿渣无红细胞，联苯胺试验呈阴性反应。尿液原样或经乙醚提取后，在紫外线照射下发红色荧光。确诊应通过化学检验，测定卟啉衍生物的组分及其含量。

5. **药物性红尿** 药物性红尿，因药物色素的存在而使尿液变红。见于内服或注射某些药物，如大黄、安替比林、芦荟、刚果红、山道年等可使尿液变红。药物性红尿，镜检无红细胞，联苯胺试验呈阴性反应，尿液酸化后红色消退。

（二）血尿分类及鉴别诊断

血尿是指示泌尿器官本身的出血或出血素质性疾病引起的血尿。遇到血尿病牛，应结合临床表现，确定血尿的来源，临床通常可从出血部位和病因角度进行分类。部位分类，有助于确定出血的区段和器官，做出定位诊断。病因分类，则有助于确定疾病的性质和原因，做出病性诊断和病因诊断。

1. 血尿分类诊断

（1）部位分类诊断：

①肾前性血尿：指的是全身性出血素质性疾病引起的血尿，见于各种出血性素质性疾病，临床上往往伴有可视黏膜出血斑点、皮下血肿、便血及创伤后出血不止等出血素质的体征。如各种传染性出血病、侵袭性出血病、中毒性出血病、遗传性出血病等近百种群体性出血病。

②肾性血尿：由肾脏疾病所引起的血尿。特点为全程性血尿；三杯试验呈均匀红色；膀胱冲洗时，尿液由红变浅，再呈红色；尿沉渣检查，有肾上皮细胞及各种管型；临床常呈现肾区触痛、少尿等症状。见于出血性肾炎、急性肾小球肾炎、中毒性肾病、肾结石等。

③肾后性血尿：肾脏以外泌尿系统器官所引起的血尿，又称尿路性血尿。包括肾盂血尿、输尿管血尿、膀胱血尿和尿道血尿，见于肾盂肾炎、输尿管结石、膀胱炎、膀胱结石、膀胱损伤、尿道炎、尿道结石以及尿道外伤等。

（2）病因分类诊断：按血尿的病因，可分为炎性血尿、结石性血尿、肿瘤性血尿、外伤性血尿、中毒性血尿、寄生虫性血尿、出血素质性血尿和药物性血尿等。

①炎性血尿：为肾脏、膀胱、尿道等泌尿器官的炎症所引起的血尿，见于出血性肾炎、急性肾小球肾炎、肾盂肾炎、膀胱炎及尿道炎等。

②结石性血尿：因肾脏或尿路结石造成泌尿器官炎症和损伤所引起的血尿，见于肾结石、输尿管结石、膀胱结石、尿道结石等。

③肿瘤性血尿：见于肾脏腺癌、膀胱血管瘤、血管内皮肉瘤、移行细胞乳头状瘤、移行细胞癌及蕨类植物慢性中毒所致的牛地方性血尿。

④外伤性血尿：见于肾脏、膀胱、尿道损伤。

⑤中毒性血尿：见于汞、铅、镉等重金属或类金属中毒；蕨类、毛茛等植物中毒；四氯化碳、三氯乙烯、五氯苯酚等有机化合物中毒；华法林（敌鼠钠）等杀鼠药中毒。

⑥寄生虫性血尿：见于牛的有齿冠状线虫病。

⑦出血素质性血尿：全身性出血病表现于泌尿系统出血的一个分症，包括众多遗传性出血病、传染性出血病、侵袭性出血病、营养代谢性出血病等，见于坏血病、血斑病、血管性假性血友病、血小板减少性紫癜，以及甲、乙、丙3型血友病等各种凝血因子缺乏症。

⑧药物性血尿：见于长期过量使用磺胺类、链霉素、四氯化碳、有机汞杀菌剂等。

2. 血尿鉴别诊断　血尿的鉴别诊断，在全面搜集临床症状的基础上，应综合全身临床表现，首先依据肾前性血尿、肾性血尿和肾后性血尿的分类考虑出血部位。再根据尿流观察、三杯试验、膀胱冲洗、尿沉渣检查，并结合临床表现，最后做出定位诊断。

对伴有可视黏膜出血斑点、皮下血肿以及便血等自发性出血体征，应直接考虑出血综合征诊断思路，确定出血性素质的病性和病因。对无全身出血体征的血尿病牛，则应考虑单纯泌尿器官出血。

肾性血尿的特点是排出的尿液为全程性血尿，三杯试验呈均匀红色，膀胱冲洗，尿沉渣检查，可见肾上皮细胞及各种管型；临床常呈现肾区触痛、少尿等症状；膀胱性血尿，三杯试验末杯呈深红色。尿沉渣检查，可见膀胱上皮细胞、磷酸铵镁结晶。临床表现为膀胱触痛、排尿异常等症状；尿道性血尿，排出的尿液为初始性血尿，三杯试验首杯深红。尿沉渣检查，可见脓细胞。临床常表现尿频、排尿带痛等症状。

出血部位大体确定之后，应依据群发、散发或单发等流行病学情况，发热或不发热等全身症状，急性、亚急性或慢性进行性等病程经过，并配合病原学检查、X线、超声、膀胱内窥镜检查、肾功能试验等必要的特殊检查手段，进行综合分析，最后确定病性。

3. 血红蛋白尿病因分类及诊断　血红蛋白尿症实质是急性血管内溶血的临床表现之一，因此血红蛋白尿病因分类及诊断，实际是急性血管内溶血的病因分类和鉴别诊断。

（1）血红蛋白尿病因分类：血红蛋白尿，按病因可分为感染性血红蛋白尿、中毒性血红蛋白尿、遗传性血红蛋白尿、免疫性血红蛋白尿、代谢性血红蛋白尿以及理化性血红蛋白尿等。

①感染性血红蛋白尿：对呈流行性发生、有传染性且伴有全身发热的，应考虑感染性血红蛋白尿。见于血液原虫或某些细菌、病毒性疾病，如溶血性链球菌病和葡萄球菌病、钩端螺旋体病及梨形虫病、锥虫病等血原虫病。

②中毒性血红蛋白尿：各种溶血性毒物所致发的一类血红蛋白尿，对群发或单发，有接触毒物病史的，应考虑中毒性血红蛋白尿。见于各种溶血毒中毒，如毒蛇咬伤等牛毒中毒；野洋葱、黑麦草、甘蓝、金雀花、栎树枝芽等植物毒中毒；慢性铜中毒，铅中毒等矿物毒中毒；酚噻嗪、醋氨酚等化学药品中毒等。

③遗传性血红蛋白尿：有家族发生史的，要考虑遗传性血红蛋白尿，见于遗传性铜累积病、红细胞酶先天缺陷，如葡萄糖-6-磷酸脱氢酶缺乏病、先天性红细胞生成性卟啉病等。

④免疫性血红蛋白尿：对输血之后或新生畜吮初乳后发生的，应考虑免疫性血红蛋白尿，见于不相合血输注、新生畜同族免疫性溶血性贫血等。

⑤代谢性血红蛋白尿：对地区性发生产后血红蛋白尿或水牛血红蛋白尿，要考虑低磷酸盐血症，见于水牛血红蛋白尿病、乳牛产后血红蛋白尿病等。应用磷制剂治疗试验，加以确诊。

⑥物理性血红蛋白尿：见于大面积烧伤及冷血红蛋白尿病等。

（2）血红蛋白尿鉴别诊断：血红蛋白尿的鉴别诊断，首先是寻找造成急性血管内溶血而出现血红蛋白尿症的原发疾病，然后依据类症逐一鉴别。

对呈流行性发生、有传染性、且伴有发热的传染性血红蛋白尿病牛，要进一步通过病原学检验，查明是细菌性疾病还是病毒性疾病；对群体发生、不能传播、但伴有发热的，要考虑血液原虫侵袭性疾病，并进一步确定是哪一种血液原虫（梨形虫、疟原虫、住白细胞虫等）所致；对呈家族性分布、无传染性的遗传性血红蛋白尿病牛，主要考虑遗传性铜累积病和先天性红细胞生成性卟啉病。再依据各自的类型特点鉴别确诊；对群发或单发、不能传播，不伴有发热，但有毒物接触史的，要考虑中毒性血红蛋白尿，可依据临床表现、毒物检验，鉴别是牛毒、植物毒还是矿物毒等。在特定地区要考虑低磷酸盐血症；新生畜吮初乳后发生的，或在输血之后发生的，要考虑免疫性血红蛋白尿；在大量饮水之后发生的，要考虑急性低渗性血管内溶血。

4. 肌红蛋白尿病因及诊断　肌红蛋白尿见于骨骼肌变性、坏死、损伤等疾病，如维生素 E 和硒缺乏综合征、过劳性肌炎、外伤性肌炎等。

5. 卟啉尿病因及诊断　卟啉尿是血卟啉尿病的示病症状和固定症状。卟啉尿见于红细胞生成性卟啉病和非红细胞生成性卟啉病，是卟啉代谢和血红素合成的有关酶先天性缺陷所致的遗传性卟啉代谢障碍病。其特点是，家族性发生，卟啉齿、卟啉骨、卟啉尿、光敏性皮炎、贫血、腹痛等。确诊应依据特征性临床表现和血、粪、尿内各卟啉衍生物的定量分析，做出诊断。

6. 药物性红尿的鉴别　有应用过能使尿液发红的药物的记录，临床上无其他伴随症状，共同特点是尿液经醋酸酸化后红色即行消退。

六、昏迷

昏迷是大脑皮质机能高度抑制的表现，是重度的意识障碍，病牛意识不清，卧地不起，呼唤不应，对刺激几乎无反应，各种反射均消失，甚至仅保有部分反射功能，或有时伴有肌肉痉挛与麻痹。可见于脑及脑膜疾病、中毒病或某些代谢性疾病的后期。

由于精神状态包括兴奋与抑制两种表现形式，二者发展过程可以相互转化，因此对某些临床症状要综合分析，才能做出正确诊断。昏迷的诊断，首先应确定是不是昏迷。如是昏迷，昏迷的病因是什么。所以，昏迷的鉴别诊断包括了昏迷病因的诊断和昏迷状态的诊断。

（一）昏迷的病因及诊断

依据昏迷的原因，一般分为脑性昏迷、肝性昏迷、代谢性昏迷和中毒性昏迷。

1. 脑性昏迷的病因及诊断　脑性昏迷的病因，包括弥漫性大脑皮质损伤，如病毒性、细菌性、寄生虫性脑炎和脑膜脑炎、脑挫伤、脑震荡、脑水肿、脑出血、中暑等；脑干前部受压，多见于脑干附近的肿瘤、脓肿、血肿及脑疝等；脑干前部破坏性疾病，见于颅损伤后的脑实质出血及继发于脑肿瘤、脑炎症等病理过程中。由于大脑皮质损伤，大脑皮质处于抑制状态，从而发生脑性昏迷。

外伤性伴有局灶定位症状者，多见于脑挫伤、硬膜外血肿、硬膜下血肿。有局灶定位症状的非外伤性，主要见于脑部肿块性或破坏性病变，如脑出血、脑梗死、脑脓肿、脑肿瘤及脑炎等。脑脊液含有血液，不伴局灶定位症状的，见于蛛网膜下腔出血、原发性脑室出血。伴有局灶定位症状的，见于脑出血并蛛网膜下腔出血、脑外伤继发蛛网膜下腔出血。

脑昏迷的临床特征是，弥漫性大脑皮质疾病，多见于各种脑膜炎及脑膜脑炎，发热为常有的前驱症状，通常不表现局部症状，骨骼肌随意运动姿势反射丧失，盲目运动，视力障碍，瞳孔正常，但眼球不能随物体移动。在蛛网膜下腔感染或出血时，可见脑膜刺激症状。脑干前部两侧受压，病牛四肢瘫痪，伸肌张力增强，视力正常或丧失，瞳孔散大或中等大小，对光反应丧失，两侧眼球外下方斜视，前庭性眼球运动障碍。脑干前部破坏性疾病，病牛四肢瘫痪，伸肌张力增强，视力正常，瞳孔中等大小，对光反应丧失。

2. 肝性昏迷的病因及诊断　肝性昏迷的病理学基础是，蛋白质代谢障碍所致的氨中毒。肝功能损伤时，氨基酸脱氨基及尿素合成障碍，血氨升高并弥散入脑，与 α-酮戊二酸结合，阻碍三羧酸循环和能量供应，而造成肝性昏迷。可见于各种原因引起的肝炎、肝营养不良、肝脑病，以及肝硬化、肝肿瘤等。肝性昏迷的临床特征是，肝功能不全体征，如消化障碍、黄疸、营养不良、出血倾向、腹水、肝功能指标异常，血氨浓度升高等。

3. 代谢性昏迷的病因及诊断　代谢性昏迷是由于脑细胞代谢障碍所致。常见于低糖血症、尿毒症、糖尿病、酮病、酸碱平衡紊乱、水和电解质平衡紊乱、维生素 B_1 缺乏、生产瘫痪、妊娠毒血症等病症。由于渗透压增高所致，见于糖尿病、尿毒症、高血钠症、急性酒精中毒及高渗性药物中毒。由渗透压降低所致，见于急性水中毒、抗利尿激素分泌障碍综合征及脑耗盐综合征等。

代谢性昏迷的临床特征是，初期大脑皮质抑制，而后脑干机能抑制，故逐渐呈现昏迷，病牛不表现局部脑症状，其基本表现与弥漫性大脑皮质疾病相似。由于其发病原因的不同，可呈现其他的伴随症状。例如，酮病发生于围产期，低血糖、高血酮并伴有食欲骤减，乳产量急剧下降或神经症状；生产瘫痪发生于分娩前后，轻瘫、昏迷、低钙血症，钙剂疗效确实；维生素 B_1 缺乏症先表现共济失调、营养不良、腹泻及失明，而后发生昏迷。

4. 中毒性昏迷的病因及诊断　尽管引起中毒的外源性毒物各异，但其造成昏迷的病理学基础基本相同，或是阻碍脑细胞的代谢，或是引发脑器质性损伤。常见于有机磷等农药中毒；亚硝酸盐、食盐、棉籽饼、酒糟等饲料中毒；氢氰酸、苦楝子、闹羊花等有毒植物中毒；砷、汞、铅等矿物毒中毒；以及药物、有毒气体、真菌毒素中毒。中毒性昏迷的诊断，主要依据毒物接触史，毒物检验。对临床上突然发生昏迷，并伴有明显的神经症状，重剧消化障碍，体温一般正常或低下的，应考虑中毒性昏迷。在畜群中有得到同一有毒饲料者同时或相继发病的流行病学特点。

（二）昏迷状态的鉴别

昏迷必须与类昏迷鉴别。所谓类昏迷是指牛的临床表现类似昏迷或貌似昏迷，但实际上并非真昏迷的一种状态或症候。

类昏迷是意识并非真正丧失，但不能正常反应的一种精神状态。常伴有眼睑眨动，对突然较强的刺激可有瞬目反应甚至开眼反应，拉开其眼睑有明显抵抗感，并见眼球向上翻动，放开后双眼迅速紧闭，或眼球无目的转动。咀嚼、吞咽动作、呼吸、循环功能正常，角膜反射、瞳孔对光反射不受影响。可伴有不自主鸣叫，对疼痛刺激有反应。晕厥也是类昏迷一种表现形式，是急性发作而短暂的意识丧失，常有先兆症状，如视觉模糊、全身无力、出冷汗等。然后晕倒，持续时间很短即可完全恢复。而真昏迷的持续时间更长，一般为数分钟至若干小时以上，且通常无先兆，恢复也慢，故与昏迷不难区别。

七、后躯运动障碍

后躯运动障碍是指腰荐和后肢随意运动能力完全丧失或不全丧失，临床主要表现为一侧或两侧后肢跛行，后躯共济失调，完全麻痹或不全麻痹。

（一）后躯运动障碍的解剖学分类及诊断要点

按受损的组织，后躯运动障碍可分为神经损伤性、运动器官功能性、代谢性运动功能障碍、感染性疾病后躯运动障碍等。

1. 神经损伤性后躯运动障碍的诊断　运动功能障碍，同时伴有典型的神经症状，如兴奋、痉挛、瘫痪、腱反射亢进或意识丧失，可考虑为神经性功能障碍。

（1）脊髓损伤性后躯运动障碍：是由于第二胸髓以后的脊髓损伤所致。脊髓全横断损伤，可见于脊髓外伤、脊髓炎、脊髓膜炎、脊髓受压等，其临床特点是，后躯运动障碍，轻者共济失调，重者截瘫，完全麻痹或不全麻痹；感觉和反射功能异常，损伤后方感觉减弱或消失，反射亢进或消失；排粪、排尿失禁；脊髓半横断损伤，常为脊髓一侧性损伤，多见于脊髓外压迫性疾病和脊髓外伤，其临床特征是，损伤侧后肢完全麻痹或不全麻痹，但感觉机能正常。呈上位或下位运动神经原损伤症状。

（2）外周神经损伤性后躯运动障碍：是由于支配后肢的外周神经，如坐骨神经、股神经、胫神经及腓神经的损伤所致。其特征是，多为一侧性后肢运动障碍，表现下位运动神经原损伤的症状。因损伤的外周神经的不同，其运动障碍的表现形式和感觉消失的区域各异。

腓神经损伤，因为跗关节不能正常屈曲，患肢僵硬，前伸，跗关节伸张，腓神经感觉机能的丧失可使跖部和球节背部出现痛觉消失。产后截瘫主要发生于产犊过程中或之后，多见于闭孔神经麻痹，髋关节损伤等，病牛后肢不能站立，感觉可能丧失。单纯闭孔神经麻痹可能呈蛙式外观。故可据此作为定位诊断的依据。

2. 运动器官功能性后躯运动障碍的诊断 后躯运动障碍以患肢局部机能障碍症状明显，并有明显的病因可查，则可初步诊断为肢蹄病性运动功能障碍，同时应考虑是关节性、骨骼性还是肌肉性，常见疾病有骨膜炎、关节炎、关节扭伤、关节挫伤、关节脱位、骨折、骨变形、风湿等。

（1）骨、关节性后躯运动障碍：是由于腰荐、四肢骨及关节疼痛性疾病或功能障碍性疾病所致。疼痛性疾病，包括骨营养不良、骨炎、骨折、关节扭挫、脱位及关节炎等；功能障碍性疾病，可见于骨瘤、骨折部愈合不良、筋腱短缩、韧带骨化等。腰荐骨及关节疾病常产生整个后躯运动障碍，后肢骨及关节疾病，多引起一侧后肢运动障碍。骨、关节损伤性后肢运动障碍的特征是，既无上位运动神经元损伤的症状，也无下位运动神经元损伤的症状，常可查出骨、关节肿胀、变形及疼痛。

（2）肌肉损伤性后躯运动障碍：是由于腰荐及后肢肌肉疼痛性疾病或运动不能性疾病所致，常见于肌炎、肌肉断裂、肌肉转位、营养性肌病、肌肉萎缩及挛缩等。其特点是，创伤性损伤，运动障碍多为一侧后肢。肌营养不良、肌病性运动障碍，常为两侧性，临床上应与风湿病鉴别。肌肉风湿时，关节伸展不充分。当多数肌群发生急性风湿病时，可有明显的全身症状，精神沉郁，食欲减退，体温升高等。关节风湿病时，常呈对称性表现，患病关节肿大，有温热和疼痛反应，喜卧不愿站立与运动。强制站立时，随着运动增加，疼痛反应减轻或消失；应用水杨酸制剂效果明显，较易做出鉴别。

（3）血管损伤性后躯运动障碍：是由于分布于后肢的血管发生栓塞或因持续性压迫而使肌肉发生缺血性麻痹甚至坏死。好发血管是髂外动脉和股动脉。其临床特征是，运动障碍常为一侧后肢，呈间歇性跛行，股动脉搏动消失，患肢变冷无汗，后期发生缺血性坏死。

3. 代谢性运动功能障碍的诊断 出现运动异常，呈慢性发生，体温一般正常，全身症状轻微，可考虑为代谢性运动功能障碍。见于佝偻病、骨软病、硒-维生素E缺乏、铜缺乏等。

病牛以一种特殊姿势卧地，即伏卧，四肢屈于躯干以下，头向后弯到胸部一侧，用手可将头颈拉直，但一松手又重新弯向胸部，应用钙、磷制剂治疗，有明显效果，可能是产后低血钙；临床上以血红蛋白尿、跛行、瘫痪为特征，应用20%磷酸二氢钠溶液，静脉注射疗效明显，可能为低磷血症；出现步态强拘，感觉过敏，驱赶或突然兴奋时跌倒，并发生四肢强直和抽搐，或出现瘫痪，用镁或钙镁合剂治疗效果明显应考虑低镁血症；表现为消化不良，异嗜癖和腹泻等，站立不稳，步态强拘，跛行，肌肉松弛，不能站立或行走。根据有地方性缺硒的历史以及饲料中硒的分析较易鉴别诊断硒缺乏症。

4. 感染性后躯运动障碍的诊断　运动功能障碍，同时伴有全身症状明显，体温升高，同群中具有传染性，则可认为传染性运动功能障碍。可考虑牛流行热、口蹄疫、脑炎、脓毒性子宫炎等。如口蹄疫病体温可升高。在口腔、趾间及蹄冠的柔软皮肤上发生水疱，破溃后逐渐愈合。或全身衰弱，肌肉发抖，心跳加快，行走摇摆，站立不稳，最终卧地不起。急性脑膜脑炎，多呈现一般脑症状，包括抑制和兴奋。抑制期病牛神志障碍，精神沉郁，站立不动或卧地不起，易与其他病鉴别。

（二）后躯运动障碍的病因学分类及诊断要点

1. 中毒性因素　可见于铅、砷、汞及氯化烃等中毒，其特点是，进行性发生后躯运动障碍，有接触毒物病史，常伴有中枢神经系统功能障碍症状。

2. 变性性因素　常见疾病有椎间盘病、变性性脊髓病、脊髓脱髓鞘病等，其特点是，发病隐袭，进行性增重，或突然发作，表现脊髓损伤的症状。

3. 炎性因素　见于脊髓炎、脊髓膜炎及外伤性、化脓性、风湿性肌炎等，多伴有炎性刺激症状，如感觉过敏、疼痛等。传染性因素，主要见于肉毒中毒、牛病毒性白血病等传染性疾病，以及弓形虫病、脑脊髓丝虫病等寄生虫疾病。多伴有发热及中枢神经系统功能障碍症状。

4. 畸形性因素　包括先天性和遗传性两种，如牛的遗传性先天性后躯麻痹，多见于新生犊牛。

（杨自军　韩卫红）

第三章　牛病常用治疗技术

第一节　服药技术

牛经口给药可根据药剂的剂型不同采取徒手或器械辅助的方法。投药枪、开口器和胃管，各种容量的注射器以及灌药工具均适用于牛。在使用器械时要注意不能简单粗暴，防止操作不当引起牛的咽部、软腭、食管的医源性损伤。

1. **灌药器与灌药瓶灌药法**　将牛保定在单桩或六柱栏内，抬高牛的头部，持盛有药液的灌药瓶，从靠近自己一侧牛的口角齿间隙处向口腔内插入灌药瓶嘴，并且可用另一只手抵住病牛硬腭，以利于插入。灌药时将牛头部从头顶到鼻镜这一段与地面水平或略高些，并向舌背面舌根部灌入，待牛咽下一口后，再向口腔内灌入第二口。灌药时严禁牵拉牛舌头，以防影响吞咽而造成误咽；每一次灌入口腔的药量不可过大，灌入量过大，容易从口腔中吐出而造成浪费。灌药过程中若发现牛咳嗽，应立即放低牛头部，待恢复正常后再灌入。

2. **片剂、丸剂、舔剂的投药法**　术者一手从一侧口角打开口腔，另一手持药片或药丸投入舌根部，使其自行咽下。

3. **胃管投药法**　将牛牵至六柱栏内，确实保定好其头部，可让助手抓住鼻钳，另一只手持涂上滑润油的胃导管，将胃导管端沿下鼻道缓缓插入，当管端到达咽部时感觉有抵抗，此时不要强行推进，待牛有吞咽动作时，趁机向食管内插入。当无吞咽动作时，可揉捏咽部或用胃导管端轻轻刺激咽部而诱发吞咽动作。

当胃导管进入食管后要判断是否正确插入。其判断方法有：向胃导管内打气，在打气的同时可观察到左侧颈静脉沟处出现波动；将橡皮球压扁后不再鼓起来。上述两种判断方法，都证明胃导管已正确地插入食管内。胃导管端连接漏斗把药液倒入漏斗内，举高漏斗超过牛的头部将药液灌入胃内。药液灌完后去掉漏斗，用橡皮球再向胃导管内打气，以排净残留在胃管内的药液，然后将胃导管端折叠，缓缓抽出胃导管。

插入胃导管灌药前，必须判断胃导管正确插入后方可灌入药液，若胃导管误插入气管内灌入药液将导致牛窒息或形成异物性肺炎。经鼻插入胃导管，插入动作要轻，严防损伤鼻道黏膜。若黏膜损伤出血时，应拔出胃导管，将牛的头部抬高，并用冷水浇头，可自然止血。

第二节　注射技术

1. 皮内注射法　该方法是将药液注入表皮与真皮之间，多用于牛的结核菌素变态反应试验等。注射部位：肩胛部、颈侧中部 1/3 处或尾根。注射方法：注射部剃毛，用 75% 酒精消毒后，左手食指和拇指绷紧注射部皮肤，右手持注射器使针头与皮肤呈 30°角刺入真皮内，推动针栓，注入药液，使局部呈现圆形隆起，拔出针头。此时切忌按压注射部位。注射时感到较费力，表明注射正确。如果注射时感到很容易，则表明注入皮下，应重新刺针。

2. 皮下注射法　该方法将药液注于皮下结缔组织内，注药后 5~10 分钟呈现作用。凡是易溶解、无刺激性的药品及菌苗、疫苗均可皮下注射。注射部位：选取皮下组织发达的部位，牛多选取颈侧或肩胛后方的胸侧皮肤，此处皮肤松弛，易抓起。注射方法：局部剪毛、消毒后，左手食指、中指和拇指将注射部皮肤掐起形成一皱褶，右手持注射器将针头刺入皱褶处皮下，深 1.5~2cm；也可在注射部位先用针头深刺入肌肉，然后用左手拇指和食指在注射部将皮肤和针头一起捏住，向上提拉，使针头进入皮下，将针头与注射器连接后右手将注射器内药液注入皮下，注药完毕，拔出针头，局部用碘酊消毒。注射药量大时，可采取分点注射。

3. 肌内注射法　肌肉内血管多，药液注入后吸收较快，仅次于静脉注射；又因感觉神经较皮下少，疼痛较轻。一般刺激性较强的和较难吸收的药液，如水剂青霉素、维生素 B_1，均可肌内注射。但刺激性很强的药液，如氯化钙、水合氯醛、浓盐水等，都不能做肌内注射。注射部位：可选择臀部和颈侧。但注射菌苗和疫苗时，规定的注射部位为后肢肌肉。注射方法：经确实保定后，注射部剪毛、消毒。右手持连接针头的注射器，将针头刺入肌肉内，回抽注射器针栓，针头无回血时，将药液注入肌肉内，注射后拔出针头，注射部位涂以碘酊或酒精。

4. 静脉注射法　将药液直接注射到静脉血管内的方法，称为静脉注射法。注射部位：牛在颈部上 1/3 与中 1/3 交界处的颈静脉上，也可用胸外静脉或母牛的乳静脉。注射方法：首先将静脉注射的药液配好，装在输液吊瓶架上，排净输液管内的气泡，然后进行静脉注射。先压迫静脉的近心端，阻断血液回流，使静脉怒张。牛的静脉注射用 16~18 号注射针头，对准已怒张的血管用力刺入，见针头回血后，将针头继续向血管内推进，然后松开对颈静脉近心端的压迫，连接输液管接头，调整控制开关进行静脉注射，输液管用夹子固定在颈部皮肤上。耳静脉注射时压迫耳根部；乳静脉注射时压迫远离乳房的一端血管在注射过程中要经常观察是否漏针，若发现漏针，应立即停止注射，重新调整针头，待正确刺入血管后再继续注入药液。注药完毕，拔下针头，用酒精棉球压迫片刻后可松解保定。

5. 腹膜腔内注射法 腹膜是一层光滑的浆膜，分为壁层和脏层，两层之间是一个密闭的空腔，即腹膜腔。腹膜面积很大，大约等于体表皮肤的总面积；腹膜毛细血管和淋巴管多，吸收力强。当腹膜腔内有少量积液、积气时，可被完全吸收。利用腹膜这一特性，将药液注入腹膜腔内，经腹膜吸收进入血液循环，其药物作用的速度，仅次于静脉注射。注射部位：可将左肷部或右肷部作为注射部位。注射方法：术部剪毛、消毒后，用16～18号针头垂直皮肤刺入，依次穿透腹肌和腹膜，当针头透过腹膜后，其阻力降低，有落空感。针头内不出现气泡及血液，也无空腔脏器内容物溢出，经针头注入生理盐水无阻力，说明刺入正确。此时可连接注射器或连接输液吊瓶上的输液管接头向腹腔内注入药液，向腹膜腔内注入药液应加温至37～38℃，药液过凉，会引起胃肠痉挛产生腹痛。注入的药液应为等渗溶液且无刺激性；当膀胱积尿时，应轻轻压迫腹部，强迫排尿，待膀胱排空后再进行腹腔注射；注射过程中应防止针头退出腹腔外，必要时用胶布粘贴固定针头，一次注药量为200～1500mL。注药完毕，拔下针头，局部消毒后松解保定。

6. 气管内注射法 气管内注射是将药液直接注射到气管内，以治疗支气管炎、肺炎及肺脏内寄生虫的驱除。注射部位：牛可在第三、四气管环间进行注射；治疗肺炎时注射部位应接近胸腔入口处的气管环间注射；犊牛在气管的下1/3处软骨环间。注射方法：首先将牛的头抬高，使颈部处于伸展状态，注射部剪毛消毒后，将16～18号针头经皮肤垂直刺入气管内，当针头刺入气管内后有落空感，此时可缓慢将药液注入气管内。注射过程中要妥善保定好牛头部，以防牛头颈部活动而使针头脱出或折断针头；注射的药液应加温至38℃，刺激性强的药物禁忌作气管内注射。常用的药物有青霉素、链霉素、薄荷脑、石蜡油等。注射过程中若病牛剧烈咳嗽，可再注入2%盐酸普鲁卡因4～8mL，以降低气管的敏感性。

7. 乳房内注射法 用通乳针或用磨去针尖的秃针头插入乳头管内，把药液注入乳池，用于治疗乳房炎。注射时洗净乳房外部并擦干，挤净乳池内的乳汁，用酒精棉球消毒乳头，左手握住乳头，使乳头管与乳头孔呈一直线，将乳导管从乳头孔插入乳池，左手固定乳头和乳导管，右手将注射器接上，缓缓注入药液，注毕拔出乳导管，用酒精棉球消毒乳头，轻轻捏住乳头孔，并按摩乳房。先注射健康乳室，后注射有病乳室。每天注射1次，注射后至下次注射之间停止挤乳。

8. 瓣胃注射法 药液直接注入瓣胃，可使瓣胃内容物软化，主要用于治疗牛的瓣胃阻塞，可注射硫酸镁和硫酸钠溶液。注射部位：在牛右侧第8或第9肋间的肩关节水平线上下各2cm处，用长15cm（16～18号）针头，按上述部位，针头向左侧肘突方向刺入 8~10cm，刺入瓣胃时有沙沙感，没有阻力感。为辨别是否刺入瓣胃内，可先注入少量生理盐水并回抽，如见混有草屑之胃内容物，即可确认，再注入药物，注毕迅速抽针，局部消毒。

第三节　穿刺检查

穿刺检查是对牛体的某一体腔、器官或部位，进行实验性穿刺，以证实其中有无病理产物并采取其体腔内液、病理产物或活组织进行检验而诊断疾病的方法。

一、胸腔穿刺检查

当临床怀疑胸腔内有积液可能，为确证有无积液存在，或采取胸腔内液体供作特殊检验时用之。但临床上为了治疗目的，例如排出胸腔积留的病理产物或胸腔冲洗时也常应用。牛的穿刺部位一般在胸部右侧第 6 肋间，左侧第 7 肋间，肩关节水平线下 2~3cm 处。穿刺时，牛取站立保定，术部剪毛消毒，用刀尖切一小口，左手将皮肤稍移动，右手将持套管针在肋骨前缘垂直刺入 3~4cm 深，拔出针芯，接注射器抽取胸腔内容物，亦可进行胸腔洗涤或注入药液。操作完成后，插入针芯拔出套管针，局部消毒。

二、腹腔穿刺检查

当临床怀疑腹腔内有积液可能，为证实有无积液存在，或为采取腹腔内液体供检验用时，行腹腔穿刺检查。兽医临床上怀疑牛腹腔或盆腔内器官（如胃、肠、膀胱、肝、脾等）破裂，常用本法做辅助检查。有时为治疗目的，放出腹腔积液或腹腔冲洗，也进行腹腔穿刺。牛的穿刺部位在右侧脐部和膝关节连线的中点。穿刺时，牛取站立保定，术部剪毛消毒，左手固定局部，右手持套管针由下向上垂直刺入 2~3cm 深，拔出针芯，接注射器抽取腹腔内容物，亦可进行腹腔洗涤或注入药液。操作完成后，插入针芯拔出套管针，局部消毒。

三、心包穿刺检查

心包穿刺主要用于心包炎（特别是牛创伤性心包炎）或心包积水的诊断。有时可用于心包腔内冲洗。牛取站立位保定，可用 18 号 8.75cm 脊髓穿刺针或相近长度小的胸套管针。首先在左胸部剪毛消毒，用手术刀在第五肋间关节顶部位置，预先做一皮肤小口，然后穿刺，如果想做连续引流，需准备 20 号 French 胸套针和导管并伸入到心包腔中，引流出的液体脓性、恶臭，纤维蛋白凝块常阻塞较细的引流针头或管道。

正常牛心包腔甚小，心包液量极少，故不易恰刺在心包囊内且不易抽出液体。如抽出漏出液，提示心包积水；抽出渗出液时，则可能为心包炎。为送化验采样时，要抽入清洁而灭菌的注射器内直接送实验室检验。

四、瘤胃穿刺检查

瘤胃在左肷部，由髋结节向最后肋骨引水平线的中点，距腰椎横突 10~12cm 处。瘤胃鼓胀时常选择左肷部最突出部位作为穿刺点。

牛站立保定。术部剪毛消毒后，将消毒的套管针尖与皮肤呈直角急速刺入瘤胃，如皮厚不易刺入时，可先做 1cm 长的皮肤切口，左手将切口稍向后推移，右手持套管针刺入 10~12cm 深。固定套管，抽出针芯，用酒精棉球堵住针孔，行间歇放气，若套管针被饲料屑堵塞时，可插入针芯疏通。抽取瘤胃液时，可用一细长针头插入套管吸取。放气完毕或抽取瘤胃液后，插入针芯，拔出套管针，用碘酊消毒创口，如创口过大时可作一针结节缝合。

当瘤胃鼓胀时，为使牛免于窒息，常通过瘤胃穿刺排气，作紧急抢救。采集少量瘤胃液标本时，亦常用瘤胃穿刺。瘤胃液的颜色与饲喂的饲料种类有关。采食青饲料时，呈暗绿色；喂甜菜渣时，呈灰色；喂青贮饲料或稻草时，呈黄褐色。瘤胃酸中毒时，呈乳灰色或黑色。正常瘤胃液呈芳香味，病理情况下，可呈腐败味（蛋白质分解）、霉败味或刺鼻的酸味（瘤胃酸中毒）。

五、瓣胃穿刺检查

瓣胃穿刺在右侧第 9 肋间肩端水平线上。局部剪毛消毒后，用一长 15~18cm 的消毒针头向左侧肘突方向刺入 10~15cm，刺入瓣胃后有一种刺入实体的感觉，针头可随瓣胃蠕动呈"∞"形旋转，当注入适量生理盐水后迅速回抽时可见到草屑。瓣胃秘结时，针头的摆动运动减弱或消失，注入液体时抵抗增大。

六、肝脏穿刺检查

为采取肝脏组织活体样本，进行病理组织学或化学检查时，用特殊的肝脏穿刺器进行穿刺。在肝脏本身疾病、代谢障碍及中毒性疾病时，均广为应用。

行肝脏穿刺时，在右侧第 11~12 肋，与髋结节中央至肩关节连线的交点上（距背正中线 20~40cm，平均 25cm 处）用长 12~15cm，内径 3mm 长注射针头。针尖需有一定斜面，薄而锋利，并有合适的针芯。将针头用两段橡皮管与一个 100mL 注射器连接，两段橡皮管间装一个带有壶腹的玻璃管。均事先灭菌。穿刺部剪毛消毒后，将穿刺针头于穿刺点沿肋骨前缘稍斜向前下方（约 20°角）刺入，到达肝脏时感有抵抗。抽出针芯后，再刺入 1~2cm，并将针头依其长轴捻转，以扭断肝组织片。然后以注射器反复吸取穿刺物，直至玻管壶腹内出现穿刺液为止。最后用手捏住橡皮管，再拔出针头。将玻璃管及针头内的穿刺物压入清洁表面皿中送检。液体部分可进行涂片检查及化学分析，肝组织块可做组织学检查。穿刺后局部消毒，按一般外科处理。

如肝组织拟做病理切片检查，须保存于10%福尔马林溶液中送检。如无特殊穿刺器，有人建议用长12~15cm，内径1~2mm的长注射封闭针头进行穿刺，按常法刺入后，捻转刺针、拔出针芯、接以注射器，并反复吸引数次；摘去注射器，拔出穿刺针。将针管中吸取的肝组织液滴于载玻片上，制成涂片，送实验室检验。

七、膀胱穿刺检查

膀胱穿刺主要用于膀胱积尿，牛有膀胱破裂或尿毒症危险的可能时，进行人工排尿。大牛多采用从直肠内向膀胱穿刺。首先应用温肥皂水灌肠，清除蓄粪。再用弱消毒液灌肠。牛站立保定，术者将一带长胶管的针头捏在掌心内伸入直肠，用食指或中指指端摸到膀胱后，以拇指和食指捏准针头向膀胱刺入，即可见尿液从胶管外端流出。穿刺过程中，术者的检手应轻压膀胱，这样既可防止针头脱出膀胱，又可使尿液流出加速。放尿完毕后，应再进行一次消毒灌肠。

八、额骨硬度穿刺检查

当牛患骨质疾病（如骨软症、佝偻病、纤维性骨营养不良等）时，为判定骨质硬度，可进行额骨硬度穿刺。通常用骨硬度穿刺针，于两侧内眼角的连线和颜面部正中线的交叉点处实施穿刺。

正常情况下，用一般力量不易刺入骨质且穿刺针不能固定。如用一般力量很易刺入骨质并可将穿刺针固定，是骨质软化的标志。近年来穿刺针有所改进，可同时标记出穿刺时所施加的压力，从而有了确切的数字指标，判断结果更为客观、可靠。

第四节 灌肠技术

灌肠法主要用于排除直肠内蓄粪，治疗便秘、发生中毒或中暑等情况。灌肠技术是牛场常见技术，施术时将牛柱栏内站立保定，吊起尾巴或将尾巴拉向体侧。根据灌肠目的不同灌肠的溶液也有所不同。灌肠溶液一般用微温肥皂水。消毒、收敛用溶液可用3%~5%鞣酸溶液、0.1%高锰酸钾溶液、2%硼酸溶液等。治疗用溶液根据病情而定。营养溶液可备葡萄糖溶液、淀粉浆等。灌肠的方法可分为浅部灌肠法和深部灌肠法。

1. **浅部灌肠法** 用于排除直肠内蓄粪。施术时，在胶皮管上涂以液状石蜡或肥皂水，一人把橡胶管插入肛门后再逐渐向直肠内推送，另一人提高灌肠器，使药液流入直肠。如速度过慢，可适当抽动橡皮管，灌入一定药液后，牛会出现努责，此时应捏紧牛肛门或压迫尾根，同时捏压牛的腰背部，以缓解努责，让直肠内充满液体，再与粪便一并排出。

2. **深部灌肠法** 用于肠便秘、直肠内给药或降温等。灌肠之前，为使肛门及直肠弛缓，可用注射器在尾根下凹窝内（后海穴）与脊椎平行刺入 10cm，注入 1%~2% 盐酸普鲁卡因溶液 20~40mL。操作时多用木制塞肠器或球胆塞肠器塞在肛门和直肠内，以固定胶管，防止液体漏出（若无塞肠器也可捏紧牛肛门或压迫尾根）。将胶管插入直肠，高举吊桶或漏斗，溶液即可注入直肠内，当水流动不快时，反复抽动管子即可。一次平均可注入 10~40L 溶液，灌注量越大，可达到的部位越深。灌液后，经 15~20 分钟取出塞肠器。

灌肠过程中要注意操作不要粗暴，以免损伤肠黏膜，特别是出现努责时，操作应更为慎重，防止肠壁穿孔，当直肠内有宿粪时，要通过直检，人工排出宿粪，然后再注入灌肠液。此外，根据需要可延长灌肠器在直肠的停留时间。

第五节　洗胃法

用普通投药胃管洗胃或用 2.5~3.0m 的橡皮管，一端用木锉和砂纸锉平磨光代替胃管给牛洗胃。病牛保定在保定栏内，牛头要拴得越低为好，以牛鼻钳固定，胃管外涂上凡士林或液状石蜡，在鼻钳下从鼻孔慢慢插入胃管于瘤胃，长短根据牛体大小而定（从唇到倒数第 5 肋），插入过深容易使胃管在瘤胃中打折或插入食团中，过浅牛在骚动时易脱出。胃管插入瘤胃后，应以手将胃管和牛鼻端固定使胃管上下不动。当胃管插入瘤胃之后，胃里有气体会立即从管口外端排出，这样也会降低胃的压力，起到缓解作用。胃管外端接上漏斗，将已配制好的盐水或高锰酸钾等溶液（温度接近体温）经过橡皮管徐徐注入瘤胃，注满后立即拔下漏斗，堵住胃管，外口垂于地面，松开管口就会有胃内容物排出，这样反反复复直到瘤胃中的食物洗净为止。如属于中毒，可根据中毒物质选择解毒的药液进行洗胃。有机磷中毒勿用碱液可用高锰酸钾溶液或过氧化氢溶液洗胃。

（张　才）

第四章　奶牛传染病防控

第一节　细菌性传染病

一、结核病

结核病是由结核分枝杆菌感染引起的一种人兽共患的慢性传染病。结核分枝杆菌对牛的毒力较弱，多引起局限性病灶。牛常发生的是肺结核，其次是淋巴结核、肠结核、乳房结核等，其他脏器结核较少见到。典型症状是病牛逐渐消瘦和生产性能下降。

【病原及流行病学】结核分枝杆菌有牛型、人型和禽型等三型。不同型的结核杆菌对人及畜禽有交叉感染性。牛结核菌为两端钝圆、平直或稍弯曲的纤细杆菌，不形成芽孢和荚膜，无运动性，需氧菌，革兰阳性菌。本菌对外界抵抗力强，尤其是对干燥和湿冷抵抗力强，但对湿热抵抗力差，在60℃30分钟，70℃10分钟，100℃立即死亡，阳光直射2小时死亡，5%碳酸或来苏儿24小时、4%福尔马林12小时均能死亡。本细菌对磺胺类药物、青霉素及其他广谱抗生素均不敏感，但对链霉素、异烟肼、对氨基水杨酸敏感。

开放性的病牛是本病的主要传染源，其粪便、乳汁、鼻汁、唾液、痰等带菌，污染了饲料、饮水、空气和周围环境，通过呼吸道和消化道以及损伤的皮肤黏膜或胎衣传给易感牛群，亦可以通过交配经生殖道感染。

厩舍拥挤、卫生不良、营养不足均可诱发本病的发生和传播。本病无明显的季节性和地区性，且多呈散发。

【症状】该病的潜伏期一般为16~45天，甚至长达数年。由于是慢性经过，病初症状不明显，不易察觉。通常表现为病牛逐渐消瘦，生产性能降低，有的体温稍高。病程较长时，因受害器官不同，也有不同的症状出现。肺结核最为常见，病初有短促干咳、痛咳，后则加重，咳嗽声弱而疼痛减轻，伴发黏性或脓性鼻汁。呼吸增快，肺部听诊有啰音，伴随病情发展也会出现摩擦音。乳房结核时，乳房上淋巴结肿大，在乳房中可摸到局灶性或弥漫性硬结，无热无痛，生产性能降低，奶量减少，乳汁稀薄，甚至含有凝乳块或脓汁，严重时泌乳停止。生殖器官结核时，性欲亢进，不断发情，但不易受孕，孕后易流产；种公牛睾丸及附睾肿大，硬而痛；肠道结核，有消化不良和顽固性腹泻，粪中常见带有黏液和脓汁。直肠检查，肠系膜淋巴结肿大，腹膜粗糙。脑结核时，结核位置不同，神经症状也各不相同。

【病理变化】常在侵害的组织器官内形成粟粒大乃至豌豆大，呈灰白色、半透明的坚实结节，即特异性结核结节；病程较久时可见结节中心发生干酪样坏死，大小不等，其外形成包囊，在肺内有的坏死灶液化形成空洞，有的钙化变硬，在周围有白色瘢痕组织包裹。出现病灶多的部位是肺、胸膜、腹膜、肝、脾、肾、肠、骨、关节、子宫和乳房。在胸膜和腹膜上形成的结节成串，如珍珠样，称为"珍珠病"。

【诊断】该病的病理变化比较特征，但症状不明显，故仅凭症状难以诊断。因此，常用结核菌素试验、细菌学检查等进行诊断，这不仅有利于确诊，而且可查出隐性病牛。其病理诊断要点为：器官（尤其肺、小肠）与所属淋巴结有结核结节。结核结节也可发生干酪样坏死和钙化；结核结节有特异性组织结构，其中心为干酪样坏死或钙化，外周是上皮样细胞、巨细胞及结缔组织；抗酸染色时在结核结节中可见到结核杆菌。

【治疗】对个别症状轻微或病初病牛每日用异烟肼 3~4g，分三四次混在精料中饲喂，每 3 个月为一个疗程。症状重者可口服异烟肼每天 1~2g，同时肌内注射链霉素，每次 3~5g，隔天 1 次。同时对病牛进行对症治疗，可以使用适量的降温药等（以中成药为主），缓解身体体温过高、脱水、酸中毒等症状。

【预防】采用检疫、隔离、消毒和培育健康犊牛的方法。

1. **检疫**　每年在春、秋季对牛群进行 2 次检疫；无病牛群每年定期用结核菌素试验检查，检出率在 3%以上的牛群应每年检疫 4 次，检出率在 3%以下的牛群应每年检疫 2 次，犊牛出生后 1 个月进行第一次检疫，2 个月进行第二次检疫，6 月龄进行第三次检疫；新引进牛，应隔离观察 12 月并经结核菌素试验，证明无病者方可混群。检出的阳性牛应淘汰或隔离饲养，检出的可疑牛临时隔离 45 天再复检，复检仍为可疑判定为阳性。

2. **隔离**　对检出的阳性病牛立即隔离，对开放性结核之病牛要扑杀，优良种牛应治疗。可疑病牛间隔 25~30 天复检。阳性隔离群距离假健牛群应在 1000m 以外。扑杀症状明显的开放性病牛，内脏深埋或焚烧，肉经高温处理后可食用。

3. **消毒**　对被污染的地面、饲槽进行彻底消毒，对粪便进行发酵处理。5%漂白粉乳剂、20%新鲜石灰乳、15%石炭酸、氢氧化钠等消毒剂都能严防病原扩散（石炭酸、氢氧化钠消毒液配制：粗制石炭酸与 16%氢氧化钠等量混合，静置 4 小时，使用时稀释为 15%的溶液）。

4. **培育健康犊牛**　当牛群中病牛较多时，可在犊牛出生后先进行体表消毒，再由病牛群中隔离出来，人工对其进行饲喂健康母牛乳或消毒乳，断奶时及断奶后 3~6 个月进行 2 次结核菌素试验，均为阴性者转入健康牛群。受威胁的犊牛满月后可在胸垂皮下 50~100mL 的卡介苗，可维持 12~18 个月。

二、布鲁杆菌病

布鲁杆菌病是由布鲁杆菌引起的人畜共患的一种接触性传染病。主要特征是侵害生殖系统，临床上表现为母牛发生流产和不孕，公牛发生睾丸炎、附睾炎和不育等，又称为传染性流产。

【病原及流行病学】布鲁杆菌是一组球状、球杆状或细小的球杆菌或短卵圆形细菌，无鞭毛，不形成芽孢或荚膜，革兰氏阴性菌。牛布鲁杆菌病多由牛种布鲁杆菌（流产布鲁杆菌）感染引起，羊种布鲁杆菌（马耳他布鲁杆菌）与猪种布鲁杆菌也可感染牛发病。该菌对外界的抵抗力较强，在干燥土壤中可生存 2 个月以上、在毛皮中可生存 3~4 个月，但不耐热，60℃ 30 分钟可被杀死，80~100℃数分钟可被杀死，对多种常用消毒药敏感。

病牛和健康带菌牛是本病主要传染源，病菌存在于流产胎儿、胎衣、羊水、流产母牛、阴道分泌物及公牛的精液内。传播途径主要是直接接触性传染，特别是通过消化道传染，其次是生殖道、损伤或正常的皮肤及黏膜等。牛对本病的易感性，随性器官的成熟而增强。成年牛多发，母牛较公牛易感染，初产牛易感染。发病无季节性，流行速度慢，多呈地方性流行。对于兽医来说，最好戴胶手套或塑料手套，防止布鲁杆菌侵入体内。

【症状】妊娠牛发生流产，且多发生于妊娠后期，产出死胎或弱胎，流产后多伴有胎衣不下、子宫内膜炎、阴道不断流出污脏的、棕红色或灰白色的恶漏，甚至子宫蓄脓等。重复流产者少见。还有些病例出现乳房炎或膝关节或腕关节发炎。公牛主要发生睾丸炎和附睾炎，肿大，触之疼痛坚硬，有时可见阴茎潮红肿胀，并失去配种能力。潜伏期 2 周到 6 个月，多为隐性感染。如为疑似病例，不允许私自解剖，如需解剖，应交由相关单位在指定地点解剖。

【病理变化】病变主要在生殖系统：胎盘呈淡黄色胶样浸润，表面附有豆腐渣样絮状物和脓汁；绒毛叶上有多数出血点和灰色、黄绿色不洁渗出物，并覆盖有坏死组织；子宫内膜呈卡他性炎症或化脓性内膜炎；流产胎儿真胃中有淡黄色或白色絮状黏液，胸腹腔有大量微红色积液，肝、脾、淋巴结肿大，坏死，胃肠黏膜、浆膜有点状出血；脐带呈浆液性浸润，肥厚；乳房切面有黄色小结节；公牛精囊常有出血和坏死性病灶，睾丸和附睾坏死呈灰白色。

【诊断】根据流行病学特点、临床症状可对本病做出初步诊断。确诊需进行实验室检查。在诊断布鲁杆菌病中，除采用血清学方法外，乳检验是较常使用的方法。引起流产的因素较多，所以本病应与地方性流产、弯杆菌病、牛黏膜病、毛滴虫病、病毒性流产、化脓棒状杆菌感染等疾病进行鉴别诊断，避免误诊。

【治疗】

（1）一般对病牛做淘汰处理。

（2）已流产并出现子宫内膜炎或胎衣不下的母牛，可用1%高锰酸钾溶液洗涤阴道和子宫，开始每天洗涤2次，经2~3天后，隔1天1次，直到阴道无分泌物流出为止。

（3）应用抗生素药物进行治疗如金霉素、土霉素、四环素、链霉素、磺胺类等，最好将两种抗菌药物联合用药。除抗生素治疗外，应以对症治疗，如高烧者可辅以物理降温或口服解热药等。

（4）对慢性布鲁杆菌病无特效药物治疗，我国一般采用中医中药用益母散治疗。益母草30g、黄芩15g、川芎15g、当归15g、熟地15g、白术15g、金银花15g、连翘15g、白芍15g，研磨细末，开水冲调，候温灌服。

【预防】采取预防免疫注射、检疫，隔离、扑杀淘汰阳性牛的综合性防治措施。

（1）加强健康牛群的饲养管理，增强抵抗力。

（2）定期检疫及隔离和淘汰阳性牛，净化牛群（一般不对病牛进行治疗，应淘汰屠宰）。

（3）坚持自繁自养，培育健康牛群，禁止从疫区引进牛。必须引进种牛或补充牛群时，要严格执行检疫，对新进牛应进行隔离2个月，进行2次检疫，检疫均为阴性后混群。

（4）免疫预防。应用布鲁杆菌19号苗，5~8月龄免疫1次，18~20月龄再免疫1次，免疫效果可达数年。

（5）完善消毒制度，严格消毒，切断传播途径。被病牛污染的牛舍、运动场和用具等用5%来苏儿、10%石灰乳或5%热氢氧化钠液严格消毒。

（6）做好个人防护，如戴好口罩、手套，工作服经常消毒等。

（7）加大防病知识宣传力度，使广大群众了解和掌握一定的防病知识，既要防止布鲁杆菌在牛间传播，又要防止病牛传染人。

三、牛副结核病

牛副结核病是由副结核分枝杆菌所引起的传染病，副结核病又称副结核性肠炎，其主要临床特征是周期性或连续性腹泻，极度消瘦，肠壁增厚并形成皱褶。

【病原及流行病学】副结核分枝杆菌是一种细长的抗酸性杆菌，为革兰氏阳性小杆菌，不形成芽孢，无荚膜和鞭毛，无运动性。本菌对外界有较强的抵抗力，在粪便和污染的土壤中可生存1年以上；在阳光直射的情况下也可存活10个月。该病原菌对热和消毒药的抵抗力与结核杆菌相似，在60℃ 30分钟、80℃ 1~5分钟可将活菌杀死。奶牛易感，尤其是幼犊最易感，公牛和阉牛比母牛要少。

患病奶牛和隐性感染奶牛是主要的传染源，副结核杆菌主要位于肠黏膜和肠系膜淋巴结，通过排泄物污染牛舍、饲料、饮水及牧地等。牛副结核菌病主要经过消化道感染，也可经乳汁传播或经子宫垂直传播。因本病散布比较缓慢，各个病例的出现往往间隔时间较长，因此，表面上似乎呈现散发，实际上是一种地方流行性疾病。

一年四季均可发生，无季节性。虽然幼年牛易感，但其潜伏期长达6~12个月，甚至更长，一般2~5岁才出现临床症状，特别是母牛开始怀孕、分娩和泌乳时易出现临床症状，因此高产奶牛比低产牛表现的症状更为严重。饲料中缺乏无机盐，可能促使疾病的发展；饲养管理不当，妊娠、分娩、寄生虫病侵袭，长途运输等应激因素也可诱发本病发生。

【症状】一般潜伏期长达6~12个月，甚至更长。犊牛往往2~5岁时才表现临床症状。患病奶牛早期食欲正常，体温正常，出现间断性腹泻，逐渐变为经常性的顽固腹泻，排泄物稀薄呈喷射状排出、恶臭，带有大量气泡、黏液和血凝块。病牛日渐消瘦、贫血，臀部变尖，形成狭尻；眼窝下陷，下颌及胸部水肿；精神不好，经常躺卧，泌乳量逐渐减少，最后全停，皮肤粗糙，被毛粗乱，体温常无变化。腹泻有时可暂停，排泄物恢复正常，体重有所增加，然后再腹泻，给青绿多汁饲料可加剧腹泻症状，如腹泻不止，经3~4个月可因衰竭而死亡。染疫牛群年死亡率可达10%。

【病理变化】患病奶牛尸体消瘦，以肠系膜淋巴结肿大，肠黏膜肥厚为特征。空肠、回肠和结肠高度肥厚，可为正常的3~20倍，有硬而弯曲的皱褶，肠黏膜呈黄白色或灰黄色。肠系膜淋巴结一般肿大2~3倍变软，呈串珠样，苍白，切面多汁，有黄白色的病灶，但无化脓和干酪样变。

【诊断】根据症状和病理变化，一般可初步诊断，但需和冬痢、沙门杆菌病、内寄生虫、营养不良等区分。确诊需进行实验室诊断，可采用细菌学诊断、变态反应诊断、补体结合反应等进行检测。在牛场中经常用到的检测方法是变态反应诊断（用副结核菌素或禽结核菌素做变态反应试验，可检出大部分隐性型病牛）。鉴别诊断如下所述：

（1）牛型肠结核病对牛型结核菌素进行变态反应检查为阳性，小肠壁不增厚，无脑回样病变，却有结核结节。

（2）慢性型黏膜病有口腔黏膜反复发生坏死和溃疡，而副结核病则无。

（3）沙门杆菌病可引起各种年龄牛发病，且腹泻持续时间相对较短。多数病牛病初体温可高达40~41℃，除肠黏膜有出血性炎症外，肝、脾、肾等实质性器官可出现坏死灶，而副结核病仅以肠系膜淋巴结肿大，肠黏膜增厚为特征。

（4）牛冬痢腹泻持续时间短，呈棕黑色粪便，并带有血液和血凝块，但不呈现肠系膜淋巴结肿大和肠黏膜明显增厚。

（5）寄生虫病主要是与球虫病、隐孢子虫病相区别，可进行镜检。

【治疗】对于牛副结核菌病来说，主要是加强饲养管理，增强牛的抗病力。以下的治疗方案可供参考：

（1）用止痢风暴、异烟肼、利福平、氨基羟丁基卡那霉素 A 等药物均可缓解临床症状。·

（2）口服维迪康，每千克体重 0.02~0.08g，配合口服鞣酸蛋白片等收敛药，增加骨粉及足够的干草可减轻腹泻状况，同时也改善牛体不良状态。

（3）肌内注射博鳌黄金液，每千克体重 0.1mL，每天 1 次，增强牛机体的免疫力。

【预防】预防本病应着重于加强饲养管理，特别对幼年牛更要注意给予足够的营养，以增强幼牛的抵抗力，不要随意从疫区引进牛只，如已引进则必须进行严格地检查，确认健康后才能进行混群。病牛所产犊牛出生后，立即与母牛隔离饲养，整个哺乳期间饲喂巴氏消毒牛乳，不喂母乳和生乳，并定期检疫。

对曾有过病牛的假定健康牛群，在随时做好观察，定期进行临床检查的基础上，对所有牛只，每隔 3 个月做一次变态反应，变态反应阴性牛方可调出，连续 3 次检查不出现阳性的牛，可视为健康牛；对变态反应阳性的牛，原则上不留作种用，临床症状明显的排菌牛应隔离，分批扑杀。被污染的牛舍、栏杆、饲槽、用具、绳索、运动场要用生石灰、来苏儿、氢氧化钠、漂白粉、石炭酸等消毒液进行喷雾、浸泡或冲洗，粪便应堆积高温发酵后做肥料。

四、牛放线菌病

放线菌病是一种人兽共患的由多种致病菌（主要为牛放线菌病和林氏放线菌病）引起的非接触传染病，放线菌病又称大颌病，其特征是形成特异性肉芽肿和慢性化脓灶，且多数形成瘘管。牛放线菌病主要由牛放线菌和林氏放线菌引起，其特征是在舌、颌、头、颈的皮肤及软组织等部位，形成局灶性质地坚硬的放线菌肿。

【病原及流行病学】牛放线菌病病原主要是牛放线杆菌和林氏放线杆菌，以色列放线菌、金黄色葡萄球菌与化脓性棒状杆菌也可引起本病。牛放线杆菌革兰氏染色阳性，菌体呈细分枝状，不运动，不形成芽孢，主要侵害骨组织，在组织中可形成"菌芝"，肉眼观似硫黄颗粒。林氏放线杆菌是一种革兰氏阴性杆菌，不运动，不形成芽孢和荚膜，主要侵害舌肌和皮肤等软组织，在组织中也可形成"菌芝"。它们对青霉素和碘都很敏感。

牛放线菌病一般呈散发，偶尔呈地方流行，本病主要侵害 2~5 岁的牛，尤其是换牙时最易感。病原主要分布在被污染的土壤、饲料、饮水、牛的口腔及上呼吸道中，不能由病牛直接传染给健康牛，在牛体内常以内源性或外源性经伤口（咬伤或刺伤等即造成皮肤或黏膜的损伤）传播。

【症状】牛感染放线菌后，主要侵害颌骨、唇、舌咽、齿龈、头颈部皮肤以及肺脏等，尤以颌骨放线菌病最常见。颌骨受侵害时，常发生缓慢肿大、硬固、界限明显、初期有痛感后期无痛的肿胀，肿胀破溃后流出黄白色浓汁，患部形成瘘管，长期不愈；舌肌受侵害后，舌肿大、坚硬、活动困难，故称"木舌病"，病牛流涎，咀嚼困难，周围淋巴结肿大；乳房感染发病时，乳腺组织形成坚硬无痛的肿胀，乳汁黏稠，混有脓液，乳房淋巴结肿大；肺脏受侵害时，多形成慢性肉芽肿。

【病理变化】当病原菌侵入骨骼，使骨质异常增生，体积增大，密度降低，形成蜂窝状，切面常呈白色，光滑，其中镶有细小脓肿，也可发现形成瘘管通过黏膜到口腔，引起口腔黏膜溃烂或呈蘑菇状赘生物，舌组织增生似木板。在受害器官部位个别的有扁豆至豌豆大的结节样生成物，这些小结集聚形成大结节最后变成脓肿，脓液呈乳黄色，含有坚硬光滑、黄白色的细小菌块，似硫黄样颗粒。也可见瘘管从皮肤破溃或引入口腔中，口腔有时在黏膜上可见有蘑菇状生成物，病程长的肿块可钙化。

【诊断】根据牛放线菌病的流行病学特点、临床症状和病理变化可初步诊断。确诊需进行细菌学诊断或病理组织检查等，常用的方法是无染色压片直接镜检。

【治疗】手术与药物相结合，防治并发症，加强护理，合理运动等。

（1）视结节的大小来确定是否需要手术摘除：硬结大者，进行手术切除，创内撒适量的消炎粉如氨苄西林钠，创口如果小且深者，可用引流带（带有消炎粉）引流，不用缝合伤口，但是应每天进行更换引流带；创口较大且深者，应进行缝合。硬结小者，在硬结周围注射封闭针如氨苄西林钠配合普鲁卡因注射液。

（2）重症者，可静脉注射10%碘化钠，50~100mL/天，2次/天，共3~5次。若出现碘中毒现象（黏膜卡他，皮肤发疹，脱毛等），应暂停用药5~6天。肌内注射博鳌黄金液，每千克体重0.1mL，每天1次，增强牛机体的免疫力。

（3）异烟肼每千克体重10~20mg，或利福平每千克体重5~10mg，口服，每天1次，并结合普鲁卡因青霉素每千克体重22 000国际单位，肌内注射，每天1次，连用30天。

【预防】主要是防止牛群出现皮肤、黏膜的损伤而感染本病。

（1）在本病高发地区，应避免在地湿地区收草。

（2）加强饲养管理，如对干硬饲草进行适当处理即进行浸软或碱化后再喂，以防止损伤；禁止饲喂带芒、粗糙的草料。

（3）坚持对牛舍、用具、环境等进行定期消毒。

（4）有伤口时及时处理。

五、牛链球菌病

链球菌病是由链球菌属细菌所引起人和牛一大类疫病的总称。牛为链球菌性乳房炎、链球性肺炎，常见的是乳房炎，其临床特征，主要表现为浆液性乳管炎和乳腺炎。链球菌分布很广，可严重威胁人和牛的健康。

【病原及流行病学】链球菌的种类繁多，但其共同特征是圆形或卵圆形，常排列成链，在固体培养基上培养呈短链，液体培养呈长链，不形成芽孢，无鞭毛，有的可形成荚膜，革兰氏染色阳性。链球菌对热和普通消毒药抵抗力不强，多数链球菌在下列状态下均可引起死亡：60℃ 30 分钟、100℃可立即死亡、使用常用的消毒药（2%石炭酸、0.1%新洁尔灭、1%煤酚皂液）消毒 35 分钟、日光直射 2 小时。但是链球菌在 0~4℃状态下可存活 150 天，冷冻则存活更久（6 个月可保持特性不变）。该病在秋季发生，冬季次之，春夏两季较少。

本病的主要传染源是患病奶牛和健康带菌的奶牛，传播途径主要是经呼吸道和受损的皮肤及黏膜感染，犊牛也可因断脐处理不当而感染。引起牛链球菌乳房炎的菌群常是 B 群无乳链球菌、乳房链球菌、停乳链球菌，以及 C、I、N、O、P 等群链球菌；引起牛肺炎链球菌病的是肺炎链球菌。

【症状】

1. **牛链球菌乳房炎**　牛链球菌乳房炎主要表现为浆液性乳管炎和乳腺炎。急性病例体温稍增高，烦躁不安，乳房肿胀、变硬、发热、有痛感，食欲减退，产奶量下降，甚至停止，更有甚者因乳房肿胀而影响行走。病初乳汁保持原样，或出现微蓝色、黄色或微红色，有时肉眼也可观察到微细的凝块或絮片，并且随着病情的加重会出现乳汁内有类似血清的分泌液，内含纤维蛋白絮片和脓块。慢性病例中多数无可见的典型症状，仅出现产奶量逐渐下降，时而出现奶汁带有咸味，或呈蓝白色水样，也有时细胞含量会增多，并伴有凝块和絮片间断地排出的症状出现。进行触诊时，有程度不一的灶性或弥漫性的硬肿，或有细颗粒状或结节状突起。

2. **牛肺炎链球菌病**　牛肺炎链球菌病是肺炎链球菌引起的一种急性败血型传染病，主要发生于犊牛，曾被称为肺炎双球菌感染。最急性病例病程短，几小时内死亡。表现为精神沉郁，体温升高，呼吸困难，结膜发绀，犊牛则不愿吮乳，心脏衰弱，出现神经紊乱症状（四肢抽搐、痉挛），常引发急性败血症。病程较长的病例表现为鼻镜潮红，流脓性鼻汁，结膜发炎，咳嗽，呼吸困难，消化不良，腹泻，共济失调等症状。

【病理变化】

1. **牛链球菌乳房炎**　急性型患部组织松弛，切面浆液性浸润，小叶间呈黄白色、柔软有弹性。乳房淋巴结肿胀，有出血点。乳池、乳管黏膜脱落、增厚，管腔被脓块和脓栓阻塞。乳管壁为淋巴细胞、白细胞和组织细胞浸润。腺泡间组织水肿、变宽。慢性者以增生性发炎和结缔组织硬化，部分肥大，部分萎缩为特征。

2. 牛肺炎链球菌病 剖检可见浆膜、黏膜、心包出血。胸腔有渗出并积有血液，脾脏充血肿胀，脾髓呈黑红色，质韧如硬橡皮，即所谓"橡皮脾"，也是该病的示病症状。成年牛则表现为子宫内膜炎和乳房炎。

【诊断】根据流行季节及临床症状可作出初步诊断，但是确诊还需进行实验室检测，常用的方法是取牛乳培养物涂片进行观察。

【治疗】先分离出致病链球菌并进行药敏试验。根据试验结果，选出具有特效作用的药物进行全身治疗。如对革兰氏阳性菌最有效的青霉素、土霉素和四环素等，但应注意用药后奶牛的休药期。亦可进行局部治疗（剥离皮肤、关节及脐部等局部溃烂的组织，切开脓肿并清除脓汁，用处理外伤的方法处理脓肿）。

【预防】首先是加强饲养管理，做好防风防冻，增强奶牛自身抗病力。建立和健全消毒隔离制度，保持牛舍清洁、干燥、通风，经常清除粪便，定期更换垫草，保持地面清洁。引进奶牛时要进行检疫和隔离观察，确定健康后方能合群饲养。其次是应用疫苗进行免疫接种，也可应用抗菌药物进行药物预防。积极实施扑灭措施：

（1）尽快做出确诊，制订紧急防治办法，划定疫点、疫区，并隔离病牛，封锁疫区。期间禁止牛群调动，关闭市场。

（2）对污染的圈舍、用具进行消毒后，再进行彻底清洗、干燥，粪便和垫草堆积发酵。

（3）对全部牛进行检疫，发现疑似病例应进行隔离治疗或淘汰。

（4）对假定健康牛群可应用抗菌类药物作预防性治疗或用疫苗做紧急接种。

（5）严格禁止擅自宰杀和自行处理，须在兽医监督下，专人送到指定屠宰场，按屠宰条例有关规定处理。

六、牛巴氏杆菌病

巴氏杆菌病是由多杀性巴氏杆菌引起的一种人畜共患的传染病的总称。牛巴氏杆菌病，又称牛出血性败血症，是牛的一种急性传染病，临床上以高热、肺炎和内脏广泛出血为主要特征。

【病原及流行病学】多杀性巴氏杆菌是两端钝圆、中央略凸的革兰氏阴性短杆菌，不运动，不产生芽孢，但能形成荚膜，属需氧及兼性厌氧菌。用瑞氏、亚甲蓝染色镜检，菌体多呈卵圆形，两端着色深、中央着色浅，似两个并列球菌，故又叫两极杆菌。菌体对外界抵抗力较弱，阳光直射、高温和常用消毒药均可使其灭活，在血液和粪便中可存活2周，在干燥环境中存活2~3天，在腐尸内可存活 1~3 个月。

牛巴氏杆菌病主要从消化道传染，其次为呼吸道传染，偶尔可经过皮肤黏膜的损伤或吸血昆虫的叮咬而传播。

本病的发生无明显的季节性，但以冷热交替、气候剧变、闷热、潮湿、多雨的时期发生较多，常为散发性，但有时也可呈地方性流行。饲养管理不当、卫生条件差及环境突变等，是发病的主要应激因素。在牛体抵抗力下降时，病菌即可侵入体内，经淋巴液侵入血液致病。

【症状】潜伏期一般为 2~5 天，临床上可分为急性败血型、肺炎型、水肿型。

1. **败血型**　突然发病，高热（40~42℃），精神沉郁，结膜潮红，鼻镜干燥，食欲减退，腹痛下痢，初期粪便为粥状，后呈液状并混有黏液、假膜和血液，有恶臭；有时鼻孔和尿液中有血，常在 24 小时内死亡。

2. **肺炎型**　较为多发，可见病牛表现为纤维素性胸膜肺炎症状，痛性干咳，叩诊胸部浊音，听诊有支气管啰音、胸膜摩擦音，流泡沫样鼻液，两岁以内犊牛伴有下痢，常因衰竭而死亡。病程 3~7 天。

3. **水肿型**　除表现全身症状外，病牛的头颈部胸前皮下水肿，指压时有热、硬、痛感；后变凉，痛感减轻，舌、咽及周围组织高度肿胀，呼吸困难，黏膜发绀，流泪，流涎，磨牙，有时出现血便，常因窒息和下痢而死。病程多为 12~36 小时。

【病理变化】最急性病例，不表现临床症状而突然死亡，肝脏有细小的黄白色坏死灶。

1. **急性型**　肝肿大呈暗红色，表面或切面有黄白色针头大坏死灶。心包腔积液、心外膜（尤其是心冠部）有散在小出血点。小肠尤其是十二指肠发生出血性卡他性炎症。肺出（瘀）血、水肿、炎症而肿胀变实呈紫黑色。

2. **慢性型**　侵害关节时，发生纤维素性或化脓性纤维素性关节炎。侵害肺时，发生纤维素性坏死性肺炎。

【诊断】根据病原及流行特点、临床症状等可对该病进行判定，确诊还需进行细菌学检查。也可进行实验室诊断，如病原形态观察、细菌分离鉴定、进行小鼠试验感染。因本病的临床症状易于气肿疽、恶性水肿、炭疽、牛肺疫混淆，应注意区别：

（1）患炭疽时，病牛天然孔出血，且血液凝固不良呈煤焦油样，尸僵不全，脾肿大，涂片染色可见菌体为革兰氏阳性，两端平直，呈竹节状，粗大并带有荚膜。

（2）气肿疽 4 岁以内的牛多发，病牛肌肉肿胀，手压柔软，有明显的捻发音。病变部肌肉切面呈黑色，海绵状，内含气泡，并伴有酸酪气味。

（3）恶性水肿多因创伤引起，伤口周围呈气性、炎性水肿。病部切面苍白，肌肉呈暗红色，肿胀部触诊有轻度捻发音。

【治疗】加强饲养管理，消除发病诱因和及时治疗可收到良好的效果。对病牛可用恩诺沙星、环丙沙星等抗菌药大剂量静脉注射。博鳌头孢、四环素、氨苄西林钠及磺胺类药物对该病也有很好疗效。如配合使用抗出血性败血症多价血清，成年奶牛 60~100mL，犊牛 30~50mL，一次注入，效果更好。对有窒息危险的病牛，可做气管切开术。但使用抗生素时应注意各种药物的休药期。

【预防】

（1）加强饲养管理，增强奶牛机体抵抗力，注意环境卫生消毒工作，消除应激因素，避免牛群受惊、受热、潮湿和拥挤。

（2）定期对牛群进行免疫，如注射出血性败血症氢氧化铝菌苗。体重 100kg 以上的皮下注射 6mL，100kg 以下的注射 5mL，免疫期 9 个月。

（3）对污染的厩舍和用具用 5%漂白粉或 10%石灰乳消毒。

（4）对病牛和疑似病牛，应进行严格隔离，积极治疗。

七、牛坏死杆菌病

坏死杆菌病是由坏死梭杆菌引起的各种哺乳牛和禽类的一种慢性传染病。其特征为组织坏死，病部组织呈液化性坏死，有特殊臭味，多见于皮肤、皮下组织和消化道黏膜，有的在内脏形成转移性坏死灶。牛由于发生部位不同而有犊白喉和腐蹄病等名称。

【病原及流行病学】坏死梭杆菌为多型性的杆菌，无鞭毛、芽孢和荚膜，革兰氏阴性，呈串珠状。本菌对理化因素抵抗力弱，普通消毒液如 1%高锰酸钾、1%福尔马林、5%来苏儿等在 15 分钟内可将其杀死，加热 60℃ 30 分钟、100℃ 1 分钟即可死亡。坏死梭杆菌在粪便中存活 50 天，尿中存活 15 天，土壤中存活 10~30 天，阳光直射 8~10 小时即可死亡。

本菌在自然界分布较广泛，常存在于健康牛的口腔、肠道、外生殖器等处。营养不良、环境不良、卫生条件不好等不良应激均会导致牛体抵抗力下降，促使病菌在体内大量繁殖，产生大量内毒素，导致机体中毒。坏死梭杆菌病在饲养密集的奶牛较为多发，且犊牛更易感。

本病主要通过损伤的皮肤、黏膜途径感染，也可经血液而传播，多发生于炎热多雨季节，为散发或地方性流行。

【症状】坏死杆菌病潜伏期为 1~2 周。主要有腐蹄病、坏死性皮炎、坏死性肝炎、坏死性口炎（白喉）、坏死性乳房炎等，常见的有腐蹄病和坏死性口炎。

1. **腐蹄病** 成年奶牛多发生，病初跛行，蹄壳出现小孔或创洞，角质腐烂，内有坏死的炎症产物，呈污黑臭水样，在蹄的其他部位也可看到类似病变，病程长者会发生蹄壳变形。重症病牛卧地不起，出现全身症状，最终因发生脓毒败血症而死亡。潜伏期数小时至1~2周，一般1~3天。

2. 坏死性口炎 又称白喉，犊牛较多见。病初体温升高到41℃之上，病牛食欲不振，口腔黏膜红肿，可见粗糙、污秽的灰褐色或灰白色的伪膜，流涎，气喘，呼出难闻的气体，由鼻腔流出黄色脓样排泄物。发生在咽喉者有颌下水肿，不能吞咽及严重的呼吸困难。病变蔓延至肺部或转移他处，引起致病性病灶，在肺内形成圆而硬的灰黄色坏死结节，肝、肠道也有坏死灶。严重者导致病牛死亡。导致病牛死亡，病程4~5天，也有延至2~3周者。

【诊断】一般根据流行特点、临床症状等可确诊本病。必要时可进行病原学检查、免疫荧光抗体技术检测或牛接种试验。

【治疗】

1. 腐蹄病 首先彻底清除患部坏死组织，在蹄底孔、洞内填塞硫酸铜、水杨酸粉或高锰酸钾粉，对软组织可用松馏油、磺胺碘仿或抗生素等药物，用1:4的痛经宁和松馏油合剂涂擦，纱布包扎，病牛在干燥地板或水泥地面饲养，脓肿应先切开排脓，然后清除坏死组织，用双氧水清洗，再用磺胺碘仿合剂绷带包扎。同时应配合全身疗法，以控制继发感染，可肌内注射抗生素如博鳌头孢、氨苄西林钠、土霉素、四环素、磺胺类药物。

2. 白喉 先小心除去口腔内的假膜，用1%高锰酸钾冲洗而后涂擦碘硝化甘油，每日数次，有全身症候时使用抗菌药类（四环素、沙星类、氨苯磺胺类），同时补充维生素。

【预防】预防本病的发生，关键在避免皮肤、黏膜损伤，保持牛舍、环境用具的清洁与干燥，正确的饲料配合和科学的饲养。

（1）对牛群进行正确的护蹄，避免皮肤、黏膜的损伤，避免在崎岖不平和碎石凌乱的道路上驱赶，发生外伤要及时处理。

（2）加强环境卫生消毒，及时处理粪便和污水，保持清洁、干燥。正确护蹄，牛群可通过10%~30%硫酸铜脚浴池，每天1次，连续3天。

（3）加强饲养管理，饲喂全价日粮，补充钙源，防止犊牛异嗜乱啃。

（4）不能饲喂粗硬干草。

（5）牛群一旦出现本病，应注意检查、隔离和治疗病牛。

八、犊牛大肠杆菌病

犊牛大肠杆菌病又称犊牛白痢，是由多种血清型的致病性大肠杆菌引起的新生幼犊的一种急性传染病。其特征主要表现为排灰白色稀便，最终以由衰竭、脱水和酸中毒而引起的死亡为转归，或出现败血症症状。

【病原及流行病学】犊牛大肠杆菌病病原属肠杆菌科埃希菌属，有鞭毛，无芽孢，革兰氏染色阴性，中等大小杆菌，在麦康凯培养基上形成红色菌落。本菌对外界不良因素抵抗力不强，常用的消毒剂均可将其杀灭，50℃ 30 分钟、60℃ 15 分钟即可死亡，但是在寒冷而干燥的环境中能生存较长的时间。

大肠杆菌广泛地分布于自然界，牛出生后很短时间即可随乳汁或其他食物进入胃肠道，成为正常菌。当新生犊牛抵抗力降低或发生消化障碍时，均可引起发病。犊牛大肠杆菌病多发生于 14 日龄以内的犊牛，日龄超过两周发病较为少见，且一年四季均可发生，但以冬春季发病较多。消化道感染是犊牛大肠杆菌病主要的感染途径，子宫内感染和脐带感染也会引发该病。

【症状及病理变化】根据症状和病变可分为败血型和肠型。

1. **败血型**　也称脓毒型。主要发生于产后 3 天内吃不到初乳的犊牛；大肠杆菌经消化道进入血液，引起急性败血症。发病急，病程短。其临床表现为病初发热，精神不振，不吃奶，间有腹泻，后期肛门失禁，排粪如注，体温偏低，呼吸、心跳加快，常于病后 1 天内因虚脱而死亡，也有未见腹泻即突然死亡的，死亡率达 80%～100%。耐过者发育迟缓，有些出现肺炎和关节炎。

2. **肠型**　多发生于 1～2 周龄的犊牛，病初体温升高达 40℃，厌食，数小时后开始腹泻，病初排出的粪便呈淡黄色，粥样，有恶臭，随病情发展病牛排出呈水样，淡灰白色粪便，并混有凝血块、血丝和气泡。病情继续恶化，出现脱水现象，卧地不起，全身衰弱，此时如不及时医治，则会因虚脱或继发肺炎而导致死亡。个别病牛会自愈，但会引起病牛的发育迟缓。

【诊断】根据临床症状、流行情况、饲养状况等综合分析判定。确诊需进行细菌学检查，对分离出的大肠杆菌进行生化反应、血清学鉴定与肠毒素测定。但因症状与牛沙门杆菌病、犊牛梭菌性肠炎、新生犊牛病毒性腹泻、牛球虫病、牛冬痢等极为相似，应给予鉴别性诊断。

牛沙门杆菌病在各种年龄的牛群中均能发病，且特征病变为肝、脾、肾等实质性器官有坏死灶。

犊牛梭菌性肠炎以排血便为特征，小肠黏膜出血和坏死是主要的病理变化。

新生犊牛病毒性腹泻由轮状病毒和冠状病毒引起，前者多引起在 1 周龄以内的牛犊发病，后者引起 2～3 周龄内的牛犊发病。

牛球虫病主要出现恶臭血痢和直肠黏膜出血与溃疡等，粪检可见球虫卵囊。

牛冬痢各个年龄的牛群均可发病，冬季暴发，临床症状为排水样棕色稀便或全血便，但全身症状轻微，很少引起牛只死亡。

【治疗】本病的治疗原则是抗菌、补液、调节胃肠功能和调整肠道微生态平衡。

1. **抗菌**　可用止痢风暴、土霉素、新霉素等。内服的初次剂量为每千克体重 30～50mg。12 小时后剂量可减半，连服 3～5 天。或以每千克体重 10～30mg 的剂量肌内注射，每天 2 次。

2. **补液**　将补液的药液加温，使之接近体温。补液量以脱水程度而定，当有食欲或能自吮时，可用口服补液盐。同时要注意纠正酸中毒、电解质失衡等症状。

3. **调节胃肠功能**　用乳酸 2g、鱼石脂 20g、加水 90mL 调匀，每次灌服 5mL，每天 2~3 次；或内服吸附剂和保护剂，保护肠黏膜。

4. **调整肠道微生态平衡**　抗菌药使用 5 天左右应停止用于病犊牛的治疗，并给予口服乳杆菌制剂如促菌生、健复生等。

【预防】加强牛舍清洁卫生，保持圈舍干燥，产前彻底消毒产房；定期消毒，勤换垫草，犊牛舍温度应在 16~19℃；加强妊娠母牛的饲养，提供足够的蛋白质、矿物质和维生素饲料，使母牛适当运动，保证初乳的质量和免疫球蛋白的含量。加强犊牛的饲养，使犊牛在出生后 1~2 小时吃上初乳，防止新生犊牛接触粪便与污水。用大肠杆菌苗，在产前 4~10 周给母牛接种，初乳抗体可显著升高，可预防犊牛下痢，也可制备自家大肠杆菌灭活疫苗，在相同时间段中对母牛进行免疫接种，也可显著提高初乳抗体的含量。

九、犊牛副伤寒

犊牛副伤寒又叫犊牛沙门杆菌病，它是由沙门杆菌属细菌引起的一种传染病，多发于 2 周至 1 月龄犊牛，成年牛也感染，其特征多表现为败血症和胃肠炎，慢性病例还表现为肺炎和关节炎。

【病原及流行病学】犊牛副伤寒是由鼠伤寒沙门杆菌引起，鼠伤寒沙门杆菌为肠杆菌科的一个属，不产生芽孢和荚膜，有鞭毛，革兰氏阴性小杆菌，且该菌对干燥、腐败、日光等因素有较强的抵抗力，但一般常用消毒剂和消毒方法均能将其杀灭。

鼠伤寒沙门杆菌平时可隐匿于牛的消化道、淋巴组织和胆囊内，成为带菌者，当各种原因使牛体抵抗力下降时，即可自行感、发病，本病一年四季均可发生。2 周至 1 月龄的犊牛更容易发生该病，成年牛也可以感染，犊牛可呈地方流行性，成年牛散发。

病牛和带菌牛是主要传染源，经消化道途径，也可由交配传染病和分娩时子宫内感染，犊牛间相互吸吮，舔毛也可以进行传播。

【症状】犊牛副伤寒的潜伏期为 1~2 周，犊牛发病后，体温升高至 41℃，精神不振，食欲废绝，脉搏增数呼吸加快，呈腹式呼吸，排出带血丝或黏液的稀便，恶臭，腹痛，脱水而死亡，多数病例在一周内死亡，病死率可达 60%，病程延长时，可出现腕、跗关节肿大，病牛有时也会出现支气管肺炎的症状；成年牛症状不明显或呈隐性经过；妊娠母牛多数发生流产，特别是怀孕 5~9 个月的妊娠母牛。

【病理变化】病死犊牛的心壁、腹膜及胃肠黏膜出血，肠系膜淋巴结水肿、淤血，肝脏、脾脏和肾脏坏死灶；关节炎时腱鞘和关节腔内含有胶样液体；肺炎型的肺脏出现坏死灶。

【诊断】根据流行病学特点、临床症状等只能做出初步诊断，确诊需进行细菌学诊断，如病原菌的分离鉴定、直接涂片镜检、试管凝集试验和平板凝集试验等。随着科学的发展，单克隆抗体技术和酶联免疫吸附试验进行快速诊断。

【治疗】对本病有治疗作用的药物有恩诺环星、环丙沙星等抗菌药、磺胺类药物、呋喃及喹喏酮类药物等。治疗时应注意早期和连续用药，病初期应用抗血清有效。由于本病导致的体液和电解质丢失较严重，所以要注意口服补液盐和静脉补液，纠正式酸中毒等。交替使用治疗的抗生素类药物，避免出现抗药性。

【预防】加强牛群的饲养管理，搞好牛群的环境卫生，认真执行犊牛饲养管理规范及做好综合预防工作是防治犊牛副伤寒的有效办法。首先保持牛舍清洁干燥，定期对牛舍和用具消毒，及时清除粪便，堆积发酵或焚烧。保持乳汁、饲料和饮水的质量和卫生，加强对母牛和犊牛的饲养管理，增强抵抗力。其次是定期对牛群进行检疫，用直肠棉试纸查出并淘汰带菌牛。犊牛可用活菌苗预防。

十、破伤风

破伤风又称强直症，俗称锁口风，是由破伤风梭菌侵入伤口后产生外毒素而引起的急性、创伤性、中毒性人兽共患传染病，以骨骼肌持续性痉挛和对刺激反射兴奋性增高为特征，呈"木马样"症状。破伤风是一种较为严重的传染病，发病率和死亡率都较高，对人的健康和畜牧业的发展是一种严重威胁。

【病原及流行病学】破伤风梭菌又名强直梭菌，革兰氏染色阳性，无荚膜，多具周鞭毛，能形成芽孢，专性厌氧。该菌广泛存在于土壤或粪便中，经由创伤感染即在局部繁殖，产生痉挛毒素作用于神经系统，发生全身强直症状（呈木马样症状）。

奶牛常因手术（如牛断角）、蹄伤、分娩、穿鼻、断脐、烧伤等途径感染，尤其当伤口小而深时更容易发病，病牛不能直接传给健康奶牛。本病的发生无明显的地区性和季节性，一般呈零星散发，在环境不卫生、春秋雨季时病例较多。

【症状】牛患破伤风者很少见，症状为身体肌肉呈强直性痉挛，病牛体温正常，呼吸浅表增数，心脏搏动亢进。病初头部肌肉痉挛，轻者开口困难，重者牙关紧闭。随着病情发展，强直症状逐渐明显。由于颈部肌肉痉挛而使头颈伸直或角弓反张，背部强直，表现凹背或弓腰或弯向一侧，尾根高举偏向一侧，四肢肌肉强直开张呈木马样，各关节屈曲困难，步态异常，易跌倒且不易站立。腹肌痉挛，阻碍瘤胃蠕动，常引发瘤胃鼓气。病牛对外来刺激表现不太明显，最后因呼吸肌强直性痉挛而窒息死亡，但是病死率较低。

【病理变化】病死牛由于肌肉挛缩，使尸温增高，可长久持续。尸体无特殊变化，只可见到神经组织有瘀血和小点出血。心肌有时有脂肪变性。骨骼肌有时萎缩呈灰黄色。

【诊断】根据病牛的创伤病史和典型症状，如两耳竖立、瞬膜突出、牙关紧闭、四肢强直、神志清楚、体温正常等，可进行初步判定。确诊时可用细菌学检查法或用病料接种实验牛来确诊。但是应与急性肌肉风湿症、马钱子碱中毒、乙脑、流脑、脊髓灰质炎、急腹症、神经炎等疾病进行鉴别诊断，以免误诊而影响治疗。

【治疗】治疗本病应采取综合措施，包括创伤处理、药物治疗及加强护理三个方面。药物治疗要根据病程发展的不同阶段，及时处理病灶，迅速控制感染，中和毒素，镇静及制止痉挛和对症治疗等。先处理好伤口，使伤口通风透气，彻底清除创口的脓汁、异物、坏死组织等，用1%~2%的高锰酸钾溶液冲洗，然后用5%~10%的碘酊涂擦，再撒消炎粉；早期使用破伤风抗毒素中和病毒；当病牛兴奋不安，全身颤抖时应进行镇静处理，可用水和氯醛25~50g混于淀粉浆500~1000mL内灌肠，每天1~2次，如果牙关紧闭，可用3%盐酸普鲁卡因于"开关""锁口"穴注射，每穴位3mL，直到开口为止；当背腰强直时，可用1%普鲁卡因进行点状注射，脊柱两侧各选5个点，每点肌内注射10mL，直到痊愈；除此之外，还应对症治疗，并结合中医治疗，加强护理。

【预防】平时要注意饲养管理、使役和环境卫生，防止牛受伤；一旦发生外伤，应及时清创消毒、治疗；有伤口情况下，皮下注射破伤风抗毒素；对深部伤口，进行扩创，破坏厌氧环境，用青链霉素进行封闭；在经常发生本病的地区，每年对易感牛接种破伤风类毒素；将病牛移入清洁干燥、通风避光的牛舍中，正确地处理好伤口，保持安静。

十一、钩端螺旋体病

钩端螺旋体病是由致病力的钩端螺旋体所引发的一种人兽共患自然疫源性急性传染病。病牛主要临床症状为黄疸、血红蛋白尿、食欲减退、体温升高、精神沉郁等。

【病原及流行病学】钩端螺旋体是一种纤细的螺旋状微生物，菌体有紧密规则的螺旋，长4~20μm，宽约0.2μm。菌体的一端或两端弯曲呈钩状，沿中轴旋转运动。钩端螺旋体对热、酸、干燥和一般消毒剂都敏感，但对低温有较强的抵抗力，经反复冰冻溶解后仍能存活。常用的消毒剂均能杀死钩端螺旋体。

钩端螺旋体病分布很广，几乎全世界各地都有此病的存在或流行。一年四季均可发病，以夏、秋季为流行高峰期，病原可通过病牛的尿液、乳汁、唾液和精液等多种途径传播，经尿液传播是最主要的途径，直接和间接（带菌牛咬伤）的感染方式均可感染。病牛多为 1 个月以内的犊牛。

【症状】钩端螺旋体病的临床症状是极复杂多样的，轻型病例可以无明显症状，严重的甚至可以引起死亡。多数病牛主要临床症状为黄疸、血红蛋白尿、食欲减退、体温升高、精神沉郁出血、肾衰竭及神经功能失常。血液学检查，红细胞数减少，血红蛋白含量降低，红细胞出现大小不均、异性及淡染等现象。病理学检查，以皮肤、黏膜和皮下组织等的黄染和各器官的出血为特征，在肝脾等处还可见坏死灶。

【诊断】根据流行特点、早期症状、化验检查（如血清学阳性）的特点进行综合分析，并与其他疾病鉴别。在流行区，夏秋季节，对一切具有疑似本病临床表现并在近 1~2 周内有接触疫水历史的急性传染病牛，应首先考虑本病；在非流行区，亦可因接触鼠类或其他宿主牛的分泌物而发生散在病例，因此在诊断时，应详细了解病牛接触感染源的一切可能性。应与牛附红细胞体病、牛巴贝斯虫病等进行鉴别诊断。

【治疗】采取抗菌疗法和支持疗法的综合治疗的原则。

1. **抗生素治疗**　青霉素为首选，但应注意休药期。

2. **对症治疗和支持疗法**　根据具体情况及时采取有效措施，纠正黄疸、酸中毒等。

【预防】钩端螺旋体病的预防和管理需采取综合措施，这些措施包括管理好牛舍、受污染水源，做好消毒和个人防护等方面的工作。

1. **管理好牛舍**　对确诊的病牛或在流行区中疑似病牛应集中治疗、隔离、消毒，同时做好疫情报告工作，在流行区开展综合的防治措施以控制流行，加强对饲养场所及排泄物的管理。

2. **疫水的管理、消毒**　对流行区的水稻田、池塘、沟溪、积水坑及准备开发的荒地进行调查摸底，因地制宜地结合农田水利建设对疫源地进行改造。

3. **个人防护**　加强卫生宣传，提高群众对钩端螺旋体病的认识，避免与可能受污染的污水接触。

十二、葡萄球菌病

葡萄球菌病是由葡萄球菌感染引起的人和牛多种疾病的总称。本病以局部化脓性炎症或全身性脓毒败血症为特征，并且多为继发感染。

【病原及流行病学】葡萄球菌呈葡萄串状排列，革兰氏染色阳性，无鞭毛与荚膜，不形成芽孢。葡萄球菌对外界环境有较强抵抗力，但是对高温、消毒液较为敏感，1:200 000 的新洁尔灭，1:100 000 的度米芬可在 5 分钟内杀死本菌。致病性金黄色葡萄球菌是最主要的病原，并广泛分布于自然界。牛体黏膜和皮肤破损，各种应激因素，如饲养管理条件、恶劣环境、污染程度严重、有并发病存在使机体抵抗力降低等，可促使本病的发生与流行。

【症状】金黄色葡萄球菌可产生多种毒素及酶类，常会引发创伤感染、脓肿（疖、痈等）、蜂窝织炎、乳腺炎、乳房炎、葡萄球菌肺炎等。奶牛葡萄球菌感染主要引起乳房炎，急性乳房炎病例的乳房患区呈现急性炎症，受害乳小叶水肿、增大、微痛；重症患区迅速增大，红肿、发热、疼痛、变硬。含脓性絮片的微黄色至微红色浆液性分泌液及白细胞渗入到间质组织中，伴有全身症状。有的病例出现化脓性炎症。

在临床工作中，牛慢性增生性乳房炎较常见，因病牛多不表现临床症状被忽视，但是产奶量不明原因的下降，随着疾病的发展，乳房肿胀，且静脉回流不畅，仅可挤出少量微红色至红棕色含絮片分泌液，恶臭，并出现全身症状。发病后期，结缔组织增生而使乳房变硬、缩小，乳池黏膜增厚并出现息肉。

【诊断】根据临床症状、病理变化、流行病学特征可对本病做出初步诊断，最后确诊还需要进行实验室检查，如病原检查、对流免疫电泳、放射免疫法或酶联免疫吸附试验等方法进行检测。

【治疗】对皮肤或皮下组织的脓创、脓肿、皮肤坏死等进行外科处理，炎症较为明显时，采取局部与全身共治的疗法，以免发生败血症。葡萄球菌对磺胺类、青霉素、金霉素、土霉素、红霉素、新霉素等抗生素敏感，但易产生耐药性。乳房炎治疗时，先对从病牛分离的菌株进行药敏试验，找出敏感药物进行治疗。异唑类青霉素为治疗的首选药物，其次为红霉素、庆大霉素。另外，使用中草药方剂如黄芩、黄连、焦大黄、板蓝根、茜草、大蓟、建曲、甘草各等份。混合粉碎，灌服，治疗葡萄球菌病也有较好的效果。

【预防】发生葡萄球菌病多是由卫生不良和机械损伤引起。因此，加强饲养管理，减少或避免应激因素的出现，防止牛群之间的互相角斗，防止皮肤黏膜出现损伤，并且要注意环境卫生消毒工作；采取药物预防乳房炎等疾病的发生；对病牛进行隔离，积极治疗，可用广谱抗菌药进行治疗，有条件的单位可先进行细菌的分离鉴定，然后进行药敏试验，选择敏感药物进行治疗。

十三、奶牛附红细胞体病

奶牛附红细胞体病是由牛附红细胞体寄生于血液引起的一种人畜共患病，临床上以高热、黄疸、贫血等为特征，严重威胁着畜牧业的发展和人类健康，范围并呈扩大趋势。

【病原及流行病学】病原体为立克次体的牛附红细胞体，附红细胞体对苯胺色素易于着色，革兰氏染色呈阴性，病原的大小会随病程的延长而变小，姬姆萨染色呈紫红色，有时色素沉着可出现假象。用吖啶橙染色在荧光显微镜下可见各种形状的附红细胞体单体。另外也应注意用吖啶橙染色时，核仁和碎片或活的支原体也可发出荧光，应予以区别。附红细胞体对干燥和化学药品的抵抗力很弱，对高温的耐受性差，对低温耐受性较高。附红细胞体在80~100℃的水中，0.5~1分钟失活，在45~50℃以下，1~5分钟失活。而在0~4℃冰箱中保存60天，仍保持60%感染率，90天有30%的附红体仍有感染力。在-30℃的冰冻条件下120天，仍有80%附红细胞体存活，-70℃条件下，可保存数年。

该病的发生具有明显的季节性，多发生在温暖湿润的夏秋季节，吸血昆虫（如蝇、蚊子、蜱）、螨等是该病的主要传播媒介；此外未经严格消毒而重复使用的注射针头、医疗器械也是一个重要的感染途径。其他因素如长途运输、饲料品质低劣、饲养管理不当、天气变化异常、并发其他疾病等应激因素，可使隐性感染的牛发病，或扩大传播或使病情加重。

牛附红细胞体病可发生于各种年龄的牛，但以犊牛最易感，其发病率、死亡率都较成年牛高。病牛和隐性感染的牛是主要的传染源。

【症状】病牛尤其是犊牛表现为急性、热性、贫血性疾病，病牛体温升至40.5~42.0℃，精神沉郁，前胃弛缓，食欲减少或废绝，病初可视黏膜苍白，有的病牛呼吸急促，病程长者牛体消瘦，可视黏膜、皮肤黄染，尿液呈酱油色。怀孕母牛患病后易发生流产、早产或死胎。产奶量急剧下降，乳汁品质不良。

【病理变化】主要变化为贫血和黄疸。急性死亡的病例，一般尸体营养状况变化不明显。病程长的尸体表现为消瘦、皮肤弹性降低，可视黏膜苍白或黄染，角膜混浊、无光泽；皮下组织干燥或黄色胶冻样浸润，全身淋巴结肿大，呈紫红色或灰褐色；血液稀薄、色淡、不易凝固；皮下组织水肿、黄疸，多数病例有腹水或胸水、心包积水，心外膜上有出血点，心肌松弛、颜色为熟肉样，质脆易碎，心脏冠状沟脂肪轻度黄染；肝脏肿大、出血、黄染，表现有黄色条纹或灰白色坏死灶，胆囊膨大，胆汁黏稠，脾脏肿大，呈暗黑色，质地柔软，有的脾脏有针头大至米粒大小的白（黄）色结节；肾脏肿大，有微细出血点或黄色斑点，膀胱充盈，黏膜黄染并有少量出血点，胃底出血坏死，十二指肠充血，肠壁变薄，肠黏膜脱落。

【诊断】主要从临床症状和病理变化、血液学变化、直接查找病原和间接试验等。依据流行病学特点和临床症状、病理变化可做出初步诊断。确诊需做实验室检查。

【治疗】对于本病应做到及时确诊，早期用药。对病情严重、食欲废绝、体质虚弱的病牛应配合补液、强心，补充维生素C、复合维生素B和抗生素防止继发感染，加强饲养管理。

1. 长效土霉素注射液 每千克体重0.1mL，肌内注射，每天1次，连用2~3次。

2. 血虫净（贝尼尔） 每千克体重5~9mg，用灭菌注射用水稀释成5%溶液后深部肌内注射，间隔48小时用药1次，连用2~3次。另外可根据实际情况选用黄色素、碘硝酚、咪唑苯脲等。

【预防】本病目前尚无疫苗，只能在平时加强饲养管理，夏秋季节注意做好环境卫生，防止昆虫叮咬，驱除体内外寄生虫，注意医疗器械的清洁消毒。引进的牛要逐头进行血液检查，防止引入病牛和隐性感染的牛。夏秋季节每天投喂1.0~1.5kg鲜青蒿可有效地预防本病。本病为人畜共患传染病，兽医人员和养殖场（户）人员应注意做好自身防护。

第二节　病毒性传染病

一、口蹄疫

口蹄疫俗名"口疮"，是偶蹄牛的一种急性高度接触性传染病，病原是口蹄疫病毒。其临床症状是口腔黏膜、鼻、蹄部和乳房皮肤发生水疱和溃烂。口蹄疫对奶牛的危害性主要表现食欲减退，产奶量大幅度下降；蹄冠部、蹄趾间沟内出现水疱时，病牛卧地不起；乳房被侵害时，乳房急性肿胀，乳汁变性，同时伴有流产现象发生，另外产后母牛出现难配、受孕不佳现象。

【病原及流行病学】口蹄疫病毒是小RNA病毒科口蹄疫病毒属成员，呈圆形或六角形，直径20~25nm，有7个血清型，在我国流行的口蹄疫病毒有亚洲I型和O型两个血清型，O型临床症状较轻，亚洲I型病情较重，口蹄疫病毒对外界因素抵抗力很强，在自然条件下可保持传染性数周至数月，主要是由于直接接触和空气传播的，被病毒污染的草场，饲料、饮水、用具是传染本病的媒介，病毒大量存在于水疱液中，发病期和潜伏期的牛在一定时期内也能排毒、起到传播传染的作用。

本病没有季节性，但有一定的周期性，常每隔1~2年或3~5年流行1次。

【症状】口蹄疫病毒感染牛体后，潜伏期一般是2~7天，最长可达14天。病毒侵入的部位（如口腔黏膜）形成第一期水疱时不易引起工作人员的注意，但患病奶牛精神沉郁、体温升高达40~41℃，约12天后，在唇内面、齿龈、舌面和颊黏膜出现第二期水疱，水疱破溃后形成边缘不整的红色烂斑，有时在蹄部及乳房上也会出现水疱，牛大量流涎、体温下降且食欲降低，反刍停止。由于蹄部水疱溃烂疼痛，常常跛行甚至不能站立，严重的蹄壳脱裂。犊牛主要表现为出血性肠炎和心肌麻痹，死亡率很高，可达20%~40%；成年奶牛多数呈良性经过，死亡率一般不超过5%，但生产性能受到严重影响。

【病理变化】除口腔和蹄部病变外，还可见到食道和瘤胃黏膜有水疱和烂斑；

胃肠有出血性炎症；肺呈浆液性浸润；心包内有大量混浊而黏稠的液体。恶性口蹄疫可在心肌切面上见到灰白色或淡黄色条纹与正常心肌相伴而行，如同虎皮状斑纹，俗称"虎斑心"。

【诊断】根据临床症状、流行病学特点、实验室检测可对本病做出诊断。但应与牛瘟、病毒性腹泻（黏膜病）、牛恶性卡他热、牛痘、牛水疱性口炎、酸中毒、蹄叶炎等进行鉴别性诊断。

牛瘟主要症状为口腔黏膜坏死和溃烂，但只表现在齿龈与舌下，舌面无水疱与溃烂病变，且蹄部无病变，由于真胃、小肠黏膜有坏死性炎症出现剧烈腹泻，病死率较高。

病毒性腹泻—黏膜病，口腔黏膜溃疡，大量流涎，无明显的水疱过程，溃疡小而浅表，腹泻且可长达1~3周，8月龄以下的小牛是易感牛群。

恶性卡他热表现为口腔黏膜糜烂，鼻黏膜及鼻镜上也有坏死病变，但不形成水疱，伴有眼睑、头部肿胀，眼球出现上翻及角膜混浊，蹄部无病变，病死率极高。

牛痘病初发生丘疹，1~2天后形成水疱，成熟后形成脓疱，然后结痂，而口蹄疫无结痂。

牛传染性水疱性口炎，症状与口蹄疫极为相似，但很少侵害蹄部及乳房皮肤，且流行范围小，发病率低。

【治疗】根据国家规定，口蹄疫病牛应一律扑杀，不准治疗。但是，综合考虑，可以适当进行治疗，对病牛精心护理，多饮清洁水，并给以柔软饲料，病牛站立困难时，应多铺垫草，防止发生压疮或并发症。口腔用0.1%高锰酸钾液冲洗、蹄部用来苏儿液洗刷，再用碘甘油涂擦；乳头用肥皂水洗净并擦干，再涂以油剂抗生素；用口蹄疫痊愈血清防治，结合对症治疗。

【预防】

1. 常规控制措施

（1）坚持生产区和生活区分开。生产区门口设消毒室和消毒池，由专人负责，消毒室内装有紫外线杀菌灯，消毒池内放置2%~3%氢氧化钠药物，每10天更换1次，同时还设置醒目的防疫须知标志。

（2）非本场车辆人员不得随意进入牛场内。人员、车辆须经严格消毒后方可进入场区。

（3）保持牛场环境卫生。运动场由专人每天清扫，粪便及时清除，经堆积发酵处理。

（4）每年春、秋季对全场（食槽、牛床、运动场）进行全面消毒。

（5）夏季做好防暑降温、消灭蚊蝇工作；冬季做好防寒保暖工作。

（6）每年春、秋季做好结核、布病、口蹄疫疾病检疫工作。

（7）疫区每年定期给牛群注射型号与疫区当地口蹄疫相符的疫苗，控制疫情，保护幼牛。

2. 技术管理措施　在抓好防疫工作的同时，也重点抓奶牛饲养，对奶牛坚持1月1次体况评定，实行5分制评定方法，并且每10天更换1次饲料配方，保证供应好奶牛所需营养标准，使牛群体况保持最佳状态。

3. 牛乳处理措施　在疫区内的牛乳，要严格坚持消毒措施，患病奶牛的牛乳不准流入市场，在应用抗生素控制继发感染期间的牛乳，应做销毁处理。待疫情彻底解除后，牛乳方可正常生产销售。

二、水疱性口炎

水疱性口炎是由水疱性口炎病毒引起的一种人兽共患急性、热性传染病，又名鼻疮、口疮、伪口疮、烂舌症、牛及马的口溃疡等。由于本病感染后传播迅速常导致严重的损失，其临床特征为口腔黏膜、乳头皮肤及蹄冠部皮肤出现水疱及糜烂，流泡沫样口涎，有时在蹄部也可发生疱疹，但很少发生死亡。

【病原及流行病学】水疱性口炎病毒属弹状病毒科水疱病毒属，病毒粒子呈弹状或圆柱状，有两个血清型。本病毒的抵抗力不强，对乙醚较为敏感，在阳光直射或紫外线照射下可迅速死亡，对化学药物的抵抗力较口蹄疫略强。

病牛是主要传染源，病牛的唾液和水疱中含有大量的病毒，一般通过唾液和水疱液进行传播，虫媒的方式也可以传播本病，成年牛较易感染，而犊牛易感性低。

本病具有明显的季节性，多发生于夏秋季节，而秋末趋于平稳，寒冷季节流行终止。

【症状】潜伏期一般为3~5天，水疱性口炎的特点是短期体温升高达40~41℃，口腔黏膜、乳头上皮、趾间及蹄冠上出现丘疹和水疱、大量流涎、跛行。患病奶牛常能恢复，但其生产性能受到严重的影响，造成很大经济损失。成年牛的易感性要高于1岁以内的牛，感染的奶牛一般在一周后康复，最常见的并发症是局部继发细菌和真菌感染，以及乳房炎等。当病毒扩散到整个生发层后，在真皮和皮下组织中有出血、水肿和白细胞浸润，但病毒在这些区域通常并不造成原发性损伤。如果出现继发感染，其损伤可能扩散到深层组织造成化脓和坏死。在无并发症的情况下，上皮细胞迅速再生，通常1~2周康复而不留瘢痕。

【诊断】根据流行病学特点、临床症状、病理变化以及实验室检查可对本病做出诊断。但要注意本病与口蹄疫的鉴别诊断，具体鉴别可参考口蹄疫中鉴别诊断。

【治疗】在一般情况下，只要加强饲养管理和护理就可以迅速康复。一般用1%食盐水或3%硼酸溶液反复洗涤口腔，每日数次洗口；当口腔恶臭时，用

0.1%的高锰酸钾溶液冲洗；当唾液分泌旺盛时，用1%明矾溶液洗口；当口腔黏膜溃烂或溃疡时，口腔洗涤后溃烂面涂碘甘油，每日2次；病情严重，体温升高，不能采食时，要采取局部治疗和全身治疗相结合的方法，对症治疗，防止并发症的出现。

【预防】一旦发现疑似病例，必须马上对病牛进行隔离，迅速向上级防疫部门汇报，尽快进行鉴别诊断，确诊病性。在疫区建立隔离区和封锁带，限制病牛的买卖等移动，并对疫区进行彻底消毒，改善环境卫生，加强饲养管理，精心喂养，饮水要卫生，不要喂粗硬带芒的草料和严重损伤口舌的刺激性异物进入口腔，减少应激因素，防蚊灭蚊，定期对牛群进行免疫接种，降低牛群的密度。本病损伤轻，多取良性经过，如注意护理，可自行康复。

三、伪狂犬病

伪狂犬病是由伪狂犬病病毒引起的能感染多种牛急性传染病。牛以局部奇痒为特征，并有中枢神经系统障碍等症状，也有报道指出该病与奶牛流产有较大的关系。

【病原及流行病学】伪狂犬病病原是伪狂犬病病毒，属疱疹病毒科 a-疱疹病毒亚科猪疱疹病毒 I 型。只有一个血清型，但不同毒株的生物学和物理学特性有所差异。伪狂犬病病毒对外界环境的抵抗力较强，但对碱性消毒液的抵抗力较弱，如 0.5%的石灰乳、0.5%的碳酸钠水 1 分钟可将病毒杀死，1%~2%的氢氧化钠溶液可立即将病毒杀死。

病牛、带毒牛以及带毒鼠类为重要传染源，但在散养化牧场中流浪狗、猫也是造成牛场感染伪狂犬病的原因之一。

本病呈散发，有时呈地方流行性，多发生于冬春两季。在我国牛伪狂犬多发生于3~7月，自然条件下水平传染，可经伤口、消化道、配种等途径直接接触传染，也可通过胎盘垂直传染。病牛的死亡率几乎可达100%。

【症状】牛伪狂犬病的潜伏期一般为3~6天，少数病例长达10天，一般于发病后48小时内死亡。病初体温短期升高，后期多因麻痹而死亡，病牛出现局部或全身剧烈瘙痒，用舌舔痒部或磨蹭痒部，所以又称剧痒症。奇痒部位因强烈瘙痒舔舐或磨蹭而出现脱毛、水肿，甚至出血的症状。此外，还可出现某些类似狂犬病的神经症状，如出汗，流涎，咽、喉功能障碍，呼吸困难，呈犬坐式，瘤胃鼓气，共济失调，癫痫等症状，但无攻击性行为，大多数病牛以死亡转归。

【病理变化】牛患部变化明显，因剧烈瘙痒而摩擦的部位，皮肤增厚2~3倍，皮肤脱毛，擦伤，撕裂，水肿，出血和糜烂。有的糜烂深达皮下和肌肉组织，切开皮肤有多量黄色胶样浸润，或混有血液。脑和脑膜有严重充血和出血，消化道黏膜充血和出血，有时肝脏瘀血肿胀。脑和脊髓组织学检查呈现神经细胞和神经胶质细胞水肿、变性，核淡染或浓染，染色质破裂或核室泡化，有的出现神经细胞进行性坏死。

【诊断】根据病牛的临床症状和流行病学资料分析，初步诊断。要特别注意本病与狂犬病的鉴别诊断。血清学检查是快速简便地区分牛感染疾病与否的重要手段，还可采用病毒分离技术、琼脂免疫扩散试验、补体结合试验、荧光抗体试验、酶联免疫吸附试验或病毒分子生物学技术等方法对本病做出确诊。

【治疗】本病无特效的治疗方法，紧急情况下，用高免血清治疗，可降低死亡率。应用磺胺嘧啶钠注射液 0.1g/kg 体重，肌内注射，2 次/天；同时应用电解多维增强体质。多数病例以死亡转归，在日常饲养管理过程中，要避免牛与猪同舍饲养。

【预防】灭鼠是避免或减少本病发生的重要一环。一般认为猪为重要的带毒者，要严格将牛和猪分开饲养，并加强防鼠灭鼠措施；疫情发生后，立即启动"牛疫病处置应急预案"，牛发病后要及时隔离，对病死奶牛立即采取有效措施，并消毒被污染的环境；对奶牛场及周围 3000m 内的全部奶牛注射疫苗紧急预防，可增强牛对该病的抵抗力；每天对奶牛场及周围环境进行消毒，对粪便、污物进行认真清扫，集中发酵。

四、牛流行热

牛流行性热，又称牛三日热、牛暂时热或牛流行性感冒，是由牛流行性热病毒引起的一种急性热性传染病，其临床特征是突发高热、呼吸紧迫，流泪，有泡沫样流涎，鼻涕，四肢关节疼痛，跛行，后躯僵硬，精神沉郁。发病率高，但多呈良性经过，轻症 2~3 天即可恢复正常，病死率低。

【病原及流行病学】牛流行热病毒属于弹状病毒科狂犬病病毒属，单链RNA，有囊膜，表面有突起，呈子弹状或圆锥状。本病毒抵抗力不强，对乙醚、氯仿敏感，且不耐热，不耐酸和碱。

本病主要侵害牛，黄牛、奶牛、水牛均可感染发病，且侵害对象与品种、年龄有一定关系，奶牛和黄牛多发，水牛较少发生，3~5 岁牛多发，母牛尤以怀孕牛发病率高于公牛，犊牛与 9 岁以上老牛很少发生。在我国，牛流行热每 3~5 年发生一次地方性流行，每 7~12 年发生一次大流行，且多发于蚊蝇活动频繁的季节。

本病传染力强，传播迅速，短期内可使很多牛发病，呈流行或大流行，多数病牛呈良性经过，死亡率一般在 1% 以下。病牛及其排泄物是主要的传染源，蚊、蠓、蝇是重要的传播媒介。

【症状】牛流行热潜伏期为 3~7 天。病牛突发高烧，可达 40℃ 以上，开始为1~2 头，很快波及全群，恶寒战栗，持续 1~3 天，然后体温逐渐下降恢复正常。

病牛精神沉郁，食欲废绝，反刍停止，奶牛泌乳量下降或停止，孕牛可流产，流涎，呼吸促迫，发出哼哼声，流鼻涕，畏光流泪，眼结膜充血水肿，粪干或腹泻，全身肌肉和四肢关节肿痛，步态僵硬，步态不稳，呈现跛行，故又名"僵直病"。发病率高，病死率低，病程 2~5 天，多能自愈。

【病理变化】单纯性急性病例无特征性病变，自然死亡病死牛剖检可见上呼吸道充血、肿胀、点状出血。气管与支气管内蓄积泡沫状液体。肺部出现间质性肺气肿、肺充血、肺水肿、胸腔积液。淋巴结肿大、充血，水肿。肝、肾稍肿胀，并有散在小坏死灶。

【诊断】牛流行热的特点是大群发病，传播迅速，有明显的季节性，发病率高，死亡率低，结合病牛临诊上的特点，可以初步诊断。但是确诊本病还需实验室检验，必要时采取病牛全血，用易感牛做交叉保护实验。病原分离应取病牛发热期的血液白细胞悬液，接种于乳仓鼠的肾或肺，或猴的肾细胞。要注意与呼吸型牛传染性鼻气管炎、口蹄疫鉴别。

【治疗】高热时，对病牛可用解热止痛药，复方氨基比林注射液 20~40mL；为防止继发感染，可用青霉素 1 600 万~2 400 万单位肌内注射，每天上下午各注射 1 次，连用 3~4 天；重症病牛给予大剂量的抗生素，常用青霉素（100 万~200 万 μ/次）、链霉素（1g/次）；对脱水病牛应进行强心、补液，可用 5% 糖盐水、维生素 C、维生素 B_1 等静脉注射；四肢关节疼痛的，可静脉注射水杨酸钠溶液；呼吸困难时，用氨茶碱平喘。此外，可进行适量静脉放血（1 500~2 500mL），以改善肺循环，避免肺水肿，运用中药用九味羌活汤对病牛进行治疗，还要注意卧地不起的牛防止发生褥疮。

【预防】预防本病主要应根据本病的流行规律，做好疫情监测和预防工作。注意环境卫生，清理牛舍周围的杂草污物，加强消毒，消灭蚊蝇等吸血昆虫，以切断传播途径；每年定期应用牛流行热疫苗对健康牛群进行免疫接种：先注射弱毒活苗 2mL（皮下），后肌内注射灭活苗 3mL，注射间隔 1~4 周，注射 2 次；发生本病时，进行严格的封锁和消毒，及时隔离病牛，控制该病的流行，对于假定健康牛和附近威胁地区牛群，可用高免血清进行紧急预防。一旦发生本病，多采用对症治疗的方法，减轻病情，提高牛体的抗病力。

五、牛副流行性感冒

牛副流行性感冒简称牛副流感，又称运输热或运输性肺炎，是由牛副流感病毒Ⅲ型引起的一种急性呼吸道接触性传染病，以高热、呼吸困难和咳嗽为主要特征，是有别于流行性感冒的另一种呼吸道疾病。本病主要发生在集约养牛场经过长途运输后集中的育肥牛群。

【病原及流行病学】牛副流行性感冒病原体为副黏病毒科的牛副流感病毒Ⅲ

型，呈圆形或椭圆形，有囊膜，含神经氨酸酶和血凝素，可凝集豚鼠、鸡、牛、猪和人的红细胞，感染的细胞培养物呈现血细胞吸附现象。本病毒不耐热，常用消毒药能迅速将其杀灭。

病牛和带毒牛是主要传染源，病毒随鼻分泌物排出，经呼吸道感染健康牛，也可经子宫垂直传播而可引起奶牛产死胎和流产。成年肉牛和奶牛最易感，犊牛在自然条件下很少发病。天气骤变、寒冷、疲劳，特别是长途运输，常可促使本病流行，晚秋和冬季多发，病死率较低。

【临床症状】牛副流行性感冒的潜伏期为2~5天。病牛体温升高，可达41℃以上，精神沉郁，食欲不振，鼻镜干燥，继而流浆液性、黏液性或脓性鼻液，大量流泪，呈脓性结膜炎症状。呼吸加快，有时张口呼吸，咳嗽，听诊气管有啰音，若继发细菌感染可出现严重的纤维素性胸膜炎和支气管肺炎症状。有的病例发生腹泻，病牛消瘦虚弱。有的病牛在2~3天死亡，妊娠牛可能流产。牛群发病率一般不超过20%，病死率一般为1%~2%。

【病理变化】病理变化主要见于呼吸道。呈现支气管肺炎和纤维素性胸膜炎的变化，肺组织可发生严重实变。肺泡和细支气管上皮细胞有合胞体形成，在胞浆和胞核内都能检出嗜酸性包涵体。

【诊断】依据流行特点、临床症状和剖检病变可对本病做出初步诊断。但其它原因引起的呼吸道病呈现急性呼吸道症状的传染病颇多，故确诊需要进行病毒分离和鉴定。实验室检查一般采取有病变的肺组织和支气管洗脱物，冷藏后立即送检，可用荧光抗体染色法由感染细胞内证明病毒抗原，也可进行病毒分离鉴定，或在发病早期和恢复期采取双份血清用血凝抑制试验和中和试验检测特异性抗体。

【治疗】对于该病主要采取对症治疗的方法，尤其是要治疗或预防细菌继发感染，常以青霉素和链霉素联合应用，也可用卡那霉素或磺胺二甲基嘧啶，同时加用维生素A。早期应用四环素族抗生素或磺胺类药，虽对病毒无效，但可对细菌起抑制作用，特别是对巴氏杆菌起作用。发热牛肌内注射复方氨基比林10~20mL，喘平注射液10mL，每天2次。

【预防】该病的预防要求尽可能地搞好饲养管理，消除不利条件，使牛感觉舒适，如牛的运输，由于恶劣气候和其他应激因素可促使发病，加重病情，所以要尽可能避免这些不利的环境条件；特异性预防是接种疫苗，肉牛最好在4月龄时同时接种副流感Ⅲ型病毒弱毒苗和巴氏杆菌菌苗，乳牛则在6~8月龄接种，1个月后再接种1次。

六、牛传染性鼻气管炎

牛传染性鼻气管炎又称坏死性鼻炎、红鼻病，是由牛传染性鼻气管炎病毒引起的牛的一种急性、热性接触性传染病。临床上表现为上呼吸道及气管黏膜发炎、呼吸困难、流鼻涕等，还可引起生殖道感染、结膜炎、脑膜炎、流产、乳房炎等多种病症。本病毒的危害性在于病毒侵入牛体后，可潜伏于一定部位，导致持续性感染，病牛长期乃至终生带毒，给控制和消灭本病带来极大困难。

【病原及流行病学】牛传染性鼻气管炎病毒是疱疹病毒科中抵抗力较强的一种病毒，是泛嗜性病毒，有囊膜，能侵袭多种器官组织，引起多种临床症状。该病毒在 pH 值为 7 的溶液中很稳定，对乙醚和酸较为敏感。本病主要感染牛，尤以肉牛感染较为常见，其次是奶牛，其中又以 20～60 日龄的犊牛最为易感，病死率也较高。

病牛和带毒牛为主要传染源，常通过空气、飞沫、精液和接触传播，病毒也可通过胎盘侵入胎儿引起流产。有时病毒也会出现在鼻汁与阴道分泌物中，因此隐性带毒牛往往是最危险的传染源。

【症状】牛传染性鼻气管炎的潜伏期一般为 4～6 天，最长可达 20 天以上，主要表现为以下 5 种症状。

1. **呼吸道型** 冬季发病较为常见，病情轻重不等。该病初发时高热39.5～42℃，病牛极度沉郁，拒食，有结膜炎及流泪，流黏液脓性鼻涕，鼻部高度发炎并出现浅溃疡，呼吸困难，张口呼吸，呼吸中常有臭味，伴有深部支气管性咳嗽，有浅溃疡，其上被覆腐臭黏液脓性渗出物，包括咽喉，气管及大支气管。可能伴有成片的化脓性肺炎。中期出现呼吸道上皮细胞中有核内包涵体，真胃黏膜发炎、溃疡及卡他性肠炎，有时拉稀可见血染，急性病例可侵害整个呼吸道，重症病例病牛数小时死亡，大多数病程 10 天以上。

2. **眼炎** 主要症状是结膜炎，角膜炎。一般无明显的全身反应，很少引起死亡。

3. **脑膜脑炎** 主要发生于犊牛，体温高达 40℃ 以上，病犊共济失调，沉郁，随后兴奋，惊厥，口吐白沫，最终倒地，角弓反张，磨牙，四肢划动，病程短促，多以死亡转归。

4. **生殖道感染** 母牛感染时潜伏期 1～3 天。病初发热，病牛沉郁，无食欲。尿频，有痛感，产乳量下降，阴户下流黏液，阴户前庭及阴道壁形成广泛的灰色坏死膜，污染附近的皮肤，阴门阴道发炎充血，经过 10～14 天痊愈。公牛感染后精神沉郁，食欲减退，轻症 12 天后消退，继而恢复；严重的病例发热，包皮、阴茎上发生脓包，常与细菌合并感染使病情加重，一般出现临诊症状后 10～14 天开始恢复。

5. **流产** 一般为病毒性、接触性呼吸道感染后，经血液循环进入胎膜、胎儿所致。

【诊断】根据病史、临床症状、流行病学特点可对本病做出初步诊断。确诊鼻气管炎病要做病毒分离。分离病毒的材料，可在病牛的感染发热期采取病牛鼻腔中的洗涤物，流产胎儿可取其胸腔液。可用牛肾细胞培养分离，再用中和试验及荧光抗体来鉴定病毒。间接血凝试验或酶联免疫吸附试验等均可做鼻气管炎病的诊断或血清流行病调查。

注意本病与牛流行热、牛病毒性腹泻（黏膜病）、牛蓝舌病和茨城病等疾病的鉴别诊断。

【治疗】本病缺乏特效的药物治疗，采取综合性措施进行对症治疗，预防治疗细菌继发感染，根据具体情况将其淘汰或扑杀。接种疫苗是预防本病的主要措施。

【预防】加强饲养管理，严格检疫制度，必须采取检疫、隔离、封锁、消毒等综合性措施，不从疫区引进牛。从国外引进的牛，必须按照规定进行隔离观察和血清学试验，证明未被感染方准入境。发病时，应立即隔离病牛，采取广谱抗生素防止细菌继发感染，再配合对症治疗以减少死亡。牛康复后可获得免疫力，对未被感染的牛可接种弱毒疫苗或灭活疫苗。免疫母牛所产的犊牛血清中可检出母源抗体，有效期可持续4个月，母源抗体的干扰可影响主动免疫的产生，在牛群免疫时应注意这一问题。

目前常用来防止此病的疫苗有灭活苗、弱毒苗、亚单位疫苗和基因缺失（标记）疫苗，而疫病毒活载体重组疫苗也正处于研制开发阶段，迄今为止的研究结果已证明，病毒活载体重组疫苗在控制该病方面能起到很好的效果。

七、牛恶性卡他热

牛恶性卡他热，又称恶性头卡他，或坏疽性鼻卡他，是由恶性卡他热病毒引起的一种急性、热性、非接触性、高度致死性淋巴增生性传染病。发病率和死亡率高，世界上大部分地区均有零星发生，我国将其列入二类牛疫病。其临床特征主要是发热，呼吸道、消化道黏膜上皮发生卡他性纤维素性炎症，角膜混浊，脑炎，淋巴结肿大，全身性单核细胞浸润等。

【病原及流行病学】牛恶性卡他热病毒为疱疹病毒科的牛疱疹病毒3型，有囊膜。病毒主要存在于病牛的血液、脑、脾等组织中，病毒能在甲状腺和肾上腺细胞培养物上生长，并产生Cowdry A型核内包涵体和合胞体。病毒对外界环境的抵抗力不强。

病牛和康复带毒牛是主要传染源，黄牛、水牛、奶牛易感，多发生于2~5岁的牛。主要通过吸血昆虫而传播，健康牛不能通过接触病牛而感染本病，可通过胎盘感染犊牛。牛恶性卡他热一般呈散发性，有时也可能发生地方性流行，全年均可发生，但在冬季和早春发生较多，病死率高，小牛可达100%。

【症状】本病的潜伏期因个体而异，一般为10~60天，人工感染犊牛时为

10~30 天。病牛精神沉郁，病初高热，可达 40~42℃，肌肉震颤，食欲锐减，瘤胃迟缓，奶牛泌乳停止，呼吸及心跳加快，鼻镜干热。最急性型可在此期死亡。普通病牛随着病情的发展表现出眼结膜潮红，畏光流泪，角膜混浊，甚者眼球萎缩、溃疡，最终失明；口腔黏膜潮红肿胀，出现灰白色丘疹或糜烂；病牛呼吸困难，鼻镜及鼻黏膜充血，坏死，糜烂，形成结痂。重症病例牛两角脱落，有的病例便秘或腹泻，粪便带血，恶臭，有的病牛的皮肤出现丘疹、水疱，在颈部、肩胛部、背部、乳房、阴囊等的皮肤常见，结痂，最后脱落，有时会形成脓肿，且病死率较高。

【诊断】根据流行病学特点、临床症状可对本病做出初步诊断，确诊需进一步做实验室诊断。可采用病毒分离鉴定、间接荧光抗体试验、免疫过氧化物酶试验、中和试验等方法进行检测。牛恶性卡他热的口腔黏膜和齿龈上皮坏死，严重的肠炎可能与牛瘟混淆，但牛瘟传播迅速，呈流行性，主要表现为混有血液、黏液、假膜的腹泻，病死率很高，无恶性卡他热那样明显的眼部变化和神经症状。

【治疗】目前无特效疗法，采用对症治疗。

由发病起肌内注射免疫调节激活剂 T 和免疫调节激活剂 B 剂量分别为每千克体重 0.05mL，每天注射 1 次，连续注射 7 天。第 8 天肌内注射胸腺肽，每头每次注射 100μg，并注意对症治疗，如用 0.1% 高锰酸钾溶液冲洗口腔，2% 硼酸液冲洗眼，也可用眼药水点眼治疗，也可运用中药进行治疗：龙胆、黄芩、柴胡、车前、竹叶、地骨皮各 100g，薄荷、僵蚕、牛蒡子、金银花、连翘、元参、板蓝根各 50g，栀子 75g，茵陈 200g，水煎服，每天 1 次。

【预防】加强饲养管理，保持牛舍干燥卫生，注意栏舍卫生消毒工作，禁止牛、羊混合饲养。发现病牛后，扑杀病牛，对污染场所及用具进行消毒，防止疫情扩散。

八、牛病毒性腹泻（黏膜病）

牛病毒性腹泻（黏膜病），是由牛病毒性腹泻病毒引起的主要发生于牛的一种急性、热性传染病，其临床特征是黏膜发炎、糜烂、坏死和腹泻。

【病原及流行病学】牛病毒性腹泻（黏膜病）病毒是黄病毒科瘟病毒属的成员，单股 RNA，有囊膜，对乙醚、氯仿、胰酶等敏感；不耐热，耐低温。各种年龄的牛均易感，但以 6~18 月龄的小牛居多。

病牛和隐性带毒牛的血液、分泌物和排泄物中含有病毒，康复牛可以带毒 6 个月。主要通过消化道与呼吸道途径感染，也可经胎盘传染给胎儿，引起奶牛流产和死胎。

本病可呈地方性流行，常年均可发病，但在冬末和春季多发。且常见于肉牛，舍饲牛群发病时往往呈暴发性。在新疫区，发病率约 5%，致死率可达

90%～100%；在老疫区急性病例少，死亡率也低，但隐性感染率可高达50%以上。

【症状】 该病潜伏期7～14天，分急性型和慢性型。

1. **急性型** 多发生在幼犊。体温升高可达40～42℃，白细胞减少，病牛精神委顿，食欲减少，呈现双相热，流涎，流鼻涕，咳嗽，呼吸加快，结膜发炎，鼻镜及口腔黏膜表面糜烂，舌面上坏死，呼气恶臭，多数病例出现腹泻，初期为水样淡黄色粪便，后期粪便内有肠黏膜和血液，恶臭，病犊消瘦。奶牛产奶量降低，妊娠牛可发生流产，或产下发育不全的犊牛。重症病牛5～7天因急性脱水而衰竭死亡。剖检病牛黏膜出血、水肿和糜烂，特征性损害是食道黏膜糜烂，呈大小不等形状与直线排列。死亡率很高。

2. **慢性型** 症状不明显或逐渐发病，多由急性型转来，发生持续性或间歇性腹泻，消瘦、生长发育不良，有类似腐蹄病的跛行，病程2～5个月。

【诊断】 在本病严重暴发流行时，可根据流行病学特点与临床症状进行诊断，必要时采用病毒分离鉴定、血清中和试验、补体结合试验、免疫荧光抗体技术、琼脂扩散试验以及聚合酶链式反应等方法来诊断本病。

【治疗】 本病尚无有效的疗法，但是可以止泻、防止细菌继发感染以及纠正水和电解质紊乱为治疗原则。应用收敛和补液疗法可缩短恢复期，减少损失。用抗生素和磺胺类药物，可减少继发细菌感染。

【预防】 加强饲养管理，用牛病毒性腹泻（黏膜病）弱毒疫苗进行免疫接种，也可用疫区内死亡的牛脾脏、肺脏、肾脏制作组织灭活苗，用于发病牛场的紧急预防。对病牛进行隔离或急宰，严格消毒，对假定健康牛群进行紧急免疫接种。平时要加强口岸检疫，防止引入带毒牛，在进行牛只调拨或交易时，要加强检疫，防止本病的扩大或蔓延。

（李海利　韩卫红）

第五章　奶牛寄生虫病防治

一、球虫病

牛球虫病是由数种球虫寄生于牛的肠道上皮细胞而引起的一种原虫病。牛球虫主要有艾美耳属球虫、阿沙卡孢球虫等，其中艾美耳球虫致病力较强。本病的主要临床特征为出血性肠炎，各种品种的牛均有易感性，其中主要发生于犊牛，严重者造成死亡。

【病因】本病多发生在夏、秋温暖潮湿的季节，主要传染途径为经口传染。牛球虫的发育为直接发育型，有内生性发育和外生性发育，内生性发育过程有裂体生殖和配子生殖，外生性发育过程为孢子生殖。只有在外界发育为孢子化的卵囊才具有感染性。

潮湿的环境容易造成本病的流行，在潮湿的沼泽地上放牧，易造成本病的感染。饲养管理水平低，机体抵抗力差也易感染。粪便处理不当，污染了饲料、饮水和母牛乳房时，也易诱发本病。

【症状】牛球虫病典型症状为出血性肠炎。当牛球虫在上皮细胞生殖时，肠黏膜遭到破坏，发生溃疡和出血。当继发其他细菌感染时，产生大量毒素和肠道中的有毒物质被吸收，引起全身性中毒，导致机体各脏器功能紊乱和衰竭。

牛球虫病的潜伏期为3~4周，病初精神沉郁、食欲减退、粪便稀，有时带血。犊牛感染一般呈急性经过，严重者造成死亡。慢性病例一般在3~5周后逐渐好转，有时可缠绵数月，消瘦、贫血等。母牛产奶量下降，前胃迟缓，肠蠕动增强，粪便恶臭，体温升高，尾部被稀粪便污染。

【病理变化】可见肠黏膜出血，尸体消瘦，可视黏膜贫血；肠系膜淋巴结肿大和发炎；直肠黏膜有出血性炎症病变；肠内容物恶臭、褐色，有纤维性碎片。

【诊断】根据病因、临床症状、病理变化等综合判断，结合粪便检查法进行确诊，当发现大量卵囊时即可确诊。

【治疗】除结合止泻、强心和补液等对症疗法外，常用氨丙啉，每千克体重25mg口服，每天1次，连用5天。莫能菌素，20~30mg/kg饲料添加混饲。

【预防】发现牛球虫病后，采取隔离、卫生和用药等综合措施。成年牛多为带虫者，因此犊牛与成年牛应分开饲养，防止交叉感染。养殖场和牛圈应定期消毒，每天清理牛粪、尿，并对牛粪采用堆积发酵法以杀死其中的虫卵，消毒药可用 3%～5% 的热氢氧化钠水或 1% 克辽林，每周消毒一次。加强饲养管理，饲料要营养全面，配备合理，以增强牛体的抵抗力，草料和饮水严格防止牛粪便污染。

药物预防也可以用氨丙啉，每千克体重 5mg 混入饲料，连用 21 天；莫能菌素，每千克体重 1mg 混入饲料，连用 33 天。

二、隐孢子虫病

隐孢子虫病是一种人畜共患病，是由小鼠隐孢子虫和小隐孢子虫分别寄生于胃黏膜上皮细胞和小肠黏膜上皮细胞的一种寄生虫病，该病的主要临床特征为严重腹泻。

【病因】隐孢子虫的发育分为三个阶段：裂体生殖、配子生殖和孢子生殖。其中孢子生殖阶段是在宿主体内进行的，发育后排出体外的是孢子化卵囊，隐孢子虫在宿主体内可产生两种不同类型的卵囊，即薄壁型卵囊和厚壁型卵囊，薄壁型卵囊在宿主体内可自行脱囊，造成宿主的自体循环感染，子孢子侵入上皮细胞，重复裂体生殖和配子生殖的过程。厚壁型卵囊随粪便或分泌物排到外界中，污染环境和造成感染。

隐孢子虫感染源主要为牛排出的粪便，粪便中有孢子虫卵囊，卵囊污染饲料和水源，经消化道而发生感染。隐孢子虫卵囊对外界的抵抗力较强，在潮湿的环境中能存活数月，卵囊对大多数消毒剂具有明显的抵抗力，50% 以上的氨水和 30% 以上的福尔马林作用 30 分钟才能杀死隐孢子虫卵囊。

【症状】隐孢子虫对幼龄牛危害较大，成年牛具有一定的抵抗力。此病往往与其他病原同时存在，或交叉感染。潜伏期为 3～7 天，主要临床症状为腹泻、粪便带有大量的纤维素，有时含有血液，精神沉郁、厌食，极度消瘦，体温升高、生长发育停滞。死亡率可达 16%～40%。

【病理变化】剖检的主要特征为空肠绒毛层萎缩和损伤，肠黏膜固有层中的淋巴细胞、浆细胞、嗜酸性细胞和巨噬细胞增多，具有典型的肠炎病变，在这些病变部位可发现大量隐孢子虫体。

【诊断】隐孢子虫感染初期呈隐性感染，临床特征不明显，往往不易发觉，但可以向外界环境中排出卵囊，故不能确诊。确诊需要对粪便进行检验，查找卵囊，方能确诊。采取粪便，用饱和蔗糖溶液漂浮法收集粪便中的卵囊，然后镜检，在显微镜下可见到圆形或椭圆形的卵囊。也可采取病变部位的消化道黏膜涂片染色镜检，鉴定虫体以确诊。

【治疗】目前关于隐孢子虫病已进行了大量的试验，但未发现一种特效药物。

对免疫功能正常的牛主要采取止泻、补液和营养对症疗法；对于免疫功能低下的牛，感染隐孢子虫后常发生危及生命的腹泻。

【预防】加强饲养管理和卫生制度，提高牛的抵抗力；对于已患病的牛，采取隔离措施，严防其排泄物污染饲料和饮水，切断传播途径。

三、片形吸虫病

片形吸虫病又叫肝蛭病，是由肝片吸虫和大片形吸虫寄生于牛羊肝脏胆管中引起的一种寄生虫疾病。本病引起急性或慢性肝炎和胆管炎，严重者伴发全身性中毒现象和营养障碍，特别对犊牛危害较大，引起大批量死亡。病牛表现为消瘦、生殖障碍、生产力下降等，给养殖场造成较大的经济损失。

【病因】片形吸虫的中间宿主为椎实螺科的淡水螺，终末宿主为反刍动物。肝片形吸虫的主要中间宿主为小土窝螺和斯氏萝卜螺。大片形吸虫的主要中间宿主为耳萝卜螺。成虫寄生于终末宿主的胆管内，虫卵在适宜的外界环境条件下经过 10~20 天的发育孵出毛蚴，毛蚴在水中游动，遇到中间宿主钻入其体内，经无性繁殖，发育为胞蚴、母雷蚴、子雷蚴和尾蚴几个阶段。尾蚴在水中游动发育为囊蚴。终末宿主在采食被囊蚴污染的饲草或饮水时而感染。囊蚴在十二指肠脱囊，一部分移行至肝脏到达胆管，另一部分钻入肠黏膜，经肠系膜静脉进入肝脏。

片形吸虫分布较为广泛，病牛和带虫者不断向外界排出大量虫卵，污染水源和饲草，成为本病的感染源。因此采食从低洼、沼泽地收割的牧草，最易引发本病。本病的流行与气候有很大关系，虫卵在潮湿的环境中可生存 8 个月以上，对低温抵抗力较强，但对高温和干燥敏感。囊蚴在潮湿的环境中可存活 3~5 个月，中间宿主椎实螺在气候温和、雨量充足的季节进行繁殖，晚春、夏、秋季节繁殖旺盛。因此，本病主要流行于春末、夏季、秋季和温暖潮湿的环境条件中。

【症状】症状取决于机体的受感染程度、虫体的数量、牛机体的抵抗力等，一般分为急性和慢性两种。急性表现为肝炎和胆管炎，组织器官的严重损伤和出血、食欲大减或废绝、体温升高、精神沉郁、可视黏膜苍白、红细胞数和血红蛋白显著降低。慢性表现为渐进性消瘦、贫血、食欲缺乏、腹泻、被毛粗乱无光泽、眼睑水肿、胸腹水肿，叩诊时肝脏的浊音区扩大。

【病理变化】剖检可见肠壁出血、肝脏肿大。其他器官因幼虫的移行出现浆膜和组织损伤，有时可见童虫在体内移行形成的"虫道"。黏膜苍白、血液稀薄、慢性胆管炎、慢性肝炎和贫血现象。肝脏肿大，胆管如绳索一样增粗，胆管壁发炎、粗糙，胆管内有磷酸盐沉积，肝实质变硬。

【诊断】根据临床症状、粪便检查及剖检变化等进行综合判定。粪便检查多采用虫卵沉淀法来检查。

此外，近年来有使用 ELISA、IHA 等免疫诊断法，这种方法灵敏度高，对于轻微感染者也可诊断，可用于养殖场对片形吸虫病的普查。

【治疗】驱除片形吸虫病的药物较多，目前常用的药物如下：

（1）硝氯酚（拜耳 9015），只对成虫有效。常用的有粉剂和针剂，粉剂每千克体重 3~4mg；针剂每千克体重 0.5~1.0mg，深部肌内注射。

（2）丙硫咪唑（抗蠕敏），每千克体重 10mg，一次口服，对成虫效果显著，对童虫效果较差。

（3）溴酚磷（蛭得净），对成虫和幼虫均有良好效果，可用于治疗急性病例，每千克体重 12mg。

（4）三氯苯唑（肝蛭净），用 10% 的混悬液或 900mg 的丸剂，按每千克体重 10mg，经口投服。该药对成虫、幼虫和童虫均效果显著，亦可用于治疗急性病例。病牛治疗后，牛乳 10 天后才能食用，牛肉 14 天后才能食用。

（5）碘硝酚腈，每千克体重 10mg 皮下注射或每千克体重 20mg 一次口服。该药对成虫和童虫均有较好的疗效，亦可用于治疗急性病例。但该药在体内残留时间较长，用药 30 天后乳、肉才能食用。

【预防】根据该病的流行特点，制定出适合本地区的预防措施；加强饲养管理，提高牛机体抵抗力；保持饲料和饮水的清洁；定期驱虫，每年春秋两季进行集中驱虫；粪便无害化处理，采取生物热发酵方法杀死粪便中的虫卵；消灭中间宿主椎实螺。

四、莫尼茨绦虫病

莫尼茨绦虫病是由扩展莫尼茨绦虫和贝氏莫尼茨绦虫寄生于牛、羊等反刍兽的小肠内所引起的，以消瘦、贫血、腹泻等为特征的一种寄生虫病。本病分布广泛，多呈地方性流行，对犊牛危害较为严重，可造成大批死亡。

【病因】莫尼茨绦虫的成虫寄生于反刍兽的小肠内，其虫卵和孕节随粪便排出体外，虫卵被中间宿主地螨吞食，孵出六钩蚴，六钩蚴在适宜的外界环境条件下经过 40 天的发育成为似囊尾蚴，反刍兽在采食被污染的水草或饲料时，连同含有成熟似囊尾蚴的地螨一起吞食而感染。地螨在终末宿主体内被消化，释放出的似囊尾蚴以其头节附着在肠壁，经过 45~60 天的发育成为成虫。成虫在牛体内的寄生期限为 2~6 个月。

【症状】莫尼茨绦虫的生长速度很快，夺取机体大量营养，一昼夜可增加 8cm，当寄生量较多时可造成肠管阻塞或破裂。同时，虫体产生大量毒素引起神经症状，如痉挛、抽搐、回旋运动等。其主要临床症状为食欲减退、消瘦、贫血、饮欲增加、腹泻、粪便中有时可见孕节、精神沉郁。症状逐渐加剧，后期有明显的神经症状，最后消瘦、衰竭死亡。

【病理变化】剖检可见胸腹腔有大量渗出液、尸体消瘦、肌肉色淡。有时可见肠管阻塞或扭转，肠黏膜出血受损，小肠内有绦虫。

【诊断】根据临床症状和病理变化可做出初步诊断，确诊需要检查粪便中的孕节或卵囊，可采用饱和盐水漂浮法检查粪便中的虫卵。仔细观察牛场粪便中是否有孕节或链体排出，死后剖检可见小肠内有大量虫体和相应的病理变化。

【治疗】莫尼茨绦虫可采用一次口服量为：硫双二氯酚，每千克体重 50mg；氯硝柳胺（灭绦灵），每千克体重 50mg；甲苯咪唑，每千克体重 10mg；丙硫咪唑，每千克体重 5mg；吡喹酮，每千克体重 5~10mg。

【预防】根据当地流行病学资料和牛场实际情况来进行。由于莫尼茨绦虫主要发生在潮湿、温暖季节，因此在每年春季进行集中驱虫一次，最好间隔 2~3 周后，再驱虫一次。另外，幼龄犊牛较易感，所以成年牛和犊牛要分开饲养，粪便采用生物热堆积发酵以杀死其中的孕节或卵囊。消灭中间宿主地螨，防止牛只感染。

五、前后盘吸虫病

前后盘吸虫病是由前后盘科的各属虫体寄生于牛的盲肠、结肠、瘤胃、皱胃、小肠、胆管和胆囊所引起的吸虫病的统称。前后盘吸虫主要有前后盘属、殖盘属、腹袋属、平腹属等。成虫的感染强度较大。

【病因】前后盘吸虫种类繁多，有的生活史已经阐明，有的还有待进一步研究。鹿前后盘吸虫生活史已经阐明，其成虫寄生于反刍牛的瘤胃中，虫卵随粪便排出体外，在外界适宜的环境条件下发育成毛蚴。毛蚴在水中游动，遇到中间宿主淡水螺，在中间宿主体内发育为胞蚴、雷蚴和尾蚴。尾蚴经过 43 天的发育逸出螺体，附着在水草上形成囊蚴。牛羊等反刍动物吞食含有囊蚴的水草时而感染。

【症状】病牛食欲缺乏、消瘦、精神萎靡、下痢、粪便恶臭、带血，严重者表现为贫血、食欲废绝、体温升高等。嗜中性细胞增多并且核左移，嗜酸性细胞和淋巴细胞增多，最后衰竭死亡。

【病理变化】剖检可见胃壁上有大量虫体寄生，胃黏膜出血、肿胀、肝脏淤血、胆汁稀薄等。童虫移行时可造成虫道。

【诊断】根据临床症状、粪便中虫卵检查。剖检可见瘤胃中有大量成虫、幼虫寄生和相应病理变化即可确诊。

【治疗】氯硝柳胺，每千克体重 50~60mg，一次口服。硫双二氯酚，每千克体重 40~50mg，一次口服。对成虫、幼虫、童虫均有较好的作用。

【预防】消灭中间宿主螺类，营造不利于螺类生长的环境，保持养殖场环境干燥，避免潮湿和沼泽地区；定期对牛进行预防驱虫。养殖场粪便定期清理，堆积发酵，以杀灭粪便中的虫卵。

六、犊新蛔虫病

犊新蛔虫病是由牛新蛔虫寄生于犊牛的小肠内所引起的以腹泻、肠炎、腹痛和腹部膨大为特征的一种寄生虫病。该病分布广泛，遍布世界各地，我国常见于南方，犊牛感染严重时可引起死亡。常发生于 5 月龄以下的犊牛。牛新蛔虫病又叫牛弓首蛔虫。

【病因】犊新蛔虫病没有特殊的生活史，成虫寄生于犊牛的小肠内，雌虫产卵，虫卵随粪便排出体外，在外界适宜的环境条件下，经 20~30 天发育为感染性虫卵，母牛吞食感染性虫卵在小肠内孵化出幼虫，潜伏于母牛的生殖系统中，当母牛怀孕后，幼虫通过胎盘进入胎儿体内。犊牛出生后，幼虫在小肠内发育为成虫，以后逐渐从宿主体内排出。幼虫在母体内可移行到子宫和乳腺，因此犊牛也可经哺乳母乳而感染。

犊新蛔虫卵对消毒药品的抵抗力较强，在 2% 的福尔马林中仍能正常发育；在 29℃时，2% 的克辽林或 2% 的来苏儿溶液中可存活 20 小时。该虫卵对直射阳光的抵抗力差，在阳光的照射下，4 小时可全部死亡。在干燥的环境里，虫卵经48~72 小时死亡。

【症状】犊新蛔虫病的临床症状为消瘦、贫血、腹泻、腹痛、粪便中带有多量黏液或血液，病牛精神委顿，食欲缺乏，吮乳无力或停止吮乳，病牛站立不稳，走路摇摆，最后衰竭而死。

【病理变化】剖检肠黏膜出血和溃疡、肠炎。虫体大量寄生时引起肠阻塞或肠穿孔，同时，由于幼虫的移行，造成肠壁、肺脏、肝脏等组织的损伤、出血、发炎等。

【诊断】根据临床症状和流行病学资料可做出初步诊断，确诊需要用饱和盐水漂浮法在粪便中检出虫卵，或剖检时发现虫体及相应的病理变化。

治疗可选用枸橼酸哌嗪（驱蛔灵），每千克体重 250mg，或丙硫咪唑，每千克体重 10mg；或左咪唑，每千克体重 8mg，口服。也可以伊维菌素，每千克体重 0.2mg 皮下注射。

【预防】尽早驱虫，对 15~30 日龄的犊牛进行驱虫；注意牛场的清洁卫生，对粪便进行集中发酵处理，杀灭其中的虫卵，减少犊牛感染的机会。

七、胃肠线虫病

胃肠线虫病是各种胃肠线虫寄生于牛胃和肠道内引起的疾病。病牛表现胃贫血、消瘦、消化功能障碍、生长缓慢、生产及使役能力降低、水肿、下痢、肠炎等症状，对牛、羊等反刍动物的健康危害很大，严重者可造成畜群大批量死亡。

寄生于牛胃肠的线虫种类很多，主要有毛圆科线虫病、仰口线虫病、食管口线虫病、夏伯特线虫病、毛尾线虫病和副柔线虫病等。胃肠线虫病的共同特点是虫体小，虫卵随粪便排出体外，在适宜的外界条件下发育为感染性幼虫，牛吞食了含有虫卵的食物或饮水时，便可在体内生长发育为成虫。

【病因】经口感染，采食了被虫卵或幼虫污染的牧草；牛场内被虫卵污染；春、秋季节采食被虫体感染的幼嫩牧草；机体营养不足、抵抗力下降，给幼虫的发育创造良好条件等。

虫卵随粪便排出体外，在外界适宜的环境条件下，虫卵发育成幼虫，污染饲料、饮水、土壤等，牛摄入被污染的饲草、饮水等而感染。幼虫进入胃肠道内继续发育成成虫产卵，随粪便排出体外。

【症状】

1. 毛圆科线虫病　轻度感染时胃肠黏膜的完整性受到损害，胃肠的消化、吸收能力下降，营养不良，局部出现炎症等。严重感染时，病牛表现为消瘦、贫血、可视黏膜苍白、精神沉郁、食欲缺乏等症状，发育不良，下颌水肿或颈下、前胸和腹下水肿，下痢，严重者可导致死亡。剖检可在胃或肠道内发现虫体。

2. 仰口线虫病　成年病牛贫血、消瘦、下痢、下颌水肿。犊牛生长发育迟缓，有的出现神经症状，最后衰竭死亡。剖检可见尸体消瘦、贫血、水肿、皮下有浆液性浸润。血凝不全，肺脏有出血点，肝脏质脆，十二指肠和空肠有大量虫体，肠黏膜出血，肠内容物褐色或血红色。

3. 食道口线虫病　病牛消瘦、下颌水肿、腹泻、便秘等。

4. 夏伯特线虫病　病牛消瘦、贫血、下痢、粪便带有黏液或血液。犊牛生长缓慢、食欲缺乏、下颌水肿等。

5. 毛尾线虫病　轻度感染时，无明显症状。严重感染时，表现为消瘦、贫血、食欲缺乏、腹泻、下痢等。剖检变化主要表现在盲肠，肠黏膜出血、炎症、水肿、溃疡等。

6. 副柔线虫病　病牛表现为消瘦、贫血、食欲不振、消化不良、腹泻、下痢等。剖检可见胃肠黏膜出血、水肿、炎症等。

【诊断】根据临床症状和流行病学可做出初步诊断，确诊需要进行粪便虫卵检查，并结合尸体剖检。粪便中虫卵的检查常用虫卵漂浮法。

【治疗】结合对症和支持疗法，选用如下驱虫药物。

左咪唑，每千克体重 6~10mg；或丙硫咪唑，每千克体重 10~15mg；或甲苯咪唑，每千克体重 10~15mg；或伊维菌素，每千克体重 0.2mg，一次口服。

【预防】根据牛场及当地情况制定切实可行的防治措施；加强饲养管理，提高牛机体抵抗力；定期驱虫，每年春、秋两季进行集中驱虫；粪便无害化处理，采取生物热发酵方法杀死粪便中的虫卵；免疫预防，可将幼虫致弱后接种牛、羊，目前这种方法还在研究中。

八、网尾线虫病

网尾线虫病是由胎生网尾线虫寄生于牛支气管和细支气管内引起的疾病。以阵发性咳嗽、流黏性鼻液及呼吸困难为主要特征。本病多发生于潮湿地区，主要危害幼龄牛，严重时可引起大批量死亡。

【病因】牛吃草或饮水时，摄入感染性幼虫，幼虫在肠道内发育成4期幼虫，移行到肺部，寄生于支气管和细支气管，然后发育成成虫，成虫产卵。当牛咳嗽时，卵随唾液一起被咽入，在消化道内孵出幼虫，并随粪便排出体外，发育为感染性幼虫，污染饲草或饮水。

感染初期，幼虫移行引起肠黏膜和肺组织的损伤，继发细菌感染时，可引起肺炎。幼虫发育为成虫时，引起支气管和细支气管炎症，当有大量虫体寄生时，可堵塞支气管和细支气管，引起肺气肿，肺表面呈灰白色，表面隆起，切开肺部组织可发现虫体。

【症状】犊牛症状比较严重。感染初期为咳嗽，病初干咳，咳嗽次数少。后咳嗽逐渐频繁，并咳出痰液。中毒感染时，咳嗽强烈而粗厉，先是个别牛发生咳嗽，后可感染全群。在牛圈附近可以听到牛群的咳嗽声和拉风箱似的呼吸声。当出现阵发性咳嗽时，常咳出黏液，镜检时可见到虫卵和幼虫。病牛常从鼻孔中排出黏液性分泌物，有时分泌物很黏稠，形成索状，垂在鼻孔下边。病牛食欲缺乏，体形消瘦，精神萎靡，被毛枯干，常打喷嚏，喜卧；呼吸困难，鼻流黏性分泌物。严重者引起死亡。

【诊断】根据临床症状，尤其是牛群出现咳嗽，可考虑是否为网胃线虫感染。确诊可用幼虫分离法检查粪便，发现幼虫即可确诊。幼虫分离法的具体操作方法是：用一小段乳胶管两端分别连接漏斗和小试管，然后放置在漏斗架上，往漏斗内加40℃的温水至漏斗中部，漏斗内垫上纱布或粪筛，取一定量的粪便，静置3小时后，大部分幼虫游走于试管底部，取管底沉淀物镜检。

【治疗】左咪唑，每千克体重8～10mg，口服。丙硫咪唑，每千克体重10～15mg，口服。阿维菌素或伊维菌素，每千克体重0.2mg，口服或皮下注射。

【预防】保持养殖场干燥、清洁，防止潮湿积水；定期粪检，对带虫者每年至少进行2次预防性驱虫；加强粪便管理，粪便应堆积发酵进行生物热处理；犊牛与成年牛分开饲养，以保护犊牛少受感染。

九、牛泰勒虫病

牛泰勒虫病是由泰勒虫（主要为环形泰勒虫和瑟氏泰勒虫）寄生于牛的红细胞、淋巴细胞、巨噬细胞内所引起一种疾病。临床上以高热、贫血和淋巴结肿大为特征。环形泰勒虫和瑟氏泰勒虫的传播媒介为蜱，前者为璃眼蜱属的残缘璃眼蜱，后者为血蜱属的蜱。环形泰勒虫病主要流行于我国的西北、华北和东北地区。

【病因】本病的传播媒介为蜱，发病时间一般在5~8月份蜱活动的季节。感染泰勒虫的蜱在吸牛血时，子孢子随唾液进入牛体，在细胞内形成大裂殖体。大裂殖体发育成熟后，形成大裂殖子，大裂殖子又进入其他细胞内，重复上述裂殖体生殖过程。在这一过程中，虫体随血液循环进入其他脏器的巨噬细胞和淋巴细胞再进行裂殖体生殖。裂殖体生殖数代后发育为配子体。蜱在病牛身上吸血时，把带有配子体的红细胞吸入胃内，经过发育形成成熟的动合子。当蜱完成蜕化时，动合子经过发育成为子孢子。蜱在吸取牛血时，子孢子又被接种到牛体内，开始新一轮的发育和繁殖。1~3岁的牛最易感。患过本病的牛有较强的抵抗力，从非疫区引进的牛较易感染此病。

【症状】该病潜伏期14~20天，初期病牛体温升高，达40℃以上，持续不退，精神沉郁。肩前和鼠蹊部淋巴结肿大，有疼痛感。饮食欲减退，结膜潮红，肛门、阴囊部位有出血点。病牛消瘦、贫血、血红蛋白降低、血沉加快。可视黏膜苍白（贫血）或红黄（黄疸），有的牛在结膜上有粟粒大的出血点。病牛呻吟，磨牙，显著消瘦。严重者可引起死亡。病牛精神沉郁，食欲锐减或废绝，初便秘，后腹泻，粪中带有黏液或血丝，最后卧地不起。鼻镜干，流泪。

【病理变化】剖检可见尸体消瘦，血凝不良。肝、脾、体表淋巴结肿大。皮下、黏膜、浆膜出血，心内外膜有出血点，心肌变性坏死。小肠黏膜和膀胱黏膜有结节隆起和溃疡，黏膜脱落。肝肿大、质脆，有出血点或出血斑。肺水肿或气肿，有出血点，肺门淋巴结肿大。

【诊断】根据流行特点，高热、贫血、消瘦、全身性出血、体表淋巴肿大、第四胃黏膜有溃疡斑等临床症状可做出初步诊断，确诊可采取耳尖血涂片，淋巴结穿刺镜检等查找虫体，发现虫体即可确诊。

【治疗】磷酸伯氨喹琳，每千克体重0.75~1.5mg，口服，每天1次，连用3天。三氮脒（贝尼尔）每千克体重7mg，配成7%的溶液肌内注射，每天1次，连用3天。新鲜黄花青蒿，切碎，用冷水浸泡1~2小时，每天每头牛2~3kg，分两次连渣灌服。

对于严重病例，在选用以上药物治疗的同时，还应采用对症疗法和支持疗法，才能收到更好的效果，对于严重贫血的病例进行输血。

【预防】本病的关键是消灭蜱，在蜱的活动季节，喷洒药物，防止蜱接触牛体。在该病流行的地区，应用环形泰勒虫裂殖体胶冻细胞苗对牛进行预防接种。接种后20天可产生免疫力，免疫持续时间为1年以上。

十、牛巴贝斯虫病

牛巴贝斯虫病是由巴贝斯属的双芽巴贝斯虫和牛巴贝斯虫等寄生于牛的红细胞内所引起的呈急性发作的血液原虫病。临床上以高热、贫血、黄疸、出血和呼吸困难等为特征。该病的典型临床特征为血红蛋白尿，又称红尿热。该病最早出现于美国的得克萨斯州，又称为得克萨斯热，又因该病有蜱传播，故又称为蜱热。该病死亡率很高，危害极大，各种牛均易感。

【病因】蜱是巴贝斯虫病的传播者，当带有孢子的牛蜱叮咬牛时，子孢子随唾液进入牛体，虫体在牛的红细胞内以"成对出芽"的方式进行繁殖，产生裂殖子。当红细胞破裂后，虫体逸出，再进入新的红细胞，最后形成配子体。当蜱叮咬牛血后，牛血中的配子体在蜱的肠内进行配子生殖，在蜱的唾液腺等处产生许多孢子。

巴贝斯虫病的流行与蜱的活动有关，一般在春末、夏、秋季节多发。因此，该病具有明显的季节性。不同年龄和不同品种牛的易感性不同，成年牛发病率低，但死亡率高，幼龄犊牛发病率高，死亡率低。从外地引进的牛易感性高，且死亡率高。本地牛对该病有一定的抵抗力。

【症状】虫体的代谢产物是一种剧烈的毒素，毒素能扰乱中枢神经系统和植物性神经系统，使机体体温升高、抑郁和昏迷。巴贝斯虫对骨髓的造血功能有一定的损害，发生溶血性贫血。潜伏期为1~2周，初期体温升高，呈现稽留热型，心跳加快，精神萎靡不振。食欲减退或废绝，便秘或腹泻，反刍迟缓或停止，喜卧地。病牛泌乳减少或停止，怀孕母牛可发生流产。眼结膜充血或黄染，排尿淋漓，心律不齐，肺泡音粗厉。黏膜、浆膜、心冠状沟等处黄染。心内外膜有出血斑点。最明显的症状为血红蛋白尿，尿的颜色有淡红变为棕红色至黑红色，血液稀薄。

【病理变化】剖检可见尸体消瘦，血液稀薄如水，血凝不全。内脏器官黄染。皱胃黏膜有点状出血。肝脏肿大，黄褐色，切面呈豆蔻状花纹。脾脏肿大，呈暗红色。胆囊扩张，充满浓稠胆汁。皮下结缔组织有黄色胶样水肿。膀胱肿大，有出血点。肺淤血、水肿。心肌柔软，黄红色，心内外膜有出血斑。

【诊断】根据临床症状、流行病学、病理变化及血液学检查等综合诊断，临床症状主要参考病牛呈现高热、贫血、黄疸血红蛋白尿等症状。流行病学主要考虑季节性及有无蜱的活动。病理变化主要包括血凝不全，血液稀薄，皮下组织黄染，膀胱积有红色尿液等。血液学检查采取耳尖血涂片检查，可发现虫体。或采取血红蛋白尿涂片镜检，也可发现虫体。另外，对于排查养殖场中的带虫牛体或感染率较低的隐性带虫牛体，可采用免疫学诊断方法，如间接荧光抗体试验（IFAT）、ELISA等。

【治疗】常选择以下药物：

1. **咪唑苯脲** 每千克体重 1~3mg，配成 10% 的溶液，深部肌内注射或间隔 24 小时再用一次。

2. **三氮脒** 每千克体重 3.5~3.8mg，配成 5%~7% 的溶液，深部肌内注射或间隔 24 小时再用一次。注射此药后可发生轻微流涎、出汗、腹痛等副作用，一般 1 小时后可自行恢复。

3. **台盼蓝** 每千克体重 5mg，配成 1% 的溶液然后过滤、灭菌。此药只对驽巴贝斯虫有特效。

4. **锥黄素** 每千克体重 3~4mg，用 0.5%~1% 的溶液静脉注射，症状为减轻时，24 小时后再注射一次。

5. **阿卡普林** 每千克体重 0.6~1mg，配成 5% 的水溶液，皮下或静脉注射，48 小时后重复一次。

【预防】在巴贝斯虫流行地区，了解当地蜱的活动规律，做好防蜱灭蜱工作；预防注射药物，与治疗量同剂量；定期检疫，发现后立即治疗。

十一、牛囊尾蚴病

牛囊尾蚴病，又称牛囊虫病，是牛带吻绦虫的幼虫寄生在牛的肌肉组织中引起的一种寄生虫病。该病以腹泻、消瘦、反刍减弱或消失为特征。牛囊尾蚴多寄生在牛的横纹肌、肩胛肌、心肌、咬肌等处。也可寄生在肺、肝、肾及脂肪等处。

【病因】牛带吻绦虫寄生于人的小肠，孕节或虫卵随人的粪便排出体外污染饲草料或饮水，牛采食被污染的饲草料后，虫体寄生于牛的肠壁，随血液循环散布于牛的全身横纹肌，经发育后成为成熟的囊尾蚴。牛带吻绦虫分布于世界各地，呈地方性流行。人吃了含有牛囊尾蚴的牛肉也可得到感染，所以牛肉要炖熟后才能吃，以防人的感染。

人是牛带吻绦虫的终末宿主，中间宿主主要是牛，包括水牛、黄牛、牦牛等。牛带吻绦虫大多由于采食被虫卵污染的饲草料或饮水，牛圈与人厕混合或生吃牛肉等。因此，在流行地区，严格做好养殖场的粪便处理工作，采用生物发酵法以杀死其中的虫卵等。牛带吻绦虫对外界环境有较高的抵抗力，在草场牧地，一般可存活一年以上。成年牛对牛带吻绦虫有一定的抵抗力，犊牛较成年牛易感。

【症状】病牛体温升高、消瘦、腹泻、贫血、食欲缺乏、精神萎靡、反刍减弱或消失。

【病理变化】剖检可在牛的心肌、咬肌、舌肌等肌肉处发现牛囊尾蚴。另外，牛囊尾蚴可引起人的腹痛、腹泻、消瘦、贫血等症状。

【诊断】根据临床症状和剖检变化一般可做出诊断，也可采用血清学方法，如 ELISA 和 IHA 或用粪便检查方法。

【治疗】吡喹酮，每千克体重 10~35mg，一次内服。氯硝柳胺，每千克体重 50~60mg，一次口服。丙硫咪唑，每千克体重 10~15mg，一次内服。妊娠 45 天内禁用，产奶期禁用，休药期 27 天。甲苯咪唑，每千克体重 10~15mg，一次口服。妊娠母牛禁用。

【预防】加强饲养管理，提高牛机体抵抗力；定期对牛肉进行卫生检验，发现感染对屠宰牛胴体做无害化处理；定期驱虫，每年春秋两季进行集中驱虫；粪便无害化处理，采取生物热发酵方法杀死粪便中的虫卵。

十二、牛皮蝇蛆病

牛皮蝇蛆病是由皮蝇属的牛皮蝇和纹皮蝇的幼虫寄生于牛的背部及皮下组织所引起的一种慢性疾病。病牛表现为消瘦，产奶量下降，犊牛发育不良，肉和皮革的质量下降。

【病因】牛皮蝇和纹皮蝇要经过四个阶段的发育：卵、幼虫、蛹及成虫。本病多在夏季流行，在成蝇繁殖季节，雌雄蝇交配后，雄蝇死去，雌蝇产卵后也死去。雌蝇产卵于牛的四肢、腹部、乳房及被毛上。卵经过大约 7 天可孵化出 I 期幼虫，幼虫由毛囊钻入皮下，经过发育为 II 期幼虫，沿神经外膜组织移行至椎管硬膜的脂肪组织中，在皮下形成瘤状突起，而后从椎间孔爬出，到腰背部下发育为 III 期幼虫。III 期幼虫逐渐长大成熟，在第二年春天离开牛体入土化蛹，最后成蝇。

【症状】在夏季成蝇繁殖季节，雌蝇围绕牛只产卵导致牛惊恐不安，影响牛的正常采食和休息，使牛逐渐消瘦，幼虫钻入牛皮使皮毛受伤，严重影响皮革质量。牛体局部痛痒，精神不安，幼虫移行时，造成组织器官损伤，引起局部结缔组织增生和发炎，当继发细菌感染时，可形成化脓性瘘管。病牛表现为贫血、消瘦、肉品质下降、产肉、产奶性能降低，个别牛表现为神经症状。

【诊断】当幼虫出现于牛背部及皮下组织时，可触摸到结节隆起，用力挤压，可挤出幼虫，即可确诊。剖检时可在相关部位找到幼虫。

【治疗】2% 敌百虫溶液涂擦牛背部，以杀死幼虫。伊维菌素，每千克体重 0.2mg，肌内注射。蝇毒灵，每千克体重 10mg，肌内注射。

【预防】夏季在成蝇活动季节，经常用 2% 敌百虫溶液、蝇毒灵喷洒牛体，预防效果较好，并且也有治疗作用，每隔 10 天用药 1 次。发现背部有结节隆起时，用手挤压并杀死幼虫。

十三、牛螨病

牛螨病是由疥螨科和痒螨科的螨类寄生于牛的表皮内或体表所引起的慢性皮肤病。病牛以皮肤奇痒和皮肤炎为特征。严重时可引起大批死亡。

【病因】本病主要为接触感染，多由病牛与健康畜直接接触感染，其次是通过被螨和其虫卵污染的圈舍、用具等间接接触感染。本病多发生于秋末、冬季和春初。卫生条件不好，圈舍阴暗、牛被毛增厚、皮温升高、潮湿和过于拥挤都能促使本病的发生和流行。

牛体感染螨病后，螨虫分泌大量毒素，刺激神经末梢，引起皮肤剧痒，致使牛用力擦碰或啃咬患处，使局部损伤、发炎、形成水疱或结节并伴发脱毛。严重影响牛的采食和休息及胃、肠消化功能。

【症状】患部皮肤发痒，病牛用舌舔、啃咬、脚蹬患部，或在物体上剧烈蹭痒。患部脱毛、皮肤有水疱、渗出液和痂皮，皮肤增厚、有皱褶、有时形成龟裂，皮温升高、失去弹性。严重者影响采食与休息，食欲减退，病牛日渐消瘦。

【诊断】根据发病季节及临床症状可做出初步诊断，确证需要进一步实验室检查。检查方法是：在皮肤患部与健康部位的交界处，用外科凸刃小刀，在酒精灯上消毒后，刮取皮屑，刮到微出血为止，将皮屑置于载玻片上，滴加50%的甘油溶液，覆盖上一张盖玻片，置显微镜下检查，发现虫体即可确诊。

【治疗】治疗螨病的方法较多，可选用的药物有：3%的敌百虫、双甲脒、溴氰菊酯、巴胺磷、螨净（二嗪农）喷淋或药浴。伊维菌素或阿维菌素，每千克体重0.2mg，皮下注射。

【预防】在本病流行地区应每年夏、秋两季全群进行杀螨、定期用药或药浴。发现病牛，及时隔离治疗，并做螨病检查，进行灭螨处理后再混群。圈舍内应保持干燥、通风、透光，加强饲养管理，畜舍用具定期消毒。对新购入的牛只要经过隔离、检疫、然后才能混群饲养。

十四、牛吸吮线虫病

牛吸吮线虫病是由吸吮科、吸吮属的数种线虫寄生于牛的结膜囊、第三眼睑和泪管引起的，又称牛眼虫病或寄生性结膜角膜炎。病牛表现为视野模糊、视力下降、甚至造成角膜糜烂、溃疡和穿孔等。给养殖场和养牛业造成巨大的经济损失。

【病因】牛常见的吸吮线虫主要有3种：罗氏吸吮线虫、大口吸吮线虫和斯氏吸吮线虫。其中罗氏吸吮线虫是我国最常见的一种。蝇是吸吮线虫的中间宿主，带有感染性幼虫的蝇舔食牛眼分泌物时而感染。雌蝇产卵后在舔食牛眼分泌物时食入幼虫，幼虫在蝇内发育成幼虫，移行到蝇的口器，当蝇再次舔食牛眼分泌物时而感染。因此，该病的流行与蝇的活动季节相关，在温暖潮湿的夏秋季节多发，在干燥寒冷的冬季很少发病。

【症状】吸吮线虫主要损伤牛的结膜和角膜，病牛主要表现为结膜炎、角膜炎、眼部奇痒、结膜充血肿胀、眼屎增多、上下眼睑黏合、流泪、视力下降、角膜混浊、严重者可导致溃疡、穿孔或失明。病牛呈极度不安，常将眼部在其他物体上摩擦，摇头，严重影响采食和休息。如果继发其他细菌感染，后果严重。

【诊断】根据眼部临床症状和在眼内发现虫体即可确诊。有时可见虫体爬至眼球表面，打开眼睑，在结膜囊内可发现虫体。

【治疗】采用以下药物：左咪唑，每千克体重 8mg，每天 1 次，连用 2 天；90%的美沙利定，20mL 一次皮下注射；1%的敌百虫溶液点眼；3%的硼酸溶液、1/1 500 的碘溶液、0.2%的海群生或 0.5%的来苏儿强力冲洗眼结膜囊和第三眼睑。手术取出眼内虫体，用 0.5%盐酸左旋咪唑点眼，连用 2~3 天，同时应用抗生素滴眼液点眼防治继发感染。

【预防】对牛定期驱虫，在蝇类大量出现之前，做好防蝇、灭蝇工作。同时注意环境卫生，加强饲养管理，提高牛的抗病能力。

（李海利　韩卫红）

第六章 奶牛内科病防治

第一节 消化器官疾病

一、口炎

口炎是口腔黏膜炎症的总称，临床上以采食、咀嚼障碍和流涎为特征。

【病因】口炎按其炎症性质可分为卡他性口炎、水疱性口炎、溃疡性口炎、脓疱性口炎、蜂窝织炎性口炎、丘疹性口炎等，其中以卡他性口炎，水疱性口炎和溃疡性口炎较为常见，此外还常继发于舌伤、某些维生素缺乏症或某些传染性疾病等。

1. **卡他性口炎** 卡他性口炎是一种单纯性口炎，为口腔黏膜表层轻度的炎症。主要采食粗硬、有芒刺或刚毛的饲料或者饲料中混有玻璃、铁丝以及不正确地使用开口器或锐齿直接损伤口腔黏膜造成。采食冰冻饲料、霉败饲料或采食有毒植物亦可发生。当受寒或过劳，机体防卫功能降低时，可因口腔内的的条件病原菌，如链球菌、葡萄球菌等的侵害而引起口炎。

2. **水疱性口炎** 水疱性口炎是一种表现为口腔黏膜上出现充满透明浆液的水疱为特征的炎症。主要伴发或继发于口蹄疫、传染性水疱性口炎、病毒性口炎等。也见于采食了带有锈病菌、黑穗病菌的霉变饲料（如发芽的马铃薯），或不适当地口服刺激性或腐蚀性药物、灌服过热的药液刺激所致。

3. **溃疡性口炎** 溃疡性口炎是一种以口腔黏膜糜烂、坏死为特征的炎症。主要病因是口腔不洁，被细菌或病毒感染所致。此外还常继发或伴发于蓝舌病、黏膜病、恶性卡他热、坏死杆菌病、维生素 A 缺乏症、佝偻病和汞、铜、铅中毒等。

【症状】病牛表现为采食、咀嚼障碍，流涎，口角附着白色泡沫，口腔黏膜潮红肿胀，热、痛敏感性增加，口温增高，舌苔异常，口腔有酸臭异味等。

1. **卡他性口炎** 口腔黏膜弥漫性或斑块状潮红，硬腭肿胀；唇部黏膜的黏液腺阻塞时，则有散在的小结节和烂斑。由植物芒刺或刚毛所致的病例，在口腔内的不同部位形成大小不等的丘疹，其顶端呈针头大的黑点，触之坚实、敏感；

舌苔为灰白色或黄色。严重病例，唇、齿龈、颊部、腭部黏膜肿胀甚至发生糜烂，大量流涎。

2. 水疱性口炎　在唇部、颊部、腭部、齿龈、舌面的黏膜上有散在或密集的粟粒大至蚕豆的透明水疱。2~4 天后水疱破溃形成鲜红色烂斑，病牛表现口腔疼痛，食欲减退，间或有轻微的体温升高，但 5~6 天后可痊愈。

3. 溃疡性口炎　病变部位变为苍黄色或黄绿色糜烂性坏死。炎症常蔓延至口腔其他部位，导致溃疡、坏死，口腔散发出腐败臭味，病牛流涎，混有血丝带恶臭，食欲废绝、下痢、消瘦、体温升高，体质衰弱。

【诊断】根据病牛口腔黏膜炎症变化、采食咀嚼障碍及口温升高等临床症状，可做出诊断。但应与牛瘟、口蹄疫、牛传染性腹泻、牛恶性卡他热、牛传染性水疱性口炎、有机磷农药中毒、亚硝酸盐中毒等进行鉴别诊断。

【治疗】治疗原则是消除病因，加强护理，净化口腔、收敛和消炎。

净化口腔、消炎、收敛：单纯性口炎初期可用 1% 食盐水或 2%~3% 硼酸溶液冲洗口腔，3~4 次/天；口腔黏膜恶臭时，用 0.1% 高锰酸钾溶液冲洗口腔；不断流涎时，则用 1%~2% 明矾溶液或 1% 鞣酸溶液冲洗口腔。溃疡性口炎，病变部可涂擦 5% 硝酸银溶液后，用灭菌生理盐水充分洗涤，再涂擦碘酊甘油（5% 碘配 1 份、甘油 9 份）、或 2% 龙胆紫液、或 10% 磺胺甘油于患部，每天 1~2 次，同时肌内注射维生素 B_6 和维生素 C。重度口炎或继发全身感染时，除口腔的局部处理外，应全身使用磺胺类药物或头孢类抗生素等。

中兽医称口炎为口舌生疮，治疗以清火消炎、消肿止痛为主。可用青黛散：青黛 15g，薄荷 5g，黄连、黄柏、桔梗、儿茶各 10g，研为细末，装入布袋内，在水中浸湿，噙于口内，采食时取下，采食完毕后再噙上，每天或隔天换药 1 次。也可在蜂蜜内加冰片和复方新诺明各 5g 噙于口内。

消除病因，加强护理，给予病牛柔软而易消化的饲料，以维持其营养。可给予营养丰富的青绿饲料，优质的青干草等，对于不能采食或咀嚼的病牛，应及时补糖输液。

【预防】搞好平时的饲养管理，定期检查口腔，合理调配饲料，防止尖锐的异物、有毒的植物混入饲料中；不喂发霉变质的饲草、饲料；服用带有刺激性或腐蚀性的药物时，一定按要求进行。

二、食管阻塞

食管阻塞，俗称"草噎"，是食管被食物或异物阻塞的一种严重的食管疾病。按阻塞程度可分为完全阻塞与不完全阻塞；按阻塞部位可分为咽颈部食管阻塞、胸部食管阻塞、腹部阻塞。

【病因】牛的原发性食管阻塞，通常发生于牛在采食未切碎的萝卜、甘蓝、芜菁、甘薯、马铃薯、甜菜、苹果、玉米穗、大块豆饼、花生饼等时，因咀嚼不充分，吞咽过急而引起，此外还由于误咽毛巾、破布、塑料薄膜、毛线球、木片或胎衣而发病。继发性食管阻塞，常继发于食管狭窄或食管憩室、食管麻痹、食管炎等疾病。

【症状】牛食管梗阻常发生于咽部和颈部。病牛表现为采食突然停止，精神不安，摇头伸颈，屡做吞咽动作，空口咀嚼，同时有大量白色泡沫从口和鼻腔里流出，呈牵缕状。或有流泪、咳嗽，反刍、嗳气停止，并继发瘤胃鼓胀，呼吸困难等。

颈部食管阻塞时，在左侧颈静脉沟处可见有局限性隆起，触诊能触摸到阻塞物；胸部食管阻塞时，在阻塞部位上方的食管内积满唾液，触诊能感到波动并引起哽噎运动。用胃导管进行探诊，当触及阻塞物时，感到阻力，不能推进，根据此时胃导管插入的长度，可以确定阻塞的部位。

X射线检查：在完全性阻塞时，阻塞部呈块状密影，食管造影检查，显示钡剂到达该处则不能通过。

【诊断】根据病史和大量流涎，呈现吞咽动作并迅速继发瘤胃鼓气等症状，结合食管外部触诊，胃管探查或用X线等检查即可做出诊断。但同时在临床诊断过程中应与食管炎、咽炎、食管麻痹、食管狭窄、胃扩张等进行鉴别诊断。

【治疗】治疗原则是解除阻塞，疏通食管，消除炎症，加强护理和预防并发症的发生。

1. 解除阻塞，疏通食管　常用排除食管阻塞物的方法有挤压法、下送法、打气法、打水法、手术疗法等。

（1）挤压法：病牛因采食胡萝卜等块根、块茎饲料而阻塞于颈部食管时，将病牛横卧保定，用平板或砖垫在食管阻塞部位，然后以手掌抵于阻塞物下端，朝咽部方向挤压，将阻塞物挤压到口腔，即可排除。若为谷物与糠糟引起的颈部食管阻塞，病牛站立保定，用双手手指从左右两侧挤压阻塞物，将阻塞物压扁、压碎，促进阻塞物软化，使其自行咽下。

（2）下送法：下送法又称疏导法，先将2%~5%普鲁卡因溶液10~20mL注入食管，10分钟后将100mL植物油或液状石蜡注入食管，然后将胃管插入食管内抵住阻塞物，徐徐将阻塞物推入胃中。此法主要用于胸腹部食管阻塞。

（3）打气法：应用下送法经1~2小时后不见效时，可先插入胃导管，装上胶皮球，吸出食管内的唾液和食糜，灌入少量植物油或温水。将病牛保定好后，将打气管接在胃管上，颈部勒上绳子以防气体回流，然后适量打气，并趁势推动胃管，将阻塞物推入胃内。此法操作时应注意不能打气过多和推送过猛，以免造成食管破裂。

（4）打水法：当阻塞物是颗粒状或粉状饲料时，可插入胃管，用清水反复泵吸或虹吸，以便把阻塞物溶化、洗出，或者将阻塞物冲下。

（5）手术疗法：当采取上述方法不见效时，应及时施行手术疗法。颈部食管阻塞时，采用食切开术；在靠近膈的食管裂孔的胸部食管及腹部食管阻塞时，可采用剖腹按压法治疗，若此法不见效时，可施行瘤胃切开术，通过贲门将阻塞物排除。

2. 消除炎症　疏通食管后，若食管有炎症发生，应注意消炎，控制感染，可肌内注射抗生素；若手术疗法疏通食道，术后应用抗生素 5~7 天，以控制术部感染，同时术后禁食 48 小时以上，但不限饮水，必要时可静脉注射营养液补充体质。

3. 加强护理，对症治疗　暂停饲喂饲料和饮水，以免因误咽而引起异物性肺炎。当继发瘤胃鼓气时，应及时施行瘤胃穿刺放气，以防窒息，并向瘤胃内注入防腐消毒剂。

【预防】加强饲养管理是预防本病发生的关键，定时定量饲喂，防止饥饿采食过急；过于饥饿的牛，应先喂草，后喂料，少喂，勤添；饲喂块根、块茎饲料时，应切碎后再喂；豆饼、花生饼等饼粕类，应经水泡制后，按量给予；做好饲料保管工作，块、茎类饲料要集中堆放，牛栏要坚固，防止牛通过时骤然采食；及时清理牛舍及运动场内的异物，防止混入饲料中或因牛异嗜而摄入，牛采食时要保持安静，防止受惊吓；施行全身麻醉者，在食管功能未恢复前，更应加强护理，以防发生食管阻塞。

三、前胃弛缓

前胃弛缓是由各种病因导致前胃神经兴奋性降低，肌肉收缩力减弱，瘤胃内容物运转缓慢，微生物区系统失调，产生大量发酵和腐败的物质，引起消化障碍，食欲、反刍减退，乃至全身功能紊乱的一种疾病。本病多发于长期舍饲牛，在冬末、春初饲料短缺时最易发。

【病因】

1. 原发性前胃弛缓　原发性前胃弛缓又称单纯性消化不良，其病因主要是饲养与管理不当。

（1）饲养不当：几乎所有能改变瘤胃环境的食物性因素均可引起单纯性消化不良。常见有：

①饲料突然发生改变、精饲料喂量过多或突然食入过量的适口性好的饲料，如玉米青贮、青干草等。

②食入过量不易消化的粗饲料，如麦糠、豆秸等。

③饲喂变质的青草、青贮饲料、酒糟、豆渣、山芋渣等饲料或冰冻饲料；或误食塑料袋、化纤布或分娩后的母牛食入胎衣均可引起单纯性消化不良。

④日粮配合不当，矿物质和维生素缺乏，特别是缺钙时，血钙水平低，致使神经—体液调节功能紊乱，引起单纯性消化不良。

（2）管理不当：更能促进单纯性消化不良的发生。常见有受寒，圈舍阴暗等，经常更换饲养员和调换圈舍或牛床，都会破坏前胃正常消化反射，造成前胃功能紊乱，导致单纯性消化不良的发生。由于严寒、酷暑、饥饿、疲劳、断乳、离群、恐惧、感染与中毒等因素或手术、创伤、剧烈疼痛的影响，引起应激反应，而发生单纯性消化不良。

2. 继发性前胃弛缓　继发性前胃弛缓常继发于口炎、齿病、创伤性网胃腹膜炎、迷走神经胸支和腹支损伤，腹腔脏器粘连、瓣胃阻塞、皱胃阻塞、骨软症、酮病、乳房炎、子宫内膜炎、牛流行热、结核、布鲁杆菌病、前后盘吸虫病、血孢子虫病和锥虫病等疾病。

此外，在兽医临床上，治疗用药不当，如长期大量服用抗生素或磺胺类等抗菌药物，致使瘤胃内正常微生物区系统受到破坏，而发生消化不良，造成医源性前胃弛缓。

【症状】前胃弛缓按其病情发展过程，可分为急性和慢性两种类型。

1. 急性型　病牛食欲减退或废绝，反刍减少、短促、无力，时而嗳气并带酸臭味，奶牛泌乳量下降；体温、呼吸、脉搏一般无明显异常。瘤胃蠕动音减弱，蠕动次数减少，有的病牛虽然蠕动次数不减少，但瘤胃蠕动音减弱或每次蠕动的持续时间缩短；瓣胃蠕动音微弱，触诊瘤胃，其内容物坚硬或呈粥状。病初粪便变化不大，随后粪便变为干硬、色暗、被覆黏液，如果伴发前胃炎或酸中毒时，病情急剧恶化，病牛表现呻吟、磨牙、食欲废绝、反刍停止并排棕褐色糊状恶臭粪便，病牛精神沉郁，结膜发绀，皮温不整，体温下降，心率增快，呼吸困难，鼻镜干燥，眼窝凹陷。

2. 慢性型　通常由急性型前胃弛缓转变而来。病牛食欲不定，有时减退或废绝，常常虚嚼、磨牙、发生异嗜、舔砖、吃土或采食被粪尿污染，反刍不规则，短促无力或停止。嗳气减少，呼出的气体带臭味。病情弛张，时而好转，时而恶化，日渐消瘦，被毛干枯、无光泽，皮肤干燥、弹性减退。瘤胃蠕动音减弱或消失，内容物黏硬或稀软，轻度膨胀。腹部听诊，肠蠕动音微弱。病牛有时便秘，粪便干硬呈暗褐色，附有黏液，有时腹泻，粪便呈糊状，腥臭，或者腹泻与便秘交替出现，老牛病重时，呈现贫血与衰竭，常有死亡。

【诊断】根据病史，食欲减退或废绝，反刍、嗳气减少或停止以及前胃蠕动减弱，轻度鼓气等临床症状，可做出初步诊断，确诊还需结合实验室检查。瘤胃液 pH 值<5.5，棉线消化断裂时间大于 50 小时，瘤胃内纤毛虫数低于 100 万个/mL 或消失，即可做出诊断。此外，临床上还应注意与奶牛酮病、创伤性网胃腹膜炎、皱胃左方变位、瘤胃积食等疾病进行鉴别诊断。

【治疗】治疗原则是除去病因，加强护理，清理胃肠，增强前胃功能，改善瘤胃内环境，恢复正常微生物区系，防止脱水和自体中毒。

1. **除去病因** 立即停止饲喂发霉变质饲料等饲料。

2. **加强护理** 病初绝食 1~2 天（但给予充足的清洁饮水），再饲喂适量的易消化的青草或优质干草，轻症病例可在 1~2 天自愈。

3. **清理胃肠** 为了促进胃肠内容物的运转与排除，可用硫酸钠（或硫酸镁）300~500g，鱼石脂 20g，酒精 100mL，温水 600~1 000mL，一次内服，或用液体石蜡 1 000~3 000mL，苦味酊 20~30mL，一次内服。对于采食多量精饲料而症状又比较重的病牛，可采用洗胃的方法，排除瘤胃内容物，洗胃后应向瘤胃内接种纤毛虫。重症病例应先强心、补液，再洗胃。

4. **增强前胃功能** 改善瘤胃内环境，恢复正常微生物区系。

（1）应用"促反刍液"（5%葡萄糖生理盐水注射液 500~1 000mL，10%氯化钠注射液 100~200mL，5%氯化钙注射液 200~300mL，20%苯甲酸钠咖啡因注射液 10mL）一次静脉注射，并肌内注射维生素 B_1。因过敏性因素或应激反应所致的前胃弛缓，在应用促反刍液的同时，肌内注射 2%盐酸苯海拉明注射液 10mL。在洗胃后，可静脉注射 10%氯化钠注射液 150~300mL，20%苯甲酸钠咖啡因注射液 10mL，每天 1~2 次。此外还可皮下注射新斯的明 10~20mg 或毛果芸香碱 30~100mg，但对于病情重剧，心脏衰弱，老龄和妊娠母牛则禁止应用，以防虚脱和流产。

（2）应用缓冲剂：当瘤胃内容物 pH 值降低时，可用氢氧化镁（或氢氧化铝）200~300g，碳酸氢钠 50g，常水适量，一次内服，也可应用碳酸盐缓冲剂，碳酸钠 50g，碳酸氢钠 350~420g，氯化钠 100g，氯化钾 100~140g，常水 10L，一次内服，每天 1 次，可连用数日。当瘤胃内容物 pH 值升高时，可用稀醋酸 30~100mL 或常醋 300~1 000mL，加常水适量，一次内服。也可应用醋酸盐缓冲剂。必要时，给病牛投服从健康牛口中取得的反刍食团或灌服健康牛瘤胃液 4~8L。

5. **防止脱水和自体中毒** 当病牛呈现轻度脱水和自体中毒时，应用 25%葡萄糖注射液 500~1 000mL，40%乌洛托品注射液 20~50mL，20%安钠咖注射液 10~20mL，一次静脉注射，并用胰岛素 100~200IU，皮下注射。此外还可用樟脑酒精注射液 100~300mL，静脉注射，并配合应用抗生素药物。

中兽医治疗：根据辨证施治原则，对脾胃虚弱，水草迟细，消化不良的牛，着重健脾和胃，补中益气。宜用加味四君子汤：党参 100g，白术 75g，获苓 75g，茯苓 75g，炙甘草 25g，陈皮 40g，黄芪 50g，当归 50g，大枣 200g，共研为末，开水冲调，候温灌服，每天 1 剂，连服 2~3 剂。

病初，对身体壮实、口温偏高、粪干、尿短的病牛，应清泻胃火，可用加味大承气汤：大黄、厚朴、枳实、苏梗、陈皮、炒神曲、焦山楂、炒麦芽各 30～40g，芒硝 50～150g，玉片 15～20g，车前子 30～40g，莱菔子 60～80g，共研为末，灌服。病牛口色淡白，耳鼻俱冷，口流清涎，水泻，应温中散寒、补脾燥湿，可用加味厚朴温中汤：厚朴、陈皮、获荃、当归、茴香各 50g，草豆蔻、干姜、桂心、苍术各 40g，甘草、广木香、砂仁各 25g，共为末，候温灌服，每天 1 剂，连服数剂。

【预防】注意饲料的选择、保管，防止霉败变质；依据日粮标准饲喂，不可随意增加饲料用量或突然变更饲料；圈舍须保持安静，避免奇异声音、光线和颜色等不利因素刺激和干扰。注意圈舍卫生和通风、保暖，做好预防接种工作。

四、瘤胃积食

瘤胃积食又称瘤胃阻塞、急性瘤胃鼓胀，是反刍牛过食含大量粗纤维饲料或容易膨胀的饲料后引起的瘤胃鼓胀，瘤胃容积增大，内容物停滞和阻塞以及瘤胃运动和消化功能障碍，形成脱水和毒血症的一种严重疾病。老龄牛、体弱牛、舍饲牛最为多发。

【病因】通常情况下，瘤胃积食发生在前胃弛缓的基础上，主要是由于神经体液调节紊乱，瘤胃收缩力量减弱，瘤胃进一步的弛缓、扩张乃至麻痹，反身性地引起皱胃幽门痉挛性收缩，瘤胃内容物不能正常运转而停滞，导致本病的发生。主要病因有：

（1）饲养管理不当，因饥饿采食大量富含粗纤维的粗硬饲料，如未经铡断的半干甘薯秧、花生秧、豆秸等，或食入塑料袋、麻绳等难以消化食物所致。

（2）采食过量易膨胀的干饲料后，如豆类、谷物等，又大量饮水引起。

（3）突然更换饲料，特别是由粗饲料换为精饲料，精料食入过多，如大麦、高粱和玉米等，或过食富含蛋白质的豆科饲料如大豆、油饼等而引起。

（4）继发于前胃弛缓、瓣胃阻塞、创伤性网胃炎综合征、真胃炎和发热性疾病等。

【发病机制】由于瘤胃积食，内容物浸渍、浸出、溶解、合成和吸收的全部消化程序遭到严重破坏，瘤胃内容物发酵、腐败，产生大量气体和有毒物质，刺激瘤胃壁神经感受器，引起腹痛不安。随着病情急剧发展，瘤胃内微生物区系失调，革兰氏阳性菌大量增殖，产生大量乳酸，瘤胃内环境 pH 值降低，微生物区系共生关系失调，腐败产物增多，进一步导致瘤胃的渗透性增强，引起脱水。酸碱平衡失调，碱储下降，神经—体液调节功能进一步紊乱，病情急剧恶化，病牛表现呼吸困难，血液循环障碍，肝脏解毒功能降低，腐败产物被吸收后引起自体中毒，病牛出现兴奋、痉挛、抽搐、血管扩张、血压下降，循环虚脱，病情更加危重。

【症状】通常瘤胃积食发病迅速，常在采食后数小时内发生。初期，食欲减退或废绝，嗳气减少或很快停止，拱腰，目光凝视，精神不安，间或后肢踢腹，有明显腹痛表现；随病情发展，病牛哞叫、呻吟，听诊瘤胃蠕动音消失，肠音减弱。触诊左腹膨大，病牛不安，瘤胃内容物饱满、坚硬，有时呈生面团样。叩诊瘤胃呈浊音。病牛常起卧不安，呈犬坐或右侧贴地，排便先便秘后腹泻，或便秘与腹泻交替出现。后期，病牛病情急剧恶化，奶牛泌乳量降低明显或泌乳停止，左腹部膨胀明显，压迫膈肌，导致呼吸困难，眼结膜发绀，脉搏速弱，皮温不整，四肢末梢发凉，严重时病牛多呈现脱水、循环衰弱、自体中毒，最终陷于昏迷状态而死亡。

【诊断】根据临床症状及采食后迅速发病等特征，本病不难做出诊断。但须与前胃弛缓、急性瘤胃鼓胀、创伤性网胃炎、皱胃阻塞等疾病进行鉴别。

【治疗】治疗原则是增强瘤胃蠕动功能，促进瘤胃内容物排出，改善瘤胃内环境，防止脱水与自体中毒。

对于临床表现较轻病例，首先应禁食，其次可以用瘤胃按摩法进行治疗。具体操作为：手持草把，适当力度于瘤胃鼓胀部每30分钟按摩一次，每次5~10分钟，或先灌服干酵母粉250~500g，再进行瘤胃按摩，待瘤胃内容物软化后，为防止瘤胃内容物发酵腐败，产酸过多，可服用适量的人工盐缓泻。

清肠消导，可用硫酸镁（或硫酸钠）300~500g，液状石蜡500~1 000mL，鱼石脂15~20g，酒精50~100mL，水6~10L，一次内服。应用泻剂后，可皮下注射毛果芸香碱或新斯的明，以兴奋前胃神经，促进瘤胃内容物运转与排出。但注意心脏功能不全或妊娠母牛慎用。

改善中枢神经系统调节功能，促进反刍，防止自体中毒，可用10%氯化钠注射液100~200mL，20%安钠咖注射液10~20mL，一次静脉注射。或先洗胃疗法，用直径4~5cm、长250~300cm的胶管或塑料管一条，经牛口腔导入瘤胃内，然后来回抽动，以刺激瘤胃收缩，使瘤胃内液状物经导管流出。若瘤胃内容物不能自动流出，可在导管另一端连接漏斗，向瘤胃内灌注温水3 000~4 000mL，待漏斗内液体全部流入导管内时，取下漏斗并放低牛头和导管，用虹吸法将瘤胃内容物引出体外。如此反复，即可将精料洗出。除反复洗胃外，再用5%葡萄糖生理盐水注射液2 000~3 000mL，20%安钠咖注射液10~20mL，5%维生素C注射液10~20mL，静脉注射，每天2次，达到强心补液维护肝脏功能，促进新陈代谢，防止脱水的目的。

脱水明显时，应静脉补液，有酸中毒现象，同时补碱。可先用碳酸氢钠30~50g，水适量内服，每天2次。或用5%碳酸氢钠注射液300~500mL，静脉注射。

对危重病例，应及早施行瘤胃切开术，取出内容物，并用1%温盐水冲洗，同时接种健牛瘤胃液。若药物治疗不佳，且病牛体况较差者，可考虑淘汰。

中兽医称瘤胃积食为宿草不转，治以健脾开胃，消食行气，泻下为主，牛用大承气汤：大黄60~90g，枳实30~60g，厚朴30~60g，槟榔30~60g，芒硝150~300g，麦牙60g，藜芦10g，共为末，开水冲调，候温灌服，连服1~3剂。

【预防】加强饲养管理，防止突然变换饲料或过食，按日粮标准饲喂，加喂饲料需适应其消化能力，合理适量的饮水，避免外界各种不良因素的影响和刺激。

五、瘤胃酸中毒

瘤胃酸中毒临床上又称酸性消化不良、乳酸中毒、精料中毒等，是因采食大量的谷类或其他富含碳水化合物的饲料后，导致瘤胃内产生大量乳酸而引起的一种急性代谢性酸中毒。其特征为消化障碍、瘤胃运动停滞、脱水、酸血症、运动失调、体质衰弱，本病一年四季均可发生，以冬春季节发病较多，多发于老龄、体弱奶牛，严重者可导致死亡。

【病因】常见的病因有以下几种：饲养管理不当，给牛饲喂大量谷物，或短时间内采食了大量的谷物或豆类，如大麦、小麦、玉米、稻谷、高粱等，特别是粉碎后的谷物，在瘤胃内高度发酵，产生大量的乳酸而引起瘤胃酸中毒。舍饲牛若不按照由高粗饲料向高精饲料逐渐变换的方式，而是突然饲喂高精饲料时，也易发生瘤胃酸中毒。

【发病机制】牛采食过多精料后，在瘤胃中微生物的作用下，发酵分解产生乳酸。当其汇聚量超过肝脏的代谢功能时，即导致代谢性酸中毒。瘤胃内容物pH值下降，当pH值下降至4.5~5时，纤毛虫和分解纤维素的微生物及利用乳酸的微生物受到抑制。乳酸及乳酸盐和瘤胃液中的电解质一起导致瘤胃内渗透压升高，导致血液浓稠，机体脱水，引起乳酸血症；并随着革兰氏阴性菌的减少和革兰氏阳性菌（牛链球菌、乳酸杆菌等）的增多，瘤胃内游离内毒素浓度上升（15~18倍）。组胺和内毒素加剧了瘤胃酸中毒的过程，损害肝脏和神经系统，因此出现严重的神经症状、蹄叶炎、中毒性前胃炎或肠胃炎，甚至休克及死亡。

【症状】本病发生的快慢与病情的严重程度常与摄入的饲料的数量、种类和性质有关。通常分为最急性型、急性型、亚急性型和轻微型。

1. **最急性型**　往往在采食谷类饲料后3~5小时内无明显症状而突然死亡，有的仅见精神沉郁、昏迷，而后很快死亡。

2. **急性型**　病牛食欲废绝，蹒跚而行，碰撞物体，眼反射减弱或消失，瞳孔对光反射迟钝；卧地，头回视腹部，对任何刺激的反应都明显下降；有的病牛兴奋不安，向前狂奔或转圈运动，视觉障碍，以角抵墙，无法控制。随病情发展，后肢麻痹、瘫痪、卧地不起；最后角弓反张，若不及时救治，常在24小时内死亡。

3. **亚急性型** 病牛精神沉郁，食欲减退或废绝，鼻镜干燥，反刍停止，空口虚嚼，流涎，磨牙，粪便稀软或呈水样，有酸臭味。体温正常或偏低。瘤胃蠕动音减弱或消失，听叩诊结合检查有明显的钢管扣击音。病牛皮肤干燥，弹性降低，眼窝凹陷，尿液 pH 值降至 5 左右，尿量减少或无尿，血液暗红，黏稠，病牛虚弱或卧地不起。常伴发或继发蹄叶炎，病程 2~4 天。

4. **轻微型** 病牛表现神情恐惧，食欲减退，反刍减少，瘤胃蠕动减弱，瘤胃胀满，呈轻度腹痛（间或后肢踢腹），粪便松软或腹泻。若病情稳定，无需任何治疗，3~4 天后能自动恢复进食。

【诊断】本病根据病牛表现脱水，瘤胃胀满，卧地不起，具有蹄叶炎和神经症状，结合过食豆类、谷类或含丰富碳水化合物饲料的病史，以及实验室检查等，进行综合分析与论证，可做出诊断。此外，在兽医临床上，应注意与瘤胃积食、皱胃阻塞、皱胃变位、急性弥漫性腹膜炎、生产瘫痪、牛原发性酮血症、脑炎和霉玉米中毒等疾病进行鉴别，以免误诊。

【治疗】治疗原则为加强护理，清除瘤胃内容物，纠正酸中毒，补充体液，恢复瘤胃蠕动。

加强护理，清除瘤胃内容物，纠正酸中毒：可采取洗胃治疗，可用 5% 碳酸氢钠溶液或 1% 食盐水或自来水反复洗胃，直至洗出液无酸臭，呈中性或碱性反应为止。同时可用 5% 碳酸氢钠溶液 2 000~3 000mL 静脉注射，或口服氢氧化钙溶液纠正酸中毒。

补充体液，恢复瘤胃蠕动：当脱水表现明显时，可用 5% 葡萄糖氯化钠注射液 3 000~5 000mL、20% 安钠咖注射液 10~20mL、40% 乌洛托品注射液 40mL，静脉注射。牛用液状石蜡 500~1500mL 促进胃肠道内酸性物质的排出，促进胃肠功能恢复。

重剧病牛宜行瘤胃切开术，排空内容物，然后，向瘤胃内放置适量轻泻剂和优质干草。并补液和静脉注射钙制剂。过食黄豆的病牛，发生神经症状时，应用镇静剂，如安溴注射液静脉注射或盐酸氯丙嗪肌内注射，再用 10% 硫代硫酸钠静脉注射，同时应用 10% 维生素 C 注射液肌内注射。为降低颅内压，防止脑水肿，缓解神经症状可应用甘露醇或山梨醇静脉注射。

【预防】加强饲养管理，合理配合日粮，控制富含碳水化合物的谷类饲料的摄入；青贮饲料酸度过高时，要中和后再饲喂；防止摄入过多精料。

六、瘤胃碱中毒

瘤胃碱中毒是由于饲养管理不当，导致瘤胃内异常发酵，产生大量的氨，瘤胃内微生物区系失调，临床上以消化功能障碍、瘤胃运动功能减退，常伴有瘤胃内容物过度充满为特征。本病发生多限于成年奶牛、肥育肉牛群，在 1~2 岁犊牛中也可发生。但发病率较低。

【病因】为了提高泌乳性能（催奶）或为了缩短肉用牛群肥育周期（催肥），在饲养过程中有意过多饲喂富含蛋白饲料后，瘤胃内异常发酵，使其中蛋白腐败分解过程占优势，产生大量氨，瘤胃液 pH 值升高（7.5~8.5），尤其当氨含量达30mg/100mL 以上时，由瘤胃壁吸收进入血液而更导致本病发病。

在瘤胃碱中毒发展过程中，由于瘤胃液 pH 值升高，瘤胃内微生物群减少且区系改变，如被其取代的大肠杆菌和大肠变形杆菌等病原菌大量增殖，引起瘤胃内有毒产物的产生和自体吸收，并严重影响维生素 K 和 B 族维生素的合成机制，相应地致使维生素缺乏。

另外，由于饮用受污染的饮水，采食污秽变质的饲料，以及酸败的脱脂奶等，同样会使大肠杆菌和大肠变形杆菌群大量增殖而诱发本病。

【症状】病牛初期仅呈现消化不良症状，易被忽视。只有当瘤胃内容物腐败分解过程加剧时，才使临床症状加重，表现食欲减退或废绝，精神沉郁，瘤胃蠕动减弱，病牛逐渐消瘦，泌乳量下降，乳脂率降低，伴发腹泻，呼出腐臭味气体。如果氨和腐败有毒产物大量自体吸收，病牛则会出现循环功能障碍，表现为肝区叩诊界扩大并敏感，神经、肌肉不全麻痹或痉挛，以及维生素 K 和 B 族维生素缺乏症的一系列症状。在奶牛中尚有由大肠杆菌和克雷伯杆菌所引起的乳房炎、子宫内膜炎、胎衣停滞和繁殖障碍等疾病的相应症状。

有的病牛头颈和四肢肌肉痉挛，尤其在分娩后的母牛，站立困难，多被迫横卧地上，并将头向一侧弯曲取乳热病牛的特有姿势，呈昏睡状态后不久多数死亡。

在犊牛群中还有的出现佝偻病症状，如关节肿大，四肢变形（前腿"O"形后腿"X"形姿势），疼痛，跛行，并伴发湿疹等症状。

【诊断】通过病因、病史调查，常有过多地添加尿素或过饲大量豆科牧草，而碳水化合物饲料不足，或长期不喂食盐等情况。结合临床症状特点，可做出初步诊断。有条件者结合实验室检验，血液 pH 值升高（7.3~7.5 以上）；血清钙、血清镁含量均减少。尿液 pH 值升高（8.6 以上）；磷酸铵、镁结晶出现较多。瘤胃液检验呈黑绿色水样，混有泡沫黏稠状，腐败臭气味，pH 值为 8~9.5。瘤胃液糖发酵试验亚硝酸盐还原试验时间延长；挥发性脂肪酸含量减少（其中丙酸含量相对减少，而丁酸含量相对增多）；氨含量增多（150mg/100mL 以上）等，有助于确诊。

类症鉴别诊断方面，应注意本病与瘤胃酸中毒、单纯性消化不良等病加以区分。前者发病原因是过饲含蛋白质饲料，瘤胃液 pH 值偏高；后者瘤胃液呈白色，其 pH 值偏低，并缺瘤胃腐败症所固有的症状。

【治疗】治疗原则是加强护理，清除瘤胃内容物，纠正碱中毒，补充体液，恢复瘤胃蠕动。

加强护理，清除瘤胃内容物，纠正碱中毒：首先要停喂构成病因的所有饲料，改饲优质干、青草；清除瘤胃内容物可采用洗胃法，可用稀盐酸、乳酸或自来水反复冲洗瘤胃，直至洗出液为中性为止；纠正碱中毒，可投服稀盐酸 30～60mL 或乳酸 50～100mL，1～2 次/天。为了调理瘤胃微生物群以及恢复其活性功能，可接种健牛瘤胃液 2～5L。

补充体液，恢复瘤胃蠕动：当脱水表现明显时，可用 5%葡萄糖氯化钠注射液 3 000～5 000mL、20%安钠咖注射液 10～20mL、40%乌洛托品注射液 40mL，静脉注射。牛用液体石蜡 500～1 500mL 促进胃肠道内酸性物质的排出，促进胃肠功能恢复。

对轻症病例，可向瘤胃内注入加有 30～50mL 醋酸的水或 6%醋酸溶液 2 000mL，5～8 天可以康复。也可用丙酸钠 50g，分 2 次内服，或乳酸 50～70mL，加水 8～10L，1 次内服。

以消化不良和腹泻为主的重症病牛，应投服适当的抗生素，连续投服 2～3 天为一疗程。对伴发神经症状的病牛，必要时可酌情施行瘤胃切开术，清除其中腐败变质内容物后，饲喂优质青、干草，或接种健康牛瘤胃液 2～5L。对不全麻痹的病牛，除静脉注射葡萄糖酸钙注射液外，还可以配合使用维生素 B、维生素 C 等进行治疗。

【预防】加强饲养管理，正确使用含氮添加物，同时喂给易消化的糖类饲料，这可降低瘤胃内容物的碱度，降低尿素分解和氨形成速度。定期清除饲槽内的残食。保证牛自由舔食食盐。防止饲喂大量富含蛋白质的饲料，以及腐败变质的豆科牧草等。必要时添加适量糖浆、蜂蜜等混饲，会收到明显的预防本病发生的效果。

七、瘤胃鼓气

瘤胃鼓气又称瘤胃鼓胀，是由于前胃神经反射功能降低，前胃收缩力降低，采食大量容易发酵的饲料后，在瘤胃内微生物的作用下，异常发酵，产生大量气体，引起瘤胃容积极度增大，胃壁压力增高，瘤胃与网胃急剧膨胀，膈与胸腔器官受到压迫，导致呼吸与血液循环障碍，严重时发生窒息死亡的一种疾病。按病因分为原发性鼓气和继发性鼓气，按病的性质分为泡沫性和非泡沫性鼓气。

【病因】原发性瘤胃鼓气是由于直接采食容易发酵的饲草、饲料，如带露水的苜蓿、冰冻的酒糟以及发霉变质的饲料后而引起；健康牛瘤胃内容物，在发酵和消化过程中产生一定数量气体，这些气体一部分通过反刍、咀嚼和嗳气排出，另一小部分气体并随同瘤胃内容物进入肠道和血液被吸收，从而保持着产气与排气的相对平衡。但在病理情况下，由于采食了多量易发酵的饲料，经瘤胃发酵生成大量的气体，超量的气体既不能通过嗳气排出，又不能随同内容物通过消化道排出和吸收，因而导致瘤胃的急剧扩张和膨胀。继发性瘤胃鼓气常继发于前胃弛缓、创伤性网胃炎、瓣胃阻塞、食管阻塞、食管痉挛疾病。

泡沫性瘤胃鼓气多为采食了大量易发酵的饲料，特别是豆科植物，含有多量的蛋白质、皂苷、果胶等物质，都可产生气泡，瘤胃内容物发酵过程所产生的有机酸（特别是柠檬酸、丙二酸等非挥发性酸）使瘤胃液 pH 值下降至 5.2~6.0 时，泡沫的稳定性显著增高。瘤胃内所产生的大量气体，与其中的内容物互相混合形成稳定性泡沫，而不能融合成较大的气泡通过嗳气排出，从而引起泡沫性膨胀的发生。非泡沫性瘤胃鼓气多采食了霉变饲料、品质不良的青贮饲料，或是经雨淋、水浸、霜冻的饲料而引起。

【症状】急性瘤胃鼓气，通常在采食后不久发病。瘤胃过度膨胀，腹内压升高，影响呼吸和血液循环气体代谢障碍，病牛腹部迅速膨大，左肷窝部明显突起，甚至高过背中线。病牛反刍和嗳气停止，食欲废绝，发出吭声，并因瘤胃内容物发酵、腐败产物的刺激，瘤胃壁痉挛性收缩，引起疼痛不安，表现回顾腹部。腹壁紧张而有弹性，叩诊呈鼓音；瘤胃蠕动音初期增强，常伴发金属音，后期减弱或消失。呼吸急促甚至头颈伸展，呼吸数增至 60 次/分；心悸、心率增快，可达 100 次/分以上，胃管检查，非泡沫性鼓气时，从胃管内排出大量酸臭的气体后，鼓气明显减轻；而泡沫性膨胀时，仅排出少量气体，而不能解除鼓胀。本病的后期，病牛表现心力衰竭，血液循环障碍，静脉怒张，呼吸困难，黏膜发绀，目光恐惧，出汗、间或肩背部皮下气肿，站立不稳，步态蹒跚，甚至突然倒地，痉挛，抽搐，病的末期，瘤胃壁紧张力完全消失乃至麻痹，气体排出更加困难，血液中碱贮下降，最终导致窒息和心脏麻痹而死亡。

慢性瘤胃鼓气，多为继发性瘤胃鼓胀。病情弛张，瘤胃中度膨胀，时而消胀，常为间歇性反复发作。经治疗虽能暂时消除鼓胀，但极易复发。

【病理变化】死后立即剖检的病例，可见瘤胃壁过度紧张，胃内充满大量气体及含有泡沫的内容物，瘤胃黏膜有出血斑，角化上皮脱落；肝脏和脾脏呈贫血状，浆膜下出血。有的瘤胃破裂或隔肌破裂。

【诊断】急性瘤胃鼓气，病情急剧，根据采食大量易发酵性饲料后发病的病史，左肷窝凸出，血液循环障碍，呼吸极度困难等临床症状，确诊不难。

【治疗】治疗原则是排除气体，理气消胀、强心补液、健胃消导，恢复瘤胃蠕动。

急性瘤胃鼓气，病程急促，如不及时抢救，病牛数小时内窒息死亡，当有窒息危险时，首先应实行胃管放气或用套管针穿刺间歇性放气。放气后，为防止内容物发酵，可用鱼石脂 15~25g，酒精 100mL，常水 1 000mL，一次内服；或用 0.25% 普鲁卡因溶液 50~100mL 配合使用 200 万~500 万单位青霉素稀释后，共同注入瘤胃。泡沫性鼓胀，以灭沫消胀为目的，可内服表面活性药物，如二甲基硅油 2~4g，或消胀片（每片含二甲基硅油 25mg，氢氧化铝 40mg），100~500 片/次。也可用松节油 30~40mL，液状石蜡 500~1 000mL，常水适量，一次内服，或者用植物油 300~500mL，温水 500~1 000mL 制成油乳剂，一次内服。

此外调节瘤胃内容物 pH 值，可用 5% 碳酸氢钠溶液洗涤瘤胃。排除胃内容物，可用盐类或油类泻剂。兴奋副交感神经、促进瘤胃蠕动，利于反刍和嗳气，可皮下注射毛果芸香碱新斯的明。在治疗过程中，结合治疗原发病，同时应注意全身功能状态，及时强心补液，增进治疗效果。

中兽医称瘤胃鼓胀为气胀病或肚胀。治以行气消胀，通便止痛为主，牛常用消胀散：炒莱菔子 15g，枳实、木香、青皮、小茴香各 35g，玉片 17g，二丑 27g，共为末，加清油 300mL，大蒜 60g（捣碎），调和灌服。

当药物治疗效果不显著时，应立即施行瘤胃切开术，取出其内容物。

【预防】加强饲养管理，增强前胃神经反应能力，改进消化功能，保持牛群健康水平；幼嫩牧草应晒干后掺杂干草饲喂；禁喂霉变的饲料，限喂精料，特别是在饲喂酒糟、甘薯等后禁止饮用大量的水，以防本病发生。

八、创伤性网胃炎综合征

创伤性网胃炎综合征是指由于病牛误食混在饲料中的尖锐异物或金属杂物等，经瘤胃进入网胃，导致网胃、心包或腹膜损伤，引起急性弥漫性或局限性腹膜及心包的炎症表现。临床上以网胃区疼痛敏感，消化障碍，心包与腹膜炎症的综合症状为特征。

【病因】本病发生与饲养管理不善有着密切关系。奶牛主要因饲料加工粗放，饲养粗心大意，对饲料中的金属异物的检查和处理不细致而引起。在饲草、饲料中的金属异物最常见的是饲料粉碎机与铡草机上铁钉，其他如碎铁丝、铁钉、缝针、别针、注射针头及各种有关的尖锐金属异物等。较大的金属物进入瘤胃，并停留在瘤胃内，一般不致引起瘤胃急剧的病症，进入网胃的异物，由于网瓣口高于网胃底部，易使重物留于网胃，而网胃的蜂房状皱褶膜又促使尖锐物体陷于其中，当网胃收缩或牛身体状态改变时，尖锐的异物随时可能刺伤网胃而发病。

由于网胃的体积小，收缩有力，尖锐异物常可刺伤并穿透网胃壁引起腹膜炎。若向前穿过网胃刺伤膈、心脏、肺脏，引起膈肌脓肿及破裂，形成肺出血及肺脓肿，但最常见到的是创伤性心包炎；若向后则刺伤肝脏、脾脏、瓣胃、肠等器官，可引起这些器官的炎症或脓肿。

由于异物的游走性及其所产生的不良后果，可导致全身性脓毒败血症。严重病例常因治疗不及时危及生命。

【症状】根据金属异物刺穿胃壁的部位、造成创伤的深度及波及其他内脏器官等因素，临床症状也有差异。急性局限性网胃腹膜炎的病例，病牛食欲急剧减退或废绝，母牛泌乳量急剧下降，体温升高，呼吸和心率正常或轻度加快，肘外展，不安，拱背站立，不愿移动，卧地起立时极为谨慎，病牛愿上坡，不愿下坡、跨沟或急转弯，瘤胃蠕动音减弱或消失，轻度鼓气，有时发生顽固性便秘，后期腹泻，粪有恶臭。

弥漫性网胃腹膜炎的病例，全身症状明显，病牛表现体温升高，心率、呼吸加快，食欲废绝，泌乳停止。胃肠蠕动音消失，皮肤厥冷，毛细血管再充盈时间延长，病牛时常发出呻吟声，在起卧和强迫运动时更加明显，病牛不愿起立或走动。

慢性局限性网胃腹膜炎的病例，病牛表现被毛粗乱无光泽，消瘦，泌乳量减少，间歇性厌食，瘤胃蠕动音减弱，间歇性轻度鼓气，便秘或腹泻交替发生，久治不愈。有时还有拱背站立等疼痛表现。

创伤性网胃心包炎时，叩诊或触诊网胃心区，痛感明显，心脏听诊，可听到心包摩擦音或拍水音，心跳和脉搏明显减弱，颈静脉怒张明显，常伴有颌下、胸前或腹下水肿，体温升高，表现严重消化障碍，并逐渐消瘦。

【病理变化】本病的病理变化依金属异物的性状而异。有的引起创伤性网胃炎，特别是铁钉或销钉，可使胃壁深层组织损伤，局部增厚、化脓，形成瘘管或瘢痕。有的胃壁与膈粘连或胃壁局部结缔组织增生，其中埋藏铁钉或销钉，并形成干酪腔或脓腔。还有一部分病例，由于网壁穿孔，形成弥漫性或局限性腹膜炎，乃至胸膜炎，脏器互相粘连，或者膈、脾、肝、肺发生脓肿，心脏受损害时，心包中充满多量纤维蛋白性渗出液。

【诊断】创伤性网胃炎综合征，根据临床症状，网胃区的叩诊与强压触诊检查，金属探测器检查可做出诊断。而症状不明显的病例则需要辅以实验室检查和X线检查才能确诊，同时注意与前胃弛缓、酮病、多关节炎等疾病进行鉴别。

【治疗】治疗原则是及时摘除异物，抗菌消炎，加速创伤愈合，恢复胃肠功能。

保守疗法包括用金属异物摘除器从网胃中吸取胃中金属异物或投服磁铁笼，以吸附固定金属异物，将牛栓在保定栏内，牛床前部填高25cm左右，限制10天运动，同时应用抗生素类药物，控制腹膜炎和加速创伤愈合。抗生素治疗必须持续3~7天，以确保控制炎症和防止脓肿的形成。若发生脱水时，可进行输液。如果病情没有明显改善，则根据牛的经济价值，可考虑实施瘤胃切开术，从瘤胃将网内的金属异物取出。

【预防】加强饲养管理，防止饲料中混入尖锐金属异物；在饲草制作机及饲槽中添加吸铁石等吸除金属异物的设备；定期检查牛群，及时发现并积极处理潜在发病牛或已发病牛；新建牛场或饲养场应远离工矿区、仓库和作坊。

九、瓣胃阻塞

瓣胃阻塞又叫第三胃食滞，百叶干。主要是由于前胃弛缓、瓣胃收缩力减弱，使其内容物不能及时排入皱胃，水分被吸收变干，致使瓣胃扩张，坚硬，疼痛，导致严重消化不良的一种前胃疾病。本病于冬末春初，饲料匮乏时多发，各年龄段牛均可发生。

【病因】本病的病因多样，常可分为原发性瓣胃阻塞和继发性瓣胃阻塞。

1. **原发性瓣胃阻塞**　饲养管理不当，长期饲喂大量富含粗纤维的坚硬饲料（如甘薯蔓、干花生秧等）、缺乏刺激性的饲料（如糠麸、粉渣等）或质量低劣，缺乏蛋白质、维生素、微量元素的饲料之后，加上饮水、运动不足导致的前胃消化功能降低，饲料进入瓣胃后水分被吸收变干所致。

2. **继发性瓣胃阻塞**　本病常继发于前胃弛缓、瘤胃积食、皱胃阻塞、皱胃变位、异嗜、生产瘫痪、中毒、恶性卡他热和血液原虫病等疾病过程中。

【症状】本病初期常呈现前胃弛缓的症状，病牛表现精神沉郁，食欲减退或废绝，反刍、嗳气减少或停止，泌乳量降低。便秘，粪便干硬，呈算盘珠样，色暗。听诊瓣胃蠕动音微弱或消失，触诊右腹部瓣胃区，病牛敏感、有疼痛表现，间或呻吟，叩诊浊音区扩大。

随着病情的发展，病牛表现食欲彻底废绝，反应迟钝，鼻镜干燥或龟裂，呼吸、脉搏、心跳加快。于右侧第九肋间与肩关节水平线的交点处进行瓣胃穿刺时，进针阻力较大。此时病牛排黑色、干、小粪球或少量胶冻样黑褐色粪便。

晚期病例，瓣胃叶坏死，伴发肠炎和全身败血症，体温升高。排尿减少或无尿，尿色发黄，排粪停止。呼吸急速，次数增多，心律失常，微循环障碍，病牛表现皮温不整，结膜发绀，脱水与自体中毒现象，此时，病牛多表现体质衰弱，卧地不起。

【病理变化】剖检可见瓣胃内容物充满、坚硬，容积增大；严重病例，瓣胃邻近组织器官表现局限性或弥漫性炎性变化，瓣胃百叶间内容物干涸，形同纸板样，可捻成粉末，同时瓣叶上皮脱落，可见溃疡、坏死或穿孔。

【诊断】依据病史，结合听诊瓣胃蠕动音消失、瓣胃区触诊敏感、叩诊浊音区扩大等临床症状可做出初步诊断，必要时可进行瓣胃穿刺、剖腹探查确诊，同时应注意同瘤胃积食、皱胃阻塞、创伤性网胃炎综合征等疾病进行鉴别诊断，以免误诊，耽误病情。

【治疗】本病的主要治疗原则是增强前胃运动机能，软化瓣胃内容物，促进瓣胃内容物排出。

病情轻者，可服泻剂，如硫酸钠或硫酸镁 400～500g，液状石蜡油 1 000～2 000mL，或植物油 500～1 000mL，一次内服。同时应用 10% 氯化钠注射液

100～200mL，20%安钠咖注射液10～20mL，一次静脉注射，增强前胃神经兴奋性，促进前胃内容物运转与排出。同时可皮下注射硝酸士的宁或毛果芸香碱，但同时应注意，妊娠和心肺功能不全的病牛慎用。

防止脱水和自体中毒可及时输糖补液，缓和病情，可用5%葡萄糖氯化钠注射液1 000～2 000mL，10%氯化钙或葡萄糖酸钙注射液100～200mL，维生素C注射液50mL，一次静脉注射。同时应用抗生素。

中兽医称瓣胃阻塞为百叶干，治以养阴润胃、清热通便为主。可用藜芦润肠汤：藜芦、常山、二丑、川芎各60g，当归60～100g，水煎后加滑石90g，液状石蜡1 000mL，蜂蜜250g，一次内服。

【预防】 本病的预防重在加强饲养管理，减少粗硬饲料的摄入，增加多汁青饲料，补充蛋白质、维生素及微量元素，保证饮水，适当运动。对继发性瓣胃阻塞应积极治疗原发病。

十、皱胃炎

皱胃炎是指各种病因导致的皱胃黏膜及黏膜下层的炎症。本病多见于老年牛、体质衰弱的成年牛及犊牛，根据发病的原因不同，常可分为原发性皱胃炎和继发性皱胃炎。

【病因】

1. 原发性皱胃炎 多因饲养管理不当，采食大量粗硬饲料，霉变饲料或质量不佳的饲料导致皱胃分泌消化功能降低，饲料在皱胃内发酵加剧病情；饲料营养搭配不当，奶牛长期饲喂豆渣、粉渣等饲料导致蛋白质、维生素缺乏而引起本病发生；另可见于更换饲养员、惊吓、长途运输等应激因素刺激，导致消化功能障碍，引起皱胃炎，此种情况多见于体质衰弱牛。

2. 继发性皱胃炎 常继发于口炎、前胃弛缓、营养代谢性疾病、中毒、寄生虫病以及某些传染性疾病等。

【症状】

1. 急性皱胃炎 病牛表现精神沉郁，垂头站立，眼半闭无神。被毛蓬乱、粗糙、无光泽，鼻镜干燥，结膜潮红、黄染，口腔内散发难闻的气味。病牛食欲减退或废绝，听诊瘤胃蠕动音减弱或消失，常伴发瘤胃轻度鼓胀，触诊右腹部真胃区，病牛有疼痛表现。病牛常便秘，粪便干硬呈球状，被附黏液或肠黏膜，间或出现腹泻症状。奶牛患病，体温不高或降低，泌乳量急剧减少。后期，病情急剧恶化，全身衰弱，精神极度沉郁，呈昏迷状态，甚至虚脱。

2. 慢性皱胃炎 病牛呈长期消化不良，异嗜。口腔内有黏稠唾液和黏液，舌苔苍白，散发臭味，便秘。后期，病牛贫血，腹泻，体质虚弱，精神沉郁，有时呈昏迷状态。

【诊断】依据病史，结合病牛消化不良，异嗜，触诊皱胃区敏感，结膜潮红或黄染等临床症状可做出初步诊断。同时注意同瓣胃阻塞、皱胃阻塞等疾病进行鉴别诊断。

【治疗】治疗原则以清理胃肠、消炎止痛为主，重症病例则应强心、补液，慢性病例应注意清肠消导、健胃止酵。

急性病例，在病的初期应先禁食 1~2 天，并口服油类泻剂（如植物油500~1 000mL）或容积性泻剂（如硫酸钠或硫酸镁 400~500g）缓泻。必要时给予新鲜的健康牛瘤胃液 0.5~1L，更新瘤胃内微生物，增进其消化功能。

犊牛，禁食 1~2 天，禁食期间，喂给温生理盐水，禁食结束后，先给予温生理水，再给少量牛奶，少食多餐，逐渐增量。断奶犊牛，可饲喂适量易消化的优质干草和饲料，并添加少量微量元素。瘤胃内容物发酵，腐败时，可用四环素10~30mg/kg，内服，每天 1~2 次，拉稀粪之后，用磺胺脒 60g，小苏打 60g，加水 500mL，一次内服，每天 2 次。

病情严重者，及时应用抗生素，同时还须用 10% 葡萄糖注射液 1 000~2 000mL、复方生理盐水 500~1 000mL、10% 葡萄糖酸钙 50~100mL（或 10% 氯化钙 50~100mL）、40% 乌洛托品注射液 20~40mL，一次静脉注射，每天 1 次，连用 3~5 天。

中兽医认为本病是胃气不和，食滞不化，应以调胃和中，导滞化积为主，用加味保和丸：焦三仙 200g，莱菔子 50g，鸡内金 30g，延胡索 30g，厚朴 40g，焦槟榔 20g，大黄 50g，青皮 60g，水煎去渣，内服。

【预防】加强饲养管理，饲料营养搭配要合理，饲喂营养全面易消化的饲料，保证饲料质量；搞好牛舍环境卫生，减少应激因素刺激；对于继发性皱胃炎，要积极治疗原发病。

十一、皱胃阻塞

皱胃阻塞又称皱胃积食，主要由于迷走神经调节功能紊乱或受损所致的皱胃弛缓，皱胃内容物停滞，胃壁扩张，体积增大，形成阻塞，最终导致机体脱水、电解质平衡失调，自体中毒的一种严重的消化障碍性疾病。妊娠奶牛易发。

【病因】本病发生原因多样，常分为原发性皱胃阻塞和继发性皱胃阻塞。

1. 原发性皱胃阻塞　饲养管理不当，饲喂过量难以消化的富含纤维素的坚硬饲料（如花生秧、红薯秧等），同时缺乏青绿饲料；饲料搭配不当，饲喂过细的干草与粉状精料；饲料缺乏维生素及微量元素导致病牛异嗜（塑料布等）或妊娠母牛生产后误食胎盘引起皱胃机械性阻塞；犊牛因大量凝乳块滞留也可引起皱胃阻塞。发生瓣胃阻塞时瘤胃内微生物区系急剧变化，内容物腐败过程加剧，产生大量的刺激性有毒物质，引起瘤胃和网胃黏膜组织炎性浸润，渗透性增强，瘤胃内大量积液，全身功能状态显著恶化，发生严重的脱水和自体中毒。

2. **继发性皱胃阻塞**　常继发于前胃弛缓、创伤性网胃炎综合征、小肠秘结、胃肠炎、肠梗阻以及犊牛的腹膜炎等疾病。

【症状】本病常伴发前胃弛缓，因此，病初常呈现前胃弛缓症状，病牛表现食欲减退或废绝，反刍减少、短促或停止，饮欲增加。听诊瘤胃蠕动音减弱，瓣胃蠕动音低沉，粪便干燥。

随着病情发展，病牛精神沉郁，鼻镜干燥，食欲彻底废绝，腹围显著增大，胃肠蠕动音消失。病牛里急后重，排出棕褐色粪便，恶臭难闻，尿量减少，尿液呈黄色或深黄色，气味重。触诊皱胃区，疼痛不安，间或呻吟。

严重的病牛全身功能状态显著恶化，表现体温升高，眼窝下陷，结膜发绀，精神高度沉郁甚至卧地不起，昏迷等严重的脱水和自体中毒现象。

【病理变化】皱胃体积增大显著，皱胃黏膜出血、水肿、脱落、坏死，瓣胃体积增大，瘤胃体积增大，充满内容物或积液。

【诊断】本病发病前期在临床中常与前胃疾病，皱胃变位及肠阻塞的症状相似，因此本病前期很难确诊，在发病中后期，结合右腹部皱胃区局限性膨胀，触诊能感受到阻塞皱胃轮廓，听诊，出现类似叩击钢管的铿锵音以及皱胃穿刺测定其内容物的 pH 值 1~4，即可确诊。但须与前胃疾病，皱胃变位，肠阻塞等疾病进行鉴别诊断。

【治疗】治疗原则是消积化滞，防腐止酵，缓解幽门痉挛，促进皱胃内容物排出，防止脱水和自体中毒，增进治疗效果。

病的初期为消积化滞，防腐止酵，可用硫酸钠或硫酸镁 300~400g、液状石蜡 500~1 000mL 内服；或植物油 300~500mL、鱼石脂 20g、95%酒精 50mL、水 6~8L，一次内服。若病牛出现脱水与自体中毒时，禁用泻剂。

为了改善中枢神经系统调节作用，提高胃肠功能，增强心脏活动，可应用 10%氯化钠溶液 200~300mL，20%安钠咖溶液 20mL，一次静脉注射。发生脱水时，应根据脱水程度和性质进行输液，应用 10%葡萄糖注射液 1 000~2 000mL、复方生理盐水 1 000~2 000mL、维生素 C 50~100mL，一次静脉注射。同时可肌内注射抗生素防止继发感染。

【预防】加强饲养管理，合理安排日粮，保证饮水、运动，合理添加营养成分，避免发生异嗜症，对于继发性皱胃阻塞，应积极治疗原发病。

十二、皱胃左方变位

皱胃的正常解剖学位置改变，称为皱胃变位。皱胃通过瘤胃下方移到左侧腹腔，置于瘤胃和左腹壁之间，称为左方变位。本病多发于母牛分娩后 6 周内，也可散发于泌乳期或怀孕期，成年高产奶牛发病率高于低产母牛。

【病因】皱胃左方变位的确切病因目前尚不清楚，可能与下列因素有关。

（1）饲养不当，日粮中含谷物，如玉米等易发酵的饲料较多或采食较多富含酸性成分饲料，如玉米青贮等。在瘤胃内发酵，导致挥发性脂肪酸量增加，其浓度过高可降低皱胃蠕动能力，高精料日粮的发酵可引起前胃内气体产生量增加，促进变位的发生。

（2）一些营养代谢性疾病或感染性疾病，如奶牛酮病、低钙血症、生产瘫痪、牛妊娠毒血症、子宫内膜炎、乳房炎、胎衣不下等，均会引起胃肠弛缓。在分娩后，上述疾病对诱发皱胃变位有着重要的作用，因为胃肠弛缓可导致皱胃弛缓和产气。此外由于上述疾病可导致病牛食欲减退，瘤胃体积减少，促进皱胃变位的发生。

（3）为获得更高的产奶量，在奶牛的育种方面，通常选育后躯宽大品种，从而腹腔相应变大，增加了真胃的移动性，增加了发生皱胃变位的机会。同时每一头发病的牛，都可能是上述各种因素综合影响的结果。

【症状】病牛精神沉郁，无脱水迹象或轻度脱水，若无并发症，其体温、呼吸和脉搏基本正常。病初病牛精神沉郁，食欲减退，厌食精料，但有时采食少量干草或块根饲料，产乳量下降1/3~1/2，左侧肋弓突起明显，瘤胃蠕动音减弱或消失，在左侧肩关节和膝关节的连线与第11肋间交点处听诊，能听到与瘤胃蠕动时间不一致的皱胃音（带金属音调或流水或滴落音），在听诊左腹部的同时进行叩诊，可听到特征性的"钢管音"。犊牛的皱胃左方变位，直肠检查，可发现瘤胃背囊明显右移和左肾出现中度变位，但很少能触及变位的皱胃。有的病牛可出现继发性酮病，表现出酮尿症、酮乳症。

【诊断】依据临床症状，在特定部位叩诊能听到钢管音，并在叩诊部位进行穿刺，如果穿刺内容物镜检缺乏纤毛虫，pH值为1~4，尿酮检查呈阳性者即可做出诊断。

【治疗】目前临床治疗皱胃左方变位的方法常用滚转法、药物疗法和手术治疗法3种。

1. **滚转法**　滚转法是治疗单纯性皱胃左方变位的常用方法，运用巧妙时，可以痊愈，具体的方法是使牛右侧横卧1分钟，然后转成仰卧1分钟，随后以背部为轴心，先向左滚转45°，回到正中，再向右滚转45°，再回到正中，如此来回地向左右两侧滚转若干次，突然停止，恢复右侧横卧姿势，转成俯卧，最后站立。如仍未复位，可反复操作。

2. **药物疗法**　药物疗法可口服缓泻剂与止酵剂，应用促反刍药物和拟胆碱药物，以促进胃肠蠕动，加速胃肠排空。此外还应静脉注射10%氯化钙或葡萄糖酸钙，同时应口服氯化钾，若存在并发症，如酮病、乳房炎、子宫内膜炎等，应同时进行治疗，否则药物治疗效果不佳。必要时进行手术疗法。

3. **手术治疗法**　在左腹部腰椎横突下方 25~35cm，距第 13 肋骨 6~8cm 处，做一垂直切口，首先导出皱胃内的气体和液体。然后牵拉皱胃寻找大网膜，将大网膜引至切口处，用长约 1m 的肠线，一端在真胃大弯的大网膜附着部做一褥式缝合并打结，剪去余端，带有缝针的另一端放在切口外备用。纠正皱胃位置后，右手掌心握着带肠线的缝针，紧贴左内腹壁伸向右腹底部，并按助手在腹壁外指示真胃正常体表位置处，将缝针向外穿透腹壁，由助手将缝针拔出，慢慢拉紧缝线。然后，缝针从原针孔刺入皮下，距针孔处 1.5~2.0cm 处穿出皮肤，引出缝线，将其与入针处留线在皮肤外打结固定，剪去余线，腹腔内注入青霉素和链霉素溶液，常规缝合腹壁。术后 7 天内，应加强饲养管理，防止感染，可全身应用抗生素，同时应注意纠正脱水和代谢性碱中毒，可使用胃肠兴奋药，恢复胃肠蠕动，清理胃肠，可适当应用缓泻剂，以清除胃肠内滞留的腐败内容物。

【预防】加强饲养管理，控制干奶期母牛精料量，减少粗硬饲料，增加青饲料和多汁饲料，保证饮水，适当运动；对发生乳房炎或子宫炎、酮病等疾病的病牛应及时治疗，防止继发皱胃变位；在奶牛的育种方面，应注意选育既要后躯宽大，又要腹部较紧凑的奶牛。

十三、皱胃右方变位

皱胃从正常的解剖位置以顺时针方向扭转到瓣胃的后上方，而置于肝脏与腹壁之间，称为皱胃右方变位。病牛呈现腹痛、脱水、碱中毒等幽门阻塞综合征。

【病因】皱胃右方变位的确切病因目前仍不清楚，有关的因素与左方变位相似。皱胃右方变位导致幽门阻塞，引起皱胃的分泌量增加，导致皱胃扩张、积液、气胀、腹痛、脱水、低氯血症、低钾血症和碱中毒以及循环虚脱的严重病理现象。由于皱胃扭转，皱胃的血液供应受到影响，最终引起皱胃局部血液循环障碍和缺血性坏死。

【症状】病牛食欲急剧减退或废绝，泌乳量急剧下降，表现不安或蹴踢腹部、背下沉等腹痛症状，体温一般正常或偏低，心率 100~120 次/分，呼吸数正常或减少。瘤胃蠕动音消失，粪便呈黑色、糊状、混有血液。从尾侧视诊可见右腹膨大或肋弓突起，在右肷窝部可以发现或触摸到半月状隆起，在听诊右腹部的同时进行叩诊，可听到高亢的鼓音（砰砰声），鼓音的区域向前可达第 8 肋间，向后可延伸至第 12 肋间或肷窝。右腹冲击式触诊可发现扭转的真胃内有大量液体。直肠检查，在右腹部触摸到鼓胀而紧张的皱胃。从鼓胀部位穿刺皱胃，可抽出大量带血色液体，pH 值为 1~4。轻度扭转或伴有扩张的病牛，病程可达 10 天左右，病牛均会出现酮尿、尿量减少、尿色深黄，严重的病例还常伴有重度脱水、休克和碱中毒等，病牛可突然死亡。

【诊断】皱胃右方变位临床诊断基本同左方变位。

【治疗】皱胃右方变位的治疗主要采用手术治疗法。在右腹部第 3 腰椎横突下方 10~15cm 处，做一垂直切口，首先导出皱胃内的气体和液体，纠正皱胃位置，并使十二指肠和幽门通畅，然后将皱胃在正常位置加以缝合固定，防止复发。对于早期的皱胃扭转或轻度脱水者，采取术后口服补液，严重病例则应在术前进行静脉补液和补钾，用复方氯化钠注射液 3 000~5 000mL，25% 葡萄糖注射液 500~1 000mL，20% 安钠咖注射液 10mL，一次静脉注射。对于低钙血症、酮病等并发症在术后应及时进行治疗。

【预防】预防同皱胃左方变位。

十四、胃肠炎

胃肠炎是胃肠壁表层和深层组织的重剧炎症，致使胃肠的分泌功能和运动功能发生紊乱。临床上以拉稀，粪便带血、黏液、脓液、肠黏膜和恶臭难闻为特征。按病因常可分为原发性胃肠炎和继发性胃肠炎。

【病因】

1. 原发性胃肠炎

原发性胃肠炎病因：①饲喂霉败饲料或不洁的饮水；②采食蓖麻、巴豆等有毒植物；③误食了酸、碱、砷、汞、铅、磷等有强烈刺激或腐蚀的化学物质；④食入了尖锐的异物损伤胃肠薄膜后被链球菌、金色葡萄球菌等化脓菌感染，而导致胃肠炎的发生；⑤牛舍阴暗潮湿、卫生条件差、气候骤变、车船运输、过劳、过度紧张、牛机体处于应激状态，容易受到致病因素侵害，致使胃肠炎的发生；⑥此外还有滥用抗生素等，导致胃肠菌群失调，引发胃肠炎。

2. 继发性胃肠炎
常继发于急性胃肠卡他、肠便秘、肠变位、幼牛消化不良、前胃弛缓、创伤性网胃炎、牛结核、牛副结核以及某寄生虫病等。

【症状】急性胃肠炎，病牛表现精神沉郁，食欲减退或废绝，舌苔黄腻，口腔有酸臭味、嗳气、反刍减少或停止，鼻镜干燥。腹泻，粪便稀呈粥样或水样，腥臭，粪便中混有黏液、血液和脱落的黏膜组织，有的混有脓液。有不同程度的腹痛和肌肉震颤，病的初期，肠音增强，随后逐渐减弱或消失，当炎症波及直肠时，排粪呈现里急后重，后期，肛门松弛，呈现排粪失禁，腹部触诊较为敏感。此外病牛体温升高，心率增快，呼吸加快，眼结膜暗红或发绀，眼窝凹陷，皮肤弹性降低，血液浓稠，尿量减少。随着病情恶化，病牛体温下降，四肢厥冷，脉搏微弱甚至消失，体表静脉萎陷，精神高度沉郁甚至昏睡或昏迷。腹泻严重的病牛，表现严重脱水，卧地不起，身体极度衰弱，若不及时治疗，终因心力衰竭或自体中毒而死亡。

【诊断】依据病牛表现腹泻，粪便中混有血液、黏液、肠黏膜等临床症状，可初步做出诊断，同时应注意同寄生虫病、中毒病等疾病进行鉴别诊断。

【病程及预后】患急性胃肠炎的病牛，治疗及时，多数可康复，若治疗不及时，则多为预后不良；患慢性胃肠炎的病牛，病程数周至数月不等，若不积极治疗，可因衰弱或肠破裂穿孔而死亡。

【治疗】治疗原则是抑菌消炎，清理胃肠，预防脱水，维护心脏功能，增强机体抵抗力等。

1. **抑菌消炎** 牛一般可灌服 0.1%高锰酸钾溶液 2 000～3 000mL，或者用磺胺脒 30～40g，次硝酸铋 20～30g，萨罗 10～20g，水适量，一次内服。或可内服诺氟沙星（10mg/kg）或痢特灵（8～12mg/kg），或者肌内注射庆大霉素(1 500～3 000 单位/kg)或庆大-小诺霉素（1～2mg/kg），环丙沙星（2～5mg/kg）等抗菌药物。

2. **清理胃肠** 常用硫酸钠（镁）100～300g，鱼石脂 10～30g，酒精 50mL，加水适量，一次内服。或用液状石蜡 200mL，松节油 300mL，一次内服。

3. **补液强心解毒** 可用 5%葡萄糖氯化钠注射液 1 000～2 000mL，维生素 C注射液 20mL，40%乌洛托品 30mL，一次静脉注射；或用 10%葡萄糖 1 000～2 000mL，碳酸氢钠 300～500mL，20%安钠咖注射液 10～20mL，一次静脉注射；或用复方氯化钠注射液 2 000mL，10%氯化钙 100～200mL（或 10%葡萄糖酸钙注射液，100～200mL），20%安钠咖注射液 10～20mL，一次静脉注射；此外对明显腹痛不安的病牛可配合使用镇静剂。

4. **中药治疗** 中兽医称肠炎为肠黄，治疗以清热解毒、消黄止痛、活血化瘀为主，用郁金散加减：郁金、白芍、黄连、木香、黄芩、黄柏各 30g，栀子、茯苓各 20g，开水冲调，候温灌服。

【预防】做好饲养管理工作，禁止饲喂霉败变质饲料、有腐蚀的化学物质等，防止各种应激因素的刺激，做好定期预防接种和驱虫工作，保证牛群健康。

十五、霉菌性肠炎

本病又称为霉菌性胃肠炎，是指采食了被真菌及其代谢产物——真菌毒素污染的饲料后，引起胃肠黏膜及其深层组织的炎症。本病常群发，无传染性，但具有地方性和季节性的发病特征，我国南方各省在冬春季节发病较多。

【病因】多为饲养管理不当，导致牛采食被产毒真菌及其代谢产物污染的谷草、稻草、青干草、玉米、糟粕类、块根类等饲料后而发病。

【症状】病牛突然发病，表现精神不振，反应迟钝，可视黏膜潮红、黄染或发绀，饮、食欲减退或废绝，口腔干燥，舌苔黄厚，口腔恶臭难闻，肠蠕动音通常减弱，但个别病例的肠蠕动音增强，粪便稀软，呈粥样，混有黏液或血液，轻度腹痛。体温多在正常范围，少数病例可高达 40℃左右，脉搏 60～100 次/分，心律不齐，呼吸急促，30～60 次/分。严重病例表现嘴唇松弛下垂、流涎、反应迟钝、嗜睡甚至昏迷。血液检查，白细胞减少。粪便检查，潜血呈阳性反应。

【诊断】 根据临床症状，病牛表现胃肠炎症状，并结合所采食饲料霉变，检出真菌即可做出诊断。

【治疗】 病初清理胃肠和排毒，通常服用氧化剂（如 0.05%~0.1% 高锰酸钾溶液或 0.1%~0.5% 过氧化氢溶液），或用硫酸钠（镁）100~300g，鱼石脂 10~30g，酒精 50mL，加水适量，一次内服。阻止霉菌毒素的吸收，可内服鞣酸蛋白或次硝酸铋。

【预防】 加强饲养管理，禁止饲喂污染变质的饲料，规范饲料保管，防止本病发生。

十六、黏液膜性肠炎

黏液膜性肠炎是在致病因素的作用下，使肠壁发生一种特殊的炎症反应，由肠壁血管不断地渗出纤维蛋白原，而消化液分泌减少，黏液分泌增多，从而凝集成一种由纤维蛋白和黏液所构成的黏液膜状物，附着在肠黏膜的表面，引起消化障碍和腹痛的一种肠炎。本病多发于牛，发生部位多位于小肠。

【病因】 黏液膜性肠炎的病因和发病机制目前尚不十分清楚。多认为黏液膜性肠炎是在变态反应的基础上发生，并与副交感神经紧张性增高有关。常见病因有：

①饲料过于单纯，品质不良，缺乏维生素。

②肠道功能紊乱，肠道菌群关系变化，产生多量的细菌毒素和发酵腐败的产物。

③霉败饲料中的真菌毒素和霉败饲料变质的异性蛋白质。

④肠道和肝脏寄生虫及其代谢产物。

⑤服用敌百虫、硫双二氯酚、硫酸钠、汞制剂等药物，过劳、长途运输、拥挤、卫生条件差、紧张等应激因素可促进本病的发生。

【症状】 发病初期，病牛表现食欲减退，反刍减少、短促无力，瘤胃蠕动音减弱或消失，轻度腹痛，粪便稀薄恶臭。经 12~15 天病情缓和，腹痛症状消失，但再经过 5~6 天或更晚一些，病情又加剧，呈现腹痛，不断努责，最终排出灰白色或黄白色的膜状管型或索状黏液膜，黏液膜长短不一，短的只有 20~30cm，长的可达 8m 以上。当这种膜状物排出后，腹痛减轻或消失，病牛迅速康复。严重病例，病程较长，持续腹泻，有的病牛反复排出膜状物和腥臭粪便。

【诊断】 由于本病对病牛的危害相对较轻，临床上又较难及时做出诊断，可根据病牛后期排出黏液膜做出诊断，此时多数病牛多已康复。

【治疗】 黏液膜性肠炎，病情较轻者，炎性产物可以自行排出，有的不经治疗也能康复。但病情重剧的，首先应根据病因，应用抗过敏药物，消除变态反应，并及时应用油类泻剂，清理胃肠，促进康复。

通常应用的抗过敏药物有盐酸苯海拉明、盐酸异丙嗪配合内服活性炭和注射维生素 C，葡萄糖酸钙；清理胃肠，用油类泻剂，如植物油或液状石蜡 500～1 000mL。

重剧病例，尚需注意强心补液和应用抗生素，以防止脱水，自体中毒和继发感染。中药可用加味增液汤：玄参、麦冬、郁金、赤芍、青皮各 30g，生地、枳实、当归、香附各 45g，金银花 125g、连翘 120g、生大黄 120g、蒲公英 60g、地丁 50g，共为末，开水冲调，候温加液状石蜡（或植物油）500～1 000mL 灌服。

【预防】加强饲养管理，给予营养全面、搭配合理的日粮，不喂发霉及变质的饲料，搞好卫生防疫及定期驱虫工作，避免各种应激因素对牛机体的损害。

十七、犊牛腹泻

犊牛腹泻是指由于多种原因引起的哺乳期犊牛以腹泻、脱水、酸中毒为特征的一种危害犊牛比较严重的消化不良性胃肠道疾病。本病多发于 2～6 周龄的犊牛，是造成犊牛生长发育不良和死亡的主要疾病之一。

【病因】本病发生的主要病因有：

（1）犊牛饲养管理不当，出生后没能及时吃到初乳，胎粪没能及时排出，诱发本病发生。

（2）犊牛圈舍环境条件差，尤其冬季天冷时，胃肠道易受到冷应激，蠕动加快，导致本病发生。

（3）妊娠期母牛营养不全，影响胎儿发育，出生后抵抗力差，易发本病。

（4）肠道感染细菌，如大肠杆菌、沙门杆菌等。

（5）某些寄生虫感染。

【症状】发病犊牛表现为病初厌食，精神不振，体温升高或正常，粪便呈粥样、水样、白色、淡黄色或褐色，恶臭难闻，尾根部常有粪便污染，听诊，肠音高亢，病牛心跳、呼吸加快。随病情发展，严重者表现体温急剧升高，四肢软弱无力，行走困难，全身脱水，眼窝下陷；当肠内容物发酵，毒素吸收自体中毒时，可出现神经症状，如兴奋、痉挛；严重时，嗜睡、昏迷。

【诊断】依据犊牛表现腹泻、脱水、尾根部被粪便污染等临床症状可做出初步诊断，对母牛初乳品质进行检查和犊牛肠道菌群检查有助于本病的诊断。同时应注意同梭菌性肠炎、病毒性腹泻、沙门杆菌病、球虫病等疾病进行鉴别诊断。

【治疗】治疗原则为：缓解胃肠负担，强心补液，抗菌消炎，保护胃肠黏膜，防止脱水纠正酸中毒等。

1. 缓解胃肠负担　首先实施饥饿疗法，病牛禁食 8～12 小时，同时可按 50mL/kg 体重口服补液盐，缓泻可用植物油。

2. **强心补液**　可用 10% 葡萄糖 500～1 000mL，10% 氯化钙或葡萄糖酸钙注射液 30mL，维生素 C 5g，一次静脉注射。

3. **抗菌消炎**　可肌内注射硫酸庆大霉素和小诺霉素 30 万 IU，或静脉注射。

4. **保护胃肠黏膜，防止脱水纠正酸中毒**　可口服鞣酸蛋白或次硝酸铋 20g，碳酸氢钠片 20 片，补液盐 50mL/kg 体重，混合后，一次口服。

【预防】加强妊娠母牛的饲养管理，保证胎儿的生长发育；改善饲养管理条件，保证犊牛出生后及时吃到初乳；搞好圈舍的防寒、通风透光、消毒卫生工作。

十八、大肠便秘

大肠便秘又称肠阻塞，是由于多种原因造成的肠管运动功能和分泌功能不足，导致肠内容物大量积聚，排粪停止的一种大肠阻塞性疾病。本病多发于老年牛。

【病因】引发本病的主要病因有：

（1）饲养管理不当，乳牛长期饲喂大量富含纤维素的浓汁饲料，缺乏运动，引起肠功能减退，最终引起肠管扩张、麻痹，进而阻塞。

（2）继发于寄生虫或是某些矿物质微量元素、维生素缺乏导致的异嗜，食入毛团或木屑等异物阻塞肠管所致。

【症状】病牛表现鼻镜干燥，食欲减退或消失，反刍停止，口腔干燥，肠音减弱或消失，排粪困难、减少，体温、呼吸、脉搏变化不明显。病初病牛表现阵发性轻度腹痛，四肢频频踏地，后肢踢腹，弓腰努责，排出少量粪便，腹痛剧烈时，病牛时起时卧。病情中后期，病牛排粪停止，精神高度沉郁，卧地不起，脱水并自体中毒。

【诊断】依据腹痛，排粪停止，口腔干燥等临床症状可做出初步诊断，必要时进行直肠检查进一步确诊。同时应注意与瓣胃阻塞、皱胃积食等疾病进行鉴别诊断。

【治疗】治疗原则为：疏通结便、促进胃肠蠕动、强心补液、加强护理。

1. **疏通结便**　可灌服硫酸钠（或硫酸镁）300～500g，鱼石脂 20g，酒精 100mL，温水 600～1 000mL，一次内服，或用液状石蜡 1 000～3 000mL，苦味酊 20～30mL，一次内服。也可在体外经腹壁或直肠内用按压法、掏结法、捶击法、注水法等方法将结便破碎后，再按上述方法使用缓泻剂。

2. **促进胃肠蠕动**　促进肠蠕动可静脉注射 10% 氯化钙或葡萄糖酸钙注射液 100～200mL，10% 氯化钠 200～300mL，10% 安钠咖注射液 20mL；或皮下注射毛果芸香碱或新斯的明等。

3. **强心补水**　可用 10% 葡萄糖 500～1 000mL，10% 氯化钙或葡萄糖酸钙注射液

200mL，维生素 C 5g，复方生理盐水 1~2L，一次静脉注射；也可口服补液盐按50mL/kg 体重进行补水。

4. **加强护理** 待治疗完毕后，应加强护理，防止复发和继发胃肠炎。

5. **中医疗法** 可用大承气汤加减：大黄 200g，芒硝 300g，厚朴 300g，枳实150g，共煎水去渣，加麻油 200mL，候温灌服；或化结散加减：芒硝、大黄、滑石各 150g，枳实、番泻叶、木通各 30g，甘草 20g，共研末，加麻油 200mL，开水冲调，候温灌服。

【预防】加强饲养管理，科学搭配日粮，防止摄入过多精料或富含粗纤维的粗硬饲料，保证饮水；定期对牛群驱虫保健，补充矿物质、维生素等，防止发生异嗜，继发本病发生。

十九、急性实质性肝炎

急性实质性肝炎指多种致病因素侵害肝脏，使肝细胞受到破坏，肝脏的功能受损，肝脏发生以肝实质细胞变性、坏死和肝组织炎性病变为特征的肝脏疾病。临床上以黄疸、消化紊乱、出现神经症状及肝功能障碍为特征。按病程分为急性与慢性。根据牛有无出现黄疸的情况可分为急性黄疸型肝炎和急性无黄疸型肝炎；按病因分为原发性和继发性。

【病因】急性实质性肝炎的原因比较复杂，主要是由中毒性因素与传染性因素引起。

1. **中毒性因素**

（1）霉菌毒素中毒：一些霉菌如镰刀菌、青霉菌、杂色曲霉菌、黄曲霉菌等，产生的毒素可严重损伤肝脏。因此，长期饲喂霉败饲料及其加工副产品，均可发生肝炎。

（2）有毒植物中毒：采食了多量羽扇豆、蕨类植物、野百合、杂三叶、千里光、棘豆、天芥菜等有毒植物可引起肝炎。

（3）化学毒物：砷、磷、锑、汞、铜、四氯化碳、六氯乙烷、氯仿、甲酚、棉酚、煤酚、鞣酸等化学物质，能直接损伤肝细胞，引起急性实质性肝炎或肝坏死。另外杀鼠剂、杀虫剂等，也是引起肝炎的常见病因。

（4）药物中毒：长期服用某些药物，如反复投予氯丙嗪、睾酮、氟烷、阿司匹林、扑热息痛、酚类药物等，均可损害肝脏而引起本病。

（5）代谢产物：由于机体物质代谢障碍，使大量中间代谢产物蓄积，引起自身中毒，如饲喂尿素过多或者尿素循环障碍，常常导致肝炎的发生。

2. **传染性因素**

（1）细菌性因素：链球菌、沙门杆菌、肺炎弯曲杆菌、葡萄球菌、化脓杆菌、坏死杆菌、结核杆菌及钩螺旋体等，都可引起肝炎。

（2）病毒性因素：疱疹病毒、牛恶性卡他热病毒，都可引起肝炎。

（3）寄生虫性因素：弓形虫、球虫、巴贝斯虫、肝片吸虫、血吸虫、血孢子虫的严重侵袭，可发生肝炎。

（4）进入肝脏的病原体，不仅可以破坏肝组织而产生毒性物质，同时其自身在代谢过程中也释放大量毒素，并且还以机械损伤作用使肝脏受到损伤，导致肝细胞变性、坏死。

3. 其他因素

（1）营养性肝炎：主要见于硒、维生素 E、蛋氨酸和胱氨酸等缺乏，导致牛饮食性肝坏死。

（2）充血性肝炎：由于血液循环障碍，门静脉和肝脏瘀血，肝窦状隙内压增高，压迫肝实质，肝实质受压缺氧导致肝小叶中心变性和坏死。也可引起肝细胞营养不良而导致门静脉性肝炎。见于在大叶性肺炎、坏疽性肺炎、心脏衰弱等病程中。

（3）在胃肠病经过中，由于毒素刺激肝脏常伴发或继发实质性肝炎。

【症状】病初精神沉郁，有的则先兴奋，以后转为昏睡，体温升高或正常，可视黏膜黄染，有时皮肤瘙痒不安，心跳减慢、脉搏减少。呈现慢性消化不良症状，食欲减退，其特点是粪便起初干燥，随后稀软，或便秘与腹泻交替出现，臭味大，粪色淡，严重时呈灰白色。尿色发暗，有时似油状。肝脏浊音区扩大，有不同程度腹痛，随着病程进展，全身症状增剧，神经症状明显，精神沉郁，甚至昏睡、昏迷，有时有短暂兴奋，共济失调和痉挛，脉搏徐缓，有的疾速，呼吸加快。

1. 尿液检查　病初尿胆素原增加，其后尿胆红素增多，尿沉查中有肾上皮细胞及管型。

2. 血液检查　红细胞脆性增高，凝血酶原降低，血液凝固时间延长。

3. 肝功能检查　血清黄疸指数升高；直接胆红素和间接胆色素含量增高；反映肝损伤的血清酶类谷—丙转氨酶（GPT）、谷—草转氨酶（GOT）和乳酸脱氢酶（LDH）活性增高。有意义诊断的指标是在肝损伤天门冬氨基酸转移酶（AST）及丙氨酸氨基转移酶（ALT）的活性均升高。牛患化脓性肝炎时，血中γ-球蛋白增高，白蛋白持续降低，山梨醇脱氢酶活性升高。

急性肝炎如发现早，及时地排除致病因素，加强饲养和护理，采取病因疗法，可以恢复健康，预后佳良。当急性肝炎转为慢性肝炎时，则表现为长期消化功能紊乱，异嗜，营养不良，消瘦，颌下、腹下与四肢下端水肿。如果继发肝硬变，则呈现肝脾综合征，发生腹水，预后大多不良。

【病理变化】在急性实质性肝炎初期，可视黏膜、皮肤及皮下组织黄染，肝脏肿大，脂肪变性，呈黄土色或黄神色，边缘钝圆，质地脆弱，表面和切面有大小不等、形状不整的出血性病灶，胆囊缩小。

　　组织学检查：肝细胞检查，肝细胞呈严重颗粒变性和脂肪变性，中央静脉和肝窦状隙扩张、充血；间质有少量炎性细胞浸润。

　　中、后期因变性的肝细胞坏死和溶解，肝脏体积缩小，质地柔软，色黄或紫红，或红黄相间。窦状隙显著扩张，瘀血，出血，组织细胞浸润，有的含有被吞噬的红细胞或含铁血黄素。小叶中央静脉区肝细胞呈变性、坏死或溶解状态。在后期，坏死的肝小叶溶解，肝小叶结构破坏，网状纤维支架明显，内质网显著扩大，核糖体脱落，线粒体减少，糖原减少消失。汇管区充血、水肿和炎性细胞浸润，胆管上皮增生。

　　【诊断】临床上，根据黄疸，消化紊乱，粪便干稀不定、恶臭、色淡，肝区触诊、叩诊的变化，以及按一般消化不良治疗效果不明显等，可初步诊断为急性肝炎。结合血液检查凝血酶原反应，血液凝固时间，尿胆原和胆红素检查，血清胆红素增多，重氮试剂定性试验呈两相反应；麝香草酚浊度与硫酸锌浊度升高；谷丙转氨酶（GPT）、谷草转氨酶（GOT）和乳酸脱氢酶（LDH）、鸟氨酸氨基甲酰转移酶活性增高等综合征，进行分析，不难确诊。

　　【治疗】治疗原则是排除病因，保肝利胆，清肠止酵，促进消化功能，加强护理。

　　1. 排除病因　停止饲喂发霉变质的饲料或含有毒物的饲料，由寄生虫引起者应进行驱虫。

　　2. 保肝利胆　通常用25%葡萄糖注射液静脉注射，可用肝泰乐、胰岛素注射液，配合维生素C、维生素B_1注射液，保护肝脏功能。利胆，可内服人工盐，并皮下注射氨甲酰胆碱或毛果芸香碱，促进胆汁分泌与排泄。

　　3. 清肠止酵　可用硫酸钠、硫酸镁、鱼石脂、酒精等内服。

　　4. 对症治疗　根据病情，有出血倾向时应用止血剂，如1%维生素K_3肌内注射，也可静脉注射10%氯化钙注射液。

　　5. 控制感染　选用对肝脏损害较轻的抗生素，如氨苄青霉素、青霉素、庆大霉素等。抑制炎性促进因子的形成，减轻反应，配合糖皮质激素如地塞米松，肌内或静脉注射。当出现肝昏迷时，可静脉注射甘露醇，降低颅内压，改善脑循环。

　　6. 中药治疗　按中兽医辨证施治原则，当肝脏湿热，胆汁外溢，黄疸鲜明，则应去湿消炎，清热泻火，用加味茵陈汤：茵陈200g、栀子80g、大黄40g、黄芩60g、板蓝根200g，水煎去渣内服。若湿重于热、精神困倦、食滞腹痛、尿黄短少时，应加枳实，消食和胃加茯苓、滑石、车前子；利尿清热加猪苓、泽泻，以渗湿利水。

　　7. 加强护理与食饵疗法　应使牛保持安静，避免刺激和兴奋，饲喂富有维生素或谷物饲料白质饲料。容易消化的碳水化合物饲料，给予优质青干草、胡萝卜。

【预防】本病的预防，加强饲养管理，防止霉败食物、有毒植物以及化学毒物有中毒，加强防疫卫生，防止感染，增强肝脏功能。

二十、肝硬变

肝硬变（肝硬化）又称慢性间质性肝炎或肝纤维化，是在各种致病因素作用下，引起肝细胞慢性、进行性、弥漫性变性、坏死、萎缩，间质结缔组织增生和纤维化，再生结节和假小叶形成为基本病理特征，并逐渐发展而成硬化的一种慢性肝脏疾病，晚期以肝功能减退和门静脉高压为主要表现。临床上以顽固性消化不良、渐进性消瘦、进行性腹水、黄疸、肝脾肿大以及神经功能紊乱为特征。根据病变的性质可分为肥大性肝硬化和萎缩性肝硬化。

【病因】肝硬化的原因有多种。内在或外界的各种有毒物质、自体中毒、传染与侵袭性疾病以及其他不良因素影响全身功能，均可引起本病的发生。按其发病的原因，一般可分为原发性和继发性两种。

1. **原发性肝硬化**　主要由各种中毒引起。长期饲喂霉变饲料（含有黄曲霉素毒素）或含有酒精的酒糟和腐败变质的饲料。饲料中长期缺乏蛋白质与维生素，肝脏营养不良，亦能促进肝硬化的发生和发展。误食有毒植物，如棉酚、马兜铃等。长期接触化学物质，如铜、砷、磷、铅、氯仿、四氯化碳等化学物质中毒，或中毒性、药物性肝炎而演变为肝硬化。

2. **继发性肝硬化**　多由急性转化或继发而来，常见于犊牛副伤寒、牛肝片吸虫、慢性肝炎、慢性心源性肝瘀血、肝脓肿引起的肝营养不良、肝实质变性、慢性阻塞性黄疸等疾病都可引起本病的发生。

【发病机制】肝硬化的发生和发展，主要由于各种有毒物质被消化道吸收后，经门静脉、肝动脉或胆管进入肝脏，导致肝细胞损伤，发生变性坏死，进而肝细胞再生和纤维结缔组织增生，肝纤维化形成，坏死部逐渐被增生的结缔组织所代替，因而肝脏变硬和变形，最终发展为肝硬化。

1. **营养不良性肝硬化**　由长期营养缺乏引起，特别是蛋白质和 B 族维生素缺乏，如含胱氨酸的蛋白质、胆碱等，使肝细胞内酶的生成、活性及脂肪代谢等受到影响，肝细胞的抵抗力降低，受各种有害因素的损害而发生变性坏死。

2. **寄生虫性肝硬化**　是虫卵大量沉积引起的，未成熟的虫卵仅引起很轻的反应，而成熟虫卵则被淋巴细胞、巨噬细胞、嗜酸性粒细胞、中性粒细胞及浆细胞包围，逐渐生成上皮样细胞，然后成为纤维细胞，虫卵内毛蚴死亡后渐成假结核结节，最终被吸收，形成纤维性结节，最终发展为纤维化。

在肝硬化后期，由于肝细胞遭到严重破坏，肝的解毒功能和调节代谢功能降低，水盐代谢障碍，胆汁的分泌和排泄作用发生紊乱，以致发生自体中毒，引起中枢神经系统的功能障碍；毛细胆管和一些中、小胆管被增生的结缔组织压迫而闭塞，胆汁瘀滞，而发生黄疸。

【症状】病的初期多呈现消化不良，慢性前胃弛缓或瘤胃鼓胀，便秘与腹泻交替发生，顽固性消化障碍，逐渐出现黄疸。随着病程的延长，体质衰弱，精神迟钝，呈现渐进性消瘦，最后陷于恶病质体态，腹腔穿刺有大量透明的淡黄色漏出液流出，且在腹腔液体排出后，经过数日，又出现腹水。尿中含有尿胆素、胆酸、胆红质。重症者可出现昏迷。

腹部叩诊肝脏浊音区扩大，可达到右肷窝的前部；后期肝脏浊音区缩小。B超常出现肝边缘不整、结节、肝脏表面不光滑、肝叶比例失调、肝实质回声不均匀以及脾大、门静脉扩张等超声图像，还能检出少量腹水。

【病理变化】肝硬变初期，肝脏肿大，坚硬、表面光滑，呈黄色或黄绿色。组织学检查，见小叶间与小叶内的结缔组织弥漫性增生，肝细胞被增生的结缔组织所分开，含有胆色素。

肝硬化中、后期，肝脏体积缩小、坚硬，表面凸凹不平，色彩斑驳，有灰红色、淡黄色、深黄色、绿色等色彩。切面有许多圆形或近圆形的岛屿状结节，结节周围有较多淡灰色的结缔组织包围；肝内胆管明显，管壁增厚。病理组织学最明显的变化是纤维结缔组织增生和网状纤维胶原化，肝小叶不规则的缩小，被结缔组织分割成大小不等的小岛，称为假小叶。

此外，还有胃肠瘀血，水肿，脾脏肿大、硬度增加，腹腔内有多量腹水。

【诊断】根据病程、消化不良、消瘦、可视黏膜黄染、肝脾肿大、腹腔积液及神经功能扰乱等临床表现，结合血液及尿液检查结果可做出初步诊断。B型超声腹部检查可提示肝硬化，但不能作为确诊依据，有的肝硬化牛超声检查无异常发现，应综合分析。确诊依据肝活体穿刺和病理组织学检查。

【治疗】本病目前无特效治疗，关键在于早期诊断，针对病因给予相应处理，阻止肝硬化进一步发展。首先，除去致病的原因，改善饲养，加强护理。给予富有维生素、易消化的碳水化合物饲料，并且日粮中应有丰富的蛋白质。

药物疗法：通常用硫酸钠和人工盐内服，清理胃肠，促进胆汁分泌。为保护肝脏、增强解毒功能，可用25%葡萄糖注射液静脉注射。此外，还可应用酵母片、维生素A、维生素B_1、维生素B_{12}以及维生素C进行治疗。肝硬变的早期可应用胆碱、甲硫氨酸、胱氨酸等抗脂性药物；亦可用抗纤维化药物，有一定疗效。

发生腹水时，可以应用强心利尿剂，促进腹水的吸收，同时还可施行腹腔穿刺，排除腹水。中药可用加味逍遥散：柴胡、当归、白术、白芍、茯苓、黄芪、党参、丹参、川芎各30g，炙甘草20g，共为末，开水冲调，候温灌服。

【预防】注意平时饲养，避免饲喂霉烂酸败的饲料，防止慢性中毒与消化不良，在受到传染性因素或侵袭性因素侵害时，必须注意及时预防与治疗。

二十一、腹膜炎

腹膜炎是在致病因素作用下，引起腹膜各种炎症的总称。根据临床表现分为急性腹膜炎和慢性腹膜炎；根据腹膜内有无感染病灶分为原发性腹膜炎和继发性腹膜炎；根据病因分为细菌性腹膜炎和非细菌性腹膜炎等。奶牛的腹膜炎多为继发性腹膜炎。

【病因】

1. **原发性腹膜炎** 通常由于受寒、感冒、过劳或某些理化因素的影响，机体防卫功能降低，抵抗力减弱，易受到大肠杆菌、沙门杆菌、化脓杆菌、链球菌、葡萄球菌等条件致病菌的侵害而发生。

2. **继发性腹膜炎** 主要见于腹腔和盆腔器官感染性炎症的蔓延或转移；腹腔和盆腔器官的破裂或穿孔、肠道和生殖道中的异物和微生物直接侵入腹膜而引起；腹壁的创伤、腹腔的手术或穿刺而感染，也可能成为某些疾病的症状或继发症。如创伤性网胃炎综合征、肠梗阻、肠破裂等内容物漏入腹腔，使腹膜受到刺激和感染。也见于炭疽、出血性败血症、肠结核等疾病过程中。

【发病机制】腹膜有很强的吸收能力，侵入的微生物及其毒素被腹膜吸收后，对机体产生毒害作用，引起体温升高，并出现全身症状。病原微生物及其毒素侵害腹膜时，使腹膜毛细血管扩张、充血、通透性增高，血浆大量外渗，白细胞大量游出，因而发生明显的炎性渗出过程。同时由于微静脉瘀血，腹膜的吸收能力显著降低，大量的炎性渗出物蓄积在腹腔中，呈现下腹部膨大。微生物、毒素及其炎性产物对腹膜感觉神经末梢的刺激，使腹膜的敏感性增高，因而病牛表现出腹痛。

【症状】

1. **急性弥漫性腹膜炎** 牛体温变化不明显，呼吸浅表急速，胸式呼吸明显，脉搏快而弱，精神沉郁，食欲降低或废绝。病牛表现拱背，腹壁紧张，不愿运动，持续站立，强迫行走则呻吟、步态谨慎，缓慢移动，不愿排粪、排尿。初期肠蠕动音增强、后期蠕动减弱或消失，继而肠管扩张。触诊腹壁紧张、不安，叩诊则疼痛加重，腹腔内渗出液多时呈水平浊音。直肠检查，腹膜敏感、结肠内有粪便。

2. **慢性腹膜炎** 由于发生粘连而影响消化道的正常活动，表现消化不良和顽固性下痢，逐渐消瘦，其他症状不明显。病程可达数周至数月，粘连严重而引起消化道损害者，多预后不良。

【病理变化】剖检可见腹膜充血、潮红、粗糙；腹腔中有混浊的渗出液，其内混有纤维蛋白絮片，腹膜面覆盖有纤维蛋白膜，有新生毛细血管，腹膜和腹腔各器官互相粘连。胃肠破裂或穿孔所引起的腹膜炎，腹腔内有食糜或粪便；化脓性腹膜炎，有脓性渗出物；腐败性腹膜炎，有恶臭的渗出物；血管严重损伤时，渗出物中有大量红细胞；膀胱破裂，则有尿液。慢性腹膜炎，结缔组织增生，纤维蛋白机化，形成带状或绒毛状的附着物，并与邻近的内脏器官粘连。

【诊断】根据病史和症状可做出初步诊断，必要时可做腹腔穿刺液检查，奶牛可用大型超声诊断仪确定腹腔积液水平，有助于确诊。但同时应注意与肠套叠、胃肠内异物、胃肠炎、牛创伤性网胃炎、肝硬变等疾病进行鉴别。

【治疗】本病的治疗原则是消炎止痛，制止渗出和促进渗出物吸收，保护心脏功能，增强病牛抵抗力、加强护理及对因治疗。

本病的预防，要避免各种不良因素的刺激和影响，特别是注意防止腹腔及骨盆脏器的破裂和穿孔，腹壁手术、难产以及子宫整复手术等，防止本病感染。

1. **消炎止痛**　应用抗生素控制感染及抗休克，常用抗生素主要有氨苄青霉素、头孢菌素、罗红霉素、氟喹诺酮类抗生素等。对于休克病牛，要改善循环，纠正脱水，用林格液、地塞米松、先锋霉素静脉滴注。也可以用抗生素配合0.25%普鲁卡因注射液、5%葡萄糖注射液，加温（37℃左右），腹腔注射。减轻疼痛可用安乃近、盐酸吗啡、水合氯醛、酒精等药物。防止肠鼓气可内服萨罗、鱼石脂。解除便秘，可用缓泻剂。

2. **制止渗出，促进渗出物吸收**　可用10%葡萄糖酸钙溶液、维生素C加入高渗糖溶液中静脉注射，以制止渗出，促进渗出物吸收。腹腔内渗出液过多时，要及时穿刺放液，用生理盐水，加入无刺激性的抗菌药物进行彻底的腹腔洗涤，同时注入0.25%的普鲁卡因青霉素。最后应注意利尿补钾，利尿可用高渗葡萄糖、速尿或醋酸钾等，补钾可静脉滴注10%氯化钾。

3. **强心**　改善血液循环，增强心脏功能，可及时应用安钠咖注射液。

4. **加强护理，对因治疗**　使牛保持安静，最初1~2天内应禁食，经静脉给予营养药物，随病情好转逐步给予流质食物或青草。如系腹壁创伤或手术创伤引起的腹腔脏器穿孔、粘连及破裂的，则应及时进行外科处理。

【预防】避免各种不良因素的刺激和影响，特别是注意防止腹腔及骨盆脏器的破裂和穿孔，腹壁手术、难产以及子宫整复手术等，防止继发本病。

二十二、胰腺炎

胰腺炎是多种病因导致胰酶在胰腺内被激活，引起腺泡与腺管及其周围组织自身消化的化学性炎症反应。以胰腺水肿、出血、坏死、广泛纤维化、局灶坏死与钙化为病理特征。按病程分为急性型和慢性型两种。牛偶有发病。

【病因】胰腺炎的病因甚多，常见的病因有以下因素：

1. **胆道疾病** 如胆道寄生虫、胆石嵌闭、慢性胆道感染、肿瘤压迫、局部水肿、黏液淤塞等，致使胆管梗阻，胆汁逆流入胰管并使未激活的胰蛋白酶原激活为胰蛋白酶，而后进入胰腺组织并引起自身消化而引起胰腺炎。胆石等移行中损伤胆总管、壶腹部或胆道炎症引起括约肌松弛，使富含肠激酶的十二指肠液反流入胰管，损伤胰管；胆道炎症时细菌毒素、游离胆酸、非结合胆红素、溶血磷脂酰胆碱等，也可能通过胆胰间淋巴管交通支扩散到胰腺，激活胰酶，引起胰腺炎。

2. **胰管阻塞** 如胰管结石或蛔虫、肿瘤、十二指肠炎、胰管狭窄及胰管开口处括约肌痉挛等均可引起胰管阻塞，或迷走神经兴奋性增强引发胰液分泌旺盛等，致使胰管内压力增高，使胰管小分支和胰泡破裂，胰液与消化酶流入胰腺间质引起胰腺炎。

3. **胰腺损伤** 如胃、胆道等腹腔手术，腹部钝伤挤压胰实质，可直接或间接损伤胰腺组织与胰腺的血液供应，使腺泡组织的包裹内含有消化酶的酶原粒被激活，而引起胰腺的自身消化引起胰腺炎。少数可因重复注射造影剂或注射压力过高，发生胰腺炎。

4. **内分泌与代谢障碍** 多种引起高钙血症的原因，如甲状旁腺肿瘤、维生素 D 过多等，均可引起胰管钙化、管内结石导致胰液引流不畅，甚至胰管破裂；高血钙还可刺激胰液分泌增加和促进胰蛋白酶原激活。多种原因的高血脂，胰脂酶分解血脂产生脂肪酸而使胰腺局部酸中毒和血管收缩，因胰液内脂质沉着或来自胰外脂肪栓塞并发胰腺炎。妊娠过程中也偶可发生胰腺炎。

5. **感染** 胰腺炎可并发于中毒病、腹膜炎、胆囊炎、败血症等，病毒、细菌或毒物经血液、淋巴液侵害胰腺组织引起炎症。胰腺炎继发于急性传染性疾病者多数较轻，随感染痊愈而自行消退。

6. **药物** 已知应用某些药物如噻嗪类利尿药、硫唑嘌呤、糖皮质激素、四环素、磺胺类抗生素等可直接损伤胰腺组织，可使胰液分泌或黏稠度增加，引起胰腺炎。

【发病机制】 在各种病因作用下，胰腺自身防御机制中的某些环节被破坏，引起胰腺分泌过度旺盛、胰液排泄障碍、胰腺血液循环紊乱与生理性胰蛋白酶抑制物质减少等，发生胰腺自身消化的连锁反应。参与消化胰腺自身的酶主要有弹性蛋白酶、激肽释放酶、磷脂酶 A 和脂肪酶。这些消化酶共同作用，造成胰腺实质及邻近组织的病变，细胞的损伤和坏死又促使消化酶释出，形成恶性循环。消化酶和坏死组织液又可通过血液循环和淋巴管途径，输送到全身，引起胰腺外多脏器损害，成为胰腺炎的多种并发症和致死原因。

【症状】 急性胰腺炎病牛主要表现为消瘦、厌食、腹痛和腹泻等症状，粪便中常混有血液，随着病程的发展，若溢出的活性胰酶累及肝脏和胆囊，则出现黄疸；腹部有压痛，有时可触及到硬块，腹壁紧缩，少数病例有腹水。由于胰腺的破坏和胰高血糖素的释放，胰腺炎病牛出现暂时性高血糖，偶可伴发酮症、酸中毒或高渗性昏迷。

【病理变化】

1. **急性病例**　胰腺肿大，质地松软，呈灰黄或橙黄色，切面多汁，小叶结构模糊。病理组织学可见胰腺实质常有大的坏死灶，血管充血，小叶间结缔组织增生。胰周围脂肪组织坏死，心、肺、肝、肾、脑等器官发生肿胀、出血或坏死。

2. **慢性病例**　胰腺略小，切面干燥。病理组织学检查可见在小叶周围或小叶内出现纤维组织大量增生，小叶缩小，实质内有坏死灶，腺管壁增厚。

【诊断】目前，在兽医临床，除了对胰腺的直接检查外，没有可以确诊的简单方法。根据病史、临床剧烈腹痛，白细胞增多与核左移，脂血症、低血钙，一时性高糖血症。X 线、B 型超声检查，可见胰脏肿大、增厚等综合分析，血液中淀粉酶与脂肪酶的活性同时升高有诊断意义，但同时应注意与胃肠溃疡性穿孔、胆石症、急性胆囊炎以及急性肠梗阻等进行鉴别诊断。

【治疗】本病的治疗原则为加强护理，抑制胰腺分泌，止痛镇静，控制感染，抗休克，纠正水及电解质紊乱。

1. **急性胰腺炎**　为了避免刺激胰腺分泌，在出现症状的 48 小时内，禁止从口给予食物、饮水和药物。待病情有所好转时给予柔软易消化的食物。应用抗乙酰胆碱药物抑制胰腺分泌。常用硫酸阿托品，但应限制在 24～36 小时使用，以防出现肠梗阻。剧烈腹痛时，可用哌替啶；大量补液，调节纠正水与电解质失衡。应用抗生素控制感染。当胰腺坏死时，应立即手术切除。

2. **慢性胰腺炎**　抑制胰腺分泌，经常给予制酸解痉药。在胰内分泌功能减退时，必须用胰岛素治疗，上述治疗病情仍逐渐恶化或反复发作，出现假性胰腺囊肿或胆总管梗阻引起黄疸等，均可采用外科手术治疗。

【预防】加强饲养管理，饲喂全价日粮，保持营养平衡，加强卫生防疫，定期驱虫，预防感染。

第二节　呼吸系统疾病

一、鼻炎

鼻炎是鼻腔黏膜和黏膜下层的急性或慢性炎症。临床以鼻腔黏膜充血、肿胀，流鼻涕，打喷嚏，鼻塞为特征。病牛多表现甩头、喷鼻、不安。

【病因】原发性鼻炎主要由于受寒感冒，有毒气体或物质刺激鼻黏膜（如牛舍内通风不良，氨气过浓），采食时，鼻腔误吸饲料或环境中的颗粒等异物损伤鼻黏膜所致，同时也可见于病毒或病菌直接损伤鼻黏膜所致。继发性鼻炎常继发于流感、咽炎、牛恶性卡他热、支气管炎等疾病。此外，牛的"夏季鼻塞"常发于春夏季节，由于发病突然，其原因目前尚不确定，多发于散养，舍饲牛偶可发生。

【症状】急性原发性鼻炎，病牛常表现甩头不安，于临近物体上或地面摩擦鼻部。病初，病牛体温升高或正常，脉搏、呼吸常无明显变化，病牛鼻腔分泌物常为浆液性，稀薄。随病情发展，病牛鼻腔黏膜充血、肿胀，鼻镜变干，鼻道变窄，此时病牛表现呼吸困难，眼结膜缺氧发绀，颌下淋巴结肿大明显，鼻液黏稠呈黄色或黄褐色，间或混有血液。后期随病情蔓延，常可累及邻近器官，导致咽炎、结膜炎等疾病的发生。

慢性鼻炎病程较长，临床表现时重时轻，多由急性鼻炎转化而来，此时病牛鼻腔黏膜多发生肿胀增生，恢复相对较慢。

牛"夏季鼻塞"常突然发病，病牛表现呼吸困难，打喷嚏，鼻塞，摇头不安，严重者双侧鼻腔阻塞，病牛张口呼吸，全身结膜发绀。

【诊断】依据病史，结合病牛摇头擦鼻，鼻黏膜充血、肿胀，流鼻涕，打喷嚏等临床症状可做出诊断。同时注意与流感、副鼻窦炎等疾病进行鉴别诊断。

【治疗】首先应去除病因，病牛应饲养在通风良好、空气清新的牛舍，轻度病例，饲养环境改良后多可自愈。严重病例，需及时进行治疗，可先用温生理盐水或1%明矾溶液或0.1%高锰酸钾溶液或2%~3%硼酸溶液冲洗鼻腔，1~2次/天，然后在鼻黏膜上涂抹青霉素粉或红霉素软膏等抗生素。对于鼻腔黏膜充血肿胀的病例，为收缩血管降低鼻黏膜的敏感性，可用可卡因0.1g，1:1 000的肾上腺素溶液1mL，加蒸馏水20mL，混匀后滴鼻，2~3次/天。

对体温升高，全身症状明显的病例，要及时应用抗生素进行治疗。

对于慢性鼻炎的病牛，可先采集鼻腔分泌物做药敏试验，确定感染病原与敏感药物后，应用敏感药物局部或全身治疗。

【预防】加强饲养管理，改善牛舍环境，防止受寒感冒，排除刺激性因素，对于继发性鼻炎病例，应积极治疗原发病。

二、鼻出血

鼻出血又叫鼻衄，是由不同原因导致的鼻腔血管破裂，或与鼻腔相通的邻近器官组织血管破裂，致使血液从鼻腔中流出的一种疾病。

【病因】

1. 原发性鼻出血　常由于机械损伤鼻黏膜，导致黏膜血管破裂引起，常见病因有鼻腔的粗暴检查、不正确的胃管插管、牛只的相互冲撞及异物的刺伤等。

2. 其他原因的鼻出血 见于高热天气下，牛舍通风不良，由于热射病引起血压升高，鼻部血管过度充盈扩张，破裂引起，另可见于高温天气下，发生日射病引起。

此外，在某些传染病、中毒性疾病时，如炭疽、恶性卡他热、结核病、蕨中毒等，由于血管通透性或血液性质发生改变，也能引起鼻出血。鼻腔邻近组织器官血管损伤破裂，血液通过鼻道而流出者，常见于喉、肺、脑或胃的血管破裂、鼻骨骨折、副鼻窦炎等。

【症状】原发性鼻出血，病牛表现多为单侧性鼻孔出血，血色呈鲜红色或暗红色，呈滴状或线状流出；若破损血管较大，血液呈股状涌出。如损伤部被血凝块覆盖，血凝块可将鼻道堵塞，鼻道通气困难，病牛表现摇头、舔鼻、打喷嚏；若将血凝块喷出，则血流又出现。当大血管或动脉血管出血时，鼻孔有大量血液流出；若出血时间过长，病牛表现惊恐不安、黏膜苍白、心跳快而脉搏微弱，四肢无力，衰弱卧地，严重者发生休克。

【诊断】本病依据病史，结合临床鼻腔出血表现即可确诊。

【治疗】若发生在炎热夏季，易将病牛置于阴凉通风处，使病牛保持安静，头抬高，在额头与鼻间冷敷，可同时用明胶海绵填塞鼻孔止血，注意此法不易用于出血量较大的病例，以免血液倒流入气管造成异物性肺炎。

严重出血病例，应及时进行止血疗法，也可输液防止休克。常用的方法有：1%～2%鞣酸溶液、1%明矾溶液或肾上腺液浸湿纱布条填塞鼻孔；0.1%肾上腺素10mL，加蒸馏水20mL，滴鼻；或用10%氯化钙注射液300～500mL、止血敏5～10g，一次静脉注射。

【预防】加强饲养管理，防止鼻腔黏膜发生机械损伤，避免牛只相互斗殴，插胃管检查时小心操作。

三、喉水肿

喉水肿为喉部松弛处的黏膜及黏膜下层的组织液浸润，尤其是在杓状会厌襞与声门裂处的喉部黏膜的水肿。以突发吸气性高度呼吸困难，伴有明显的哨音或喘鸣音、咳嗽、头颈伸展、惊恐不安等临床特征。本病发生无明显季节差异性，各年龄段牛均可发生。

【病因】依据喉水肿的临床发病原因，通常可将其分为感染性和非感染性两大类。

1. 感染性喉水肿 少见于病菌直接感染喉部黏膜造成；常继发于口炎、咽炎、食管炎、颈部的急性化脓性感染等疾病。

2. 非感染性喉水肿 可见于食管梗阻，梗阻物靠近咽喉部，由于梗阻时间过长，导致局部血液微循环障碍，引起咽喉部组织液渗出过多，导致喉水肿；饲养管理不当，饲料中混有尖锐异物，因误食刺伤喉黏膜引起局部出血、水肿；过敏性因素，因注射过敏性药物（如青霉素等）或吸入过敏性异物（如花粉等）等，导致局部毛细血管通透性改变，组胺分泌过多，引起局部发生水肿；另外发生于牛群斗殴，撞击，钝性损伤喉部黏膜引起或因牛舍环境不良，吸入过多氨气刺激喉黏膜引起；肝硬化、心脏病等引起全身水肿的疾病也可引起喉水肿。

【症状】

1. **慢性喉水肿**　病牛病初食欲减退，吞咽困难，反刍减少，呼吸、脉搏、心跳无明显变化，体温正常。随病情发展，病牛表现食欲废绝，反刍停止，呼吸困难，心跳、脉搏加快，咳嗽，头颈伸展，惊恐不安，触诊喉部，病牛敏感，躲避。后期，病牛表现极度呼吸困难，全身结膜发绀，四肢无力，卧地不起，若抢救不及时，病牛终因缺氧而死亡。

2. **急性喉水肿**　病牛多突然发生极度呼吸困难，常因抢救不及时而死亡。

【诊断】依据病史，结合呼吸困难，触诊喉部敏感，间或发出哨音或喘鸣音，咳嗽等临床症状可做出初步诊断，必要时可使用内窥镜或咽喉镜进行检查即可确诊。但须同咽炎、食管炎、气管炎等疾病进行鉴别诊断。

【治疗】本病的治疗原则是去除病因，消炎，强心利尿，缓解喉部水肿。

去除病因，消炎镇痛：若为过敏性因素导致的急性喉水肿，可用 0.1% 肾上腺素 5~10mL，肌内注射，同时应用扑尔敏或苯海拉明 10~20mL，肌内注射，同时避免病牛再次接触过敏原；消炎，可用抗生素肌内注射或直接涂抹于喉黏膜部位。

强心利尿：可用 20% 安钠咖注射液 10~20mL，10% 葡萄糖 1 000~2 000mL，50% 葡萄糖 200~300mL，一次静脉注射，必要时可肌内注射速尿 40~50mL。

缓解喉部水肿：前期可用冷敷法，后期可用 10% 樟脑酒精涂抹喉部周围。

【预防】加强饲养管理，保证饲料清洁，避免混入尖锐异物；改善牛舍环境，加强通风；防止牛群相互斗殴；避免接触或采食易致过敏的物品或食物；对于继发于某些疾病的喉水肿，应积极治疗原发病。

四、支气管炎

支气管炎是各种原因引起的支气管黏膜表层或深层的炎症，是牛最常见的呼吸道疾病。临床上以咳嗽、流鼻液和不定热型为特征，幼龄和老龄牛比较常见。寒冷季节或气候突变时容易发病。按炎症部位分为大支气管炎、细支气管炎和弥漫性支气管炎。一般根据疾病的性质和病程分为急性和慢性两种。

（一）急性支气管炎

急性支气管炎是由感染因素、物理因素、化学刺激或过敏性因素等引起的支气管黏膜表层和深层的急性炎症。临床特征为咳嗽和流鼻液。

【病因】

1. **感染因素** 感染是急性支气管炎发生发展的重要因素，主要为病毒和细菌感染，鼻病毒、黏液病毒、腺病毒和呼吸道合胞病毒为多见。一方面，病毒、细菌直接感染；另一方面，在寒冷等因素刺激下，支气管黏膜下的血管收缩，黏膜因缺血而防御功能降低，呼吸道寄生菌（如肺炎球菌、巴氏杆菌、链球菌、葡萄球菌、化脓杆菌、霉菌孢子、副伤寒杆菌等）或外源性非特异性病原菌乘虚而入，呈现致病作用。细菌感染常在病毒与支原体感染损伤呼吸道黏膜的基础上发生。也可由急性上呼吸道感染的细菌和病毒蔓延而引起。

2. **理化因素** 寒冷季节，尤其是气候突然变化时，吸入过冷的空气或粉碎饲料、刺激性粉尘、真菌孢子以及二氧化硫、氨气、氯气、烟雾和过热的空气等刺激性气体，均可直接刺激支气管黏膜而发病。支气管黏膜受到刺激后，副交感神经兴奋性增加，使支气管痉挛收缩，呼吸道黏膜上皮细胞的纤毛运动受抑制，支气管杯状细胞增生，黏液分泌增多，使气道净化能力减弱，支气管黏膜充血、水肿、黏液积聚，肺泡中的吞噬细胞功能减弱，均易致病。投药或吞咽障碍时由于异物进入气管，可引起吸入性支气管炎。

3. **过敏因素** 常见于吸入花粉、有机粉尘、寄生虫、真菌孢子等引起气管-支气管的过敏性炎症。特征为按压气管容易引起短促的干而粗厉的咳嗽，支气管分泌物中有大量的嗜酸性细胞，无细菌。

4. **继发性因素** 常继发于传染性疾病，如流行性感冒、口蹄疫、恶性卡他热、寄生虫病等疾病过程中，或邻近器官炎症的蔓延继发等。

5. **诱发因素** 饲养管理粗放，牛舍卫生条件差，营养不良，过劳，维生素A和维生素C的缺乏等，导致机体抵抗力下降，均可成为支气管炎发生的诱因。寒冷空气刺激呼吸道，除减弱上呼吸道黏膜的防御功能外，还能通过反射引起支气管平滑肌收缩、黏膜血液循环障碍和分泌物排出困难等，有利于诱发或继发感染。

【症状】急性支气管炎主要的症状是咳嗽。在疾病初期，表现干、短和疼痛咳嗽，以后随着炎性渗出物的增多，变为湿而长的咳嗽，疼痛减轻，出现支气管啰音；鼻液由浆液性变为黏液性、脓性，咳嗽后鼻液增多；体温变化呈现不定型热。中期，病牛全身症状有所加剧，病牛表现呼吸急促，结膜发绀，听诊肺泡呼吸音增强，可听到干性湿啰音。后期可引起腐败性支气管炎，以剧烈咳嗽为主，呼吸困难，呼出气体有腐败性恶臭，两侧鼻孔流出污秽不洁和有腐败臭味的鼻液；听诊肺部可能出现空瓮性呼吸音；叩诊有时可听到鼓音，病牛全身反应明显。

【病理变化】支气管黏膜充血，呈斑点状或条纹状发红，有些部位瘀血。疾病初期，黏膜肿胀，渗出物少，主要为浆液性渗出物，上皮细胞的纤毛发生粘连、倒伏、脱失，上皮细胞空泡变性、坏死、增生；中后期则有大量黏液性或黏液脓性渗出物，黏膜下层水肿，炎症由支气管壁向周围组织扩散，黏膜下层平滑肌束断裂、萎缩；病变发展至晚期，黏膜有萎缩性改变，气管周围纤维组织增生，造成管腔的僵硬或塌陷，病变蔓延至细支气管和肺泡壁，形成肺组织结构的破坏或纤维组织增生，进而发生阻塞性肺气肿和间质纤维化。

【诊断】根据病史，结合咳嗽、流鼻液和肺部出现干、湿啰音等呼吸道症状，即可初步诊断。X线检查，肺部有纹理较粗的支气管阴影，而无病灶阴影，可为诊断提供依据。本病应与流行性感冒、喉炎、小叶性肺炎及肺气肿等疾病相鉴别。

【治疗】治疗原则为消除病因，抑菌消炎，祛痰镇咳，制止渗出和促进渗出物吸收，对症治疗等。

1. **抑菌消炎**　可选用抗生素或磺胺类药物。常用的有青霉素 G、红霉素、氨基糖苷类、喹诺酮类、头孢菌素类抗生素等，能单独应用窄谱抗生素的，应尽量避免使用广谱抗生素，以避免二重感染或产生耐药菌株。如肌内注射青霉素或氨苄青霉素，4 000~8 000 单位/kg，每天 2 次，连用 2~3 天。青霉素 100 万单位，链霉素 100 万单位，配合 1%普鲁卡因溶液 15~20mL，直接向气管内注射，每天 1 次。也可用 10%磺胺嘧啶钠溶液 100~150mL，肌内或静脉注射。

2. **祛痰镇咳**　对咳嗽频繁、支气管分泌物黏稠的病牛，在使用抗菌药物的同时应用镇咳、祛痰药物。可口服溶解性祛痰剂，如氯化铵 10~20g，也可结合内服人工盐、复方桔梗片等。对分泌物少且咳嗽严重者，可选用镇痛止咳剂，如复方樟脑酊 30~50mL，内服，每天 1~2 次；或复方甘草合剂 100~150mL，内服，每天 1~2 次。

3. **对症治疗**　适当补液，纠正水、电解质和酸碱平衡紊乱。体温过高者，应用解热药，呼吸困难严重者，补给氧气。如因过敏因素所致，配合抗过敏药物，如盐酸苯海拉明、盐酸异丙嗪等。加强护理，牛舍内需通风良好且温暖，供给充足的清洁饮水和优质的饲草。

【预防】主要是加强平时的饲养管理，保持圈舍清洁卫生，注意通风透光以增强牛的抵抗力，同时避免受寒冷和潮湿等应激因素的刺激。

（二）慢性支气管炎

慢性支气管炎是指气管、支气管黏膜及其周围组织的慢性非特异性炎症。临床上以持续咳嗽、咳痰或伴有喘息及反复发作的慢性过程为特征，常并发阻塞性肺气肿。老龄牛、体弱牛由于呼吸道防御功能下降，发病率较高。

【病因】原发性慢性支气管炎通常由急性转变而来，或由上呼吸道感染迁延不愈演变发展所致。常见于致病因素未能及时消除，长期反复作用，或未能及时治疗，饲养管理不当，均可使急性支气管炎转变为慢性支气管炎。另外，本病可由心脏瓣膜病、慢性肺脏疾病（如鼻疽、结核、肺蠕虫病、肺气肿等）继发引起。

【发病机制】由于病因长期反复的刺激，炎症由支气管壁向周围扩散，黏膜下层平滑肌束断裂、萎缩。后期，黏膜萎缩，气管和支气管周围结缔组织增生，管壁的收缩性降低，造成管腔僵硬或塌陷，发生支气管狭窄或扩张。病变蔓延至细支气管和肺泡壁，可导致肺组织结构破坏或纤维结缔组织增生，进而发生阻塞性肺气肿和间质纤维化。所以临床表现持续性咳嗽和呼吸困难。

【症状】持续性咳嗽是本病的特征，多缓慢发病，病程较长，因反复急性发作而加重。咳嗽可拖延数月甚至数年。咳嗽严重程度视病情而定，一般在运动、采食、夜间或早晚气温较低时，常常出现剧烈咳嗽。接触有害气体、气候变化或变冷感冒后，则引起急性发作或加重。人工诱咳呈阳性。体温无明显变化，有的病牛因支气管狭窄和肺泡气肿，长期呈现混合性呼吸困难，喘息，常伴有哮鸣音。肺部听诊长期听到干啰音。因肺泡气肿而使肺泡呼吸音减弱或消失。

【病理变化】由于长期反复的刺激，支气管黏膜常呈斑纹状，有时呈现弥漫性充血、肿胀，并被覆黏性渗出物或黏性脓性渗出物，随病程延长，炎症病变侵入支气管黏膜下层和支气管周围组织，可引发支气管周围炎。炎性浸润和长时间的刺激导致结缔组织增生，致使支气管狭窄，壁增厚，持续性的咳嗽导致慢性肺泡气肿。

【诊断】根据持续性咳嗽、肺部啰音和胸部叩诊无浊音等症状即可诊断。X线检查可为确诊本病提供依据。

【治疗】治疗原则基本同急性支气管炎。控制感染、祛痰止咳。由于呼吸道含有大量黏稠的分泌物，多采用气雾湿化吸入（或加复方安息香酊）稀释气管内的分泌物，有利于排痰。如痰液黏稠不易咳出，应用超声雾化吸入有一定帮助，亦可加入抗生素及痰液稀释剂。伴发喘息时，应给予解痉平喘的药物治疗，常选用氨茶碱 1~2g，每天 2 次，或麻黄素 4~10mL，皮下注射。

【预防】牛发生咳嗽应及时治疗，加强护理，以防急性支气管炎转为慢性。寒冷天气应保暖，供给营养丰富、容易消化的饲草料。改善环境卫生，避免烟雾、粉尘和刺激性气体对呼吸道的影响。

五、肺充血和肺水肿

肺脏毛细血管内血液量异常增多，称为肺充血。可分为主动性充血和被动性充血两种。持续的肺充血导致血液的液体成分渗漏到肺实质、肺泡和肺间质内，形成肺水肿。本病常于炎热季节突然发生，肺充血和肺水肿在临床上均以突发呼吸困难、结膜发绀、鼻流泡沫状鼻液为特征，幼龄牛、老年牛以及体质衰弱的牛易发。

【病因】

1. 主动性肺充血　常见于肺炎初期，肺部炎性细胞浸润，毛细血管扩张充盈导致充血；炎热季节，牛群骚动不安、运动过度或长途运输、过度拥挤等导致病牛代偿性呼吸加快，大量血液由右心脏压入肺动脉，致使肺部毛细血管过度充盈扩张，导致肺充血；另可见于炎热季节，牛舍内通风不良，防暑设施不全，导致中暑而或吸入焚烧秸秆的烟雾等刺激性气体导致肺充血。长期躺卧不起的病牛，血液停滞于卧侧肺脏，易发生沉积性肺充血。

2. 被动性肺充血　主要见于心脏代偿功能降低导致的心力衰竭性疾病过程中，如心肌炎、创伤性网胃心包炎、二尖瓣闭锁不全等心脏疾病或伴发于严重的传染病、中毒等疾病引起的心力衰竭。

3. 肺水肿　持续性的肺充血，肺脏毛细血管过度充盈，通透性增加，血液液体成分渗漏到肺泡和肺间质引起肺水肿；另可见于急性过敏性疾病（如牛的"再生草热"）或某些中毒病（如安妥中毒、有机磷中毒等）等。

【症状】本病常突然发生，初期病牛表现呼吸快而迫促，可达 100 次/分，继而出现明显的呼吸困难，病牛头颈伸展，鼻孔扩大甚至张口呼吸，伴随呼吸胸腹部运动明显，结膜潮红或发绀，静脉怒张，病牛骚动不安。

当肺充血尚未肺水肿时，听诊肺泡呼吸音增强，叩诊呈鼓音，病牛脉搏增数，体温升高，但充分休息后，体温、脉搏逐渐恢复，而呼吸仍频数，主动性肺充血时，脉搏有力，心音增强；被动性肺充血时，脉搏细弱、心音减弱，体温一般无变化。

肺水肿时，常见两侧鼻孔流出多量浅黄色或白色甚至粉红色的的细泡沫状鼻液，肺部听诊，肺泡呼吸音减弱，出现广泛性的捻发音、支气管呼吸音及湿啰音，叩诊出现半浊音或浊音。

【病理变化】急性肺充血时，肺脏体积增大，重量增加，色呈暗红色，表面有弥漫性散在出血点，质度稍硬，切开肺脏，切面流出大量血液。组织学检查：肺毛细血管充盈，肺泡中出现有漏出液和大量红细胞。

肺水肿时，肺脏体积增大较明显，重量增加，眼观肺脏多呈苍白色，弹性丧失，指压留痕，切开肺脏，切面流出大量淡红色浆液。组织学检查：肺泡壁毛细血管高度扩张，充满红细胞，肺泡和实质中有液体聚积。

【诊断】依据炎热天气长途运输、过度运动等病史，结合临床突发呼吸困难，结膜发绀，鼻流泡沫状鼻液等临床症状，即可做出诊断，X 线检查出现肺阴影加深，肺门血管纹理较为明显等 X 线影像特征可帮助诊断。但须同重度喉水肿、中暑、急性弥漫性支气管炎、肺出血、急性心力衰竭等疾病进行鉴别诊断。

【治疗】治疗原则为：缓解呼吸困难、肺部循环障碍，制止渗出、促进渗出物排出，强心，镇静，对症治疗等。

缓解呼吸困难，肺部循环障碍：首先将病牛安置在清洁、干燥和凉爽的环境中，避免运动以及外界因素的刺激等。对于极度呼吸困难的病例，可紧急实施静脉放血疗法，牛一般放血1 000~2 000mL，放血后，及时给病牛吸氧，常取得良好效果。

制止渗出，促进渗出物排出：可用10%氯化钙或葡萄糖酸钙注射液100~200mL，20%安钠咖注射液20~40mL，5%葡萄糖氯化钠注射液1 000~2 000mL，一次静脉注射，必要时也可用25%山梨醇或20%甘露醇1 000~2 000mL，静脉注射；若因过敏引起的肺水肿，可同肌内注射抗组胺药物扑尔敏或苯海拉明并配合糖皮质激素地塞米松2mg/kg肌内注射；若为有机磷中毒引起的肺水肿，应用解磷定的同时肌内注射阿托品减少渗出液的漏出。

强心、镇静，对症治疗：心力衰竭时，应及时选用各种强心剂，如肌内注射安钠咖注射液20~40mL；病牛不安时，可适当应用镇静剂，如静脉注射安溴注射液100mL或肌内注射氯丙嗪150~300mg。

【预防】加强饲养管理，注意牛舍通风，避免刺激性气体的刺激；炎热季节应做好防暑降温工作，供给足量的清洁饮水，防止奶牛受热应激；对因产后瘫痪等疾病而引发的躺卧母牛，或因蹄病而卧地不起的病牛，应加强护理，每天应人工翻动体躯1~2次，以防止沉积性肺充血的发生；对于继发肺充血和肺水肿的病例应及时治疗原发病。

六、急性呼吸窘迫综合征

急性呼吸窘迫综合征是指由严重感染、创伤、休克等肺内外严重疾病导致的，以肺毛细血管弥漫性损伤、通透性增强为基础，以肺水肿、透明膜形成和肺不张为主要病理变化，以进行性呼吸窘迫、缺氧、酸中毒为临床特征的严重呼吸系统疾病。本病常见于新生犊牛、体质衰弱老龄牛。

【病因】本病的诱发因素多样，其发病机制的基础是肺泡毛细血管的急性损伤。常见于牛群斗殴导致肺部挫伤，脑部撞伤等直接损伤肺泡毛细血管或影响呼吸神经系统功能等造成；牛舍通风不良，吸入氨气、焚烧秸秆的烟雾等有毒刺激气体；严重的肺部感染，如肺脓肿、大叶性肺炎等；也可伴发于肝肾功能衰竭、奶牛酮症的过程中；犊牛的呼吸窘迫综合征多见于早产、剖宫产，母牛患有妊娠毒血症时，新生犊牛更易发生，其原因复杂多样，目前尚不明确，可能与肺脏表面活性物质缺乏有关。

【症状】病牛表现明显的呼吸窘迫、频率加快，头颈伸展，鼻孔扩张，甚至张口呼吸，结膜发绀；听诊肺部杂音明显，X线呈现弥漫性肺泡浸润；严重病例最终导致卧地不起，呼吸衰竭、缺氧而死亡；新生犊牛通常呈现进行性呼吸困难，口鼻青紫和急性呼吸衰竭的临床特征。

【诊断】根据有肺部损伤等病史，结合呼吸窘迫、结膜发绀、X 线呈现弥漫性肺泡浸润，新生犊牛出生不久即发生进行性呼吸困难，口鼻青紫等临床特征即可做出诊断。但须同肺充血和肺水肿、肺出血、中暑、急性弥漫性支气管炎等疾病进行鉴别诊断。

【治疗】对新生犊牛的护理治疗：

1. **注意保暖**　减少外界寒冷空气的刺激，寒冷季节应配备保暖产房，出生后，应迅速去除口鼻阻塞的黏液，保持呼吸道畅通。

2. **及时输氧**　新生犊牛一旦出现进行性呼吸困难，要及时供氧，同时应注意，一旦黏膜发绀，需间歇性供氧。

3. **纠正酸中毒**　可用 5% 葡萄糖注射液 250mL，5% 碳酸氢钠 10~20mL，一次静脉缓慢滴注。

4. **防止心衰**　可用洋地黄注射液 5mL，肌内注射。

5. **防止脑水肿**　可用 20% 甘露醇注射液 5~10mL/kg 或 25% 山梨醇 8~10mL/kg 静脉快速注射，同时配合肌内注射利尿剂；也可用冷敷法冰冷头部。

6. **预防感染**　可肌内注射抗生素，如庆大霉素 5~10mg/kg 或卡那霉素 10mg/kg，同时配合青霉素 50~100mg/kg 肌内注射。

其他病牛只治疗思路同新生犊牛治疗相似，对于存在继发呼吸性窘迫综合征并患其他病的病牛应积极治疗原发病。

【预防】加强饲养管理，尤其是妊娠母牛的饲养管理，营养要全面，防止出现母牛妊娠毒血症；改善牛舍环境，添加保暖通风设施，避免吸入氨气、硫化氢等刺激性气体；合理分群，避免牛群相互斗殴；定期对牛群进行体检，增强牛群体质，提高抗病能力。

七、肺气肿

肺气肿是由于肺泡充满过量气体而过度扩张，使肺的体积膨胀，或肺泡和细支气管破裂，空气积蓄于肺小叶间质结缔组织中而发生的一种严重的呼吸系统疾病。常见的有肺泡性肺气肿和间质性肺气肿两种，临床上以呼气性呼吸困难为特征，病牛表现呼气时长而费力。老龄牛和体质衰弱牛易发。

【病因】引起肺气肿的原因多样，常见于以下几种：饲养管理不当，采食发霉、变质的饲料或采食黑斑薯中毒等均可引起肺气肿；牛舍环境污秽，通风不良，吸入氨气、硫化氢等有毒气体刺激肺泡，导致肺泡失去弹性而引起；采食大量含色氨酸的饲料，在瘤胃内转变为吲哚乙酸，脱羧后形成 3-甲基吲哚，经瘤胃黏膜吸收进入血液对肺泡上皮细胞呈现毒性作用，可引起肺气肿；另外可发生于肺炎、急性过敏反应引起的肺水肿、创伤性网胃心包炎、乳房炎、流行热以及某些中毒病等疾病的过程中。

【症状】急性肺气肿常突然发作，病牛表现精神沉郁，食欲减退或废绝，咳嗽、流鼻涕，鼻液呈浆液性、黏液性或脓性，站立不安，不愿卧地，呼吸困难，常呈犬坐姿势，眼结膜发绀，体温升高，奶牛产奶量急剧下降；听诊病牛心律不齐，跳动加快，脉搏细速，心音模糊。本病典型症状表现为呼吸困难，呼吸次数可增至40~80次/分，此时病牛表现喘气迫促，头颈伸张，鼻孔扩张，张口吐舌，舌呈暗紫色，胸部叩诊可呈鼓音，肺部听诊有摩擦音和捻发音。肺气肿时，由于肺动脉的血流不畅，引起右心室的扩张、衰竭和二氧化碳储留，导致病牛发生心力衰竭和酸中毒，因此，本病后期病牛常卧地不起、昏迷、休克、死亡。

【病理变化】肺脏体积显著增大，肺膜紧张，颜色苍白，肺膜下充满大小不等的气泡；间质性气肿时，肺泡间隔被空气胀满而增宽，肺脏表面因气泡而隆起，肺切面因间质充气扩大而呈撕裂状；有的病例有明显的充血性心力衰竭和细支气管炎表现。

【诊断】根据病史，结合呼吸困难，尤其是呼气时长而费力等临床症状以及死后剖检肺部病理变化，可做出诊断。但须同肺炎、肺充血和肺水肿、支气管痉挛等疾病进行鉴别诊断。

【治疗】本病治疗以抗菌消炎，防止继发感染，缓解呼吸困难，解除支气管痉挛，强心利尿，防止肺水肿为主。

1. **抗菌消炎，防止继发感染** 可选用广谱抗生素。肺气肿目前尚无特效疗法，对于继发性肺气肿，积极治疗原发病，可随原发病的治愈而自行恢复；原发性肺气肿治疗以缓解呼吸困难，解除支气管痉挛，强心利尿，防止肺水肿，抗菌消炎，防止继发感染为主。

2. **缓解呼吸困难，解除支气管痉挛** 可肌内注射阿托品0.04mg/kg，或肌内注射适量氨茶碱，也可肌内注射尼可刹米。对于由过敏引起的肺气肿，可配合使用抗组胺药（如扑尔敏、苯海拉明等）和糖皮质激素类药物（如地塞米松、强的松等）。

3. **强心利尿，防止肺水肿** 可用10%葡萄糖溶液1 000~2 000mL，20%安钠咖20~40mL，一次静脉注射，同时配合利尿剂（如呋塞米注射液0.5~1mg/kg肌内注射）。出现酸中毒的病例，可用5%碳酸氢钠50~100mL肌内或静脉注射。

【预防】加强饲养管理，牛舍内保持通风、清洁，防止尘埃飞扬；严禁饲喂霉败、变质饲料以及黑斑薯等有毒饲料；为抑制色氨酸转化为3-甲基吲哚，可在料中加喂莫能霉素；对于存在继发肺气肿的病例，应积极治疗原发病。

八、支气管肺炎

支气管肺炎，又称小叶性肺炎或卡他性肺炎，是由病原微生物引起的支气管与细支气管以及个别肺小叶或部分肺小叶群的炎症。临床上以弛张热型，呼吸增数，咳嗽，叩诊呈散在的浊音区，听诊出现啰音和捻发音为特征。犊牛、老龄牛和体质衰弱牛易发。

【病因】本病病因复杂多样，常见于：饲养管理不善，牛舍环境污秽，通风不良，受寒感冒或吸入氨气、硫化氢、烟雾等刺激性有害气体，损伤呼吸道黏膜引起；营养物质缺乏加上长途运输、惊吓等应激性因素，导致机体抵抗力下降，从而引起呼吸道的防御机能减弱，导致病原微生物入侵引起；也可见于病原微生物经血液循环到达肺脏引起；另可继发于流感、肺结核、恶性卡他热以及某些寄生虫病等疾病。

【发病机制】机体在致病因素的作用下，抵抗力减弱，呼吸道的防御功能受损、降低，呼吸道内的正常菌群失调，大量繁殖或外源微生物入侵，引起感染，发生支气管炎，然后炎症沿支气管黏膜向下蔓延至细支气管、肺泡管和肺泡，引起肺组织的炎症。同时，炎症使肺泡充血肿胀，上皮细胞脱落，并产生浆液性、黏液性甚至脓性渗出物，炎性渗出物和肺泡上皮细胞充满肺泡腔和细支气管，导致肺脏有效呼吸面积减小，机体代偿性呼吸加快，心跳增速，严重时可发生呼吸衰竭。

【症状】病初病牛呈现支气管炎的症状，体温升高，呈弛张热型，精神沉郁，食欲减退或废绝；脉搏、呼吸加快，并表现呼吸困难，眼结膜潮红或发绀；先干咳，后转变为湿咳，并带有分泌物；严重的病牛，体温变化不明显，并有浆液性、黏液性或脓性鼻液流出。

1. **胸部听诊** 病灶部位肺泡呼吸音减弱或消失，可听到捻发音、干性或湿性啰音以及支气管呼吸音，健康部位肺泡呼吸音增强。胸部叩诊，病灶浅表时，可出现散在性或局限性浊音区，多位于肺膈三角区；若病灶较深，则浊音不明显，若病灶互相连接，则出现弥漫性浊音区。

2. **血液学检查** 常伴有嗜中性粒细胞增多性白细胞增多，并出现核左移现象；但犊牛、病情较严重的体质衰弱牛白细胞变化可能不明显或降低。

3.**X 线检查** 肺纹理增粗，沿肺纹理出现边缘不齐的斑点状或点片状密度不均一阴影，若出现密度不均一大片云絮状阴影，则提示病灶融合。

【病理变化】肺部有明显的炎症病灶，病变组织发生实变，肺脏切面因病变程度不同表现不同颜色，间质扩张，充满胶冻样炎性渗出物，在病灶周围常伴发轻度肺气肿。组织学检查：肺泡腔内充满中性粒白细胞，肺泡上皮细胞，有时可见少量红细胞和纤维蛋白。

【诊断】根据病史病牛出现弛张热型、呼吸困难、咳嗽、叩诊浊音、听诊捻发音等临床症状，并结合血液学检查和 X 线影像特征即可做出诊断。但须同细支气管炎、大叶性肺炎、流行热、传染性胸膜肺炎、巴士杆菌病、肺气肿等疾病进行鉴别诊断。

【治疗】本病的治疗原则为加强护理，抗菌消炎，止咳祛痰，制止渗出、促进渗出物吸收以及对症疗法等。

1. **加强护理**　可将病牛置于光线充足、通风良好、空气清新且温暖的牛舍内，供给营养丰富、易消化的饲料并保证饮水。

2. **抗菌消炎**　在有条件的情况下，应采集病牛支气管分泌物或鼻液进行微生物培养并进行药敏试验，选取敏感抗生素治疗。条件不允许的情况下，通常选用抗生素和磺胺类药物进行治疗，抗生素通常联合应用，可用青霉素 40~80mg/kg，配合链霉素 50~80mg/kg，肌内注射，每天 2 次，连用 5~7 天，或用 10%磺胺嘧啶钠注射液或用 10%磺胺间甲氧嘧啶钠注射液 100~150mL，肌内注射，每天 1 次，连用 5~7 天，一般不超过 7 天；对于支气管症状比较明显的病牛可用普鲁卡因青霉素溶液（青霉素 200 万~400 万单位，蒸馏水溶解，加普鲁卡因 40~60mL）气管内注射，每天 1 次，连用 2~4 天，或可用庆大霉素和地塞米松联合雾化，每天 1 次，连用 2~4 天，常可取得良好效果。

3. **止咳祛痰**　可用氯化铵 20g，碘化钾 2g，温水 500mL，溶解后一次灌服，或用中药加味麻杏石甘汤：麻黄 12g，杏仁 8g，生石膏 12g，生甘草 12g，栝楼 12g，竹沥半夏 45g，广皮红 3g，小枳实 3g，水煎灌服。

4. **制止渗出、促进渗出物吸收**　可用 10%氯化钙或 10%葡萄糖酸钙 100~150mL，20%安钠咖注射液 20~40mL，40%乌洛托品 40~60mL，10%葡萄糖1 000~2 000mL，一次静脉注射，同时配合肌内注射利尿剂。

5. **对症疗法**　退热，可肌内注射氨基比林 20~40mL 或安乃近 20~40mL；出现呼吸困难的病牛，必要可吸氧；对电解质、酸碱平衡紊乱，脱水的病牛，可口服补液盐或静脉输液纠正，同时注意输液不宜过快，以免发生心力衰竭和肺水肿；防止自体中毒，可静脉注射撒乌安液 50~100mL 或樟脑酒精液 100~200mL；强心，可注射洋地黄毒苷等强心剂。

【预防】加强饲养管理，合理搭配日粮，保证牛群营养需求；改善牛舍环境，添加通风、保暖设施，避免受寒感冒，吸入有毒气体刺激等；定期驱虫、接种疫苗，提高牛群抗病能力。

九、大叶性肺炎

大叶性肺炎，又叫纤维素性肺炎，主要是感染性因素（如病原微生物）或非感染性因素（如变态反应）等引起的整个肺大叶以及肺泡内有大量纤维蛋白渗出为主的急性炎症。临床上以高热稽留、咳嗽、铁锈色鼻液和叩诊广泛浊音区为特征。临床上本病较少见，可发生于各年龄段牛群，犊牛、老龄牛和体质衰弱牛多发。

【病因】大叶性肺炎的病因复杂多变，其真正的病因及发病机制目前尚不明确，临床常见病因有：病原微生物如肺炎双球菌、葡萄球菌、巴氏杆菌等均可引起肺部感染，感染通过支气管扩散，并迅速波及肺泡，并通过肺泡间孔或呼吸性细支气管向临近肺组织蔓延、播散，感染整个或多个肺大叶，导致大叶性肺炎的发生。

此外，饲养管理不善，牛群营养缺乏、淋雨、受寒感冒等导致抵抗力下降；牛舍环境污秽、通风不良，致使吸入氨气、硫化氢等有毒刺激气体，引起呼吸道黏膜损伤以及长途运输、惊吓等应激性因素均可导致机体抵抗力下降，成为大叶性肺炎的诱发因素。另外还可继发于流行热、传染性支气管炎、犊牛副伤寒等疾病。

【症状】典型的大叶性肺炎发展有明显的阶段性，包括充血水肿期、红色肝变期、灰色肝变期和溶解消散期。

本病一旦发生，体温迅速升高达 40~41℃ 以上，呈稽留热型，常于 6~9 天后逐渐下降，可至常温；起初病牛精神沉郁，食欲减退，反刍减少，泌乳减少，心跳、脉搏、呼吸增加，可视黏膜潮红，咳嗽，有浆液性鼻液；随病情发展，病牛食欲废绝，反刍停止，呼吸迫促，频率增加，严重时，呈现混合性呼吸困难，病牛鼻孔扩张，甚至张口呼吸，可视黏膜发绀，咳嗽加剧，有黏液性或脓性鼻液；后期泌乳停止，可见铁锈色鼻液的大叶性肺炎示病典型症状，主要是由于渗出物中的红细胞被巨噬细胞吞噬，崩解后形成含铁血黄素混入鼻液所致，可视黏膜黄染，间或发出呻吟。

1. **胸部叩诊** 充血水肿期，因肺部毛细血管充血，肺泡壁迟缓，叩诊呈浊鼓音或鼓音；肝变期，细支气管和肺泡内充满炎性渗出物，空气含量减少，叩诊呈现大片浊音或半浊音；溶解消散期，凝固的渗出物被溶解、吸收，叩诊重新出现浊鼓音或鼓音；伴发肺气肿时，肺界向下后方延伸，叩诊呈现过清音。

肺部听诊：充血水肿期，肺泡呼吸音增强，并出现干啰音，随肺泡腔内浆液渗出，听诊可见湿啰音或捻发音，肺泡呼吸音减弱；肝变期，肺泡内充满渗出物，肺组织发生实变，肺泡呼吸音消失，出现支气管呼吸音；溶解消散期，渗出物逐渐溶解、吸收，重新出现湿啰音或捻发音。

2. **血液学检查** 通常伴有嗜中性粒细胞增多性白细胞增多，并出现细胞核左移现象，淋巴细胞和单核细胞减少；严重病例，白细胞减少并呈现核右移，多提示预后不良。

3. **X 线检查** 充血水肿期可见肺纹理增粗，病变处呈淡薄而均匀的阴影；肝变期可见肺脏有大片致密阴影，溶解消散期可见散在不均一的云絮状阴影，阴影密度逐渐减低，透亮度增加。

【病理变化】

1. **充血水肿期** 剖检可见病变肺叶肿大，重量增加，表面光滑；组织学检查：肺泡壁毛细血管显著扩张、充血，肺泡腔内有浆液性渗出物，并有少量红细胞、中性粒细胞和肺泡巨噬细胞。

2. 红色肝变期　剖检可见病变肺叶肿大，呈红色，肺脏实质切面稍干燥，呈粗糙颗粒状，近似肝脏，故有"红色肝变"之称；组织学检查：肺泡壁毛细血管扩张充血，肺泡腔内充满大量纤维蛋白、红细胞、一定数量的中性粒细胞和少量肺泡巨噬细胞。

3. 灰色肝变期　剖检可见肺叶仍肿胀，实质切面干燥，呈粗糙颗粒状，实变区颜色由暗红色逐渐变为灰白色，病变肺组织呈贫血状；组织学检查：肺泡腔内纤维蛋白性渗出物增多，病变肺组织呈贫血状，肺泡腔内纤维蛋白网中有大量中性粒细胞，极少量红细胞。

4. 溶解消散期　剖检可见肺叶体积复原，质地变软，病变肺部呈黄褐色，挤压有少量脓性混浊液体流出；组织学检查：肺泡腔内中性粒细胞大多变性、坏死、崩解，肺泡巨噬细胞明显增多。

【诊断】依据病史，结合高热稽留、咳嗽、铁锈色鼻液、叩诊胸部变化、听诊肺部变化等临床特征可做出诊断。但须同小叶性肺炎、胸膜肺炎、流行热、牛肺疫、巴氏杆菌病、异物性肺炎等疾病进行鉴别诊断。

【治疗】本病的主要治疗原则为加强护理；抗菌消炎，防止继发感染；制止渗出，促进渗出物吸收以及对症治疗。

1. 加强护理　可将病牛置于光线充足、通风良好、空气清新且温暖的牛舍内，单独管理；恢复期供给营养丰富、易消化的饲料并保证饮水。

2. 抗菌消炎，防止继发感染　在有条件的情况下，应采集病牛支气管分泌物或鼻液进行微生物培养并进行药敏试验，选取敏感抗生素治疗。条件不允许的情况下，通常选用抗生素和磺胺类药物进行治疗，抗生素通常联合应用，可用青霉素 40~80mg/kg，配合链霉素 50~80mg/kg，肌内注射，每天 2 次，连用 5~7天，或用 10%磺胺嘧啶钠注射液或用 10%磺胺间甲氧嘧啶钠注射液 100~150mL，肌内注射，每天 1 次，连用 5~7 天，一般不超过 7 天；对支气管症状比较明显的病牛可用普鲁卡因青霉素溶液（青霉素 200 万~400 万单位，蒸馏水溶解，加普鲁卡因 40~60mL）气管内注射，每天 1 次，连用 2~4 天，或可用庆大霉素和地塞米松联合雾化，每天 1 次，连用 2~4 天，常可取得良好效果；并发脓毒血症时，可用 5%葡萄糖 500~1 000mL，10%磺胺嘧啶钠 100~150mL，40%乌洛托品 40~60mL，一次静脉注射，每天 1 次，连用 3~5 天。

3. 制止渗出，促进渗出物吸收　可用 25%葡萄糖注射液 50~100mL，10%葡萄糖 500~1 000mL，10%氯化钙或 10%葡萄糖酸钙 100~150mL，一次静脉注射，同时配合利尿剂肌内注射，每天 1 次，连用 3~5 天。

4. 对症治疗　退热，可肌内注射氨基比林 20~40mL 或安乃近 20~40mL；出现呼吸困难的病牛，必要可吸氧；对电解质、酸碱平衡紊乱，脱水的病牛，可口服补液盐或静脉输液纠正，同时注意输液不宜过快，以免发生心力衰竭和肺水肿；防止自体中毒，可静脉注射撒乌安液 50~100mL 或樟脑酒精液 100~200mL；强心，可注射洋地黄毒苷等强心剂。

5. **中药治疗** 可用清瘟败毒散：生石膏 120g，犀角 6g（或水牛角 30g），黄连 18g，桔梗 24g，鲜竹叶 60g，甘草 9g，生地 30g，山栀 30g，丹皮 30g，黄芩 30g，赤芍 30g，玄参 30g，知母 30g，连翘 30g，水煎，一次灌服。

【预防】加强饲养管理，改善牛舍环境，避免有害因素刺激，定期驱虫、体检，接种疫苗，保证牛群健康，提高抗病能力。

十、化脓性肺炎

化脓性肺炎又称肺脓肿，是由病原微生物（主要病原菌为：链球菌、葡萄球菌、肺炎双球菌、化脓棒状杆菌、放线菌等）引起的肺、支气管、细支气管的急性化脓性炎症。临床以发热，叩诊局限性、泛发性浊音或破鼓音，听诊空瓮音或带金属声的水泡音，并有恶臭脓性鼻液为特征。犊牛、产后体质衰弱牛和老龄牛易发。

【病因】依据诱发因素，本病病因常可分为原发性和继发性。临床常见病因如下：

1. **原发性化脓性肺炎** 饲养管理不善，牛舍环境污秽、通风不良，吸入氨气、硫化氢等有毒刺激性气体，破坏呼吸道黏膜，引起病原菌感染，感染沿支气管、细支气管迅速蔓延，并导致支气管、细支气管以及整个肺脏的化脓性炎症；犊牛或产后体质衰弱的牛，因淋雨、贼风侵袭、受寒感冒等引起机体抵抗力下降或见于长途运输、惊吓等应激性因素导致机体抵抗力下降，由病原菌感染而引起。

2. **继发性化脓性肺炎** 临床原发性化脓性肺炎发病较少，多为继发性。常见继发于脓毒败血症及肺内感染性血栓形成，如肺结核、化脓性子宫内膜炎、犊牛败血症、鼻疽、蜂窝织炎等。

【症状】病初，病牛表现体温升高，精神沉郁，食欲减退，反刍减少，心跳、脉搏、呼吸加快，咳嗽，可视黏膜潮红，流浆液性或黏液性鼻液；随病情发展，体温持续升高，可达 40~41℃，此时病牛食欲废绝，反刍停止，心跳加快，脉搏细速，呼吸困难，甚至张口呼吸，可视黏膜发绀，流出恶臭难闻的脓性鼻液，病牛表现不安，间或发出呻吟；严重病例表现自体中毒，呼吸衰竭，昏迷、休克甚至死亡。

1. **胸部听诊** 初期，支气管呼吸音增强，当有炎性渗出物时，可听到湿啰音，支气管呼吸音减弱或消失，肺脓肿破裂，形成空洞时，可听到空瓮音或金属声水泡音。

2. **肺部叩诊** 初期，叩诊呈局限性浊音，随炎症发展，浊音区扩大，呈弥漫性浊音，脓肿破裂，形成空洞时，呈破鼓音。

3. **血液学检查** 伴有嗜中性粒细胞增多性白细胞增多，并出现核左移，淋巴细胞、单核细胞增多，对于继发于脓毒败血症的病例，可出现白细胞减少，并核右移现象，多提示预后不良。

4. **X 线检查** 肺纹理模糊不清，肺脏呈现大面积浓密阴影。

【病理变化】肺脏体积稍增大，重量增加，色泽灰暗，切开肺脏，切面有脓汁流出；组织学检查：肺泡腔扩大，内有大量白细胞，部分肺泡上皮细胞及少量红细胞。

【诊断】依据病史，结合发热，叩诊局限性、泛发性浊音或破鼓音，听诊空瓮音或带金属声的水泡音，并有恶臭脓性鼻液等临床症状，并结合血液学检查及 X 线影像特征可做出诊断。但须同大叶性肺炎、异物性肺炎、肺结核、肺原线虫病等进行鉴别诊断。

【治疗】治疗主要以抗菌消炎、制止渗出、促进渗出物吸收以及对症治疗等。

1. **抗菌消炎** 通常选用抗生素联合应用或磺胺类药物进行治疗。可用青霉素 40~80mg/kg，联合链霉素 50~80mg/kg 肌内注射，每天 2 次，连用 5~7 天；也可用 10%磺胺嘧啶钠注射液或 10%磺胺二甲氧嘧啶钠注射液 100~150mL 肌内或静脉注射，每天 1 次，连用 5~7 天。

2. **制止渗出，促进渗出物吸收** 可用 10%氯化钙或 10%葡萄糖酸钙注射液 50~100mL，10%葡萄糖注射液 500~1 000mL，20%安钠咖注射液 20~40mL，40%乌洛托品 40~60mL，一次静脉注射，每天 1 次，连用 5~7 天。

3. **对症治疗** 退热，可肌内注射氨基比林或安乃近 20~40mL；出现呼吸困难的病牛，可吸氧；对电解质、酸碱平衡紊乱，脱水的病牛，可口服补液盐或静脉输液纠正，同时注意输液不宜过快，以免发生心力衰竭和肺水肿；防止自体中毒，可静脉注射撒乌安液 50~100mL 或樟脑酒精液 100~200mL；强心，可注射洋地黄毒苷等强心剂。

对继发化脓性肺炎的病牛，治疗化脓性肺炎的同时，注意积极治疗原发病。

【预防】加强饲养管理，改善牛舍环境，添加通风保暖设施，避免长途运输、惊吓等不良因素刺激，定期对牛群体检、驱虫、接种疫苗，保证牛群健康，增强牛群抗病能力。

十一、异物性肺炎

由于异物（如液体、固体等）被吸入肺内，并引起肺脏以坏死为特征的炎症，统称为异物性肺炎，又叫吸入性肺炎或坏疽性肺炎。临床上以呼吸困难，两鼻孔流脓性或腐败性鼻液，听诊啰音、叩诊浊音为特征。各年龄段牛群均可发生。

【病因】临床上吞咽障碍和强迫投药是异物性肺炎常见的原因。当病牛患有咽炎、咽麻痹、食管阻塞、食管麻痹、某些伴有意识障碍的脑病、生产瘫痪、颈部食管阻塞等疾病时，由于误咽异物（如唾液、饲料等）而引起；强迫灌药不慎，牛骚动不安，头抬过高，灌药过猛、过快或药物浓稠，来不及咽下使药物进入呼吸道而引起；另可见于麻醉状态下，误咽唾液或反刍的食团进入呼吸道引起或患有严重呼吸困难疾病（如肺气肿）时误咽异物引起，偶可见于犊牛吃奶过快、过急，受惊吓牛奶呛入呼吸道所致。

【症状】病初病牛体温升高至40℃以上，呈弛张热型，精神沉郁，食欲减退或废绝，泌乳量下降或停止，频咳、气喘、烦躁不安，叫声嘶哑，之后呈支气管炎病状，呼出带特殊气味的气体；随病情发展，呼出带有腐败性恶臭难闻的气体，鼻孔流出恶臭脓性鼻液，呈灰褐色、棕红色或污绿色，咳嗽加剧，鼻液或咳出物中偶带吸入的异物颗粒；严重病例，呈现呼吸衰竭，心力衰竭等症状，病牛昏迷、休克甚至死亡。

1. **肺部检查**　触诊胸痛及听诊啰音明显。初期，由于广泛的肺组织处于炎症浸润阶段，叩诊呈浊音；后期出现肺空洞，可出现局灶性鼓音；若空洞周围被致密组织所包围，其中充满空气，叩诊呈金属音；若空洞与支气管相通则呈破壶音。

2. **实验室检查**　收集污秽的鼻液，静置于烧杯中，可见分为三层，上层为黏性，有泡沫，中层为浆液性的，含有絮状物，下层为脓液，混有很多肺组织块。显微镜检查，可看到肺组织碎片、脂肪滴、脂肪晶体、棕色至黑色的色素颗粒、红细胞、白细胞及大量微生物；将鼻液加入10%氢氧化钾溶液中煮沸，离心获得沉淀物，在显微镜下检查，可见到由肺组织分解出来的弹力纤维。

3. **血液学检查**　病初伴有嗜中性粒细胞增多性白细胞增多，淋巴细胞、单核细胞增多，随病情发展，白细胞增多，并发核左移，重剧病例，白细胞不增多或减少，并出现核右移现象，多提示预后不良。

【诊断】依据吞咽障碍或强迫灌药病史，结合呼吸困难、有恶臭难闻鼻液、叩诊浊音、听诊啰音等临床特征即可做出诊断。但须同腐败性支气管炎、支气管扩张及副鼻窦炎等疾病进行鉴别诊断。

【治疗】本病发展迅速，难以控制，临床治疗以排除异物，抗菌消炎，对症治疗为主。

1. **排除异物**　保持病牛安静，后躯高、头低姿势，以便于异物咳出。

2. **抗菌消炎**　为防止继发感染和治疗原发病，应及时应用抗生素。可用青霉素50mg/kg配合链霉素50mg/kg，一次肌内注射，每天2次，连用5~7天；或用 10%磺胺嘧啶钠 100~150mL，肌内或静脉注射，每天 1 次，连用 5~7 天。

3. **对症治疗**　解热镇痛，可肌内注射布洛芬注射液 40~60mL；强心补液，可用 10%氯化钙或葡萄糖酸钙 100~150mL，20%安钠咖注射液 20~40mL，40%乌洛托品 40~60mL，10%葡萄糖溶液 1 000~2 000mL，一次静脉注射；调节电解质平衡和纠正酸中毒，可用 5%糖盐水 1 000~2 000mL，5%碳酸氢钠溶液 1mL/kg，氯化钾 0.1~0.35mL/kg，一次静脉注射，或口服补液盐（含氯化钠 100g，氯化钾 10g，碳酸氢钠 300~500g）2 000~3 000mL；呼吸困难，缺氧时，及时供给氧气；防止自体中毒，可用撒乌安溶液 50~100mL 或樟脑酒精溶液 100~200mL，一次静脉注射。

4. **中药治疗**　以清热平喘，活血利水为主，可用千金苇茎汤加味：鲜芦根 40g、鱼腥草 40g、银花 40g、连翘 40g、野菊花 40g、败酱草 40g、蒲公英 40g、地丁 40g、冬瓜子 40g、皂角 40g、桃仁 30g、枳壳 30g、黄芪 30g、干草 15g，煎服。每天 1 剂，连用 3 剂。

【预防】投药、灌药时手法要正确、温和，避免使用不正确、粗暴的投灌方法；避免在牛群采食时，突然惊吓、刺激牛群；对于患有吞咽障碍的病牛应积极治疗，防止继发本病。

十二、胸膜炎

胸膜炎是胸膜发生以胸腔积聚大量炎性渗出物和纤维蛋白沉着为特征的一种炎性疾病。临床上以体温升高，触诊胸部敏感、疼痛和听诊摩擦音，胸腔穿刺液内含有大量纤维蛋白为特征。各年龄段牛群均可发病。

【病因】本病病因复杂多样，临床常见病因如下：

1. **原发因素**　原发性胸膜炎比较少见，当机体抵抗力下降，微生物入侵时可引起原发性胸膜炎。常见于牛群相互斗殴，导致肋骨骨折，外伤性胸膜炎，还可见于穿刺感染，食管破裂时，病原微生物大量繁殖，引起发病。细菌产生的内毒素、炎性渗出物及组织分解产物被机体吸收后加重病情。

2. **感染因素**　主要有细菌性因素（如葡萄球菌、溶血性链球菌、大肠杆菌、绿脓杆菌、放线菌等），真菌性因素（如曲霉、隐球菌等）以及病毒性因素等。

3. **继发因素**　胸膜炎常继发或伴发于某些疾病的过程中，如异物性肺炎、纤维素性肺炎、肺脓肿、结核病、鼻疽、流感、创伤性网胃心包炎，支原体感染等疾病。

4. **诱发因素**　长途运输、惊吓，外科手术及麻醉，寒冷侵袭等应激因素均可诱发本病发生。

【症状】

1. **急性病例**　病牛表现精神沉郁，食欲减退或废绝，体温升高达 40℃左右，不愿活动，有的病例胸腹部及四肢皮下水肿。胸壁叩诊，病牛敏感、躲闪，痛感明显；胸部听诊，随呼吸运动可出现拍水音和胸膜摩擦音，随着渗出液增多，摩擦音消失，伴有肺炎时，可听到拍水音或捻发音，同时肺泡呼吸音减弱或消失，出现支气管呼吸音；当渗出液大量积聚时，液体积聚于胸腔，压迫肺脏，可表现腹式呼吸，呼吸困难，可视黏膜发绀，胸部叩诊呈水平浊音。

2. **慢性病例**　病牛表现食欲减退，呈现明显的脱水和消瘦，间歇性发热，呼吸困难，运动乏力，反复咳嗽。若胸膜有广泛性粘连和胸膜增厚时，听诊肺泡音减弱或消失，叩诊时有弥漫性浊音区，全身症状往往不明显，仅见呼吸促迫或反复发热。

3. **检查**

（1）胸腔穿刺检查，可抽出大量渗出液，一般浆液和纤维蛋白性渗出液最多，炎性渗出物表现混浊，易凝固，有大量絮状纤维蛋白及凝块，显微镜检查发现大量炎性细胞和细菌。

（2）X线检查：积液量少时，肺的叶间切迹或肋骨与膈之间发生钝性变化。心隔三角区变钝或消失，密度增高，积液量大时，心脏、后腔静脉被积液阴影淹没，下部呈广泛性浓密阴影；若病情进一步发展，则呈现毛玻璃样。

（3）血液学检查：白细胞总数升高，嗜中性粒细胞比例增加，核左移，淋巴细胞减少。慢性病例呈轻度贫血。

【病理变化】急性胸膜炎，胸膜明显充血、水肿和增厚，粗糙而干燥，胸膜面上附着一层黄白色的纤维蛋白性渗出物，易剥离；在渗出期，胸膜腔有大量混浊液体，常伴有炎性变化，并伴发心包炎及心包积液。慢性胸膜炎，胸膜肥厚，壁层和脏层与肺脏表面发生粘连。

【诊断】依据病史，结合体温升高，呼吸困难，触诊胸部敏感，听诊摩擦音等临床症状和穿刺液的变化，即可做出诊断。但须同纤维素性肺炎、胸腔积水、创伤性心包炎、传染性胸膜肺炎等疾病进行鉴别诊断。

【治疗】本病治疗以加强护理，抗菌消炎、控制继发感染，制止渗出、促进渗出物吸收，以及对症治疗为主。

1. **加强护理**　将病牛置于通风良好、温暖和安静的牛舍，供给营养丰富、易消化的饲草料，并适当限制饮水。

2. **抗菌消炎、控制继发感染**　可选用广谱抗生素或磺胺类药物，可用青霉素 $50 \sim 80 mg/kg$，联合链霉素 $40 \sim 80 mg/kg$，肌内注射，每天 2 次，连用 $5 \sim 7$ 天；或用 10% 磺胺嘧啶钠注射液或 10% 磺胺二甲氧嘧啶注射液 $100 \sim 150 mL$，肌内或静脉注射。有条件的情况下，可根据穿刺液培养后药敏实验，选取敏感抗生素进行治疗，若为某些厌氧菌感染可用甲硝唑注射液或替硝唑注射液 $7.5 mg/kg$，静脉注射，每天 1 次，连用 $3 \sim 5$ 天。

3. **制止渗出** 可用 10% 葡萄糖酸钙溶液或 10% 氯化钙溶液 100~200mL，一次静脉注射，每天 1 次，连用数天，直至渗出物减少为止；促进渗出物吸收和排除，可用强心剂，如 20% 安钠咖注射液 20~40mL，肌内或静脉注射，每天 1 次，配合利尿剂，如呋塞米 2mg/kg，肌内注射，每天 1 次；当胸腔有大量液体存在时，可进行胸腔穿刺，排除积液，必要时可反复施行。如有化脓性或腐败性渗出物潴留时，在排除液体之后，宜用 2%~4% 硼酸溶液、0.25% 普鲁卡因青霉素溶液反复冲洗胸腔，然后直接注入抗生素，常青霉素、链霉素联合应用。

4. **对症治疗** 解热镇痛，可用布洛芬注射液 40~60mL，肌内注射；呼吸困难，缺氧的病牛，及时供给氧气；脱水的病牛，可口服补液盐或静脉注射乳酸林格氏液；对电解质紊乱、酸中毒时，可口服碳酸氢钠或静脉注射 5% 碳酸氢钠注射液；防止自体中毒，可用撒乌安 100~150mL 或 10% 樟脑酒精溶液 100mL，静脉注射。

5. **中药治疗** 干性胸膜炎可用银柴胡 30g、栝楼皮 60g、薤白 18g、黄芩 24g、白芍 30g、牡蛎 30g、郁金 24g、甘草 15g，共为末，开水冲调，候温灌服；渗出性胸膜炎可用当归 30g、白芍 30g、白术 30g、白芨 30g、桔梗 15g、贝母 18g、寸冬 15g、百合 15g、黄芩 20g、花粉 24g、滑石 30g、木通 24g，共为末，开水冲调，候温灌服。

【预防】加强饲养管理，防止牛群相互斗殴，避免引起外伤；定期体检、驱虫、接种疫苗，保证牛群健康，增强抗病能力，对于继发性胸膜炎，应积极治疗原发病。

第三节 循环系统疾病

一、贫血

贫血是指全身循环血液中红细胞总数低于正常值，也指单位体积外周循环血红细胞总数、血红蛋白含量或红细胞压积低于正常值的综合征。病牛在临床上表现为可视黏膜苍白，心跳加快、心搏增强，肌肉无力及全身内脏组织器官缺氧而表现出来的各种病症。犊牛、体质衰弱牛多见。

【病因】贫血不是一种独立的疾病，而是一种临床常见的综合征，病因复杂多样，按其病因分类常分为出血性贫血（或失血性贫血）、溶血性贫血、营养性贫血以及再生障碍性贫血。

1. **出血性贫血** 常见于牛群斗殴导致较大血管破裂或内脏破裂而造成急性失血性贫血；外科手术过程中，大血管破裂，小血管弥漫性出血等造成的贫血；母牛难产时，不正确或粗暴地助产，导致母牛子宫、产道严重损伤出血，造成贫血；寄生虫（如犊牛的球虫等）导致肠道黏膜损伤而出现慢性失血性贫血；偶可见于外寄生虫（如蜱虫）大量吸血导致慢性失血性贫血。

2. **溶血性贫血** 临床常见于某些血液原虫病（如焦虫病）等寄生虫疾病导致红细胞裂解而引起；输血时未做交叉配血试验，导致血型排斥反应而引起溶血性贫血；另可见于某些中毒病等。

3. **营养性贫血** 临床常见于饲养管理不当，饲料中微量元素（如铁、钴等）维生素（如维生素 B_{12} 等）以及蛋白质缺乏，导致血细胞合成原料匮乏而引起贫血。

4. **再生障碍性贫血** 临床中较少见。

【症状】依据不同的病因，病牛贫血症状表现不尽相同。

1. **出血性贫血** 急性出血性贫血时，病牛表现短时间内可视黏膜苍白，呼吸迫促，倒地不起，甚至出现昏迷、休克等严重症状。慢性出血性贫血时，病情发展缓慢。病初，病牛症状不明显，呈现进行性消瘦，精神不振，食欲减退，泌乳减少，脉搏、心跳加快，呼吸频数增加，严重时表现可视黏膜苍白，精神沉郁甚至嗜睡，体质衰弱，站立不稳，食欲废绝，泌乳停止；听诊，心音低沉而弱，腹下及四肢末端偶可见水肿，若大脑缺血，病牛可出现昏迷、休克甚至死亡。

2. **溶血性贫血** 若为输血反应或过敏反应引起的溶血性贫血，病牛可见血红蛋白尿；若为血液原虫病引起的溶血性贫血，病牛表现体温升高，精神沉郁，食欲减退或废绝，反刍减少或停止，泌乳量降低或停止，可视黏膜黄染，腹泻，粪便稀黄，尿液黄赤，严重病例可导致死亡。

3. **营养性贫血** 病牛表现进行性消瘦，被毛粗乱无光泽，精神沉郁，久站无力，体质衰弱。

4. **再生障碍性贫血** 临床较少见，病牛可表现可视黏膜苍白，消瘦明显，体质衰弱。

【诊断】依据病史，结合可视黏膜苍白等临床症状即可做出诊断。出血性贫血，由血管破裂引起的可见血液外流，若为内脏破裂，穿刺见到血液可做出诊断；溶血性贫血时，除可见贫血症状外，还可见可视黏膜黄染；营养性贫血和再生障碍性贫血主要依据病史结合后期贫血临床症状做出诊断。

【治疗】依据不同的发病原因，制订相应的治疗方案。

1. **出血性贫血** 治疗以止血，补充血容量，抢救休克为主。外部血管出血时可进行压迫止血或外科结扎血管止血，必要时可电凝、烧烙止血；全身止血可用5%安络血注射液 5~20mL，肌内注射，每天 2~3 次；或止血敏 10~20mL，肌内或静脉注射，每天 1 次；也可用4%K_1 或 K_3 注射液 0.1~0.3g，肌内注射，每天 2~3 次。补充血容量可进行输血疗法，输血不仅有止血作用，还可补充血容量和增加抗体，兴奋网状内皮系统，促进造血功能，提高血压，输血前应进行交叉配血实验，牛可按 5～10mL/kg 进行输血；对于休克的病例，应及时抢救，可用盐酸肾上腺素 5～10mL，肌内注射，紧急情况下可心内注射，待心跳复苏后，供给氧气，然后可用 10% 葡萄糖溶液 500～1 000mL，加地塞米松 100～200mg，右旋糖酐 30g，一次静脉注射。

2. **溶血性贫血**　治疗以消除原发病，补充营养为主。若为焦虫病引起的溶血性贫血，可肌内注射血虫净 3～5mg/kg，应注意，第二次注射时间应同第一次注射间隔 24 小时以上；补充营养，可给予营养丰富易消化的饲料，也可用 10% 葡萄糖溶液 500～1 000mL，10% 氯化钙或葡萄糖酸钙 50～100mL，维生素 C 10～20g，一次静脉注射，每天 1 次，连用 3～5 天。

3. **营养性贫血**　治疗以补充营养为主。除给予营养丰富易消化的饲料外，还应适当补充铁制剂（如右旋糖酐铁，10～20mg/kg，肌内注射）和维生素 B_{12} 等。

4. **再生障碍性贫血**　临床较少见，一般临床不予治疗，可选择及时淘汰。若治疗，应以加强饲养管理，消除病因，提高造血功能，补充血容量为主。消除病因，应避免使用可引起再生障碍贫血的药物，有感染存在时，可选用较为安全的抗生素；提高造血功能，可选择丙酸睾酮氟羟甲睾酮等药物；补充血容量可输血或静脉输注右旋糖酐等。

【预防】本病预防重在加强饲养管理，饲喂营养丰富易消化的饲草料；防止牛群相互斗殴；难产助产时，避免不正确或粗暴的助产方式；定期对牛群驱虫、体检、接种疫苗，保证牛群健康，增强抗病能力。

二、急性心内膜炎

急性心内膜炎是指心内膜及其瓣膜的炎症，临床以热型不定的发热，血液循环障碍和心内器质性杂音为特征。各个年龄段的牛均可发生。

【病因】本病发生原因多样，依据其发病因素临床常分为原发性和继发性心内膜炎。

1. **原发性因素**　多由病原微生物直接感染引起，奶牛常见病原菌为化脓性放线菌、葡萄球菌、链球菌等。

2. **继发性因素**　可继发于创伤性网胃炎、创伤性心包炎、奶牛乳房炎、子宫内膜炎，也可由心肌炎、心包炎蔓延引起心内膜及心瓣膜的炎症。

【症状】病初病牛表现体温升高，食欲减退，反刍减少，泌乳量降低，呼吸加快，心率增加，心波动增强，脉搏微弱，听诊心脏有杂音；随病情发展，病牛表现精神沉郁，食欲废绝，反刍停止，瘤胃轻度鼓胀，腹泻、便秘或腹泻与便秘交替出现，可视黏膜潮红；后期，病牛表现呼吸困难，触压心区敏感、疼痛，可视黏膜发绀，严重病例发生充血性心力衰竭，下前腹部出现水肿，颈静脉怒张明显，病牛呆立，不愿运动。

【诊断】依据病史，结合临床血液循环障碍、发热、听诊心内杂音等临床症状即可做出诊断。但须同急性心肌炎、心包炎等疾病进行鉴别诊断。

【治疗】本病治疗以抗菌消炎，控制感染和对症治疗为主。

1. 抗菌消炎，控制感染 临床可长期应用抗生素进行治疗，在有条件的情况下可采集血液进行病原微生物的培养，并进行药敏试验，选择敏感抗生素。对化脓放线菌或链球菌感染，青霉素、氨苄青霉素为首选抗生素，可用青霉素 50~80mg/kg，氨苄青霉素 30~50mg/kg，肌内注射，每天 2 次，连用 1~3 周；对革兰氏阴性菌造成的感染，可选用拜有利（恩诺沙星）0.02mL/kg，肌内注射，每天 1 次，连用 5~7 天。

2. 对症治疗 退热，可用氨基比林 20~40mL 或安乃近 20~40mL 肌内注射；对于出现水肿的病例，可肌内注射速尿（呋塞米）0.5mg/kg，每天 1~2 次；发生瘤胃鼓气时，可口服促反刍液，严重时，可行穿刺放气；维持心脏功能，可应用洋地黄。

【预防】加强饲养管理，定期体检、驱虫、接种疫苗，保证牛群健康，增强抗病能力；积极治疗原发病。

三、急性心肌炎

急性心肌炎为伴发心肌兴奋性增强和心肌收缩力减弱为特征的心肌炎症。多继发或并发于其他疾病（如传染病、中毒病等），很少单独发生，临床上以急性非化脓性心肌炎为常见。

【病因】临床常见继发于创伤性网胃心包炎、奶牛乳房炎、子宫内膜炎等疾病，或并发于传染性胸膜肺炎、恶性口蹄疫、结核病及布鲁杆菌病的过程中。

【症状】病初，病牛表现精神沉郁，食欲减退，反刍减少，泌乳量降低，呼吸加快，脉搏无力，心跳增速，心律异常，听诊心脏杂音明显，随病情发展，病牛很快出现呼吸困难，可视黏膜发绀，全身虚弱无力，严重病例表现颈静脉怒张，垂皮下端水肿等心脏功能衰弱表现。

【诊断】依据病史（有无网胃创伤、患传染性胸膜肺炎等），结合临床心动过速、心律异常、听诊心脏杂音等作为诊断依据，确诊存在困难。临床须同创伤性心包炎、急性心内膜炎、心力衰竭等疾病进行鉴别诊断。

【治疗】本病治疗以加强护理，减轻心脏负担，增加心脏营养，提高心肌收缩功能，抗菌消炎和对症治疗为主。

1. 加强护理，减轻心脏负担 应使病牛保持安静，避免过度兴奋，并给予柔软易消化、营养和维生素丰富的饲草料，保证清洁饮水。

2. 增加心脏营养，提高心肌收缩功能 可用 10% 葡萄糖 500~1 000mL，

0.1%肾上腺素注射液 3～5mL，一次静脉注射，也可用 10% 葡萄糖 500～1 000mL，ATP50～100mL，维生素 C 50～100mL，20%安钠咖溶液 20～40mL，一次静脉注射。

3. 抗菌消炎 应用抗生素或磺胺类药物进行治疗，临床可用青霉素 50～80mg/kg 或氨苄青霉素 30～50mg/kg 肌内注射，每天 2 次，连用数天；也可用 10%磺胺嘧啶钠注射液或 10%磺胺二甲氧嘧啶钠注射液 100～150mL，肌内或静脉注射，每天 1 次，连用数天。

4. 对症治疗 应注意病初不宜应用强心剂，以免造成心肌过度兴奋，导致心脏迅速衰竭；若出现呼吸困难，黏膜发绀，应及时供给氧气；出现水肿的病例，可应用利尿剂。

【预防】加强饲养管理，定期体检、驱虫、接种疫苗，保证牛群健康，增强牛只抗病能力，积极治疗原发病。

四、心力衰竭

心力衰竭又称心脏衰弱、心功能不全，是一种严重的全身血液循环障碍综合征。临床上以呼吸困难，可视黏膜发绀，垂皮下端及腹下水肿，听诊心脏衰弱无力为特征。常见于体质衰竭牛及各种严重疾病的末期。

【病因】心力衰竭依据其病情长短常可分为急性心力衰竭和慢性心力衰竭。

1. 急性心力衰竭 临床常见于闷热天气，牛舍通风不良，造成牛只急性中暑，致使心脏负荷过大而引起；也可见于临床治疗疾病过程中，快速、过量输注刺激心脏的药物（如钙制剂或砷制剂等）导致超出心脏的载荷而引起急性心力衰竭；另外还可见于外科手术麻醉、急性呼吸窘迫过程中或雷雨天气遭电击引发等。

2. 慢性心力衰竭 常见于心脏自身疾病（如心肌炎、心内膜炎、先天性心脏病等），治疗不及时或不当引起；也可伴发于严重的肺气肿、肺水肿、化脓性肺炎、急慢性肾炎等疾病的过程中；另可见于饲养管理不当，采食酶败变质饲料中毒而引起。

【症状】

1. 急性心力衰竭 常突然发病，病牛表现一过性精神沉郁，食欲废绝，反刍停止，呼吸迫促，可视黏膜发绀，听诊肺泡呼吸音增强，心动亢进而衰弱无力等临床症状，常发病不久后突然死亡。

2. 慢性心力衰竭 多为充血性心力衰竭，其病情发展相对缓慢，病情可长达数周，甚至数月。病初，病牛一般无明显临床症状，仅表现食欲减退，反刍减少，泌乳量降低，不愿过多运动或剧烈运动后出现呼吸迫促，可视黏膜发绀等临床症状；随病情发展，病牛食欲废绝，反刍停止，静息状态下也会出现呼吸困难，可视黏膜发绀，听诊心搏亢进；随后发展可见病牛体表静脉，尤其是颈静脉怒张，垂皮下端及腹下出现水肿，听诊心音亢进或过速无力，心律失常，此时多引发肺充血或肺水肿，病牛呼吸极度困难，最后病牛因心脏衰竭而死亡。

【诊断】依据病史，结合临床呼吸困难、垂皮及腹下水肿及听诊心跳衰弱无力等临床症状可做出初步诊断。但须注意与伴有呼吸困难的疾病（如肺水肿、急性呼吸窘迫综合征等），伴有水肿的疾病（如肾衰竭、母牛妊娠过程等）以及循环虚脱进行鉴别诊断。

【治疗】本病治疗以加强护理，减轻心脏负担，营养心脏，增强心脏功能，改善血液循环及对症治疗为主。

1. **加强护理，减轻心脏负担**　首先应使病牛保持安静，避免应激因素的刺激，给予营养丰富、易消化的饲料，保证充足清洁饮水。

2. **营养心脏，增强心脏功能**　可用25%葡萄糖500~1 000mL，20%安钠咖注射液20~40mL，ATP 50~100mL，维生素C 50~100mL，一次缓慢静脉注射；对于急性心力衰竭的病例，可尝试小剂量0.1%肾上腺素心内注射，待心脏复苏后可按上述思路静脉输液。

3. **改善血液循环**　对于慢性心力衰竭的病牛，若出现体表静脉怒张，为改善全身血液循环，使血液重新分布可酌情进行放血疗法，牛可放血500~1 000mL，放血完成后，可静脉输注25%葡萄糖500~1 000mL。

4. **对症治疗**　对于呼吸困难，缺氧的病牛，可及时供给氧气；出现水肿的病例，可肌内注射利尿剂，每天1~2次。

5. **中药疗法**　可用营养散：当归16g，黄芪32g，党参25g、茯苓20g、白术25g，甘草16g、白芍19g、陈皮16g，五味子25g、远志16g，红花16g，共为末，温开水冲服，每天1剂，连用1周。

【预防】加强饲养管理，定期体检、驱虫、接种疫苗，保证牛群健康，提高抗病能力，在静脉注射刺激性较强的药物时，应控制速度和剂量，对于继发性心力衰竭，应积极治疗原发病。

五、循环虚脱

循环虚脱又称外周循环衰竭，是由于血管舒缩功能紊乱或血容量不足而引起的心排血量减少，组织灌注不良的一系列全身性病理综合征。临床以心动过速，皮温不整，四肢末梢发凉，肌肉无力，卧地不起为特征。

【病因】循环虚脱不是一种单独的疾病，而是伴发于各种严重疾病的一种全身表现，病因较为复杂，临床常见于急性失血性疾病导致的贫血、剧烈的疼痛性疾病过程中，严重的中毒或感染以及心力衰竭和急性过敏性疾病过程中。

【症状】病初，病牛表现烦躁不安，心跳加快，呼吸喘促，可视黏膜苍白，随病情发展，病牛精神沉郁，反应迟钝，呼吸急速，脉搏细弱，耳尖、四肢末端发凉，可视黏膜发绀，尿量减少或无尿；后期，病牛卧地不起，呼吸浅表，呈现昏迷状态。

【诊断】依据病史，结合皮温不整、四肢末梢发凉、心动过速、肌肉无力、卧地不起、血压下降等临床症状可做出初步诊断。但应注意同心力衰竭进行鉴别诊断。

【治疗】本病治疗以加强护理，补充血容量，调整血管舒缩功能以及对症治疗为主。

1. **加强护理** 保持病牛安静，避免刺激，积极治疗，待病情好转时给予营养丰富易消化的饲料，并保证清洁饮水。

2. **补充血容量** 可用10%葡萄糖溶液500~1 000mL，低分子右旋糖酐30~50g，一次静脉注射，每天1次。调整血管舒缩功能：可用氯丙嗪0.5~1mg/kg或硫酸阿托品80mg，肌内注射。

3. **对症治疗** 缓解呼吸困难，可用25%尼可刹米注射液10~15mL，皮下注射，并及时供给氧气；降低颅内压，改善脑循环，可用10%葡萄糖溶液500~1 000mL，20%甘露醇500~1 000mL，一次静脉注射，每天1次，并配合利尿剂，如呋塞米0.5~2g，肌内注射，每天2次；纠正酸中毒，可用5%碳酸氢钠注射液500~1 000mL，静脉注射；防止微血栓形成，可静脉注射肝素0.5~1mg/kg。

【预防】加强饲养管理，提高抗病能力，积极治疗原发病。

第四节 泌尿系统疾病

一、肾炎

肾炎是指肾小球、肾小管或肾间质组织发生炎症的病理过程，临床上以水肿，触诊肾区敏感、疼痛，尿量改变及尿沉渣中含肾上皮细胞和各种管型为特征。临床中牛的肾炎主要为间质性肾炎。

【病因】本病病因复杂多样，具体原因目前尚不明确，常见有以下几种：病原微生物通过血液循环，到达肾脏，直接引起肾脏的炎性病变；饲养管理不善，采食大量酶败变质饲料，其代谢产物经肾脏排出时，损害肾脏，导致肾脏炎症的发生；还可继发于患有败血症和菌血症的严重细菌或病毒性疾病过程中；另可见于临床长期大量应用肾毒性较大的药物（如庆大霉素）引起肾脏功能降低，感染病原微生物引起或某些药物引起肾脏超敏反应，引起免疫复合物性肾炎。

【症状】

1. **急性肾炎** 病牛体温升高，精神沉郁，食欲减退或废绝，反刍减少或停止，心跳、呼吸、脉搏加快；触诊肾区敏感、躲避，伴有疼痛表现，病牛不愿运动，低头拱背，后肢僵硬，步态强拘；排尿次数增多，但尿量减少，尿色浓暗，尿相对密度增大；严重病例，眼睑、颌下、垂皮、胸腹下端出现水肿，进一步发展形成尿毒症，病牛排尿完全停止，全身水肿，嗜睡、昏迷甚至休克、死亡。

尿沉渣镜检：可见红细胞、白细胞及多量肾上皮细胞和管型。

2. 慢性肾炎　多由急性肾炎转化而来。病初病牛表现食欲减退，反刍减少，渐进性消瘦，体温变化不明显，脉搏增加，血压升高，排尿增多；随病情发展，病牛体温升高，食欲废绝，反刍停止，脉搏强硬，排尿减少；后期，病牛眼睑、颌下、垂皮、胸腹下端出现水肿，严重病例全身水肿，最终发展成为尿毒症。

尿沉渣镜检：可见大量肾脏上皮细胞和各种管型。

【诊断】依据病史（如中毒、长期大量应用氨基糖苷类抗生素等），结合触诊肾区敏感、少尿或无尿等临床症状，并结合尿沉渣中含有肾上皮细胞和管型即可做出初步诊断。同时应注意同慢性肾衰竭、肾结石等疾病进行鉴别诊断。

【治疗】本病治疗以消除病因，加强护理，抗菌消炎，强心利尿，抑制免疫反应为主。

1. 消除病因，加强护理　若为中毒或酶败饲料引起，应及时停止毒物源的摄入，保持病牛安静，避免应激因素刺激，必要时可灌服人工盐缓泻，待症状减轻时，饲喂营养丰富、富含蛋白质易消化的饲料。

2. 抗菌消炎　常用青霉素 50~80mg/kg，肌内注射，每天 2~3 次，连用 5~7 天；也可用氟喹诺酮类抗生素，如诺氟沙星、环丙沙星或拜有利（恩诺沙星）等进行治疗。

3. 强心利尿　可用 20% 葡萄糖溶液 500~1 000mL，20% 安钠咖注射液 20~40mL，静脉注射，每天 1 次，并配合利尿剂（如呋塞米、双氢克尿噻等）肌内注射，每天 2~3 次。

4. 抑制免疫反应　应用免疫抑制疗法，可用强的松或氢化可的松 200~500mg，肌内或静脉注射，亦可用地塞米松 10~20mg，肌内注射。

5. 中药治疗　中兽医称急性肾炎为湿热蕴结证，治法为清热利湿，凉血止血，代表方剂"秦艽散"加减；慢性肾炎属水湿困脾证，治法为燥湿利水，方用"平胃散"合"五皮饮"加减：苍术、厚朴、陈皮各60g，泽泻45g，大腹皮、茯苓皮、生姜皮各30g，水煎服。

【预防】加强饲养管理，禁止饲喂发霉变质饲料，定期对牛群进行体检、驱虫、疫苗接种，增强抗病能力，临床用药时，应注意药物的选取，科学用药。

二、肾盂肾炎

肾盂肾炎多为肾盂黏膜的化脓性炎症，临床上以高热，排尿次数增多、带痛，脓尿为特征，多见于乳牛和产后母牛。

【病因】按其发病原因，原发性肾盂肾炎较少见，常可由病原微生物感染所致，常见病原微生物有大肠杆菌、链球菌、葡萄球菌、化脓杆菌以及肾盂肾炎棒状杆菌等。本病可伴发于全身或局部化脓性疾病过程中，常由病原菌经血液循环到达肾盂而致病。另可见于尿道、膀胱、子宫的炎症逆行蔓延所致，也可见于母牛产后胎衣不下、恶露不净等疾病过程中。

【症状】本病常取慢性经过，病初症状不明显，随疾病发展，病牛表现体温升高，呈弛张热或间歇热型，精神沉郁，食欲减退或消失，反刍减少或停止，泌乳量降低；病牛常拱背站立，触诊肾区敏感、躲闪，有疼痛表现；排尿次数增多，尿量减少，尿液澄清；后期，尿量增加，尿液混浊，尿沉渣镜检可见白细胞、脓细胞、肾盂上皮细胞、肾上皮细胞、少量透明管型以及尿酸盐结晶。

【诊断】依据病史，结合高热，排尿次数增多、带痛，脓尿等临床症状，可初步做出诊断，但应注意同肾炎、膀胱炎、尿石症等疾病进行鉴别诊断。

【治疗】本病治疗以加强护理，抗菌消炎为主。

1. **加强护理**　应将病牛置于卫生良好、空气清新的牛舍，饲喂营养丰富、易消化的饲料，保证清洁饮水，

2. **抗菌消炎**　有条件的情况下，收集病牛尿液，进行微生物培养并进行药敏实验，选择敏感抗生素进行治疗，阳性菌感染常选择青霉素、头孢菌素类抗生素，阴性菌感染常选择氨基糖苷类或氟喹诺酮类抗生素，若为阳性菌和阴性菌合并感染可联合用药。临床常用青霉素 6000～12 000 单位/kg，链霉素 6～12mg/kg，肌内注射，每天 2 次，连用 5～7 天；尿路消毒可用呋喃坦啶 12～15mg/kg，40% 乌洛托品 10～50mL，0.9%氯化钠溶液 500～1 000mL，静脉注射，每天 1 次。

【预防】加强饲养管理，保证牛群健康，增强抗病能力，改善牛舍环境，定期消毒灭菌，减少病原菌感染几率，积极治疗原发病，防止继发感染。

三、膀胱炎

膀胱炎，中兽医称之为气淋，是膀胱黏膜及其下层的炎症。临床以尿频、带痛，血尿，尿中出现炎性细胞、膀胱上皮细胞和磷酸铵镁结晶为特征，是牛常见的泌尿系统疾病之一。

【病因】膀胱炎的发生病因复杂多样，常见病因有：

1. **感染性因素**　由病原微生物通过血液循环或尿路逆行感染所致，常见病原菌有：大肠杆菌、化脓杆菌、葡萄球菌、链球菌、肾棒状杆菌、变形杆菌等。

2. **机械性刺激或损伤**　粗暴的导尿，膀胱结石的刺激等损伤膀胱壁或膀胱黏膜引起。

3. **邻近器官组织炎症的蔓延**　肾炎、尿道炎、子宫内膜炎、阴道炎等疾病

均可引起膀胱炎的发生，犊牛的膀胱炎还与脐尿管的感染有关。

4. **其他**　碘的缺乏可诱发膀胱炎，霉败饲料中毒时引起膀胱尿液潴留、膀胱麻痹时也可引起膀胱炎。

【症状】

1. **急性膀胱炎**　病牛常做排尿姿势，努责，公牛阴茎勃起，母牛阴户频开，频频排尿，但无尿液排出或仅有少量尿液排出，有时可见持续性尿淋漓，尿液混浊并伴有强烈的氨臭味，常混有血液、黏液甚至脓液；严重感染时，病牛呈现体温升高，食欲废绝，腹痛，极度不安，间或哞叫；当出现有严重的出血性膀胱炎时，病牛可出现贫血现象。

尿沉渣镜检：可见尿液中混有红细胞、白细胞、脓细胞、膀胱上皮细胞、磷酸铵镁和尿酸盐结晶以及凝血块和组织碎片等。

直肠检查：病牛抗拒，表现痛苦不安，触诊膀胱，体积增大，充盈饱满。

2. **慢性膀胱炎**　病程较长，初期无明显全身症状，随病情发展，病牛表现精神沉郁，食欲减退或废绝，进行性消瘦，被毛粗乱无光，排尿姿势和尿液成分同急性膀胱炎，后期尿沉渣镜检和直肠检查同急性膀胱炎基本相同。

【诊断】本病诊断主要依据尿频、带痛，血尿，尿中出现炎性细胞、膀胱上皮细胞和磷酸铵镁结晶等临床特征做出诊断，但应注意同肾盂肾炎、膀胱麻痹、膀胱痉挛等疾病进行鉴别诊断。

【治疗】本病治疗以加强护理，抑菌消炎以及对症治疗为主。

1. **加强护理**　保持病牛安静，避免应激因素刺激，给予营养丰富易消化的柔软饲草料，并保证清洁饮水。

2. **抑菌消炎**　可选择敏感抗生素进行治疗，对于重症病例，必要时可进行膀胱冲洗，可用0.1%高锰酸钾溶液，或0.1%雷佛奴尔液，或0.5%鞣酸液，或0.1%~1%的氨苯磺胺溶液，或1%~3%的硼酸溶液，或0.01%的新洁尔灭液，或0.1%的硝酸银溶液等进行膀胱冲洗，反复冲洗2~3次，然后注入抗生素效果更佳。

3. **对症治疗**　当出现尿闭时，可用导尿管排尿，发生出血性膀胱炎时，除上述治疗外，还应配合使用止血药，如可肌内注射安络血10~20mL；尿路消毒，可灌服呋喃坦啶，或静脉注射40%乌洛托品50~100mL。

4. **中药治疗**　治以行气通淋，治方可用沉香、石韦、滑石（布包）、当归、陈皮、白芍、冬葵子、知母、黄柏、枸杞子、甘草、王不留行，水煎服。

【预防】加强饲养管理，定期消毒牛舍，保证牛舍清洁卫生，严格执行规范操作和无菌原则，减少病原微生物感染的机会，对患有生殖道及泌尿系统疾病的牛应积极尽早治疗，防止继发感染。

四、膀胱麻痹

膀胱麻痹，中兽医称之为胞虚，是指膀胱肌肉的收缩力减弱或丧失，导致膀胱尿液滞留的一种膀胱疾病。临床以膀胱充盈，排尿障碍或无尿液排出为特征。牛常发生，多为暂时性的不完全麻痹。

【病因】本病病因复杂多变，多为继发性，常见病因有以下两种。

1. **神经源性** 多为支配膀胱的神经或调节排尿的神经损伤，致使对膀胱的调节及支配作用减弱或丧失，从而导致膀胱的平滑肌或括约肌失去收缩力而发生膀胱麻痹。常见于脑部外伤、脑膜脑炎、中暑、生产瘫痪等疾病过程中。

2. **肌源性** 常见于肾炎、尿道炎、子宫内膜炎、胎衣不下等疾病过程中，炎症扩散到膀胱，导致膀胱肌层发生炎症，从而引起膀胱平滑肌的紧张度降低；或因大量尿液积聚，致使膀胱肌肉过度伸张、迟缓，收缩力降低，从而引起膀胱麻痹。

【症状】依据病因不同，发生膀胱麻痹的病牛临床表现也各有差异。

1. **神经源性麻痹** 病牛表现尿失禁或无尿液排出，全身症状不明显，外观后腹部稍微增大或增大不明显，直肠触摸膀胱，膀胱空虚或胀满，用力按压膀胱，尿液呈细流状排出，停止按压，无尿液排出。

2. **肌源性麻痹** 病牛频频做排尿姿势，但每次仅有少量尿液排出，直肠触摸膀胱，膀胱充盈，按压膀胱，有尿液排出，病牛全身症状不明显。

【诊断】依据病史，结合临床排尿障碍或无尿液排出，直肠触诊膀胱极度充盈等临床症状即可做出诊断。

【治疗】本病治疗以加强护理，消除病因和对症治疗为主。

1. **加强护理** 主要以限制饮水为主，防止发生膀胱破裂。

2. **消除病因** 以积极治疗原发病为主。

3. **对症治疗** 对于膀胱胀满可行导尿或膀胱穿刺放尿；兴奋膀胱，提高膀胱平滑肌收缩力可用硝酸士的宁 15~30mL 皮下注射，间隔 24 小时一次，或用电针疗法，刺激百会穴和后海穴，每天 1~2 次，每次 10~20 分钟；为防止继发感染，可肌内注射抗生素。

4. **中药治疗** 可用"补中益气汤"加减：党参、黄芪各 60g，甘草、当归、陈皮、升麻、柴胡、益智仁、五味子、桑螵蛸、金樱子各 30g，水煎服。

【预防】无针对性预防措施，对病牛应尽早发现，尽早治疗，积极治疗原发病。

五、尿石症

尿石症又称尿结石，是指尿路中盐类结晶凝聚物刺激尿路黏膜而引起的出血性炎症和尿路阻塞性疾病。临床以腹痛，排尿障碍和血尿为特征。多发于公牛。

【病因】尿结石的形成原因目前尚不十分清楚，常认为是伴有泌尿器官疾病的全身性矿物质代谢紊乱的结果，常见因素如下：

1. **感染性因素**　泌尿系统器官组织发生炎症时，脱落的上皮细胞、炎性产物及病原微生物可积聚在一起，易形成尿结石的核心物质。

2. **钙、磷比例不当**　长期饲喂高钙低磷的饲料（如甘薯）或富磷低钙的饲料（如麸皮、玉米等），易导致体内钙、磷比例失调，易导致结石发生。

3. **饮水不足**　饮水不足，致使尿液浓缩，易促使尿结石的形成。

4. **维生素 A 缺乏**　维生素 A 缺乏可导致尿路上皮组织角化，促使尿结石形成。

5. **其他因素**　甲状旁腺功能亢进、长期周期性尿潴留可称为尿结石形成的诱因，可也见于长期大量应用磺胺类药物引起肾脏损伤，出现结晶尿，促进尿结石的形成。

【症状】发生尿石症的病牛，其共同症状为排尿障碍和血尿，但依据结石出现和阻塞的部位不同，其临床症状也不同。

结石位于肾脏时，病牛表现拱背、触诊肾区敏感，运动步态强拘、紧张，不愿运动；结石阻塞尿路时，病牛排出的尿流变细或无尿液排出而发生尿潴留；膀胱出现结石时，可出现尿频，排尿带痛，直肠触诊，可触摸到颗粒较大的结石。

【诊断】依据排尿障碍和血尿等临床症状，结合 B 超诊断和 X 线诊断即可确诊。

【治疗】本病临床治疗以排除结石，对症治疗为主。

1. **排除结石**　可用中药疗法，服用排石汤加减：海金沙、鸡内金、石韦、海浮石、滑石、瞿麦、萹蓄、车前子、泽泻、生白术等；亦可用水洗法：通过插入导尿管，反复冲洗，本法适用于颗粒较小的膀胱结石；对于较大的膀胱结石，可用手术疗法取出结石。

2. **对症治疗**　缓解疼痛，可用卡洛芬注射液 10～20mL，肌内注射，每天 1 次；止血，可用安络血 10～20mL，肌内注射；防止继发感染，可肌内注射抗生素。

【预防】加强饲养管理，饲喂营养丰富，钙、磷比例适当的饲料，保证运动，增加清洁饮水，对患有泌尿系统器官组织疾病的病牛，应及早进行治疗，防止本病发生。

第五节　神经系统疾病

一、日射病及热射病

奶牛或肉牛在炎热季节中，头部受到日光直射时，引起脑及脑膜充血和脑实质的急性病变，导致中枢神经系统功能严重障碍现象，通常称为日射病。在炎热季节潮湿闷热的环境中，新陈代谢旺盛，产热多，散热少，体内积热，引起严重的中枢神经系统功能紊乱现象，通常称为热射病。又因大量出汗、水盐损失过多，可引起肌肉痉挛性收缩，故又称为热痉挛。

实际上，日射病、热射病及热痉挛，都是由于外界环境中的光、热、湿度等物理因素对牛体的侵害，导致体温调节功能障碍的一系列病理现象，故可称为中暑。

本病在炎热季节中较为多见，产奶量迅速减少，病情发展急剧，甚至迅速死亡，以体温升高，神经症状为特征。

【病因】主要是饲养管理不当，在炎热的夏季，奶牛运动场无遮阳篷，阳光直射，出汗过多，饮水不足；或因牛舍狭小，通风不良，潮湿闷热等，从而引起日射病或热射病的发生。

但在炎热季节中，气温超过35℃时，由于强烈阳光辐射和高温的作用，辐射、传导及对流散热困难，只能通过汗液蒸发途径散热。由于蒸发散热常常受到大气中的湿度和机体健康情况等有关因素的影响，以致散热困难，体内积热，发生中暑现象。

日射病主要是因奶牛头部受到强烈阳光辐射的直接作用，引起头部血管扩张、脑及脑膜充血，脑神经细胞发生炎性反应，神志潮异常。引起中枢神经系统调节障碍，新陈代谢异常，呼吸浅表，心力衰竭以致卧地不起、痉挛抽搐、神志昏迷。

热射病主要由于外界环境潮湿闷热，产热与散热不能保持相对的统一与平衡，新陈代谢旺盛，氧化不完全的中间代谢产物大量蓄积，引起脱水和酸中毒。

【病理变化】日射病及热射病的病理变化，两者之间有其共同的特征，即脑及脑膜的血管高度瘀血，并有出血点；脑脊液增多，脑组织水肿；肺充血和肺水肿；胸膜、心包膜以及肠黏膜都具有瘀血斑和浆液性炎症乃至肝脏、肾脏、心脏和骨骼肌发生变性。

【症状】

1. **日射病**　病的初期，精神沉郁，有时眩晕，四肢无力，步态不稳，共济失调，突然倒地，四肢做游泳样运动。目光狰狞，眼球突出，神情恐惧，有时全身出汗。

病情发展急剧，心血管运动中枢、呼吸中枢、体温调节中枢的功能紊乱，甚至麻痹。心力衰竭，静脉怒张，脉微欲绝；呼吸急促、节律失调，形成毕欧氏或陈-施式呼吸现象；有的体温升高，皮肤干燥，汗液分泌减少或无汗。瞳孔初散大，后缩小。兴奋发作，狂暴不安。有的突然全身性麻痹，皮肤、角膜、肛门反射减退或消失，腱反射亢进；常常发生剧烈的痉挛或抽搐，迅速死亡。

2. **热射病**　体温急剧上升，甚至达到42~44℃或以上；皮温增高，直肠内温度升高，全身出汗。特别是潮湿闷热环境中劳役或运动时的牛，突然停步不前，鞭策不走，剧烈喘息，昏厥倒地，状似电击。

3. **热痉挛**　牛体温正常，神志清醒，全身出汗、烦渴、喜饮水、肌肉痉挛，常导致阵发性剧烈疼痛的现象。

由于中暑，脑及脑膜充血，并因脑实质受到损害，产生急性病变，体温、呼吸与循环等重要的生命中枢陷于麻痹。所以，有一些病例，犹如电击一般，突然晕倒，甚至在数分钟内死亡。

【病程及预后】本病都是突然发生，病情发展非常急剧，由于脑及脑膜组织受到严重损害，中枢神经，特别是重要的生命中枢陷于麻痹，因而引起窒息和心脏麻痹，迅速死亡；甚至有的因脑组织出血，突然倒地而猝死；也有的经过1~2天，陷于衰弱和虚脱而死亡。

【诊断】奶牛日射病、热射病以及热痉挛的主要诊断依据：

（1）炎热的环境，长时间受日光直射，饮水不足。

（2）通风不良，潮湿闷热。

（3）呈现一般脑症状及一定的灶性症状。

根据以上三点，可初步确诊。

【治疗】奶牛或肉牛日射病、热射病及热痉挛，多突然发生，病情重，过程急，应及时抢救，方能避免死亡，因此，必须根据防暑降温、镇静安神、强心利尿、缓解酸中毒，防止病情恶化的原则，采取急救措施。

在野外或个体专业户，立即将病牛放置在阴凉通风地方，先用井水浇头或冷敷、灌肠，并给予饮服大量1%~2%凉盐水；在规模化养殖场，头部尚可装置冰囊，促进体温放散。同时，加强护理，避免光、声音刺激和兴奋，力求安静。

为了促进体温放散，可以用2.5%盐酸氯丙嗪溶液10~20mL；也可先颈静脉泻血，再用2.5%盐酸氯丙嗪溶液10~20mL，5%葡萄糖生理盐水1 000~2 000mL，20%安钠咖溶液10mL，静脉注射，效果显著。

伴发肺充血及肺水肿的病例，选用适量强心剂注射，立即静脉泻血，泻血后，即用复方氯化钠溶液，亦可用5%葡萄糖生理盐水，或25%~50%葡萄糖溶液，促进血液循环，缓解呼吸困难，减轻心肺负担，保护肝脏，增强解毒功能。

病牛心力衰竭，循环虚脱时，可用 25%尼可刹米溶液 10~20mL，皮下或静脉注射。或用 5%硫酸苯异丙胺溶液，病牛 100~300mL，皮下注射，兴奋中枢神经系统，促进血液循环；或用 0.1%肾上腺素溶液，3~5mL，10%~25%葡萄糖溶液，静脉注射。

病程中，若出现自体中毒现象，可用 5%碳酸氢钠溶，500~800mL，静脉注射。病情好转时，可用 10%氯化钠溶液，200~300mL；静脉注射；并用盐类泻剂，给予内服，改善水盐代谢，清理胃肠。同时加强饲养和护理，以利康复。

【预防】本病是奶牛和肉牛的一种剧烈性疾病，病情发展急剧，死亡率高。因此，在炎热季节中，必须做好饲养管理和防暑工作，保证奶牛和肉牛健康。

（1）制定饲养管理制度，在炎热季节中，不使奶牛和肉牛中暑受热，注意补喂食盐，给与充足饮水；牛舍保持通风凉爽，防止潮湿、闷热和拥挤。

（2）随时注意牛群健康状态，发现精神反应迟钝、无神无力或姿态异常、停步不前、饮食减退，具有中暑现象时，即应检查和进行必要的防治。

（3）大群牛转移或运输时，应作好各项防暑和急救准备工作，防患于未然，保护牛群健康。

二、脑膜脑炎

脑膜脑炎是奶牛或肉牛软脑膜及脑实质发生炎症，伴有严重脑功能障碍的疾病，临床上以高热，脑膜刺激症状、一般脑症状和局部脑症状为特征。

【病因】

1. **原发性脑膜脑炎** 多数认为是由感染或中病毒引起，如牛恶性卡他热病毒、葡萄球菌、链球菌、肺炎球菌、溶血性及多杀性巴氏杆菌、化脓杆菌、坏死杆菌等。及各种原因引起的严重自体中毒。

2. **继发性脑膜脑炎** 多见于脑部及邻近器官炎症的蔓延，如颅骨外伤，角坏死、中耳炎、内耳炎、眼球炎、脊髓炎等。也见于一些寄生虫病，如脑包虫病、普通圆线虫病等。受凉感冒、过劳、长途运输均可促使本病的发生。

【发病机制】病原微生物或有毒物质沿血液循环或淋巴途径侵入，或因外伤或邻近组织炎症的直接蔓延扩散进入脑膜及脑实质，引起软脑膜及大脑皮层表层血管充血、渗出，蛛网膜下腔有炎性渗出物积聚、炎症进入脑实质，引发脑实质出血、水肿，炎症蔓延至脑室时，炎性渗出物增多，发生脑室积水。由于蛛网膜下腔炎性渗出物聚积、水肿及脑室积液，造成颅内压升高，脑血液循环障碍，致使脑细胞缺血、缺氧和能量代谢障碍。加之炎性产物和毒素对脑实质的刺激，因而临床上产生一系列的症状。

【症状】由于炎症的部位、性质、持续时间以及严重程度不同，临床表现也有较大差异，但多数表现出脑膜刺激症状、一般脑症状和局部脑症状。

脑膜脑炎常伴有前几段颈脊髓膜同时发炎，因而背侧脊神经根受到刺激，病牛颈部及背部感觉过敏，对其皮肤轻刺激，即可出现强烈的疼痛反应，并反射性地引起颈部背侧肌肉强直性痉挛，头向后仰。膝腱反射检查，可见膝腱反射亢进。随着病程的发展，脑膜刺激症状逐渐减弱或消失。

一般症状通常是指运动与感觉功能、精神状态、内脏器官的活动，以及采食、饮水等发生的变化。病牛先兴奋后抑制或交替出现。病初，呈现高度兴奋，体温升高，感觉过敏，反射功能亢进，瞳孔缩小，视觉紊乱，易于惊恐，呼吸急促，脉搏增数。行为异常，不易控制，狂躁不安，攀登饲槽，或冲撞墙壁，不顾障碍向前冲，或转圈运动。兴奋哞叫，频频从鼻喷气，口流泡沫，头部摇动，攻击人或其他牛。有时举扬头颈，抵角，甩尾，跳跃，狂奔，其后站立不稳，倒地，眼球向上翻转呈惊厥状。在数分钟兴奋发作后，转入抑制则呈嗜眠、昏睡状态，瞳孔散大，视觉障碍，反射功能减退及消失，呼吸缓慢而深长，后期，常卧地不起，意识丧失，昏睡，出现陈-施二氏呼吸，有的四肢做游泳动作。

局部脑症状是指脑实质或脑神经核受到炎性刺激或损伤所引起的症状，主要是痉挛和麻痹。如眼肌痉挛，眼球震颤，斜视，咬肌痉挛，咬牙。吞咽障碍，听觉减退，视觉丧失，味觉、嗅觉错乱。颈部肌肉痉挛或麻痹，角弓反张，倒地时四肢做有节奏运动。某一组肌肉或某一器官麻痹，或半侧躯体麻痹时呈现单瘫与偏瘫等。

血液学变化初期血沉正常或稍快，中性粒白细胞增多，核左移，嗜酸性白细胞消失，细胞减少。康复时嗜酸性白细胞与淋巴细胞恢复正常，血沉缓慢或趋于正常。脊髓穿刺时，可流出混浊的脑脊液，其中蛋白质和细胞含量增高。

【病理变化】软脑膜小血管充血、瘀血，轻度水肿，有的有出血小点。蛛网膜下腔和脑室的脑脊液增多、混浊、含有蛋白质絮状物，脉络丛充血，灰质和白质充血，并有散在小出血点。慢性脑膜脑炎，有软脑膜增厚，并与大脑皮层密接。病毒性与中毒性的脑膜脑炎，其脑与脑膜血管周围有淋巴细胞浸润。

【病程及预后】本病的病情发展急剧，病程长短不一，死亡率较高，预后不良。有的病例可转为慢性脑积水。

【诊断】根据脑膜刺激症状、一般脑症状和局部脑症状，结合病史调查和分析，一般可做出诊断，若确诊困难时，可进行脑脊液检查，脑膜脑炎病例，其脑炎脊液中嗜中性粒细胞和蛋白含量增加，必要时可进行脑组织切片检查。

【治疗】本病的治疗原则是抗菌消炎，降低颅内压和对症治疗。

（1）先将病牛放置在安静、通风的地方和避免声、光刺激，病牛体温升高、头部灼热时可采用冷敷头部的方法，消炎降温。

（2）抗菌消炎，用青霉素 4 万单位/kg 或头孢类抗生素静脉注射，降低颅内压，视身体状况可先泻血 1 000~3 000mL，再用等量 10% 葡萄糖并加入 40% 的乌洛托品 50 ~ 100mL，做静脉注射，也可选用 25% 山梨醇液和 20% 甘露醇 50 ~ 100mL/kg 静脉注射。

（3）当病牛狂躁不安时，可用 2.5% 盐酸氯丙嗪 10 ~ 20mL 肌内注射，或安溴注射液 50 ~ 100mL 静脉注射，以调整中枢神经功能紊乱，增强大脑皮层保护性抑制作用，心功能不全时，可应用安钠咖和氧化樟脑等强心剂。中兽医采用清热毒，解痉息风和镇静安神，治方为镇为散、合白虎汤加减。

三、脑充血

脑及脑膜充血是指脑及脑膜血管内的血液流入量增多（称主动性充血）或流出量减少（称被动性充血）而引起的一种脑病。临床上以兴奋不安和意识障碍为特征。

【病因】原发性病因主要是驱赶、烈日暴晒、车船运输、拥挤闷热。此时病牛因过度兴奋，使心脏活动加剧而发生。还可继发于某些药物（水合氯醛、阿托品等）中毒、有毒植物中毒、自体中毒、瘤胃鼓气、瘤胃积食、肠鼓气和大叶性肺炎等疾病。

被动性脑充血为继发病，常见于心脏瓣膜病、心包炎、心肌炎、心脏肥大以及心脏衰弱等。因静脉回流障碍，可导致脑静脉瘀血。同样，慢性肺气肿、间质性肺气肿和胸膜炎以及急性胃扩张等疾病经过中，由于血液循环障碍，也会引起脑静脉瘀血而发病。

【症状】主动性脑充血，病牛狂躁不安，高度兴奋，并呈进行性发作。摇头，啃咬物品，磨牙，无目的地前冲或后退，头抵饲槽，冲撞墙壁。结膜充血，头盖部灼热，瞳孔散大或缩小，呼吸急促，脉搏增数，体温有时升高，食欲下降。后期，病牛转入抑制，出现精神沉郁，目光呆滞不注意周围事物，行走摇晃，呼吸、脉搏减慢。

被动性充血，病牛主要表现精神沉郁，感觉迟钝，垂头站立，不愿采食，强制牵行则步态踉跄，体温不高，呼吸困难，结膜发绀，脉搏细弱，有时癫痫样发作，主要表现哞叫，啃围栏，有时行为粗暴，狂奔，有的伴发转圈运动或倒地抽搐。

【病理变化】主动性充血者，硬脑膜含多量血液，软脑膜红色，沿血管有出血点，脑皮层灰质淡灰色或红灰色，脑白质淡红或红竭色，切面充满血液，甚至有凝血块，沿血管有出血点，脑脊髓液量增多，切面流出大量血液，脑回及其间沟小血管和迂曲的静脉严重充血。

【病程及预后】主动性脑充血，多于 1 ~ 2 小时，或数日内迅速或逐渐恢复正常，被动性脑充血，常伴发慢性脑水肿，预后不良。

【诊断】根据病史，结合临床症状分析，对本病可做出诊断，但须与脑贫血，脑脊髓膜炎，流行性脑炎，中毒性脑炎等进行鉴别，以免误诊。

【治疗】主动性脑充血，可将病牛置于安静、凉爽通风处，头部施行冷敷或装置冰袋直肠灌注冷盐水，严重病例，视体况可进行静脉泻血，必要时可快速静脉注射20%甘露醇或高渗葡萄糖等药物，以降颅内压，防止急性脑水肿或脑内出血，病牛狂躁不安时，可用安溴液或水合氯醛，深部灌肠。被动性脑充血，应先消除病因，积极治疗原发病。可肌内注射安钠咖或内服番木鳖酊等中枢神经兴奋药。

四、脊髓挫伤及震荡

脊髓挫伤及震荡是因脊柱骨折，或脊髓组织受到外伤所引起的脊髓损伤。临床上以呈现损伤脊髓节段支配运动的相应部位及感觉障碍和排粪排尿障碍为特征。一般把脊髓具有肉眼及病理组织变化的损伤称为脊髓挫伤，缺乏形态学改变的损伤称为脊髓震荡。临床上多见的是腰脊髓损伤，使后躯瘫痪，所以称为截瘫。

【病因】机械力的作用是本病的主要原因。多为滑跌，跳跃闪伤，急转弯使腰部扭伤，或物体直接击伤或撞伤所致。由于脊髓受到损伤，或因出血、压迫使脊髓的一侧或个别神经乃至脊髓全横断，使通向中枢与通向外周神经束的传导中断，受损害部位的神经纤维与神经细胞的功能完全消失，其所支配的感觉机能缺失，运动功能发生麻痹，以及泌尿生殖器官和直肠功能也出现障碍。当脊髓与脊髓膜出血或椎骨变形时，脊髓组织及其神经根可受到直接压迫与刺激，引起相应部位产生分离性感觉障碍。

【症状】本病的临床症状取决于脊髓受损害的部位与严重程度。

脊髓全横径损伤时其损伤节段后侧的中枢运动障碍，对侧浅感觉障碍，植物神经功能异常。脊髓半横径损伤时损伤部同侧深感觉障碍和运动障碍，对侧线感染障碍，脊髓灰质腹解损伤时，仅表现损伤部所支配区域的反射消失，运动麻痹和运动障碍和肌肉萎缩。

颈部脊髓节段受到损伤时，头、颈不能抬举而卧地，则致臀部，后肢麻痹而呈现瘫痪，膈神经与呼吸中枢联系中断而致呼吸停止，可立即死亡。如果部分损伤，前肢后射功能消失，全身肌肉抽搐或痉挛，粪尿失禁或便秘和尿闭，有时可引起延脑麻痹而致致咽下障碍，脉搏徐缓，呼吸困难以及体温升高。

胸部脊髓节段受到损伤时，则损伤部位的后方麻痹或感觉消失，腱反射亢进，有时后肢发生痉挛性收缩。

腰部脊髓节段受到损伤时，若损伤发生在前部，则致殿部，后肢，尾的感觉和运动麻痹，损伤在中部，则股神经运动核受到损害，后肢麻痹不能站立，若损伤在左后部，则坐骨神经所支配的区域、尾和后肢感觉及运动麻痹，刺激肛门括约肌时不见收缩，粪尿失禁。

此外，在机械作用力损伤脊髓膜时，受损部位的后方发生一时性有肌肉痉挛，如果脊髓膜发生广泛性出血，其损害部位附近呈现持续或阵发性肌肉收缩、感觉过敏，若脊髓径受到损害，则躯干大部分和四肢的肌肉发生痉挛。椎骨骨折时，被动性运动增高。直肠检查可触摸到骨折部位。病牛在1~2天内死亡，如果颈部脊髓受到损害，往往瞬间死亡。轻症病例，经适当治疗，可望痊愈。

【诊断】根据病牛感觉功能和运动功能障碍以及排粪排尿异常，结合病史分析，可做出诊断。但须鉴别骨盆骨折、肌肉风湿等病。

【治疗】加强护理，防止椎骨及其碎片脱位或移位，防止压疮，消炎止痛，兴奋脊髓是治疗本病的原则。

病牛疼痛明显时可应用镇静剂和止痛药，如水合氯醛、溴剂等。对脊柱损伤部位，初期可冷敷，麻痹部位可施行按摩，电针疗法，或皮下注射硝酸士的宁15~30mg，及时应用抗生素以防止感染。中兽医称脊髓挫伤为"腰伤"，疲血阻络，治用活血去瘀，强筋骨、补肝肾，可用"疗伤散"加减。

【预防】主要在于加强饲养管理，严防暴力打击和跌、扑、闪伤，及时补充矿物质元素和维生素以防骨软症等。

第六节　营养代谢性疾病

一、酮病

酮病是由于泌乳母牛体内碳水化合物及挥发性脂肪酸代谢紊乱，致使血糖下降，酮体生成增多，而发生以酮血、酮尿、酮乳和低血糖为特征的代谢性疾病。该病表现为不食，昏睡或兴奋，体重减少，产奶量下降，乳质量下降，偶尔发生运动失调；发病率最高的是舍饲的高产母牛。在高产牛群中，亚临床酮病的发病率更高，占产后母牛的10%~30%。亚临床酮病虽无明显的临床症状，但由于会引起母牛泌乳量下降，乳质量降低，体重减轻，生殖系统疾病和其他疾病发病率增高，而造成严重的经济损失。

本病无明显的季节性，高产奶牛和高产品种易发；多发生于产犊后第一个泌乳月内，尤其在产后3周内；各胎龄母牛均可发病，以3~6胎母牛发病最多。

【病因】酮病病因比较复杂，主要是由于糖供给不足，脂肪大量分解所致的代谢障碍。牛的能量和葡萄糖主要来自瘤胃微生物酵解大量纤维素生成的挥发性脂肪酸，其中丙酸生糖，而乙酸和丁酸转化成乙酰辅酶A后进入三羧循环转化为能量。在母牛产犊后的早期泌乳阶段，泌乳高峰出现最快，约在产犊后40天达到最高峰。当产犊后10周内食欲较差时，能量和葡萄糖的来源不能满足泌乳消耗的需要而发生酮病。

饲料日粮中营养不平衡或供给不足，亦即碳水化合物摄食不足及蛋白质和脂肪成分摄食过多，或者三种营养物质均摄食不足，就产生能量负平衡及生糖物质缺乏，呈现临床和亚临床酮病。

饲料中缺乏钴、磷、碘等矿物质时，可使牛群酮病发病率增加。维生素 B_{12} 参与丙酸生成葡萄糖的过程，钴缺乏时，可使维生素 B_{12} 合成受阻，导致丙酸的代谢转化减弱，糖的前体减少而发生酮病。

还有一些因素如产前母牛过度肥胖、寒冷、饥饿、挤奶增多以及应激因素等可促进本病的发生。动物患创伤性网胃炎、前胃弛缓、真胃溃疡、子宫内膜炎、胎衣滞留、产后瘫痪及饲料中毒等疾病时，由于消化功能减退，可发生继发性酮病。

酮体是脂肪酸氧化的中间产物，包括乙酰乙酸、β-羟丁酸和丙酮，其主要来源于脂肪酸（乙酸和丁酸）的部分代谢产物乙酰辅酶 A。在草酰乙酸缺乏的条件下，酮体利用率降低，最后出现低糖血症和高酮血症。酮体异常生成后，经尿液、乳汁排出体外。血液中 β-羟丁酸和乙酰乙酸比例增加，转变为丙酮后在呼出的气体、尿液、汗液和乳汁中散发特殊的苹果酸味。乙酰乙酸分解生成异丙醇，而异丙醇刺激神经系统，可使病牛兴奋不安，脑组织缺糖使病牛呈现嗜睡。

【症状】酮病的代谢扰乱主要表现为低糖血症，高酮血症及肝糖元水平降低。

酮病的特有症状为：由呼气、奶和尿排出多量酮体，有似烂水果样的气味。有时一进牛舍或打开口腔的片刻即可嗅到。如将新鲜的奶、尿加热到蒸汽形成时，其气味则更浓而刺鼻。

酮病一般分为消化型、神经型及瘫痪型（麻痹型）三种类型。也有把酮病分为消耗型和神经型两种主要的形式。

1. **消化型** 体温正常或略低于正常，呼吸浅表（酸中毒），心音亢盛，呼出气体、尿液和乳汁中有酮臭味，精神沉郁，迅速消瘦，步态蹒跚无力，泌乳急剧减少。初期可能仍吃少量干草或青草等粗纤维饲料，最后完全拒食。反刍减少或停止，前胃弛缓，初期轻度便秘，后期多数排恶臭的稀粪。肝脏叩诊浊音区扩大并且敏感、疼痛。

2. **神经型** 除了患有程度不等的消化型主要症状外，还有神经症候，兴奋不安，吼叫，空嚼和频繁地转动舌头，无目的转圈运动和异常步样，头顶撞墙柱、食槽，部分牛视力丧失。感觉过敏，躯体肌肉和眼球震颤，兴奋和沉郁可交替地发作。

3. **瘫痪型（麻痹型）** 许多症候和生产瘫痪相似外，还显出上述酮病的一些主要症状，如食欲缺乏或拒食、前胃弛缓等消化型症候，以及对刺激过敏，肌肉震颤、痉挛，泌乳量急剧下降等，本类型多数情况是生产瘫痪和酮病同时并发，这种情况下，仅用钙制剂和乳房送风治疗收效甚微。

以上三型中以消化型比率最高。

亚临床酮病仅见血酮升高和低血糖现象（部分血糖仍在正常范围内），缺乏明显的临床症候，或仅乳产量有所下降，达不到泌乳曲线预期的高度，食欲轻度下降，进行性消瘦是其很重要的特征。直到体质很弱、相当的消瘦时，乳产量才开始明显下降，常呈慢性经过，病程可持续 1~2 个月，尿检酮体定性反应为阳性或弱阳性。

另外，β-羟丁酸和乙酰乙酸都是有机酸，消耗血液的碱贮，继而发生机体代谢性酸中毒。酮体本身还有利尿作用，病牛常常粪便干燥，机体脱水，迅速消瘦，同时由于消化不良和食欲降低，使病情恶化。

【临床病理学】病牛血糖浓度下降，从正常时 2.8mmol/L 降至 1.12 ~ 2.24mmol/L；母牛血液中酮体浓度升高，尿呈酸性，相对密度降低，酮体升高。多在 13 760 ~ 223 600mmol/L 之间。乳酮浓度可从正常时 516mmol/L 升高到 6 880mmol/L。嗜酸性白细胞增多，淋巴细胞比例可达 60%~80%，嗜中性白细胞减少至 10%。有时血清谷草转氨酶或谷丙转氨酶活性升高。血液检查，血糖和肝糖贮备降低，血脂和酮体升高。

【病理变化】肝脏、肾脏、肾上腺等脂肪变性，肝脏肿大、质脆弱，垂体前叶、胸腺、淋巴组织、胰腺退行性变性，肝糖元含量减少。

【诊断】分娩前虽然也可发病，但大多数是发生在产后进入大量泌乳阶段。除消瘦、泌乳量显著减少、缺乏食欲、前胃弛缓等消化道以及神经症状外，肝脏叩诊浊音界扩大、敏感，配合尿液酮体定性检验为阳性反应，即可做出诊断，如能进一步定量检验血酮、乳酮、血糖含量，更能说明酮病的严重程度。

产后乳牛进行性消瘦，虽然它仍保持一定的食欲和泌乳量，应注意慢性亚临床酮病的可能，可通过检测尿酮加以鉴别。

酮病快速简易诊断法：

（1）试剂：亚硝基铁氰化钠 1 份、无水碳酸钠 20 份、硫酸铵 20 份，将以上三试剂研细混匀，装棕色瓶备用。

（2）操作及判定：在滤纸上放上混合试剂约 0.2g 并均匀地撒成直径 0.5cm 的圆面，然后在其上加 1~2 滴尿（奶或血清），当被检物内酮体含量在 10mg 以上时，反应呈紫红色或深红色，即为阳性反应；不变色者为阴性。如反应很快呈深红色者，为了能大约定出酮体的含量，可将被检物蒸馏水做 1:1、1:2、1:3、……的数倍稀释，再与试剂反应。如 1:1 的稀释为阳性者，即酮体的含量在 20mg 以上；1:2 的稀释为阳性者，在 30mg 以上；1:3 的稀释为阳性者，在 40mg 以上；依次类推。健康奶牛血酮的参考值为 1~6mg，尿酮为 9~10mg，奶酮为 6~8mg。

【治疗】大多数病例，通过合理的治疗可以治愈。继发性病例应着重治疗原发病，治疗包括替代疗法、激素疗法和其他疗法，但对严重病例没有好的治疗方法。

1. 替代疗法 补糖或糖源性物质：可用 25% ~ 50% 高渗葡萄糖液 500 ~ 1 000mL 静脉注射，每天 3 ~ 4 次。最合适是采用长时间静脉滴注。丙酸钠 110 ~ 225g 等分两次加水投服。丙二醇或甘油 225g 加水投服，每天 2 次，连服 2 天后剂量酌减。乳酸铵或乳酸钠等乳酸盐每天内服 200g，连服数天，有一定的治疗作用。

2. 激素疗法 糖皮质素类药物：醋酸考的松，氢化考的松、强的松龙、氟美松等肌内注射或静脉注射（剂量相当于 1g 可的松）。促肾上腺皮质激素对本病有良好的效果。

静脉注射葡萄糖液的同时，适当地应用小剂量的胰岛素，促进葡萄糖的利用。

3. 缓解机体酸中毒 酮病由于体内蓄积 β-羟丁酸，乙酰乙酸等有机酸，以及患病过程产生的其他酸性代谢废物的存积，引起机体酸中毒，加重病情。可用 5% 碳酸氢钠溶液静脉注射，其用量可通过血浆二氧化碳结合力测定或血浆碳酸氢根滴定等，经过计算决定补充碳酸氢钠的用量。乳酸钠也是一种常用的纠正酸中毒的药物。

4. 其他治疗 神经型酮病可适当地使用镇静药，如水合氯醛内服（据认为它还能选择地影响瘤胃发酵，增加丙酸的产生），首次剂量为 30g，加水口服，然后再给 7g，每天 2 次，连用 4 ~ 6 天；安溴注射液等；辅酶 A 静脉或肌内注射，或半胱氨酸（用盐酸半胱氨酸 0.75g 配成 500mL 溶液）静脉注射；每 3 天重复 1 次；葡萄糖酸钙或氯化钙静注（临床生化检测表明部分酮病牛血钙有偏低现象）；氯酸钾（30g 与 250mL 水中），每天 2 次口服；补充钴（每天 100mg 硫酸钴，放在水中或饲料中口服）；饲养上减少蛋白质饲料增加碳水化合物饲料和粗纤维饲料等，都具有很好的辅助治疗作用。此外，继发性酮病应及时诊治原发性疾病，也可以应用健胃剂、氯丙嗪做对症治疗。

本病如能及时改善饲养管理，减少高蛋白饲料的比例，配合治疗，预后一般良好，病期约为 1 周。延误病情、继发肠炎等疾病，机体脱水、严重酸中毒，预后慎重。

【预防】妊娠后期母牛不宜过肥，尤其在干乳期，应酌情减少精料。为了使产后适应大量泌乳，充分地摄取糖和蛋白质等营养物质，因此临产前应及时调整好前胃的消化功能，包括瘤胃微生物适应产后增加的高能量饲料，在临产前的 3 ~ 4 周，逐渐添加精饲料，以便产后能适应精饲料随泌乳量增加而增添。日粮蛋白质含量不宜过高，一般不超过 16%；颗粒性粮食饲料如玉米、燕麦等应粉碎，以利于消化吸收。不饲喂潮湿、发酵的品质低劣的干草；品质不良的青贮料（丁酸盐含量常过高）易诱发酮病；突然改变饲料成分和配方可影响乳牛的食欲，引起消化不良和饲料的利用率降低，饲喂时间的突然改变和饥饿等因素都可促进酮病的发生。饲料应含有充足的各种维生素和微量元素。并保证舍饲母牛每天有适量的运动。

饲料添加少量脂肪，如添加 3%～4% 的脂肪或海产品脂肪，5% 的水解混合脂肪，可以减少微量营养物质的分解，增加热能，防止蛋白质在瘤胃内降解，改善牛乳生产。据研究脂肪超过 5% 时，通常可降低牛体的正常功能。

酮病发病率高的牛群，有发病史或特别高产的乳牛，据报道可给予丙酸钠（110g/天）或丙二醇（精料日量的 6%），连续数周，有良好的预防效果。对上述的乳牛定期检测血、尿酮体和血糖的含量，是监护预防酮病的一项有力措施。

二、脂肪坏死症

脂肪坏死症，又称遗传性多发性脂肪过多症、脂肪坏死、硬化性脂肪肉芽肿、多发脂瘤、脂肪肉芽肿，是指牛腹腔内脂肪组织，如网膜、肠系膜和腹膜等，发生脂肪变性坏死，并形成有纤维素包膜的大小不一，形态不同，镶嵌于正常脂肪组织内的肿瘤状硬块，压迫肠管，输尿管，妊娠子宫等腹腔器官，导致以食欲减退、消化紊乱、排粪困难、流产为主征的慢性代谢性疾病。

本病多见于乳牛和肉用牛，5 岁以上的肥胖牛最多发生。通常为散发形式。本病诊断困难，常常在屠宰或病理剖检时发现。

【症状】病牛多无临床症状，往往因妊娠诊断进行直肠检查或屠宰或病理剖检时，才发现腹腔有坏死的脂肪硬块。当坏死脂肪硬块发生机械性压迫时，才出现症状，其症状表现以脂肪坏死病灶部位不同异。当肿瘤型发生于结肠圆盘、回肠、直肠周围，使肠腔压迫性狭窄而导致消化功能障碍，急性病牛以食欲迅速废绝、血便和腹痛等为主要症状。

慢性病牛表现为长期食欲不振，反刍减弱，停止，体温、脉搏和呼吸正常，皮温不整，可视黏膜苍白或黄染。多有剧性腹痛，腹部蜷缩，频努责做排粪姿势，粪便量少呈球状，有的下痢呈恶臭软便，混杂黏液、血液。随病势发展，病牛脱水、消瘦严重。脊背部位被毛逆立，退色无光泽，尾根脱毛。起立困难，四肢乏力，步态跛跚。

直肠检查见直肠狭窄，入手困难。发生于骨盆腔内的脂肪坏死病灶可压迫卵巢、输卵管和子宫等而引起生殖功能障碍一系列症状。亚临床症状的病牛，多在剖检时才发现某些病变。

【诊断】根据病史、食欲减退和渐进性消瘦，结合直肠检查等，可初步诊断。最终确诊尚需剖检确定。

【治疗】无有效治疗措施。直肠检查确诊部位实施手术摘除较为有效。从生产出发，对已确诊为脂肪坏死症病牛，为减少药费开支应尽早将其淘汰。

【预防】基本上多发生于肥胖牛群，尤其是处于青年阶段肥育牛群。因此，对奶牛群饲养上宜坚持长期饲喂粗料；在管理上加强户外运动和足够的阳光照射。对肉用牛群饲养上不要过快肥胖，不宜实行快速肥育法。对已发胖牛群，要定期（每2个月）施行直肠检查，及时发现脂肪坏死病灶的牛，给予治疗或淘汰。饲喂经酪蛋白甲醛水溶液处理的饱和脂肪酸包衣添加剂，以及维生素A、维生素D和维生素E制剂等，可收到一定预防效果。

三、佝偻病

佝偻病是生长发育快的幼龄奶牛由于维生素D缺乏及钙、磷代谢障碍所致的一种骨营养不良性代谢病。病理学特征是成骨细胞钙化作用不足，持久性软骨肥大及骨骺增大。临床上以生长发育迟缓，消化功能紊乱，异嗜癖，骨骼变形及运动障碍为特征。

【病因】本病形成的主要原因是维生素D缺乏、钙缺乏、磷缺乏或二者比例失衡所致，分原发性和继发性两种。

1. **原发性** 主要是维生素D摄入量不足，日粮中钙、磷的绝对缺乏，或因缺乏运动和日光照射而致维生素D合成利用受阻，当奶牛钙、磷比例不平衡时，其对维生素D的缺乏极为敏感，即在维生素D不足或缺乏时，钙、磷比例的不平衡，极易引起生长骨的骨基质钙化不全。从而表现骨骺肥大和长骨弯曲变形的一系列临床症状。

奶牛饲草中的麦角固醇和奶牛被皮中的维生素D_3原，在缺乏阳光照射时，则分别不能转化为维生素D_2和有活性的维生素D_3，母畜乳汁中的维生素D严重不足，在快速生长的幼龄犊牛因母乳中先天性缺乏，断乳过早或光照不足而致哺乳奶牛形成佝偻病的发生。

2. **继发性** 主要见于奶牛胃肠吸收功能障碍。或见于钙、磷的生物利用率降低。如某些慢性胃肠道疾病、肝脏疾病等。如果日粮中蛋白质缺乏，草酸及植酸过剩，其他矿物质（镁、铝等）及微量元素（铁、铜、锌、钼、铍、锶等）过剩，可干扰或拮抗钙、磷的生物利用作用而引起钙、磷的相对缺乏。

【症状】病初精神不佳，发育迟缓，食欲减退，消化不良，继而表现异嗜（舐食土墙、煤块、砖头、石子、粪便等）喜卧，不愿站立或运动。强行站立或运动时表现紧张，肢体交叉或向外叉开。常有胃肠炎和一定的神经症状。出牙期延长，齿形不规则，齿面不整。体温、脉搏、呼吸一般无变化，偶见心跳加快，呼吸困难。

佝偻病最特征的症状是骨骼变形。犊牛低头，拱背，前肢腕关节向前向外侧突起，长骨弯曲而呈内弧形（O状），或呈外弧（X）状。后肢跗关节内收而呈

"八"字形叉开。头骨、鼻骨肿胀。脊柱弯曲、变形。肋软骨结合部肿胀明显呈"串珠样"肿。

X线检查，骨基质密度降低，长骨末端呈现"毛刷状"或"蛾蚀状"外观，骨骺线模糊不清。

【病理变化】典型佝偻病，长骨的骨骺和肋骨与肋软骨的结合部肿大，长骨变短、弯曲，短骨变粗，骨干的皮质层呈孔隙状，骨软，可用刀切断。上腭骨突起。

【诊断】依据临床症状，生长发育迟缓，异嗜癖，关节肿大。骨骼变形，结合饲养管理，不难诊断。应与风湿性关节炎、骨折及其他骨质性疾病进行区分。血清钙、磷水平及 AKP 活性的变化，有参考意义。骨的 X 线检查及骨的组织学检查，可以帮助确诊。

【治疗】治疗的原则是补充维生素 D，调节日粮钙、磷比例。

佝偻病的治疗，主要是应用大剂量维生素 D 制剂和矿物质补饲。如内服鱼肝油、浓缩维生素 D 油、鱼粉等。应用维丁胶性钙肌内注射，牛 5 万～10 万单位，维生素 A、维生素 D 注射液，维生素 D_3 注射液，肌内注射，每千克体重 1 500～3 000 单位，应注意剂量不宜过大，不然会导致钙在组织中沉积的副作用不良后果。严重者可静脉注射氯化钙或葡萄糖酸钙注射液。矿物质补饲的除应用氧化钙、磷酸钠、磷酸钙（20～40g/天）等与饲料混合外，也应注意钙与磷比例问题，最适宜的钙与磷比例为 2∶1。首选矿物质补料为骨粉。除重型的犊牛外，在用上述的补饲措施后，可收到较好效果，此外，还可在用 8% 磷酸钠注射液100mL，静脉注射治疗的同时，给病犊牛饲喂豆科牧草、优质干草等更有利于康复。

【预防】本病的关键是全价饲养妊娠母牛及哺乳母牛畜，保证维生素 D 的供给和日粮中钙、磷的比例平衡。幼龄奶牛多晒太阳，经常运动，排除影响钙、磷吸收的干扰因素，积极调理胃肠功能。按犊牛年龄和体重，以及钙、磷和维生素 D 的需求量等，调制全价营养日粮，以保证饲料中有足够维生素 D 和矿物质等。在北方寒冷季节和地区的舍饲犊牛群，应延长其户外太阳光线照射时间。

四、异嗜癖

异嗜癖是指由于环境、营养、神经、内分泌等因素紊乱而引起的一种非常复杂的多种疾病的综合征，其临床特征为病牛到处舔食、啃咬异物。这不是一种独立的疾病，而是许多疾病的一种临床表现。

【病因】本病的发生原因十分复杂，有些尚未查清，一般认为与下列因素有关。

（1）营养不均衡、饲料单一被认为是诱发本病的主要原因。饲料中缺乏蛋白质（尤其是含硫蛋白），矿物质缺乏或过剩，微量元素代谢不平衡，维生素缺乏等，均可导致异嗜癖。

（2）环境条件恶劣，饲养密度过大，高温高湿，通风不良，光照过强或过弱、空气中有害气体浓度高，惊恐等应激因素均可引起牛烦躁不安，表现出不良习性，诱发异嗜癖。

（3）疾病因素，如发热性疾病、慢性消化道疾病、寄生虫性疾病、中毒性疾病及某些应激综合征和神经系统疾病，会不同程度地影响到牛体内代谢和神经调节，而诱发异嗜癖。

【症状】病牛的异嗜表现各不尽相同，但均以消化不良开始，接着出现味觉异常和异食症状。病牛舔食、啃咬、吞咽被粪便污染的饲草或垫草，舔食墙壁、食槽、砖瓦块、煤渣、破布、橡胶、塑料、毛发、木块及金属异物等，易继发食管阻塞、前胃弛缓、中毒等疾病，常有便秘或腹泻、消瘦、贫血，皮肤干燥无光，严重者发生衰竭而死亡，同时受孕率降低，泌乳性能下降。

异嗜癖多呈慢性经过，散发或呈区域群发，若能及时治疗，加强饲养管理，很快可康复。否则病程拖长，常因继发其他疾病而死亡。

【诊断】本病依据临床症状容易诊断，但应注意与原发病和继发病的鉴别。

【防治】本病病因复杂，应采取对因与对症治疗相结合，以综合性防治为主。

（1）加强管理，改善生存环境、减少应激因素，均衡营养物质，增强机体的抗病力。

（2）饲喂全价日粮，并根据牛体的生长状况适当调整饲料中营养元素的含量。均衡矿物质（Na、K、Ca、P、Mg、S）和微量元素（Fe、Cu、Mn、Zn、Co、Se）的比例。

（3）调整饲养密度，保持圈舍通风良好，光照适中。并结合牛的生长阶段，定期驱虫。

（4）继发性食管阻塞、瘤胃积食、肠道阻塞要及时采取相应治疗措施，对于继发性中毒，应先解毒，再治疗原发病。

五、骨软症

骨软病是成年动物发生的一种骨营养代谢性骨质疏松症。是由于钙、磷、维生素 D 等物质缺乏，钙、磷比例失调所致骨组织的钙化不全和脱钙，使骨的结构变松、变软、变脆、肿大变形，易于骨折为特征的疾病。病理学特征是骨质的进行性脱钙和未钙化的骨基质过剩。临床上以消化功能紊乱，异嗜癖，骨骼变形和运动障碍为特征。各个奶牛场都有程度不同的发生，多发生于 3~6 胎的高产牛。有一定地区性，主要发生于土壤严重缺磷的地区，干旱年份之后尤多。

【病因】骨软病的形成原因主要是饲料单纯，日粮中磷缺乏，钙不足，磷、钙比例失衡或因维生素 D 缺乏所致，牛的骨软症通常由于饲料、饮水中缺磷，或者含钙量过多，导致钙、磷比例不平衡而发生。日粮中钙、磷比例不平衡是骨软病发生的根本原因。泌乳牛日粮中合理的钙磷比为 0.8∶0.7；日粮中磷绝对缺乏或日粮中钙过量而致相对缺乏时，这种比例关系即发生改变。日粮中的磷除与土壤有关以外，气候因素与植物含磷量有一定关系，在干旱年份，植物对钙、钾、钠吸收增多，磷吸收明显减少。日粮中钙、锰、铁含量过高，可降低磷的利用率。

维生素 D 缺乏在骨软病的发生上有一定促进作用。维生素 D 缺乏时，可促进磷缺乏的发生。冬天和早春阳光照射不足，使维生素 D 的合成受阻而影响钙、磷的吸收和代谢。

动物长期患有慢性胃肠炎，胰腺炎等消化道疾病，影响钙、磷及维生素 D 的吸收利用，引起继发性骨软病。慢性肾功能衰竭时，小肠吸收钙的功能降低，使骨钙化不全和脱钙增强，形成所谓肾型骨营养不良。

饲料和饮水里氟含量高可促进本病的发生。

由于钙、磷代谢紊乱和调节障碍，为满足妊娠、泌乳及内源性代谢对钙磷的需要，骨骼发生明显的进行性脱钙，未钙化骨质过度形成。于是导致骨骼变得疏松、脆弱、易弯曲、变形、骨折。

【症状】本病发生缓慢，病初病牛乏困无力，易于疲劳和出汗。表现慢性消化障碍症状和异嗜癖，这是骨软病的先兆。食欲减退，咀嚼无力，病牛常舔墙吃土，舔铁器，舔食垫草、粪便及石子等。不愿运动，易疲劳。多数呈不明外科病因的跛行，四肢无力，特别是后肢的负重能力差。

随着病情的发展，动物逐渐消瘦，骨骼肿胀变形，尤其以后肢为明显，四肢关节肿大，出现运动障碍，运步不灵活，后躯摇摆。病牛弓背或腰椎下陷，站立时前肢向前伸，后肢向后拉得较远，呈"拉弓射箭"姿势。某些母牛发生腐蹄病。

症状明显以后，肋骨与肋软骨接合部肿胀，骨盆变形易致难产。最后或接近最后的几节尾椎骨变软被吸收，有的则呈"糖葫芦"状。有的弓背、凹腰、斜尻、关节肿大，蹄壁变薄或"疯长"，易于骨折。骨、蹄变形严重的，由于站立、运动困难而被淘汰。

X 线检查，骨密度降低，皮质变薄，骨小梁结构紊乱，骨关节变形。

【诊断】依据异嗜、跛行和骨骼肿大变形以及 X 线影像等特征性临床表现，结合流行病学调查和饲料成分分析，不难做出诊断。血清钙、无机磷和碱性磷酸酶水平的测定有助于诊断。尤其是采用 AKP 同工酶的检验，其骨 AKP 值的升高具有重要的诊断意义。

在诊断时注意区别骨折、蹄病、肌肉风湿、异嗜癖、生产瘫痪及慢性氟中毒病。

【治疗】在纠正错误饲养的基础上，对因治疗为主。发病后在注意饲养管理的同时，主要是缺者补之，多者取之。无论是钙多磷少或是磷多钙少，还是二者都缺乏引起的骨营养不良，用磷酸氢钙效果都好。除饲料里的含量外，每天可补 50~100g，连用半月以上，如为缺钙引起者，在补骨粉的同时，可增补碳酸钙、乳酸钙或静脉注射氯化钙、葡萄糖酸钙；如属缺磷引起者，在补骨粉的同时给补磷酸二氢钠。

高磷低钙性骨软病的治疗，以补钙为主，辅以维生素 D。用 10% 的氯化钙或 10% 的葡萄糖酸钙，牛 100~300mL，配合 5% 的葡萄糖生理盐水 300~500mL 静脉注射。

低磷性骨软病的治疗，以补磷为主，辅以维生素 D_3 或钙制剂。可内服骨粉、磷酸二氢钠等，也可用 20% 磷酸二氢钠溶液 300~500mL，静脉注射，每天 1 次。

【预防】本病主要在在保证全价饲养的情况下调整草料内磷、钙含量和磷、钙比例，矿物质饲料要补给骨粉、脱氟磷酸盐、贝壳粉、南京石粉等多种矿物质饲料，高产牛还应添加锌、铜、锰、硒、碘等微量元素。要注意干草、青贮、糟渣、精料的合理搭配。冬天和早春要注意晒太阳或补充富含维生素 D 的饲料，粗饲料中以花生秧、豆秸为佳。麸皮、米糠、豆饼中含磷量比较高。在长期饲喂干旱年代的山地植物饲料时，应考虑与外地饲料的调换。日粮中补充骨粉、磷酸盐等均有很好的预防作用。

六、母牛卧地不起综合征

"母牛卧倒不起"综合征又称"爬行母牛综合征"，这不是一种独立的疾病，而是某些疾病的一种临床综合表现。通常指的是伴发于生产瘫痪，经过 24 小时并用过钙制剂治疗反应不完全，仍不能起立的一种临床综合征。临床特征是产后长期卧地不起，爬行，知觉、意识尚存，食欲正常。

患病的牛多数发生于产后 0~15 天，无明显的季节和胎次之分，但从临床发病率来看，晚秋至初春和 8 月较多发生，产后的奶牛较产前的奶牛发病率高些。

【病因】本综合征的病因目前尚不清楚。一般认为起始的生产瘫痪，随后的压力损伤是导致卧倒不起的首要原因。高产母牛分娩阶段矿物质代谢紊乱，不仅可发生以急性低钙血症为特征的生产瘫痪，而且常同时伴有低磷酸盐血症、轻度低镁血症和低钾血症。因此，常因生产瘫痪治疗延误，使躺卧时间延长，或护理不周，长时间一侧躺卧而导致"卧倒不起"综合征的发生。倒地不起超过 6~12 小时，就可能导致后肢有关肌肉、神经的外伤性损伤，而使卧倒不起复杂化。

分娩前后的后躯肌肉、神经的损伤。也是引起该综合征的主要原因之一。其发生原因是母牛分娩期不安定，地面光滑，挣扎起立，造成牵引性损伤；躺卧时四肢浅层神经如膝神经和桡神经受压；胎儿过大，强力助产，损伤骨盆周围组织等。

除上述原因外，还有些可疑原因并未包括在内，但在卧倒不起的病牛中，大多数常伴有酮病，或低磷酸盐血症，或低钾血症；其他情况少见。

产伤性麻痹，维生素、微量元素缺乏等原因也可以导致产后瘫痪、卧地不起性疾病。

【症状】一般都有生产瘫痪的病史。生产瘫痪牛经过 24 小时和钙剂治疗后仍不能站立，是本综合征的首要特征。通常，一些病牛除食欲减退、后躯肌肉明显无力和肿胀外，病牛食欲正常或减退，体温，精神、呼吸、排粪、排尿等都正常，心率正常或增加，每分钟为 80～100 次，有的见心搏过速或心律不齐，注射钙剂后尤为明显，甚至在注射过程中突然死亡。

有些病牛，精神状态正常，前肢跪地，后肢半屈曲或向后伸，匍匐爬行。多数病牛频频试图站立，然其后肢不能完全伸直，只能以部分屈曲的两后肢沿地面爬行，有的病牛两后肢向后移位而呈现出犬坐姿势或蛙腿姿势。

有些牛身体侧卧、头弯向后方。人为给予纠正，很快就恢复原状。更严重病例，多侧卧不动，食欲废绝，伴有感觉过敏和四肢搐搦。这种牛称之为不能爬动的趴窝牛，据认为常伴有脑病。有些病例，两后肢前伸，蹄尖直抵肘部，致使大腿内侧和耻骨联合前缘的肌肉遭受压迫，而造成缺血性坏死。这种牛有的伴有股关节脱臼，有的伴有股关节周围组织损伤，或圆韧带断裂。

本综合征的病程，取决于损伤的性质、程度以及护理情况。如护理适当，约有半数病牛能在 4 天内站起；7 天内不能站起的，预后一般不良。但也有少数是在躺卧 10～14 天后站起并康复的。

本病大多呈低钙血症、低磷血症、低镁血症，但血清钙、磷、镁浓度亦有在正常范围之内的。血糖浓度正常，血清肌酸磷酸激酶（CPK）和谷草转氨酶（GOT）在躺卧 18～20 小时后即可明显升高，并可持续数天，表明肌肉损伤严重。有些牛有轻度酮病，血压下降和心电异常。经治疗站立后，又卧倒不起者，预后多不良。

【诊断】根据病后临床特征及发病时间等可以诊断，一般生产瘫痪病牛，经 24 小时连续钙剂治疗而仍然不能站立的，即可诊断为"母牛卧倒不起"综合征。

但应估计器官损害的严重性，以便能判断预后和决定采取的措施，因此首先应检查肝、肾和心肌的功能，尤其应估计运动器官损伤的程度，如神经麻痹，肌肉破裂，骨节脱位，肌腱断裂，骨折，产后肝功能不全、麻痹性乳房炎，产后血钙过低性轻瘫。从视诊、触诊（包括直肠检查）和从牛的知觉敏感性、站立时表现、侧身躺卧，头后弯，感觉过敏，四肢强直和搐搦。尿检、乳房检查诊断牛的器官损伤程度，同时配合血液生化检查可有助于临床确诊。

【治疗】根据诊断的结果进行相应的治疗，有低磷酸盐血症时，皮下或静脉注射20%磷酸二氢钠300mL；有低血镁症时，即临床上伴有搐搦及感觉过敏的，可静脉注射15%硫酸镁200mL；对于低血钾症，可用5g氯化钾溶于1 000mL生理盐水或5%葡萄糖盐水中，缓慢静脉注射。以上治疗每天1次，必要时可重复1~2次。

20%葡萄糖酸钙500mL，盐酸毛果芸香碱5mg，5%糖钠1 000mL，10%糖1 000mL，安钠咖3g，维生素B 12g，维生素C 10g混合一次静脉注射，每天2次。在上述处方治疗3天不能站立者，在第4天以后坚持每天上午用葫芦吊帮助起立半小时以上的时间，同时按上述处方去除盐酸毛果芸香碱，加20mg地塞米松静脉注射，连用3天。0.1%硝酸士的宁注射液5mL，百会穴内注射，每天1次，连用2天。对精神状态好或心动过速或心律不齐的"卧倒不起"的病牛、不宜注射钙制剂。

在停止用药后，日服健胃理气类中药，辅以复合维生素B液，小苏打粉等调理胃肠功能，喂青嫩易消化饲料。为了减轻由于长时卧地不起引起的后肢肌肉和神经损伤，应注意护理。可适当给予垫草和定期翻身。病情好转，企图站起或站立不稳的，应人为扶持，避免摔倒。天冷时注意保暖等。

七、产后蛋白血症

牛血红蛋白尿是指以血红蛋白尿为特征的一类营养代谢性疾病，主要见于产后4天至4周的3~6胎高产、经产乳牛产犊后发生的一种代谢病。临床上以血红蛋白尿、贫血和低磷酸盐为其特征。

【病因】本病的发生原因尚不清楚，一般认为，低磷血症是本病的素因。而十字花科饲用植物和其他含有溶血因子的饲料是诱因。饲料中缺磷是引起本病的主要病因。应用低磷饲料或大量饲喂甜菜渣、甘蓝等可诱发本病。此外，发生临床血红蛋白尿的母牛一般都有低磷酸盐血症，但并非所有低磷酸盐血症的母牛都发生临床血红蛋白尿症。临床应用磷制剂（磷酸二氢钠、骨粉等）治疗有特效，更证实本病的发生与缺磷有关。

机体缺磷可能是土壤或饲料中磷含量不足，寒冷或长期干旱的年份较多发生。饲料中钙和镁含量过多，影响机体对植酸盐所含磷的应用。此外，许多种饲料如萝卜、甘蓝、甜菜、青燕麦、黑麦草、苜蓿等可引发牛低磷血症，慢性胃肠道疾病可影响磷的吸收利用。

【症状】红尿是本病最突出的临床特征。最初1~3天内尿液逐渐由淡红向红色、暗红色直至紫红色和棕褐色转变，以后又逐渐消退。这种尿液做潜血试验，呈强阳性反应，但尿沉渣中很少见到红细胞。

病牛产乳量下降，绝大多数病牛的体温、呼吸、食欲均有明显地变化。随着病程发展、贫血加剧，可视黏膜及皮肤苍白色，通常脉搏增数，心搏动加快。出现相应的贫血体征。实验室检查，血液稀薄，凝固性降低，红细胞数、血红蛋白含量及红细胞压积值降低。血红蛋白指数升高，血红蛋白尿症及低磷酸盐血症。

【病理变化】血液稀薄，不易凝固。体内浆膜组织苍白或黄染。肝、脾、肾肿大，脂肪变性。胃肠黏膜有轻度炎症变化，膀胱黏膜有出血点，膀胱内积有红色尿液。

【诊断】依据典型的临床症状（高产乳牛产后 4 周内突然发病，出现溶血性贫血，血红蛋白尿和低磷血症），结合长期饲喂低磷及十字花科植物的病史，不难诊断，但应注意与排红尿的其他疾病鉴别。

1. **血尿**　尿液呈红色，实验室检查有大量红细胞沉积，常伴有泌尿道炎性症状。

2. **细菌性血红蛋白尿**　见于牛溶血性链球菌感染所致，常伴有高热和肠出血，早期用抗生素治疗有效。

牛钩端螺旋体和巴贝西梨形虫病：两者都可发生血红蛋白尿，但都具有高热性、流行性及季节性，与分娩及采食十字花科植物无关。

中毒性血红蛋白尿：引起血红蛋白尿的毒物常见的有草木樨、洋葱、亚硝酸、棉籽毒、硫化二苯胺等。这些物质引起的发病通常有明显的中毒症状，其发生的缓急与中毒轻重程度及机体的反应性等因素有关。

【治疗】治疗的原则以补磷和对症治疗为主。

补磷常用 20%磷酸二氢钠溶液，每只牛 300~500mL。静脉注射，12 小时后重复使用 1 次。重症可连续 2~3 次。

轻症病例可内服骨粉约 250g，每天 2 次，3~5 天可见效。也有用次磷酸钙 30g 溶于 1 000mL 10%葡萄糖溶液或蒸馏水中，灭菌后静脉注射。

贫血严重者，应行输血疗法或用代血浆静脉注射。

在护理时，补充富含磷的饲料，如豆饼、麸皮、骨粉、米糠等。

【预防】配合日粮时，要保证足够的磷，同时补充钙磷比例。妊娠末期直至分娩时，少喂或停喂菜渣，冬季注意保暖，减少寒冷刺激。

八、牧草搐搦症

牧草搐搦又称青草蹒跚，反刍兽低镁血症。以血镁浓度下降，伴有血钙浓度降低为临床病理学特点。临床上以感觉过敏、惊厥、强直性或阵发性肌肉痉挛、共济失调和急性死亡为特征。本病多发于春、秋两季。

【病因】病因尚未充分阐明。用低镁饲料饲喂牛，可人工复制本病，且有低血镁、低血钙的特征。因此，一般认为本病与血液镁、钙水平降低有关，而血镁浓度降低与采食低镁牧草有直接关系。

牧草缺镁与牧草的种类及生长的土壤有关，酸性岩、沉积岩，特别是砂岩和页岩的风化土，含镁量均低。而碱性岩风化土含镁量较高。牧草含镁量的多少，除决定于土壤含镁量外，还受土壤 pH 值、降水量、植物种类及生长周期影响。土壤 pH 值过高或过低，降水量多，植物对镁的吸收量少。幼嫩牧草及禾谷类作物含钾丰富而含镁、钙和糖少，成熟豆科牧草含镁量相对较高。

牧草或饮水中镁的含量正常或高于正常，但因其利用率低，也可导致镁血症。营养缺乏，天气多变，疾病等均可诱发低镁血病，天气寒冷，动物摄食量减少，镁供应量降低，同时寒冷的应激作用，体内脂肪代谢加强，血镁向细胞内转移而致低血镁症。腹泻会缩短饲料在消化道内的时间，影响镁的吸收。

此外，镁代谢可能与甲状腺功能亢进和某种遗传因素有关。

【症状】一般表现精神不振、食欲减退、运动障碍等，通常按病程分为急性型（重症）和慢性型（轻症）。

急性病例，常有明显的神经症状，突然发生，惊恐，四肢震颤，摇摆，磨牙，唇边挂有泡沫，牙关紧闭，眼球震颤，瞬膜突出，耳竖立，尾肌和后肢呈强直性痉挛，头部向一侧或向后方伸张，直至全身发生阵发性痉挛或强直性痉挛，状如破伤风样。精神可能紧张，对外界刺激敏感，严重者甩头、吼叫，盲目奔跑，不久倒地，四肢划动。

慢性病例，初无异常，多在数周或数月之后逐渐出现运动障碍，神经兴奋性增高，食欲减退，泌乳量减少，最后惊厥以至瘫痪、死亡。

实验室检查血液、脑脊液、尿液，镁浓度明显降低。

【诊断】依据临床症状（感觉过敏、肌肉痉挛、共济失调），以及血液生化检验血镁低、血钙低和钙镁合剂治疗有卓效，可以做出诊断。急性死亡者可结合脑脊液镁含量予以确诊（正常动物脑脊液镁水平与血清水平相同，即在20mg/L以上）。

【治疗】及时应用镁制剂，效果理想，成年牛常用10%的硫酸镁（或氯化镁、乳酸镁等）溶液 100~200mL，缓慢静脉注射。或用25%硫酸镁溶液 50~100mL、10%氯化钙溶液 100~250mL，加在 10%葡萄糖溶液 1 000mL 中，加温后缓慢静脉注射。犊牛依据体重按成年牛的1/7。最好注射钙镁合剂（硼酸葡萄糖酸钙250g，硼酸葡萄糖酸镁或硫酸镁50g，蒸馏水 1 000mL）。

大剂量单纯使用镁制剂时，浓度不可过高，速度不可太快，血镁浓度突然升高可导致呼吸中枢麻痹（镁能抑制延脑呼吸中枢），出现呼吸困难。

慢性病例，可每天内服氧化镁或氯化镁60g 或碳酸镁120g，连用 10~15 天，镁用量过多可导致腹泻。因镁有影响磷的吸收，可同时补充磷制剂。

【预防】保证饲料中生物活性镁的含量。可在精料中补充 0.3%~1.5%氧化镁，要逐渐添加，以免影响适口性。亦可将其加入蜜糖中做舔剂。牧草施钾肥和氮肥不宜过多，以免影响青草的含镁量。

九、维生素 A 缺乏症

维生素 A 缺乏症是动物维生素 A 或维生素 A 原长期摄入不足或消化吸收障碍所引起的一种营养代谢性疾病，临床上以夜盲症、眼干燥、角膜软化、生长缓慢、生产性能下降和机体免疫力降低为特征，犊牛多发。

【病因】依据发生原因临床常把维生素 A 缺乏分为原发性因素和继发性因素。

原发性因素是饲料中维生素 A 原或维生素 A 含量缺乏或不足所致。妊娠母牛维生素 A 原不足，胎儿体内含量亦不足，造成犊牛母源性维生素 A 缺乏；由于母乳维生素含量不足，或新生犊牛出生后未吃到初乳以及使用代乳品饲喂，或是断奶过早，都易引起维生素 A 缺乏。舍饲成年家畜由于饲料单一，长期饲喂稿秆、劣质干草、米糠、棉籽饼、亚麻籽饼等维生素 A 贫乏的饲料而致病。

饲料加工、储存不当，饲料中的胡萝卜素可被氧化破坏，如自然干燥或雨天收割的青草，或经阳光长时间暴晒的饲草，在酶的作用下，所含胡萝卜素可损失 50% 以上；配合饲料如存放时间过长，其中不饱和脂肪酸氧化酸败后，可破坏维生素 A 及其他维生素的活性。

饲料中存在干扰维生素 A 代谢的因素很多。磷酸盐含量过多可影响维生素 A 的体内储存；硝酸盐或亚硝酸盐含量过多，可促进维生素 A 及维生素 A 原的分解；蛋白质缺乏，会影响运输维生素 A 的载体蛋白形成。此外，微量元素及矿物质含量的不足或过剩，都能影响维生素 A 的转化、吸收和储存。

慢性消化不良和肝胆疾病时，胆汁生成减少或排泄障碍，可影响维生素 A 的吸收，肝功能紊乱也不利于维生素 A 原的转化。长期腹泻、患热性疾病也可致机体维生素 A 相对不足。此外，矿物质（无机磷）、维生素（维生素 C、维生素 E）、微量元素（钴、锰）缺乏或不足，都能影响体内胡萝卜素的转化和维生素 A 的储存。

饲养管理条件不良，天气寒冷，热应激，过度拥挤，缺乏运动及阳光照射不足等因素、均可诱发维生素 A 缺乏。

【症状】维生素 A 缺乏症的临床表现基本相同，程度不同也有差异。

夜盲症、干眼病、瞎眼和惊厥发作是牛的突出表现，夜盲是最早出现的症状之一，表现在黄昏或微光下看物不清、运步慎重，或冲撞障碍物，或失足跌倒，或盲目前进。但由于牛一般有固定熟悉的饲养环境，能找到饲槽采食，故易被忽视。真正的干眼病除犬外，只见于犊牛，表现角膜干燥和混浊，也见有流泪、结膜炎现象。瞎眼多见于新生犊牛，两眼球突出，失明，对光无反应。

牛的皮肤有麸皮样痂块，皮肤干燥，被毛蓬乱乏光，掉毛、秃毛。犊牛生长缓慢，发育不良，消瘦，贫血等。成年牛食欲不振，生产性能降低。易继发鼻炎、支气管炎、肺炎、胃肠炎等疾病，或因抵抗力下降而继发感染某些传染病。

母牛发情紊乱，受胎率下降。妊娠母牛易流产、早产、死胎、畸形胎、弱胎及胎衣停滞。由于颅内压升高而致脑病症状，主要表现阵发性惊厥或感觉过敏，由外周神经根损伤引起骨骼肌麻痹，而表现共济失调，多数先发生于前肢，以后四肢均可出现。

【诊断】依据长期缺乏青绿饲料的生活史，夜盲症、干眼病、共济失调、麻痹等症状，结合维生素 A 治疗有效等，可建立诊断。应注意与伪狂犬病、脑炎、硒缺乏等疾病相区别。

【治疗】本病的治疗首先应查明病因，积极治疗原发病，同时改善饲养管理条件，加强护理。补充维生素 A 制剂及补加富含维生素 A 原和胡萝卜素的青绿饲料。

内服鱼肝油 50~100mL，或内服浓缩维生素 A 油剂，牛 15 万~30 万单位；犊牛 5 万~10 万单位。对症治疗，腹泻可以应用消炎、抑菌、收敛剂，严重结膜炎时，可用 2% 的硼酸液冲洗，应用氧氟沙星眼药水，利福平眼药水等外用。

【预防】主要在于保证饲料中有足够的维生素 A 或维生素 A 原，在青干草、胡萝卜、南瓜、黄玉米中，都含有丰富的维生素 A 原，维生素 A 原在体内能转变成维生素 A。也可在饲料中定期添加维生素 A 制剂。

此外，青饲料要及时收割，迅速干燥。谷物饲料储藏时间不宜过长，以免胡萝卜素破坏而降低维生素 A 效应，同时注意饲料的成分配比，控制其他疾病等。

十、硒缺乏症

硒和（或）维生素 E 缺乏症是指由于饲料硒和（或）维生素 E 供给不足或缺乏，引起机体多种器官组织生物膜受损，以细胞变性、坏死为病理学特征的多种营养障碍性疾病的总称。本病亦称为硒反应性疾病。临床上以运动功能障碍、心脏功能障碍、消化功能紊乱、神经功能紊乱、繁殖功能障碍为特征。多见于犊牛。

【病因】饲料或牧草中硒含量不足是动物硒和（或）维生素 E 缺乏症的主要原因。原发性硒缺乏主要是饲料或牧草中硒不足，土壤硒能否有效被植物利用与土壤酸碱性有关，酸性土壤硒不易被吸收，碱性土壤易被吸收；还与其他拮抗元素有关。

饲料中维生素 E 缺乏是硒和维生素 E 缺乏症发生的重要因素，冬季、初春缺乏青绿饲料；犊牛体内蓄积的硒和维生素 E 量有限，且生长发育快，对硒和维生素 E 需求量高；及天气寒冷，动物抵抗力较弱，对硒和维生素 E 的缺乏较敏感，构成牛只硒缺乏症呈季节性发生的三大因素。

饲料中镉、汞、钼、铜等金属与硒之间有拮抗作用。可干扰硒吸收和利用。妊娠母牛缺硒可引起胎儿先天性硒缺乏症。

【症状】犊牛一般在 10~120 日龄。精神沉郁，喜卧，消化不良，共济失调，站立不稳，步态强拘，肌肉震颤。心搏动快每分钟可达 140 次/分，呼吸多达 80~90 次/分，多数病犊发生结膜炎，甚至发生角膜混浊和角膜软化。排尿次数增多，尿呈酸性反应，尿中有蛋白质和糖，肌酸含量增高，可高达 1 500~4 000mg/L。病程中可继发气管炎、肺炎等。最后食欲废绝，卧地不起，呈角弓反张等神经症状。多因心脏衰弱和肺水肿而死亡。

在低硒地区母牛经常发生流产、胎衣滞留。病牛一般不出现任何先兆而发生流产，有的病牛先出现阴唇红肿，阴道内有数量不等的黏液，流产过程短，速度快，出现预兆 1 小时流产；预兆时间长，胎儿有可能存活，否则为死胎，所有流产母牛发生胎衣滞留。

【病理变化】病变部肌肉变性，色淡，似煮肉样，呈灰黄色、黄白色的点状、条状、片状不等；横断面有灰白色、淡黄色斑纹，质地变脆、变软、钙化。心肌扩张变薄，以左心室最明显，多在乳头肌内膜有出血点，在心内膜下有黄白色或灰白色与肌纤维方向平行的条纹斑。有的病例，肝脏呈灰黄色或土黄色。肾脏可见充血、肿胀，肾实质有出血点和灰色的斑状灶。

【诊断】病史调查：牛有采食低硒饲料或牧草的病史，有一定的地区性，多发生在犊牛和寒冷季节。结合临床特征、剖检变化可以做出初步诊断，饲料、组织硒含量分析和血液酶学可作为硒缺乏的可靠指标。应用硒制剂取得良好效果作出诊断。

【治疗】治疗原则：补充硒制剂与维生素 E，加强护理。

成年牛 0.1% 亚硒酸钠 15~20mL，醋酸生育酚 5~20mg/kg 体重；犊牛 0.1% 亚硒酸钠 5mL，醋酸生育酚 0.5~1.5g/头，肌内注射。每隔 5 天 1 次，共注射 2~3 次。也可在饲料中添加硒和维生素 E。

也可全群立即在饲料中添加硒（以亚硒酸钠的形式）0.2mg/kg，充分拌匀进行饲喂，同时在饲料中添加维生素 E 30mg/kg，可以提高硒的治疗效果。

【预防】在配合饲料中添加硒 0.2~0.3mg/kg。可采取瘤胃硒丸的办法补硒。对于高产牧场或专门从事牧草生产的草地，可用施硒肥的办法解决补硒问题。

母牛在配种前用 0.1% 的亚硒酸钠深部肌内注射 30mg 硒，妊娠中期做第二次注射，分娩前 21 天给予第三次注射，剂量与第一次同，可以提高受胎率和胎儿成活率。为防止犊牛发生白肌病，在生后几周内，给犊牛肌内注射 10mg 硒。

十一、锌缺乏症

锌缺乏症是由于饲料中缺锌或锌利用障碍所引起的一种营养代谢病。临床以生长缓慢，皮屑增多，皮肤皲裂，蹄壳变形、开裂甚至磨穿，骨骼发育异常和繁殖功能下降为特征。常见于犊牛。

【病因】原发性锌缺乏主要是由于饲料中锌含量不足，因为土壤缺锌造成植物含锌过低。各种植物中锌的含量不一样，一般野生牧草中锌含量较高，而玉米、高粱、稻谷、稻草、麦秸、苜蓿、三叶草、苏丹草、水果、蔬菜（特别是无叶菜）、块茎类饲料等锌含量比较低，一般不能满足动物需要。

饲料中钙、磷太多，其次，铜、铁、锰、镉、钼等二价元素过多，可干扰锌的吸收，引起继发性锌缺乏。

【症状】严重缺锌犊牛，味觉障碍、食欲减退，生长停滞，有皮肤角化不全和掉毛现象，受影响体表可达40%，在口周围、阴户、肛门、尾端、耳郭、后腿的背侧、膝、腹部、颈部最明显。皮肤瘙痒，用嘴啃皮肤，皮肤逐渐增厚，继有皮屑，蹄周及趾间皮肤皱裂。犊牛后肢弯曲，关节僵硬，拱背站立，后肢呈内弧弯曲。牛的蹄叉腐烂、感染，指间皮肤增生以及蹄叶炎、变形蹄等均与缺锌有关。

母牛健康不佳，生殖功能低下，产乳量减少，乳量减少，乳房皮肤角化不全，易发生感染，运步僵硬，蹄冠、关节、肘部、膝节及腕部肿胀。膝关节软肿，患处掉毛，牙周出血，牙龈溃汤等。妊娠时缺锌，胎儿生长发育受到严重影响。泌乳期间缺锌，导致新生犊生长缓慢。小公牛睾丸和曲精细管发育障碍，精子形成停止。

【诊断】依据病史调查、临床症状，结合测定饲料、血液和脏器锌含量和补锌后经1~3周，临床症状迅速减轻做出诊断。

【治疗】饲喂含锌充足的饲料。一旦出现疾病，应迅速调整饲料锌的含量。在饲料中加入硫酸锌，使日粮锌达到100mg/kg。或肌内注射碳酸锌，剂量为每千克体重2~4mg锌，连续10天，或每天给犊牛0.2g氧化锌。

【预防】饲料中添加含锌的微量元素添加剂，添加锌的量为80~100mg/kg。牛饲料中添加40mg/kg锌，可达到防治本病的效果。

第七节　中毒性疾病

一、硝酸盐和亚硝酸盐中毒

亚硝酸盐中毒是由于牛采食了富含硝酸盐的饲草、饲料和水所引起高铁血红蛋白血症的中毒性疾病。其临床特征为皮肤、黏膜发绀及其他缺氧症状。

【病因】硝酸盐对消化道有强烈刺激作用。牛在短时间内若采食大量含硝酸盐的饲料，在瘤胃内微生物的作用下，硝酸盐会产生大量的亚硝酸盐，这些亚硝酸盐被胃壁吸收后，作用于红细胞的血红蛋白生成大量的高铁血红蛋白，血红蛋白便失去了携氧的功能，导致组织急性缺氧，使病牛出现严重的呼吸困难症状，在短期内迅速死亡。所以亚硝酸盐的产生主要取决于饲料中硝酸盐的含量和硝酸盐还原菌的活力。

饲料中硝酸盐的含量，因植物种类的不同而有差异，含有大量硝酸盐的饲料有萝卜叶、白菜、萝卜、甜菜、芜菁、油菜、燕麦、多花黑麦草、黑麦、马铃薯等。饮用硝酸盐含量高的水，也是造成亚硝酸盐中毒的原因，如过量施用氮肥地区的田间水、深井水，以及厩舍、厕所、垃圾堆附近的地面水等。

【症状】症状与采食量和牛体健康程度不同而有差异。病初表现精神沉郁，反刍停止，食欲废绝，乳房和乳头逐渐变为白色，流涎、咬牙、下痢，体温正常或降低，继而眼、唇、舌、外阴部等黏膜发绀，心音亢进，呈现严重的呼吸困难，躯体末梢部位厥冷，耳尖、尾端的血管中血液量少而凝滞，呈黑褐红色。肌肉战栗或衰竭倒地，抽搐死亡。

【诊断】根据病史，结合饲料状况和血液缺氧为特征的临床症状，可作为诊断的重要依据。亦可在现场做变性血红蛋白检查和亚消酸盐简易检验，以确定诊断。

【诊断】依据临床病牛发病突然、黏膜发绀、呼吸高度困难、血液呈褐色等主要症状以及病牛发生的群体性、饲料调制失衡的病史等，可做出初步诊断。也可通过在现场做变性血红蛋白检查和亚硝酸盐简易检验进行确诊。

【治疗】治疗特效解毒剂是亚甲蓝，牛的标准为 8mg/kg，制成 1% 溶液静脉注射液。甲苯胺蓝，按 5mg/kg 制成 5% 的溶液，静脉注射，也可做肌内或腹腔注射。同时配合维生素 C 3~5g，静脉注射。

用特效解毒药治疗的同时应配合洗胃、下泻、促进肠胃蠕动和灌肠等排毒治疗措施；对重症病牛还应采用强心、补液和兴奋中枢神经等对症治疗。

【预防】改善饲养管理，在用白菜、甜菜、萝卜等瓜菜类做饲料时，最好喂新鲜的。接近收割的青饲料不能再施用硝酸盐。对可疑饲料、饮水，要做临用前的简易化验。

二、氢氰酸中毒

氢氰酸中毒是牛采食富含氰苷的青饲料，经胃内酶和盐酸的作用水解，产生游离的氢氰酸，发生以呼吸困难、震颤、惊厥等组织性缺氧为特征的中毒病。

【病因】主要由于采食或误食富含氰苷或可产生氰苷的饲料所致。如木薯、高粱及玉米的新鲜幼苗，榨油后的残渣（亚麻籽饼）等饲料。以及桃、李、梅、杏、枇杷、樱桃的叶和种子中都含有氰苷，当喂饲过量时，均可引起中毒。或误食氰化钾、氰化钠等氰化物农药，经胃内酶和盐酸的作用水解，产生游离的氢氰酸而中毒。

【症状】病牛有采食富含氰苷类植物史。发病突然，通常在采食过程中或采食后半小时左右出现症状。病牛站立不稳，起卧不安，呻吟苦闷，流涎。由于组织细胞不能从血液中摄取氧，致使动脉血液和静脉血液的颜色都呈鲜红色，可视黏膜潮红，呈玫瑰样鲜红色，静脉血呈鲜红色。进入牛体的氰离子抑制组织内的生物氧化过程，阻止组织对氧的吸收作用导致机体缺氧症，呼吸极度困难，抬头伸颈，张口喘息，呼出气有苦杏仁味。肌肉痉挛，全身或局部出汗，体温正常或低下。以后则精神沉郁，全身衰弱无力，卧地不起。结膜发绀，瞳孔散大，眼球震颤：皮肤感觉减退，脉搏细数无力，最后呼吸中枢麻痹而很快窒息死亡。病尸长时间不腐败，血液呈鲜红色，血液凝固不良。

【治疗】发现中毒立即用亚硝酸钠 2 克，配成 5% 溶液，加于 10%～25% 葡萄糖注射液 200～500mL 中缓慢静脉注射。随后再静脉注射 5%～10% 硫代硫酸钠 100～200mL。同时应注射强心剂，如安钠咖及维生素 C 注射液等。为阻止胃肠内氢氰酸的吸收，可内服或向瘤胃内注入硫代硫酸钠 30g。也可用 0.1% 高锰酸钾或 3% 过氧化氢液洗胃。

【预防】禁用高粱幼苗和玉米幼苗（特别是再生幼苗）等富含氰苷类植物喂牛，如用亚麻籽饼做饲料时，必须彻底煮沸，且喂量不宜过多，同时搭配其他饲料，防止误食氰化物农药。内服桃仁、李仁、杏仁等含氰苷类中药，剂量不宜过大。

三、棉籽饼中毒

棉籽饼是富含蛋白质的精料，但含有毒物质棉酚，当长期多量地用棉饼（包括棉籽和棉籽粉）喂牛时，可引起以出血性胃肠炎、视力障碍为特征的疾病。多发生怀孕母牛及犊牛。

【病因】棉酚主要包含在棉籽的色素腺里。棉籽里棉酚的含量，依棉花的品种、气候、土壤和耕作条件而异。而棉籽饼中棉酚含量的高低，除与棉籽的含毒量有关外，还取决于棉籽的榨油方法。棉酚有两种：一种为结合棉酚，即在榨油时与蛋白质、氨基酸结合为固定的棉酚，不呈现毒害作用，占棉籽饼里棉酚的大部分；另一种为游离棉酚，虽在饼里含量不多，但其毒性却很强，当其含量超过 0.02% 时，即具有毒害作用。当饲料里蛋白质、维生素和矿物质缺乏时（特别是维生素 A、钙和铁缺乏），可促进棉籽饼中毒的发生。

犊牛及妊娠母牛（主要对胎儿的危害）对棉酚较敏感。一般认为棉酚是一种细胞性、血管性和神经性毒物，对侵害的组织发生刺激作用，引起炎症；从而增强血管壁的通透性，促进血浆和血细胞渗到外围组织中去，使受害的组织发生出血性炎症和浆液性浸润。

棉酚可溶于磷脂，能在神经细胞中积累起来，使神经系统发生紊乱。可损害泌尿生殖系统，引起血尿、流产和早产。

【症状】多为慢性蓄积性中毒。犊牛经过急而重。轻度中毒，一般只呈现前胃弛缓和轻度的胃肠类症状。只要能及时停喂棉籽饼，注意饲料的配合，适当治疗就会好转。中毒重者，多有出血性胃肠炎，食欲大减或废绝，排黑褐色恶臭的粪便，并混有黏液、肠黏膜和血液。精神沉郁，有嗜睡现象。有的牛中毒，主要以视力障碍为主。妊娠牛常生瞎眼犊、流产或早产。当毒素侵害泌尿器官时，常发生以血尿为主的泌尿器官疾病。有时血尿常为中毒的先兆症状。排尿时有痛感。病进一步发展，心跳、呼吸增快，心音微弱，血液循环障碍而发生水肿，眼睑肿胀，怕光流泪。严重的四肢肿胀，行步困难，站多卧少，卧下后往往起不来。肌纤维震颤，口流涎，发呆，腹泻脱水而死。

【治疗】由于棉籽饼中毒的机制还未完全搞清，治疗多采取对症疗法。内服0.1%的高锰酸钾液，肠炎严重者用消炎收敛剂，如 SG 30~40g，鞣酸蛋白 10~25g；也可用硫酸亚铁 7~15g 内服。肌内注射维生素 A 或维生素 D 有一定疗效。当病牛尚有一定食欲时，尽量设法喂一定量的青绿饲料、胡萝卜和好的青干草。

【预防】限制喂量，成年乳牛日喂量可控制在 1kg 左右，怀孕母牛和犊牛最好不喂。如果饲料条件差，在无青饲料的季节，喂半个月停半个月，以免引起蓄积性中毒。冬季喂棉籽饼，一定要补饲胡萝卜。

对棉酚含量高，特别是用小机器榨的饼，加热蒸、煮 1 小时后再喂，这样可破坏毒素。500g 硫酸亚铁、500g 石灰粉，加水 100kg 配成溶液，浸拌 50kg 棉籽饼，堆置 1 小时，可脱去毒素 70%左右。对喂棉籽饼的家畜，要增补硫酸亚铁。不喂发霉变质的棉籽饼。

四、菜籽饼粕中毒

油菜籽榨油后的副产品称为菜籽饼（粕），其含有较高的蛋白质，可以作为一种优质的蛋白质源，氨基酸组成较平衡，但其含硫氨基酸含量高，精氨酸和赖氨酸的含量较低。菜籽饼中毒是由于长期或大量的摄入菜籽粕，临床上以胃肠炎、肺气肿、肺水肿和肾炎为特征的中毒症。由于肉牛肠道微生物能产生分解该物质的酶，从而产生异硫氰，对机体造成损伤。

【病因】油菜种子除含有脂肪油约 43%外，尚有芥子苷、芥子酶、芥子酸和芥子碱等成分。这些成分也将残存在榨油后的菜子饼中。特别是其中的芥子苷在芥子酶的作用下，可水解形成异硫氰酸丙烯酯或丙烯基芥子油，采食后对牛消化道黏膜具有刺激作用，吸收后引起微血管壁扩张，量多时使血容量下降和心率减少，同时伴有肝、肾损害。临床上以排尿次数增多，血尿，咳嗽，呼吸困难，腹泻为特征。

【症状】病牛精神萎靡，不吃，不反刍，站立不稳，口吐白沫，呼吸加快，鼻腔流出泡沫液体，黏膜瘀血带黄，耳尖发凉，体温较低，腹胀，腹痛，腹泻，粪便带血，尿血，严重者全身出汗，导致死亡。

【诊断】根据临床症状和偷吃菜籽饼的病史，诊断为菜籽饼中毒。

【治疗】目前没有可靠的治疗方法，首先停喂菜籽饼，改变饲料配方，以碘盐替代食盐饲给。先用2%鞣酸溶液1 500mL灌服，再用淀粉200克煮成糊状灌服；或用甘草0.5kg水煎后加醋0.5kg灌服。为了防止虚脱，可静脉注射0.1%樟脑水100~1 000mL；静脉注射25%葡萄糖溶液1 000mL，同时配合注入维生素C 5g。

【预防】预防本病的关键是合理使用菜籽饼的量，并且将菜籽饼做必要的去毒处理。要搭配青饲料，补充维生素A和碘。对新购的菜籽饼或含有菜籽的配合料，喂后应看是否有不良反应，以利及早发现，及时治疗。菜籽饼不能长期连续饲给，一般喂60天后暂停20天，以免蓄积中毒。高产奶牛、孕牛、犊牛及体弱牛，对毒物的敏感性高，以不喂菜籽饼为妥。发霉变质的菜籽饼毒性更烈，不可做饲料。

五、黄曲霉毒素中毒

黄曲霉毒素中毒是人畜共患且有严重危害性的一种霉败饲料中毒病。该毒素主要引起肝细胞变性、坏死、出血、胆管和肝细胞增生，临床上以全身出血、消化功能紊乱、腹水、神经症状等为特征。我国长江沿岸及其以南地区的饲料污染黄曲霉毒素较为严重，幼年牛比成年个体敏感。

【病因】黄曲霉毒素主要是黄曲霉和寄生生曲霉等产生的有毒代谢产物，黄曲霉素并不是单一物质，而是一类结构相似的化合物。黄曲霉毒素是目前已发现的各种霉菌毒素中最稳定的一种，·在通常的加热条件下不易破坏。主要污染玉米、花生、豆类、棉籽、麦类、大米、秸秆及其副产品酒糟、油粕、酱油渣等。

病牛采食上述产毒霉菌污染的花生、玉米、豆类、麦类及其副产品，黄曲霉毒素随着被污染的饲料经胃肠道吸收后，主要分布在肝脏，约经7天，大部分随呼吸、尿液、粪便及乳汁排出体外。

【症状】病牛中毒后以肝脏损害为主，同时还伴有血管通透性破坏和中枢神经损伤等，因此临床特征性表现为黄疸，出血，水肿和神经症状。由牛品种、性别、年龄、营养状况及个体耐受性、毒素剂量大小的不同，中毒临床表现也有显著差异。成年牛多呈慢性经过，死亡率较低。往往表现厌食，磨牙，前胃弛缓，瘤胃鼓胀，间歇性腹泻，乳量下降，妊娠母牛早产、流产。犊牛对黄曲霉毒素较敏感，死亡率高。特征性的病变是肝脏纤维化及肝细胞瘤胆管上皮增生，胆囊扩张，胆汁变稠。肾脏色淡或呈黄色。

【诊断】 对黄曲霉毒素中毒的诊断，应从病史调查入手，并对饲料样品进行检查，结合临床表现（黄疸，出血，水肿，消化障碍及神经症状）和病理学变化（肝细胞变性、坏死，肝细胞增生，肝癌）等情况，可进行初步诊断。确诊必须对可疑饲料进行产毒霉菌的分离培养，饲料中黄曲霉毒素含量测定。必要时还可进行雏鸭毒性试验。

【治疗】 对本病尚无特效疗法。发现牛中毒时，应立即停喂霉败饲料，改喂富含碳水化合物的青绿饲料和高蛋白饲料，减少不喂含脂肪过多的饲料。一般轻型病例，不给任何药可逐渐康复。重度病例，应及时投服泻剂如硫酸钠、人工盐等，加速胃肠道毒物的排出。同时，采用保肝和止血疗法，可用20%～50%葡萄糖溶液、维生素C。葡萄糖酸钙或10%氯化钙溶液。心脏衰弱时，皮下或肌内注射强心剂。

【预防】 防止饲草、饲料发霉。霉变饲料应用水洗法、化学去毒法、物理吸附法、微生物去毒法的去毒处理。定期检查饲料，严格实施饲料中黄曲霉毒素最高容许量标准。

六、酒糟中毒

酒糟中毒是指牛长期采食或一次采食过量的新鲜或酸败的酒糟，因其中所含的有毒成分引起中毒。临床上可因毒性成分不同而有不同的表现，共同症状有腹痛、腹泻、流涎等，主要发生于牛。

【病因】 酒糟是酿酒蒸馏提酒后的残渣，历来用作牛饲料，但因酿酒原料不同，酿酒工艺各异，其中所含有毒成分也各不相同。如用马铃薯制酒，因发芽后其中含有龙葵素；用甘薯干酿酒后因霉烂甘薯内含有甘薯酮；谷类作物酿酒时因混有麦角，内含麦角毒素和麦角胺。同理还有一些用霉变谷物酿酒时，酒糟内甚至含有其他真菌毒素。

此外酒糟中仍含有部分残存的乙醇、甲醇、正丙醇、异丁醇、异戊醇等各种杂醇和醋酸、乳酸、酪酸等酸性有毒成分，都可引起牛中毒。当长期大量饲喂，或因对酒糟保管不严被牛偷食，或因酒糟发生严重霉败变质时，饲喂后可引起中毒。

【症状】

1. 急性中毒 病牛主要表现胃肠炎，如食欲减退或废绝、腹痛、腹泻。严重的全身症状明显，如呼吸困难、心跳急速、脉细弱、步态不稳或卧地不起、体温下降并死亡。

临床表现可因其中所含的毒物不同而不同，如因食用含龙葵素的酒糟，其神经症状明显，如兴奋不安或狂躁不安、猛冲直撞或精神沉郁，后躯衰弱无力。如因食用含黑斑病山芋的酒糟，则表现明显的气喘、间质性肺气肿、皮下气肿症状。

2. 慢性中毒 呈现消化不良，可视黏膜潮红、黄染、发生皮疹或皮炎，有时发生血尿，孕牛可能发生流产。严重时倒地、失去知觉，最后体温下降、虚脱死亡。

【诊断】 主要依据有食用酒糟的病史，剖检胃黏膜充血、出血，胃内容物中有乙醇味，可见残存的酒糟，有腹痛、腹泻、流涎等中毒病的一般症状可做初步诊断。

【治疗】 施行瘤胃穿刺术放气。1%碳酸氢钠液500mL，一次灌服。肌内注射安钠咖10mL，同时静脉滴注10%葡萄糖氯化钠2 000mL（每天输液1次，连用3天）。经用上述综合性治疗措施，1周后病牛逐渐恢复健康。

【预防】 用新鲜酒糟饲喂时应控制用量，搭配饲喂，酒糟比例不宜超过饲粮的1/3，饲喂方法是由少到多，逐渐增加。对轻度酸败酒糟可加石灰水，以中和其中酸类，使减低毒性，如已严重发霉变质应坚决废弃，不得用作饲料。注意酒糟保管，以防中毒。

七、有机磷中毒

有机磷农药是农业上常用的杀虫剂之一，牛有机磷农药中毒是接触、吸入或采食某种有机磷制剂所引致的病理过程，以体内的胆碱醋酶活性受抑制，从而导致神经功能紊乱为特征。引起动物中毒的有机磷农药，主要有甲拌磷（3911）、对硫磷（1605）、内吸磷（1059）、乐果、敌百虫、马拉硫磷（4049）和乙硫磷（1240）等。

【病因】 主要是误食喷洒有机磷农药或被有机磷农药污染的牧草、秸秆或饲料，误饮被有机磷农药污染的饮水，不按规定使用农药驱虫等而发生中毒。有机磷农药进入动物体内后，主要是抑制胆碱醋酶的活性。

【症状】 有机磷农药中毒时，因制剂的化学特性及造成中毒的具体情况不同，其所表现的症状及程度差异极大，但都表现为胆碱能神经受乙酰胆碱的过度刺激而引起过度兴奋的现象，牛主要以毒蕈碱样症状为主，表现不安，流涎，鼻液增多，反刍停止，肠音增强，粪便稀软、水泻，甚至出现带血。肌肉痉挛，眼球震颤，结膜发绀，瞳孔缩小，不时磨牙，呻吟，呼吸困难，听诊肺部有广泛性湿啰音。心跳加快，脉搏增数，肢端发凉，体表出冷汗，最后因呼吸肌麻痹而窒息死亡。怀孕母牛流产。轻度中毒，病牛表现食欲降低，反刍、嗳气异常。瘤胃弛缓或轻度腹痛，产奶量下降。

【诊断】 根据流涎、瞳孔缩小、肌纤维震颤、呼吸困难、血压升高等症状进行诊断，在确定有机磷农药接触史的同时，应采集病料测定其胆碱酯酶活性和毒物鉴定，以此确诊。

【治疗】立即停止使用含有有机磷农药的饲料或饮水，对因体表接触引中毒的病牛，可进行体表刷洗（勿用碱性药剂）。

大剂量使用阿托品10~50mg，皮下注射或静脉注射，每隔1~2小时用1次，可使症状明显减轻。同时密切注意病畜反应，当出现瞳孔散大，停止流涎或出汗，脉数加速等现象时，即不再加药，给维持量持续1天或2天。在此治疗基础上，配合解磷定或氯磷定20~50mg/kg体重，配成2%~5%水溶液静脉注射，每隔4~5小时用药1次。直至瞳孔放大，流涎减少，口腔干燥，视力恢复，症状显著减轻或消失。

对有严重脱水的病牛，应当静脉补液，输入高渗葡萄糖溶液；对心功能差的病牛，应消除肺水肿，兴奋呼吸中枢，使用强心药。对于经口吃入毒物而致病的牛，可早期洗胃。

解磷定在碱性溶液中易水解成剧毒的氰化物，故忌与碱性药剂配伍使用；双复磷的作用强而持久，能通过血-脑屏障对中枢神经系统症状有明显的缓解作用（具有阿托品样作用）。

【预防】健全农药的保管使用制度；用农药处理过的种子和配好的溶液，不得随便乱放；配制及喷洒农药的器具要妥善保管；喷洒过农药的地方，1个月内禁止割草；敌百虫驱虫用量要适当。

八、氟乙酰胺中毒

【病因】氟乙酰胺为有机氟内吸性杀虫剂。白色针状结晶，无味无臭，易溶于水，有吸湿性，不易挥发，其水溶液无色透明。曾作为农药广泛使用，常污染饲草，被作为鼠药使用，易混入饲料中被牛误食。

【症状】牛对氟乙酰胺比较敏感，每千克体重1mg口服，就能引起中毒死亡。

1. **急性中毒** 无明显的前兆，精神沉郁，食欲减退或废绝，反刍停止，肘肌群震颤，结膜潮红，肠音初期高朗，后期减弱，最后消失。心跳增速，驱赶不愿行走，后躯摇摆，病程持续2~3天，最急性的9~18小时突然倒地抽搐，惊厥或角弓反张，有的数分钟内心跳停止而死亡。有的虽然很快恢复，但可重复发作，恢复后静卧不动，全身颤抖，食欲废绝，反刍停止，体温正常或降低，突然抽搐。口吐白沫而死亡。

2. **慢性中毒** 中毒5~7天后，活动减少，精神沉郁，不合群，反刍停止流涎，独自站立，瞳孔散大或缩小，有时轻微腹痛。个别病牛排恶臭稀粪，有黏液或呈串珠状。体温正常或低于常温。脉搏增速，心律不齐，心房纤颤等，病情可反复发作，因呼吸抑制至循环衰竭而致死。

【防治】

1. **洗胃**　早期用 0.05% 高锰酸钾或淡肥皂水洗胃，晚期口服硫酸镁或硫酸钠 350~500g，同时口服活性炭 60~100g，加水 5 000mL，以吸附毒物加速排出，也可口服鸡蛋清对保护胃肠黏膜。吸附毒物效果较好。

2. **药物解毒**　解氟灵 50% 乙酰胺水溶液，轻度中毒，每天按每千克体重 0.1g 肌内注射，首次注药量为全天药量的 1/2，另一半每隔 2 小时注射 1/4；第 2 天开始将全天量分为 4 份，每 4 小时肌内注射 1 次。

3. **辅助疗法**　解毒、保肝可用 5% 葡萄糖溶液、10% 浓盐水，静脉注射，纠正酸中毒可静脉注射 5% 碳酸氢钠溶液，强心可用 25%~50% 的葡萄糖溶液 100~200mL，加 10% 安钠咖溶液 20~40mL，5% 维生素 C 溶液 40~80mL，静脉注射。出现抽搐的牛可用镇静剂，同时肌内注射 30% 安乃近 20mL 缓解症状。

【预防】

（1）预防禁喂用氟乙酰胺洒过的植物茎叶、瓜果以及污染的饲草、饲料。凡使用过氟乙酰胺的农作物，到收割必须经过 2 个月的排毒时间，方能作为饲料用。

（2）对氟乙酰胺农药建立严格的保管制度，防治牛误舔而中毒，对已发生中毒或有中毒可疑的牛，加强饲养管理。

（杨自军　韩卫红）

第七章　外科手术及奶牛外科疾病

第一节　外科手术基本操作技术

一、无菌操作技术

无菌操作技术是指在外科范围内防止创口（包括手术创）发生感染的综合预防性技术。它包括灭菌法、消毒法和有关操作管理规程等。

（一）灭菌法

灭菌法是指用物理的方法，彻底杀灭附在手术所用物品上的一切活的微生物。所用的物理方法包括高温、紫外线、电离辐射等。兽医临床上常用高温消毒手术器械、手术衣、手术巾、敷料等物品上面的微生物；紫外线可以杀灭悬浮在空气、水中和附于物体表面的微生物，故一般用于室内空气的灭菌；电离辐射主要用于药物塑料、缝线、药物（抗生素、激素等）等的灭菌；有的化学药品如甲醛、戊二醛、环氧乙烷等，可以杀灭一切微生物，故也可在灭菌法中使用。

（二）消毒法

消毒法又称抗菌法，是指用化学药品消灭病原微生物和其他有害微生物，不要求清除和杀灭所有微生物（如芽孢）。常用于手术器械、手术室空气、手术人员手（臂）的消毒及病牛术部皮肤的消毒等。化学消毒制剂种类很多，理想的化学消毒药品应具备可杀灭细菌、芽孢、真菌等引起感染的微生物而不损伤人和牛正常组织的功能。

（三）有关操作管理规程

无菌操作的管理规程，概括地说就是防止已灭菌和消毒的物品，已进行无菌准备的手术人员和手术区域不再被污染的办法。无菌术是一门综合性的科学，应综合运用无菌和抗菌技术来达到预防手术创伤感染的目的，以保证手术的良好结果。

二、器械消毒法

手术时，手术器械、敷料以及其他物品都有可能对手术创伤造成直接或间接的接触感染。手术中所使用的器械和其他物品种类繁多，性质各异，有金属制品、玻璃制品、搪瓷制品、棉织品、塑料制品、橡胶制品等。而灭菌和消毒的方法也很多，且各种方法都有其特点。所以，应根据手术性质和缓急，物品的特性（可否耐受高压、高温）以及当时具备的条件等，合理地选择灭菌和消毒方法。

（一）手术器械和物品的准备

1. 金属器械 手术器械常用高压蒸汽灭菌法，紧急情况或没有高压蒸汽设备，也可采用化学药物浸泡消毒法和煮沸法。

2. 敷料、手术巾、手术衣帽及口罩 多次重复使用的这类物品均为纯棉材料制成，临床使用后可回收经灭菌再利用。

3. 缝合材料 缝线直接接触组织，有的还永久置留于组织中，如不注意严格的灭菌和无菌操作，易成为创口感染的来源。缝线种类很多，包括可吸收缝线和不可吸收缝线。兽医临床上最常用的缝线是不可吸收的丝线。

4. 橡胶、乳胶和塑料类用品 临床常用的各种插管、导管、手套、围裙等多为橡胶制品。此类用品可用高压蒸汽灭菌，但多次长期处理易影响橡胶的质量，故推荐采用化学消毒液浸泡消毒。

5. 玻璃、瓷和搪瓷类器皿 所有这些用品均应充分清洗干净，易损易碎者用纱布适当包裹保护。一般均采用高压蒸汽灭菌法，也可使用煮沸法和消毒药物浸泡法。

（二）手术器械、手术用品的灭菌与消毒方法

常用灭菌和消毒法有煮沸灭菌法、高压蒸汽灭菌法和化学药品消毒法。此外，还有流通蒸汽灭菌法、干热灭菌法和火焰烧灼法等，但应用较少。

1. 煮沸灭菌法 此种方法最为常用，简便易行。除要求速干的物品（如棉花、纱布、敷料等）外，大部分手术用品均可采用此法灭菌。

2. 高压蒸汽灭菌法 高压蒸汽灭菌法需用特制的灭菌器，应用普遍，灭菌效果可靠。高压蒸汽灭菌器样式很多，有手提式、立式、卧式等，其容积大小各异，但灭菌的原理相同，均是利用蒸汽在灭菌器内积聚而产生压力。

3. 化学药品消毒法 作为灭菌的手段，化学药品消毒法并不理想，尤其对细菌的芽孢往往难以杀灭。化学药物浓度、温度、作用时间等不同会影响其消毒能力。但化学药品消毒法不需特殊设备，使用方便，尤其对于某些不宜用热力灭菌的用品，仍不失为一个有效的补充消毒手段。

三、常用外科手术器械及其使用

（一）常用手术器械及使用方法

外科手术器械是施行手术必需的工具。熟练地掌握手术器械的使用方法，对于保证手术基本操作的正确性关系很大，是外科手术的基本功。常用的基本手术

器械有手术刀、手术剪、手术镊、止血钳、持针钳、缝合针、巾钳、肠钳、牵开器、探针等，现分述如下。

1. **手术刀** 主要用于切开和分离组织，有固定刀柄和活动刀柄两种。活动刀柄手术刀，是由刀柄和刀片两部分构成的，常用长窄形的刀片，装置于较长的刀柄上。装刀方法是用止血钳或持针钳夹持刀片，装置于刀柄前端的槽缝内。

手术刀的使用范围，除了刀刃用于切割组织外，还可以用刀柄做组织的钝性分离，或代替骨膜分离器剥离骨膜。在手术器械数量不足的情况下，还可代替手术剪切开腹膜，切断缝线等。

2. **手术剪** 依据用途不同，手术剪可分为两种：一种是沿组织间隙分离和剪断组织的，叫组织剪；另一种是用于剪断缝线的，叫剪线剪。

正确的执剪法是以拇指和第四指插入剪柄的两环内，但不宜插入过深；食指轻压在剪柄和剪刀交界的关节处，中指放在第四指环的前外方柄上，准确地控制剪的方向和剪开的长度，其他的执剪方法都有缺点，是不正确的。

3. **手术镊** 用于夹持、稳定或提起组织以利切开及缝合，有不同的长度。镊的尖端分有齿及无齿（平镊），又有短型、长型、尖头与钝头之别，可按照需要选择。

4. **止血钳** 又叫血管钳，主要用于夹住出血部位的血管或出血点，以达到直接钳夹止血的效果。有时也用于分离组织、牵引缝线。止血钳尖端带齿者，叫有齿止血钳，多用于夹持较厚的坚韧组织。骨科手术的钳夹止血多用有齿止血钳。外科临床上选用止血钳时，应尽可能选择尖端窄小的，以避免钳夹过多的组织。

5. **持针钳** 或叫持针器，用于夹持缝针缝合组织。持针钳有两种类型，即握式持针钳和钳式持针钳，大牛手术常使用握式持针钳。

6. **缝合针** 主要用于闭合组织或贯穿结扎。缝合针分为两种类型：一种是带线缝合针或无眼缝合针，缝线已包在针尾部，针尾较细，仅单股缝线穿过组织，使缝合孔道最小，因此对组织损伤小，又称为"无损伤缝针"。这种缝合针有特定包装，保证无菌，可以直接使用。多用于血管、肠管缝合。另一种是有眼缝合针，这种缝合针能多次再利用。

7. **牵开器** 或称拉钩，用于牵开术部表面组织，加强深部组织的显露，以利于手术操作。根据需要有各种不同的类型，可以分为手持牵开器和固定牵开器两种。手持牵开器，由牵开片和手柄两部分组成。按手术部位和深度的需要，牵开片有不同的形状、长短和宽窄。目前使用较多的手持牵开器，其牵开片为平滑钩状，对组织损伤较小。

8. **巾钳** 用于固定手术巾，有多种样式，使用方法是连同手术巾一起夹住皮肤，防止手术巾移动，以及避免手或器械与术部接触。

9. **肠钳**　用于肠管手术,以阻断肠内容物的移动、溢出或肠壁出血。肠钳结构上的特点是齿槽薄,弹性好,对组织损伤小,使用时需外套乳胶管,以减少对组织的损伤。

10. **探针**　分普通探针和有沟探针两种。用于探查窦道,借以引导进行窦道及瘘管的切除或切开。在腹腔手术中,常用有沟探针引导切开腹膜。

(二) 手术器械的传递

在施行手术时,所需要的器械较多。为了避免在手术操作过程中刀、剪、缝针等器械误伤手术操作人员和争取手术时间,手术器械需按一定的方法传递。器械的整理和传递是由器械助手负责。器械助手在手术前应将所用的器械分门别类依次放在器械台的一定位置上。传递时器械助手需将器械的握持部递交在术者或第一助手的手掌中。例如传递手术刀时,器械助手应握住刀柄与刀片衔接处的背部,将刀柄端送至术者手中,切不可将刀刃传递给术者,以免刺伤。传递剪刀、止血钳、手术镊、肠钳、持针钳等,器械助手应握住钳、剪的中部,将柄端递给术者。在传递直针时,应先穿好缝线,拿住缝针前部递给术者。

四、组织切开

组织切开是显露手术部位的重要步骤。浅表部位的手术,切口可直接位于病变部位上或其附近。组织深部的手术,根据局部解剖特点,既要有利于显露术野,又不能造成过多的组织损伤。适宜的切口应该符合下列要求:

(1) 切口需接近病变部位,最好能直接到达手术区,并能根据手术需要,便于延长扩大。

(2) 切口在体侧、颈侧,以垂直于地面或斜行的切口为好;体背、颈背和腹下沿体正中线或靠近正中线时,纵行切口比较合理。

(3) 切口应避免损伤大血管、神经和腺体的输出管,以免影响术部组织或器官的功能。

(4) 切口应该有利于创液的排出,特别是脓汁的排出。

(5) 二次手术时,应该避免在瘢痕上切开,因为瘢痕组织再生力弱,易发生弥漫性出血。按上述原则选择切口后,在操作上需要注意下列问题:

①切口大小必须适当。切口过小不能充分显露,而做不必要的大切口,会损伤过多组织。

②切开时,需按解剖层次分层进行,并注意保持切口从外到内的大小相同。切口两侧要用无菌巾覆盖、固定,以免操作过程中把皮肤表面细菌带入切口,造成污染。

③切开组织必须整齐,力求一次切开。手术刀与皮肤、肌肉垂直,防止斜切或多次在同一平面上切割,造成不必要的组织损伤。

④切开深部筋膜时，为了防止深层血管和神经的损伤，可先切一小口，用止血钳分离张开，然后再剪开。

⑤切开肌肉时，要沿肌纤维方向用刀柄或手指分离，少做切断以减少损伤。

⑥切开腹膜、胸膜时，要防止对内脏损伤。

⑦切割骨组织时，先要切割分离骨膜，尽可能地保存其健康部分，以利于骨组织愈合。在进行手术时，还需要借助拉钩帮助显露。负责牵拉的助手要随时注意手术过程，并按需要调整拉钩的位置、方向和力量。并可以利用大纱布将其他脏器从手术野推开，以增加显露。

五、局部止血法

止血是手术过程中自始至终经常遇到而又必须立即处理的基本操作技术。手术中完善的止血，可以预防失血的危险和保证术部良好的显露，有利于争取手术时间，避免误伤重要器官，直接关系到施术牛的健康、切口的愈合和预防并发症的发生等。因此要求手术中的止血必须迅速而可靠，手术前应采取积极有效的预防性止血措施，以减少手术中出血。

1. 全身预防性止血法　手术前给牛注射增高血液凝固性的药物或同类型血液，借以提高机体抗出血的能力，减少手术过程中的出血。

2. 局部预防性止血法

（1）肾上腺素止血：应用肾上腺素做局部预防性止血常配合局部麻醉进行。一般是在每 1 000mL 普鲁卡因溶液中加入 0.1% 肾上腺素溶液 2mL，利用肾上腺素收缩血管的作用，达到减少手术局部出血的目的，其作用可维持 20 分钟至 2 小时。但手术局部有炎症病灶时，因高度的酸性反应，可减弱肾上腺素的作用。此外，在肾上腺素作用消失后，小动脉管扩张，若血管内血栓形成不牢固，可能发生二次出血。

（2）止血带止血：适用于四肢非骨折性创伤的止血，用橡皮止血带或绳索、绷带等结扎出血部位，局部垫以纱布或手术巾，以防损伤软组织、血管及神经。松开止血带时，按照多次"松、紧、松、紧"的办法，严禁一次松开。

3. 手术过程中止血法　手术过程中的止血方法很多，有机械止血法（如压迫止血、钳夹止血、钳夹扭转止血、钳夹结扎止血、创内留钳止血、填塞止血等）、局部化学及生物学止血法（如麻黄素、肾上腺素、止血明胶、活组织填塞止血和骨蜡止血等）。

六、缝合

缝合是将已切开或因外伤而分离的组织、器官进行闭合或重建其通道，保证良好愈合的基本操作技术。在愈合能力正常的情况下，愈合是否完善与缝合的方法及操作技术有一定的关系。因此，掌握缝合的基本操作技术，是外科手术重要的一个环节。缝合的目的是为手术或外伤性损伤的组织或器官创造安静的环境，给组织的再生和愈合创造良好的条件，保护无菌创免受感染，加速肉芽创的愈合，促进止血。

（一）缝合的基本原则

为了确保愈合，缝合时要遵守下列各项原则：

（1）严格遵守无菌操作。

（2）缝合前必须彻底止血，清除凝血块、异物及无生机的组织。

（3）为了使创缘均匀接近，在两针孔之间要有适当距离，以防拉穿组织。

（4）缝针刺入和穿出部位应彼此相对，针距相等，否则易使创伤形成皱襞和裂隙。

（5）凡无菌手术创或非污染的新鲜创经外科常规处理后，可做对合密闭缝合。具有化脓腐败过程以及具有深创囊的创伤不宜缝合，必要时做部分缝合。

（6）组织缝合时，一般是同层组织相缝合，除非特殊需要，不允许把不同类的组织缝在一起。缝合打结时要松紧得当，过紧会造成组织缺血，影响愈合。

（7）创缘、创壁应相互对合，皮肤创缘不得内翻，创伤深部不应留有死腔、积血和积液。在条件允许时，可做多层缝合。

（8）缝合的创伤，若在手术后出现感染症状，应迅速拆除部分缝线，以便排出创液。

（二）缝合材料及选择

兽医外科临床上所用的缝合材料种类很多，缝线的选择应根据缝线的生物学和物理学特性、创伤局部的状态以及各种组织创伤的愈合速度来决定。

缝合材料按照在牛体内吸收的情况分为吸收性缝合材料和非吸收性缝合材料，按照其材料来源分为天然可吸收缝合材料和人造可吸收缝合材料及非吸收缝合材料。

1. **天然可吸收缝合材料**　肠线是由羊肠黏膜下组织或牛的小肠浆膜组织制成。经过铬盐处理的肠线，张力强度增加，变性速度下降，吸收时间延长，组织适应性增强。使用肠线时应注意下列问题：

（1）从储存液内取出的肠线质地较硬，需在温生理盐水中浸泡片刻，待柔软后再用，但浸泡时间不宜过长，以免肠线膨胀、易断。

（2）不可用持针钳、止血钳夹持肠线，也不要将肠线扭折，以致皱裂、易断。

（3）肠线经浸泡吸水后发生膨胀，结扎时易松脱，所以需用三叠结，剪断后留的线头应较长，以免滑脱。

（4）由于肠线是异体蛋白，在吸收过程中可引起较大的组织炎症反应，所以一般多用连续缝合，以免线结太多致使手术后异物反应显著。

（5）在不影响手术效果的前提下，尽量选用细肠线。肠线适用于胃肠、泌尿生殖道的缝合，不能用于胰脏手术，因肠线易被胰液消化吸收。肠线的缺点是易诱发组织的炎症反应，张力强度丧失较快，有毛细管现象，偶尔会出现过敏反应。

2. 人造可吸收缝合材料　聚乙醇酸是一种具有良好生物降解性和生物相容性的人工合成高分子材料。聚乙醇酸缝线是非蛋白制品，组织相容性好，伤口愈合佳，强度远高于丝线及肠线，目前已经广泛应用于兽医外科手术。

3. 非吸收缝合材料

（1）丝线：丝线的优点是价格低廉，容易消毒，张力强度高，打结确实。缺点是缝合空隙器官时，如果丝线伸入腔内，易发生溃疡；缝合膀胱、胆囊时，易形成结石。

（2）不锈钢丝：现在使用的不锈钢丝是唯一被广泛接受的金属缝线。适用于制作不锈钢丝的材料是铬镍不锈钢。

（3）尼龙缝线：尼龙缝线分为单丝和多丝两种。其生物学特性为惰性，对组织反应很小，张力强度较大，无毛细管现象，在污染的组织内感染率较低。

（4）组织黏合剂：常见的组织黏合剂是腈基丙烯酸酯，主要用于实验性和临床实践上的口腔手术、肠管吻合术。

4. 缝合材料的选择　缝合材料的选择要根据缝合材料的生物学、物理学和兽医临床需要情况来决定。选择缝合材料应遵循下列原则：

（1）缝合材料张力强度丧失应该和被缝合组织获得张力强度相适应：皮肤张力强，愈合慢，缝合材料强度要求较强，植入组织内，要求其强度保持时间较长。非吸收性缝线适用于皮肤缝合。胃、肠组织脆弱，愈合快，要求缝线强度较小，植入组织内保持张力强度在 14～21 天，宜选用可吸收性缝线。

（2）缝线的生物学作用能改变创伤愈合过程：缝线的物理和化学性质会影响缝合组织抵抗创伤感染的能力。同样的缝合材料，单丝缝线耐受污染创的能力比多丝缝线好，人造缝线抵抗创伤感染能力比天然缝线好。

（3）缝线的机械特性应该与被缝合的组织特性相适应：聚丙烯缝线和尼龙缝线适宜缝合具有伸延性的组织，如皮肤；肠线和聚乙醇酸缝线适用于较脆弱的组织，如肠管、子宫等。

（4）不同的组织使用不同的缝合材料：皮肤缝合使用丝线、尼龙缝线等非吸收性缝线；皮下组织使用人造可吸收性缝线；筋膜、腹壁等张力强度较大的组织，需要缝线强度较强，选用中等尼龙缝线，对于张力较小部位的筋膜，也可以应用人造可吸收性缝线；肌肉缝合使用人造可吸收性或非可吸收性缝线；空腔器官缝合使用肠线、聚乙醇酸缝线或单丝非可吸收缝线；腱的修补使用尼龙缝线、不锈钢丝；血管和神经要用聚丙烯缝线或尼龙缝线。

（三）软组织的缝合

当前兽医外科手术的基本技术将软组织缝合模式分为3种。

1. 对接缝合

（1）单纯间断缝合：也称为结节缝合，是最古老、最常用的缝合方式。缝合时，将缝针引入15～25cm缝线，于创缘一侧垂直刺入，于对侧相应的部位穿出打结。每缝一针，打一次结，打结在切口一侧，防止压迫切口。缝合要求创缘密切对合，缝线与创缘的距离，要根据缝合的皮肤厚度来决定；缝线之间的间距，要根据创缘张力来决定，一般间距0.5～1.5cm。

（2）单纯连续缝合：单纯连续缝合是用一条长的缝线自始至终连续地缝合一个创口，最后打结。本法适用于具有弹性、无太大张力的较长创口。

（3）十字缝合法：用于张力较大的皮肤缝合。第一针开始，缝针从一侧到另一侧做结节缝合，第二针平行第一针从一侧到另一侧穿过切口，缝线的两端在切口上交叉形成十字形，拉紧打结。

2. 内翻缝合　内翻缝合适用于胃、肠、子宫、膀胱等空腔器官的缝合。

（1）伦勃特缝合法：伦勃特缝合法又称垂直褥式内翻缝合法。是胃肠手术的传统缝合方法，分为间断与连续两种，常用的为间断伦勃特缝合法。在胃肠或肠吻合时，用以缝合浆膜肌层。

①间断伦勃特缝合法：缝线分别穿过切口两侧浆膜及肌层后打结，使部分浆膜内翻对合，适用于胃肠道的外层缝合。

②连续伦勃特缝合法：从切口一端开始，先做一浆膜肌层间断内翻缝合，再用同一缝线做浆膜肌层连续缝合至切口另一端。其用途与间断内翻缝合相同。

（2）库兴缝合法：又称连续水平褥式内翻缝合法，这种缝合法是从伦勃特连续缝合法演变来的。缝合方法是从切口一端开始先做一浆膜肌层间断内翻缝合，再用同一缝线平行于切口做浆膜肌层连续缝合至切口另一端。适用于胃、子宫浆膜肌层缝合。

（3）康乃尔缝合法：这种缝合法与连续水平褥式内翻缝合相同，仅在缝合时缝针要贯穿全层组织，当将缝线拉紧时，则肠管切面即翻向肠腔。多用于胃、肠、子宫壁缝合。

（4）荷包缝合：即做环状的浆膜肌层连续缝合。主要用于胃、肠壁上小范围的内翻缝合，缝合小的胃、肠穿孔。此外还用于胃、肠、膀胱等引流固定的缝合。

3. 张力缝合

（1）间断垂直褥式缝合：间断垂直褥式缝合是一种张力缝合。缝针刺入皮肤，距离创缘约8mm，创缘相互对合，越过切口到相应对侧刺出皮肤，然后缝针翻转在同侧距切口约 4mm 处刺入皮肤，越过切口到相应对侧距切口约 4mm 处刺出皮肤，与另一端缝线打结。

（2）间断水平褥式缝合：间断水平褥式缝合是一种张力缝合，特别适用于牛的皮肤缝合。缝针刺入皮肤，距创缘 2 ~ 3mm，创缘相互对合，越过切口到对侧相应部位刺出皮肤，然后缝线与切口平行向前约 8mm，再刺入皮肤，越过切口到相应对侧刺出皮肤，与另一端缝线打结。

（四）各种软组织的缝合技术

1. **皮肤的缝合**　缝合前创缘必须对好，缝线要在同一深度将两侧皮下组织拉拢，以免皮下组织内遗留空隙，滞留血液或渗出液易引起感染。两侧针眼离创缘 1 ~ 2mm，距离要相等。皮肤缝合采用间断缝合，打结不能过紧，缝合完毕后，必须再次将创缘对好。

2. **皮下组织的缝合**　缝合时要使创缘两侧皮下组织相互接触，一定要消除组织的空隙。使用可吸收性缝线，打结应埋置在组织内。

3. **筋膜的缝合**　筋膜缝合应根据其张力强度选用不同的方法，筋膜的切口应与张力线平行，而不能垂直于张力线，所以筋膜缝合时，要垂直于张力线使用间断缝合。

4. **肌肉的缝合**　肌肉缝合要求将纵行纤维紧密连接，瘢痕组织生成后，不能影响肌肉收缩功能。缝合时，应用结节缝合分别缝合各层肌肉。对于横断肌肉，因其张力大，应该在麻醉或使用肌松剂的情况下连同筋膜一起缝合，进行结节缝合或水平褥式缝合。

5. **腹膜的缝合**　腹膜具有特殊性质，缝合时可以考虑单层腹膜缝合。腹膜缝合必须完全闭合，不能使网膜或肠管漏出或嵌闭在切口处。

6. **空腔器官缝合**　空腔器官（胃、肠、子宫、膀胱）缝合，根据空腔器官的生理解剖学和组织学特点，缝合时要求良好的密闭性，防止内容物泄漏，保持空腔器官的正常解剖结构和蠕动收缩功能。

（1）胃缝合：缝合时要求良好的密闭性，防止胃内容物外泄污染腹腔，缝线要保持一定的张力强度。因此，胃缝合第一层采用连续全层缝合或连续水平褥式内翻缝合。第二层缝合在第一层上面，采用浆肌层间断或连续垂直褥式内翻缝合。

（2）小肠缝合：小肠血液供应较好，肌肉层发达，其解剖特点是低压力导管，而不是蓄水囊，内容物是液态的，细菌含量少。小肠缝合后 3 ~ 4 小时，即有纤维蛋白覆盖密封在缝线上，产生良好的密闭效果，术后肠内容物泄漏机会较少。由于小肠肠腔较小，缝合时要特别注意防止造成肠腔狭窄。

（3）大肠缝合：大肠内容物呈固态，细菌含量多。大肠缝合的并发症是内容物泄漏和感染，内翻缝合是唯一安全的方法。内翻缝合部位血管受到压迫，血流阻断，术后第 3 天黏膜水肿、坏死，第 5 天内翻组织脱落，黏膜下层、肌层和浆膜保持较强的接合度。术后 14 天左右瘢痕形成，炎症反应消失。

（4）子宫缝合：母牛子宫缝合，首先在子宫浆膜面做斜行刺口，使第一个结埋植在内翻的组织内，然后连续库兴缝合，每一针都做斜行刺入，但是不穿透子宫内膜。浆膜与浆膜紧密对合，缝线埋置在内翻的组织内，而连续缝合的最后一个结也要求埋植在组织内，不能暴露在子宫浆膜表面。

（五）组织缝合注意事项

（1）目前外科临床中所用的缝线（可吸收或不可吸收的）对机体来讲均为异物，因此在缝合过程中要尽可能地减少缝线的用量。

（2）缝线在缝合后的张力与缝合的密度（针数）成正比，但为了减少伤口内的异物，使每针所加于组织的张力相近似，以便均匀地分担组织张力，缝合的密度不可过大或过小，过大引起组织缺氧，过小导致对合不良，影响组织愈合。

（3）组织应按层次进行缝合，较大的创伤要由深到浅逐层缝合，以免影响愈合或裂开。而小的伤口，一般只做单层缝合，但缝线必须通过各层组织，缝合时应使缝针与组织呈直角刺入，拔针时要按针的弧度和方向拔出。

（4）根据空腔器官的生理解剖和组织学特点，缝合时注意以下问题：尽量采用小针、细线，缝合组织要少。肠管缝合时，除第一层做单纯连续缝合外，第二层不宜做一周性的连续缝合，以免形成一个缺乏弹性的瘢痕环，收缩后发生狭窄，影响功能。空腔器官缝合的基本原则是使切开的浆膜向腔体内翻，借助于浆膜上的间皮细胞在受损伤后析出的纤维蛋白原，在酶的作用下很快凝固成纤维蛋白黏附在缝合部，修补创伤，因此，第二层缝合时均使用浆膜对浆膜的内翻缝合。

第二节 麻 醉

一、麻醉的概念与分类

（一）麻醉的概念

麻醉的概念包括用人为的方法局部地或全身地抑制或改变神经、体液的活动，从而导致动物机体暂时性的局部感觉迟钝或丧失，直至伴有肌肉松弛的全身知觉的完全丧失。

（二）麻醉的分类

1. **全身麻醉** 根据麻醉药物进入体内的路径不同，可分为吸入、静脉、胃管投入和直肠内麻醉四种方法。

（1）吸入麻醉法：气态或挥发性液态的麻醉药物经呼吸道吸入，在肺泡中被吸收入血液循环，到达神经中枢，使中枢神经系统产生麻醉效应，简称吸入麻醉。吸入麻醉因其良好的可控性和对机体的影响较小，被认为是一种安全的麻醉形式，受到人们的青睐。吸入麻醉适用于各种大手术、疑难手术和危重病例的手术。

（2）静脉麻醉法：根据麻醉药注入的方式不同，分为一次注入、分次注入及连续点滴注入三种方式。一次注入法，可使麻醉药于短时间内形成较高浓度，主要应用于较短时间的手术。分次注入法，是根据病牛的反应间歇地追加麻醉药的剂量，适用于较长时间的手术。连续点滴注入法，能维持血液内麻醉药浓度的稳定，适合长时间的手术。

（3）胃管投入麻醉法：此法常因受胃内容物数量多少的影响，麻醉深度不易控制，因而较少采用，只有在缺乏静脉麻醉条件的情况下，才使用这一方法。本法常用作基础麻醉。

（4）直肠内麻醉法：本法也常受直肠内容物多少的影响，且因病牛的努责，时常将灌入的麻醉药排出体外，因而麻醉深度不易控制。本法也常用作基础麻醉。

2. 局部麻醉　局部麻醉是用局部麻醉药，将牛体一定部位的感觉神经传导暂时性阻断，使该部位暂时失去痛觉，便于施行手术；病牛的神志保持清醒，而运动功能仍可保持或同时暂时性失去。局部麻醉因给药途径和操作方法的不同分为以下几种。

（1）表面麻醉：利用穿透性较强的局部麻醉药，使其透过黏膜，作用于黏膜下神经而达到表面麻醉的目的。牛的表面麻醉常用于黏膜（眼结膜、鼻黏膜、口腔黏膜、直肠及阴道黏膜）、浆膜、滑膜等。根据操作方式的不同，表面麻醉又可分为喷雾法、涂布法和填塞法。常用的药品有 2% ~4% 利多卡因和 1% ~2% 丁卡因。表面麻醉时，常需多次给药才能完善，一般重复 2 ~3 次不等，每次间隔 5 ~6 分钟。

（2）局部浸润麻醉：局部浸润麻醉是将麻醉药注射到局部的各层组织中，使该组织中的神经末梢逐渐受局部麻醉药浸润而产生麻醉。

（3）神经传导麻醉：将局部麻醉药注射于神经干、神经丛、神经节的部位，阻断该神经干的传导功能，从而使该神经所支配的手术部位麻醉。

牛腹腔手术的主要术部是在髂部。此部的前界是最后肋骨，后界为髋结节前缘，上界是腰椎横突。该区域主要由三条较大的神经分布，即最后肋间神经（最后胸神经的腹支）、髂下腹神经（第 1 腰神经的腹支）、髂腹股沟神经（第 2 腰神经的腹支）。牛的腰旁神经传导麻醉就是麻醉上述三条神经。

（4）脊髓麻醉：将局部麻醉药注射入椎管内，从而使椎管内某一部分神经根的传导功能阻滞，称脊髓麻醉。脊髓麻醉本身又因麻醉药注入部位的差别，分为蛛网膜下腔麻醉和硬膜外腔麻醉两种。前者是将局部麻醉药注入蛛网膜下腔，后者则是注入硬膜外腔。这两种麻醉方法，虽然都是通过椎管内注射而发生作用，但其操作技术、麻醉药的剂量、麻醉作用的表现以及麻醉作用的机制不尽相同，因此，临床上应将二者严格分别看待。

二、局部麻醉

（一）常用的局部麻醉药

盐酸普鲁卡因主要用于浸润麻醉，盐酸丁卡因主要用于表面麻醉，盐酸利多卡因主要用于传导麻醉。

（二）常用局部麻醉方法

1. **表面麻醉**　用滴入、涂抹、喷雾和填塞等方法，将药液直接作用于黏膜、浆膜、滑膜的表面，使黏膜下的感觉神经末梢麻醉，称表面麻醉。常用 1% ~ 2% 丁卡因。

2. **局部浸润麻醉**　将局部麻醉药注射到手术部位的各层组织中，使这些组织内的感觉神经末梢麻醉，阻断疼痛刺激向中枢的传导，是局部麻醉中最常用的方法。常用的药物为 0.25% ~ 1% 的普鲁卡因。

3. **神经传导麻醉**　就是把局部麻醉药液注射到支配某一区域的神经干周围，暂时阻断该神经干的传导功能，使其支配的区域失去痛觉而产生麻醉。这种麻醉方法如果注射准确，仅用少量局部麻醉药和极少数穿刺点，即可获得比较满意和范围较广的局部痛觉消失和肌肉松弛的效果，常用药物是 2% 盐酸利多卡因。

三、全身麻醉

（一）麻醉前用药

麻醉前给予牛神经安定药或安定镇痛药，其作用是：①使牛安静，以消除麻醉诱导时的恐惧和挣扎；②手术前镇痛；③作为局部或区域麻醉的补充，以限制牛自主活动；④减少全麻药的用量，从而减少麻醉的副作用，提高麻醉的安全性；⑤使麻醉苏醒过程平稳。

抗胆碱药（如阿托品）主要用于：①可明显减少呼吸道和唾液腺的分泌，使呼吸道保持通畅；②降低胃肠道蠕动；③阻断迷走神经反射，预防反射性心率减慢或骤停。

常用的麻醉前用药主要有：①安定：肌内注射给药 45 分钟后，静脉注射 5 分钟后，产生安静、催眠和肌松作用。牛肌内注射 0.50 ~ 1mg/kg。②乙酰丙嗪：牛肌内注射 0.50 ~ 1mg/kg。③阿托品：牛为 50mg 皮下或肌内注射。

（二）非吸入麻醉

非吸入麻醉有许多优点：如操作简便，一般不需要特殊的麻醉装置，不出现兴奋期，也不严格要求掌握麻醉的深度等，故目前仍为重要的麻醉方法。

非吸入麻醉剂的输入途径有多种，如静脉内注射、皮下注射、肌内注射、腹腔内注射，口服以及直肠灌注等，其中静脉注射麻醉法因作用迅速、确实，在兽医临床上占重要地位。但在静脉注射有困难时，也可根据药物的性质，选择其他给药途径。

1. **隆朋**　化学名为二甲苯胺噻嗪，是应用于兽医临床上的一种较新的镇静催眠药。此药能产生较好的镇静效果，并且具有用量小、作用迅速、应用简便，使用安全等特点。广泛地用于各种临床检查，外科、产科手术，以及保定、运输及捕捉野生牛等。牛静脉注射麻醉用量 0.03 ~ 0.1mg/kg，肌内注射 0.1 ~ 0.2mg/kg。可根据麻醉深度酌情增加剂量。

2. **静松灵**　又名二甲苯胺噻唑，为白色结晶，易溶于氯仿、乙醚等有机溶剂，难溶于水。本品的使用方法和剂量与隆朋基本相同，效果略强。

四、吸入麻醉

常用的挥发性麻醉药有氟烷、安氟醚和异氟醚等。新型吸入麻醉剂七氟醚也开始在临床上应用。

临床应用时，应先将病牛做基础麻醉、气管插管后，再进行吸入麻醉。吸入麻醉开始时，以 2.0% ~ 4.0% 的浓度快速吸入，3 ~ 5 分钟后以 1.5% ~ 2.0% 浓度维持所需麻醉深度。

第三节　常用外科手术

一、清创术

（一）概述

清创术是对新鲜开放性污染伤口进行清洗去污、清除血块和异物、切除失去生机的组织、缝合伤口，使之尽量减少污染，甚至变成清洁伤口，达到一期愈合，有利受伤部位的功能和形态的恢复。

（二）适应证

8 小时以内的开放性伤口应行清创术，8 小时以上而无明显感染的伤口，也应行清创术。如伤口已有明显感染，则不做清创，仅将伤口周围皮肤擦净、消毒后，敞开引流。

（三）术前准备

（1）清创前须对病牛进行全面检查，如有休克，应先抢救，待休克好转后再进行清创。

（2）如颅、胸、腹部有严重损伤，应先予处理。如四肢有开放性损伤，应注意检查是否骨折，可拍摄 X 线片协助诊断。

（3）应用止痛和术前镇痛药物。

（4）如伤口较大，污染严重，应预防性使用抗生素，在术前 1 小时、手术中、手术后分别给予一定量的抗生素。

（5）注射破伤风抗毒素，轻者 1 500 单位，重者 3 000 单位。

（四）保定与麻醉

一般采用柱栏内站立保定或侧卧保定。严重的广泛创伤宜用全身麻醉，浅在的小创口用局部麻醉，前肢用正中神经、尺神经传导麻醉，后肢用胫神经、腓神经传导麻醉。

（五）手术步骤

（1）先用浸有过氧化氢溶液的灭菌纱布块或脱脂棉覆盖创口，然后剪除创围被毛，范围在创伤外缘 20～25cm 处。用肥皂水清洗创缘周围皮肤，最后剃毛。用 3%～5% 碘酊或 75% 酒精消毒，铺盖消毒巾。

（2）用大量盐水冲洗创口，并用纱布、棉球清拭创内污染物，切除坏死的创缘皮肤，保存有活力的部分。

（3）深筋膜的破碎与污染部分必须全部切除，并按原皮肤切口方向切开筋膜，显露全部创腔，充分解除深层组织的张力。深筋膜切开是否充分是清创术能否有效地解除深层组织张力的关键问题之一，如果必要，可做深筋膜十字形或双十字形切口，使深筋膜彻底松弛。

（4）凡肌肉呈暗红色，用手术镊或止血钳夹之无收缩，或用刀割而不出血，都是坏死的肌肉，均应切除，一直切至出血肌肉为止。坏死肌肉切除不彻底，极易造成厌气杆菌（气性坏疽、破伤风）大量繁殖。如有碎骨片或异物，应尽量取出。

（5）合理处理损伤的血管、神经和肌腱。创腔内有血管、神经、肌腱、骨骼暴露时，先做初期缝合，或用邻近肌瓣将这些组织覆盖，并做简单的定位缝合，以防暴露特殊组织而发生坏死或感染，造成不良后果。但绝对不要缝合深筋膜，以防深部组织肿胀时其张力得不到解除，并影响引流。

（6）清创后是否进行初期缝合，应根根病牛局部污染程度，创伤经过时间，清创彻底程度，术手护理条件等综合考虑而定。这些因素中只有时间较为恒定，其他因素均有较大幅度的变动。大体上在伤后 8 小时内清创处理，可做初期缝合；8～24 小时清创者，以定位缝合加引流或仅做引流，争取延期缝合较为合适；24小时以上清创的仅做引流，争取延期缝合。胸腹壁透创虽在24小时以上清创，但仍应初期缝合或定位缝合加引流。

（六）术中注意事项

（1）伤口清洗是清创术的重要步骤，必须反复用大量生理盐水冲洗，务必使伤口清洁后再做清创术。需要局麻的，只能在清洗伤口后麻醉。

（2）清创时既要彻底切除已失去活力的组织，又要尽量爱护和保留存活的组织，这样才能避免伤口感染，促进愈合，保存功能。

（3）组织缝合必须避免张力太大，以免造成缺血或坏死。

二、伤口拆线技术

拆线是指拆除皮肤缝线。缝线拆除的时间，一般是在手术后7~8天进行，凡营养不良、贫血、老龄牛、缝合部位活动性较大、创缘呈紧张状态等情况下，应适当延长拆线时间。但创伤已化脓或创缘已被缝线撕断不起缝合作用时，可根据创伤治疗需要随时拆除部分或全部缝线。拆线方法如下：

（1）用碘酊消毒创口、缝线及创口周围皮肤后，将线结用镊子轻轻提起，剪刀插入线结下，紧贴针眼将线剪断。

（2）拉出缝线。拉线方向应向拆线的一侧，动作要轻巧，如强行向对侧硬拉，则可能将伤口拉开。

（3）再次用碘酊消毒创口及周围皮肤。

三、引流术

（一）适应证

1. 治疗

（1）皮肤和皮下组织切口严重污染，经过清创处理后，仍不能控制感染时，在切口内放置引流物，使切口内渗出液排出，以免蓄留发生感染，一般需要引流24~72小时。

（2）脓肿切开排脓后，放置引流物，可使继续形成的脓液或分泌物不断排出，使脓腔逐渐缩小而愈合。

2. 预防
切口内渗血如不能彻底控制，有可能继续渗血。在有形成残腔的可能时，在切口内放置引流物，可排出渗血、渗液，以免形成血肿、积液或继发感染。一般需要引流24~48小时。

（二）引流种类

1. 纱布条引流
应用防腐灭菌的干纱布条涂布软膏，放置在腔内，排出腔内液体。纱布条引流在几小时内吸附创液至饱和，创液和血凝块沉积在纱布条上，会阻止进一步引流。

2. 胶管引流 乳胶管在插入创腔前用剪刀将引流管剪成小孔。引流管小孔能引流其周围的创液。这种引流管对组织无刺激作用，在组织内不变质，对组织引流的反应很小。应用这种引流能减少术后血液、创液的蓄留。

（三）引流的应用

创伤缝合时，引流管插入创内深部，创口缝合，引流管的外端缝到皮肤上，创内深处一端由缝线固定。引流管不要由原来切口处通出，而要在其下方单独切开一个小口通出引流管。引流管要每天清洗，以减少发生感染的机会。引流管在创内时间放置越长，引起感染的机会增多，如果认为引流已经失去作用时，应该尽快取出。需要注意，引流管本身是异物，放置在创内，会诱发产生创液。

（四）引流的护理

应该在无菌状态下引流，引流出口应该尽可能向下，有利于排液。出口下部皮肤涂以软膏，防止创液、脓汁等浸渍被毛和皮肤。每天应该更换引流管或纱布，如果引流排出量较多，更换次数要多些。引流管的外部已被污染，不应该直接由引流管外部向创内冲洗。同时，要防止引流被病牛舔、咬或拉出创口外。

（五）使用引流应该注意的事项

1. 使用引流管的类型和大小一定要适宜 选择引流类型和大小应该根据适应证、引流管性能和创液排出量来决定。

2. 放置引流管的位置要正确 一般脓腔和体腔内引流出口尽可能放在低位。不要直接压迫血管、神经和脏器，防止发生出血、麻痹或瘘管等并发症。手术切口内引流管应放在创腔的最低位。体腔内引流最好不要经过手术切口引出体外，以免发生感染。应在其手术切口一侧另造一个小创口通出。切口的大小要与引流管的粗细相适宜。

3. 引流管要妥善固定 不论深部或浅部引流，都需要在体外固定，防止滑脱、落入体腔或创伤内。

4. 引流管必须保持畅通 不要压迫、扭曲引流管。引流管不要被血凝块、坏死组织堵塞。

5. 引流必须详细记录 引流管取出的时候，除根据不同引流适应证外，主要根据引流流出液体的数量来决定。引流流出液体减少时，应该及时取出。所以放置引流后要每天检查和记录引流情况。

四、眼球摘除术

（一）适应证

眼球创伤或严重穿孔后已经塌陷，光感消失，无法恢复者；化脓性全眼球炎、眼球脓肿、难以治愈的眼球突出；较大的角、巩膜葡萄肿，眼球内恶性肿瘤。

（二）保定与麻醉

采用健眼侧侧卧保定。水合氯醛全身浅麻醉，患眼用1%盐酸普鲁卡因20～40mL做球后麻醉。注射后由于眼球底部积存大量药液，眼内压增高，使眼球突出，便于手术摘除。

（三）手术方法

先在外眦处切开皮肤0.5～1cm，以扩大眼裂，并使眼球进一步突出，用直剪或外科刀在眼球上方距结膜穹窿0.5cm处的球结膜上，做环形切口。弯剪伸入球结膜切开，环绕一周剪开球结膜。再用弯剪向后分离结膜下组织至四个直肌止端处，用四把止血钳夹持住上、下、内、外四根直肌，并将其剪断。

（四）术后护理

24小时后更换填充的纱布棉塞，如无创液，即不再填充纱布棉塞，可在眶腔内撒布磺胺粉或青霉素粉，连续密闭缝合上下眼睑缘，以期第一期愈合。外涂碘酊消毒，装置眼绷带。为了防止感染，可全身性应用抗生素。6～8天后拆线。

五、奶牛腹壁切开术

（一）腹壁切开法

牛的腹壁肌层较薄，在做腹壁切开时，要善于区别腹膜与瘤胃壁，以免过早切开胃壁，造成术部污染。在右肷部切开分离时，要注意腹膜和大网膜浅层的鉴别，以免误伤网膜。

1. **皮肤切开**　左手在切口预定部位固定皮肤，右手持刀，使刀刃与皮肤垂直，一次切开皮肤及皮下组织，结扎出血点。切口两侧创缘用两块消毒巾覆盖，并用巾钳或缝线将其固定于切口边缘以隔离切口。

2. **分离腹外斜肌**　锐性横断或按肌纤维方向钝性分离腹外斜肌。前者切断腹外斜肌，手术通路宽广，而后者按肌纤维方向分离，切口通常窄小，肠管不易涌出。

3. **钝性分离腹内斜肌**　即用刀柄沿腹内斜肌方向钝性分离肌层，如果肷部切口定位过高，并以锐性分离此层肌肉时，往往切断髂深动脉，造成深部出血。腹内斜肌的肌层越向上，其肌层越厚。因此，切口过高的另一缺点是切口创腔过深，给结扎和止血及腹膜缝合带来困难。

4. **分离腹横肌**　沿腹横肌的肌纤维方向，由上向下用刀柄分离肌纤维，分离时注意腹横肌与其筋膜上的髂下腹神经与髂腹股沟神经。

5. **剪除腹膜外脂肪**　营养良好的牛，腹横肌切开后，用手术弯剪剪除腹膜外脂肪，以显露足够的腹膜面积，彻底止血，同时将切口内止血钳、止血纱布等全部清理无遗。

6. **切开腹膜**　腹膜显露之后，术者左手持有齿镊夹住腹膜，助手用弯止血钳距其旁 2cm 处，同样夹住腹膜。切开腹膜前，术者必须确定钳、镊未夹住腹膜下的肠管。然后用手术刀在钳、镊之间切一小口。向腹腔内插入两个手指或有沟探针，稍抬腹膜，以手术剪扩大切口。

（二）腹壁各层缝合

（1）腹壁缝合前，检查腹腔内确无积血，无线头，无纱布，无其他手术器械敷料等。

（2）按与腹壁切开相反的顺序由内向外依次缝合。首先，连续缝合腹膜与腹横肌，缝合腹膜时，可用压肠板或手指将腹膜垫起，以隔离保护腹腔内器官，避免误缝内脏，腹内压较大的情况下尤其需要这样做。缝合最后一针时，向腹腔内注入 0.5% 普鲁卡因青霉素溶液。

（3）用 10 号丝线间断或连续缝合腹内斜肌。

（4）腹外斜肌和皮肤分别间断缝合。

六、食管切开术

（一）局部解剖

牛的食管平均长 90～100cm，中等程度扩张直径为 5.0cm，管径宽，管壁薄，肌层全部为横纹肌。可分为颈部、胸部和腹部三段。食管始于咽，止手瘤胃贲门部。颈段食管位于喉与气管的背侧，颈中部渐渐偏至气管的左侧，经胸前口进入胸腔。食管胸段位于纵隔随又转至气管背侧向后延续，然后约在第 9 肋骨处穿过膈的食管裂孔进入腹腔。腹腔段食管很短，为 1～2cm，与贲门相接。

（二）适应证

适应于食管梗阻、食管憩室及食管创伤等。牛的食管梗塞多见于吞食块根饲料，发生部位多在颈上 1/3 与中 1/3 交界处，食管异物刺伤多发生于此处。

（三）术前处理

食管梗阻时，梗阻部前方食管腔内积存大量唾液，可增加创口污染机会，因此术前应注射硫酸阿托品以抑制唾液分泌，并用胃管吸出积存的唾液。牛发生食管梗塞时，还由于瘤胃嗳气排出受阻，而造成持续性严重瘤胃鼓气，因此瘤胃放气是术前必不可少的预防措施。

（四）保定与麻醉

多采用右侧卧保定或站立保定，确实固定头部，充分伸张颈部。用隆朋全身麻醉，术部用盐酸普鲁卡因局部浸润麻醉。

（五）颈部食管手术方法

1. **切口定位**　确定颈部食管梗塞位置后，用手指压迫颈静脉，沿静脉做上切口通路或下切口通路。

（1）上切口通路：在梗阻部距颈静脉上缘 2cm 处与臂头肌下缘之间，做一个 15～20cm 与颈静脉平行的切口。

（2）下切口通路：在梗阻部距颈静脉下缘 2～3cm 处与胸头肌上缘之间，做一个 15～20cm 与颈静脉平行的切口。此切口用于食管壁梗阻物严重压迫而有坏死趋势的病例。术后一旦切口感染或形成食管穿孔，可防止颈静脉感染。

2. 术部分离与显露 在上述切口通路上，切开皮肤和含有皮肌的两层筋膜，钝性分离颈静脉和肌肉之间的筋膜，在不破坏颈静脉周围的结缔组织腱鞘的前提下，用剪刀剪开纤维性腱膜，在颈下 1/3 处剪开肩胛舌骨肌筋膜及脏筋膜，而在上 1/3 和中 1/3 必须钝性分离肩胛舌骨肌后再剪开深筋膜，根据解剖位置寻找食管。有梗阻的食管呈淡红色易辨认。

除上述方法外，还有人提出在胸头肌和气管之间作为手术通路，沿胸头肌下缘做切口，切开皮肤和浅筋膜之后，用创钩将胸头肌向上拉，再切开深筋膜，用止血钳向食管方向分离气管和肌膜间的结缔组织，再用剪刀剪开脏筋膜即发现食管，此手术通路更有利于创液排出。

3. 食管切开与缝合 食管暴露后，小心将食管拉出，注意不得破坏周围结缔组织，并用灭菌纱布使食管与其他部分隔离，切开食管全层，擦去唾液，谨慎地取出异物。

取出异物后用 0.01% 呋喃西林液或 0.1% 新洁尔灭液浸湿的灭菌纱布轻拭术部。用细丝线连续缝合食管黏膜层，再将食管肌层与外膜做间断或连续内翻缝合。食管缝合必须在确认局部无严重血液循环障碍的情况下方可进行。异物在食管内保留 48 小时以上，管壁有坏死的倾向时，食管切口不需缝合，保持开放，皮肤可部分缝合，用浸有消毒液的棉纱填塞。

4. 皮肤切口缝合 皮肤切口的处理，取决于食管的状态。如管壁有坏死趋势，食管壁周围有化脓性浸润，则将皮肤切口开放，按二期愈合伤处理。

（六）胸部食管梗阻

胸部食管梗阻多发生在贲门近部，可做瘤胃切开术；自瘤胃内用手指或长钳沿食管沟进入胸部食管夹取梗阻物。

（七）术后护理

术后第 1～2 天不给饮水和食物，以减少对食管创的刺激，以后给柔软饲料和流质食物。可静脉注射葡萄糖和生理盐水，也可实行营养灌肠。术后十几天内不得使用食管探子，食管创口一般 10～12 天愈合，于 10～14 天拆线。

如发现手术切口感染，应拆除少量缝线，行开放疗法。若创内发现黏液或饲料，表明食管创口有形成食管瘘的可能，为此应立即停止一切饲喂，使食管部创伤安静，食管创口可第二期愈合。

七、气管切开术

(一) 局部解剖

牛的气管较短,上下径大于横径。软骨环游离的两端重叠,形成背侧突出的嵴。气管在分出左右支气管之前,还分出一支较小的右尖叶支气管,进入右肺尖叶。气管由一连串的软骨环组成,借弹性纤维膜连在一起构成支架,软骨环的缺口朝向背侧。软骨内面衬有黏膜,其上皮为假复层柱状纤毛上皮,黏膜内有气管腺。软骨外面有一层疏松结缔组织。颈腹侧为下颌支后缘和两下颌角连线,后界是胸骨柄,侧界是左右臂头肌下缘。

(二) 适应证

上部呼吸道急性炎性水肿、鼻骨骨折,鼻腔肿瘤和异物、双侧返神经麻痹,或由于某些原因引起气管狭窄等,使牛产生完全或不完全呼吸道闭塞且窒息而有生命危险时,切开气管常为紧急救治手术。

(三) 保定与麻醉

六柱栏内站立保定,吊高牛头部,颈部腹侧充分显露;如病牛已昏迷,应按其原有位置立即进行紧急快速切开。预防性气管切开术多用局部浸润麻醉,而紧急手术,往往省略剪毛、剃毛、消毒和局部麻醉等环节。以最快速度切开气管,使之通气。

(四) 切口定位

1. **气管上切口 (高位气管切开)** 多用于呼吸道阻塞,在颈腹侧上 1/3 与中 1/3 交界的正中线上,或该部位皮肤皱襞的一侧做切口,但其位置仍应沿颈正中线上进行。

2. **气管下切口 (低位气管切开)** 对于下呼吸道分泌物严重阻塞和已发生异物性肺炎的病牛可做此切口,在颈腹侧中 1/3 与下 1/3 交界处的正中线上,此切口内的气管位置较深。

(五) 预防性气管切开术

1. **切口** 术者站立于病牛的左肩前方,以拇指和中指固定于颈腹侧中线第3~5 气管环皮肤,在该处做一个 6~8cm 的切口,切开皮肤、皮下组织和颈皮肌。

2. **分离颈腹侧组织** 分离浅筋膜、颈皮肌及胸骨甲状舌骨肌,显露气管。用扩创钩将两侧创缘用均等力量牵开,保持气管位于切口正中,充分止血。

3. **切开气管** 方法很多,归纳起来有三种。切口定位是关键环节。

(1) 在临近两个气管环上各做一半圆形切口 (宽度不超过气管环宽度的1/2),合成一个近圆形的孔。切软骨时要用镊子牢固夹住,避免软骨片落入气管中。

(2) 在气管环中央纵向切开 2~3 个气管环,在同一环的切口两侧各缝一线圈，把线圈挂在预制好的横木两端，使气管保持开放。其缺点是软骨环边缘易向气管内凹陷，造成气管狭窄。

（3）切除1~2个软骨环的一部分，造成方形"天窗"，间断缝合黏膜与皮肤，形成永久性的气管瘘，是一种永久性气管切开。

4. 安放气管导管　气管切开后，用特制的金属气管导管慢慢插入气管内。具体步骤是将气管导管外管向气管腔上方插入，将内管向下方插入，扣上锁扣，检查气流畅通情况。套管两侧用绷带缚于颈部固定。如皮肤切口较长，在套上、下方创角做几针缝合。如无金属导管，也可用一条10~15cm长的胶管或塑料管插入气管腔的下方。露出端要牢固而慎重地做数个纽孔缝合，固定在皮肤上。

（六）紧急快速气管切开术

此种手术适用于上呼吸道严重的阻塞性呼吸困难，应当机立断，争分夺秒，立即进行。

根据病牛原有的卧倒姿势，将头部后仰并牢固固定。局部涂碘酊，于颈腹侧中线上1/3与中1/3交界处，确定第3~5软骨环部，一次急速切开皮肤、皮下筋膜与两侧胸骨甲状舌骨肌的连线中部，显露气管环。第二刀横向切开第4~5软骨环的环间韧带，随即旋转刀刃90°，横断其上、下方的软骨环，并用刀向一侧撑开软骨环，使空气迅速进入气管内。当气流进出气管创口的频率和强度基本缓和后，用止血钳夹持软骨环断缘，用手术刀在相邻的两个软骨环做椭圆形切口，待将气管创口修整止血后，即可插入气管导管。

（七）术后护理

（1）术后气管内分泌物多而黏稠，若干燥结痂不易咳出时，可给予熏气吸入，定时滴入1%碘化钾溶液，可防止管内干燥结痂，并有助于稀释分泌物。

（2）随时调节套管系带的松紧。

（3）密切观察呼吸状况，使气流畅通。

（4）术后每隔12~24小时将气管导管内管取出清洗。

八、皱胃变位复位术

（一）适应证

本手术适应于牛皱胃左方变位的整复。

（二）术前准备

术前禁食24小时以上；可经口腔插入胃导管，导出瘤胃内液状内容物，以减轻瘤胃对左方变位皱胃的压迫。

（三）麻醉与保定

腰旁神经传导麻醉配合局部浸润麻醉，执拗的牛可肌内注射2%静松灵2mL进行镇静。站立保定或前躯右侧卧、后躯半仰卧保定。

（四）手术通路

皱胃左方变位的手术通路有 4 种：大网膜固定法的左、右肷部中切口；瘤胃减压整复法采用左肷部中切口；仰卧自然复位、皱胃固定法的脐后腹中线旁右切口；大网膜固定法的左肷部下切口。

（五）术后治疗与护理

术后禁饲，只有在出现反刍后才开始饲以少量优质饲草，特别注意少喂精料；术后 5 ~ 6 天，每天肌内注射青霉素、链霉素；当有脱水症状时，应静脉补液并纠正酸碱失衡。

九、瘤胃切开术

（一）适应证

（1）严重的瘤胃积食，经保守疗法治疗无效。

（2）创伤性网胃炎或创伤性心包炎，进行瘤胃切开取出异物。

（3）胸部食管梗阻且梗阻物接近贲门者，进行瘤胃切开取出食管梗阻物。

（4）瓣胃梗阻、皱胃积食，可做瘤胃切开术进行胃冲洗治疗。

（5）误食有毒饲料、饲草，且毒物尚在瘤胃中滞留，手术取出毒物并进行胃冲洗。

（6）网瓣胃孔角质爪状乳头异常生长者，可经瘤胃切开拔除。

（7）网胃内结石、网胃内有异物如金属、玻璃、塑料布、塑料管等，可经瘤胃切开取出结石或异物。

（8）瘤胃或网胃内积沙。

（二）术前准备

对有严重瘤胃鼓气者可通过胃管放气或瘤胃穿刺放气以减轻瘤胃鼓气；对伴有严重电解质平衡紊乱和代谢性酸中毒者，术前应给予纠正；对进行胃冲洗者应准备瘤胃内双列弹性环橡胶排水袖筒、温盐水及导管等。

（三）保定与麻醉

一般采用站立保定，也可进行右侧卧保定。局部浸润麻醉或椎旁、腰旁神经传导麻醉。

（四）手术通路

1. 左肷部中切口　是瘤胃积食的手术通路，一般体型的牛还可兼用于网胃探查、胃冲洗和右侧腹腔探查术。

2. 左肷部前切口　适用于体型较大病牛的网胃探查与瓣胃梗阻、皱胃积食的胃冲洗术。必要时可切除最后肋骨作为肷部前切口。

3. 左肷部后切口　为瘤胃积食兼做右侧腹腔探查术的手术通路。

（五）术式

左肷部按常规切开腹壁。切开腹膜时应按腹膜切开的原则进行，以免误切瘤胃壁。

1. 瘤胃固定与隔离法 将洞巾四角拉紧展平，并用巾钳固定在隔离巾上，准备掏取瘤胃内容物和进行胃腔探查。

瘤胃六针固定和舌钳夹持黏膜外翻法：

（1）瘤胃固定：显露瘤胃后，在切口上下角与周缘，用三角缝针带 10 号丝线，通过瘤胃的浆膜肌层与邻近的皮肤创缘做六针纽孔状缝合，打结前应在瘤胃与腹腔之间，填入浸有温生理盐水的纱布。纱布一端在腹腔内，另一端在腹壁切口外，然后再抽紧六针缝合线，使瘤胃壁紧贴在腹壁切口上。

胃壁固定后，在瘤胃壁和皮肤切口创缘之间，填以温生理盐水纱布，以便在胃壁切开、黏膜外翻时，胃壁的浆膜面能受到保护，减少对浆膜面的刺激。

（2）胃壁切开：先在瘤胃切开线的上 1/3 处，用外科刀刺透胃壁，并立即用两把舌钳夹住胃壁的创缘，向上向外拉起，防止胃内容物外溢。然后用剪扩大瘤胃切口，并用舌钳固定提起胃壁创缘，将胃壁拉出腹壁切口并向外翻，随即用巾钳将舌钳柄夹住，固定在皮肤和创布上，以免胃内容物流出，然后套入橡胶洞巾。

2. 胃腔内探查与病变处理 瘤胃切开后即可对瘤胃、网胃、网瓣胃孔、瓣胃及皱胃、贲门等部位进行探查，并对各种类型病区进行处理。

将瘤胃、网胃腔内过多的液体，用直径为 1.5~2.0cm 的胶管虹吸至体外，剩余在瘤胃腔内的液体水平面，在瘤胃腔的下 1/3 处，向瘤胃腔内填入 1.5~2kg 青干草与健牛瘤胃内容物，以刺激瘤胃恢复收缩蠕动能力，促进反刍。撤除双列弹性环橡胶排水袖筒，准备胃壁缝合。

3. 胃壁缝合 修整瘤胃壁创口边缘，用生理盐水冲净附着在瘤胃壁上的胃内容物和血凝块。拆除纽孔状缝合线，修整瘤胃壁创口边缘，在瘤胃壁创口进行自下而上的全层连续缝合，缝合要求平整、严密，防止黏膜外翻。

（六）术后治疗与护理

术后禁食 36~48 小时及以上，待瘤胃蠕动恢复、出现反刍后开始给予少量优质的饲草。术后 12 小时即可进行缓慢的牵遛活动，以促进胃肠功能的恢复。术后不限饮水，对术后不能饮水者应根据牛脱水的性质进行静脉补液。术后 4~5 天内，每天使用抗生素，如青霉素、链霉素。术后还应注意观察原发病消除情况，有无手术并发症，并根据具体情况进行必要的治疗。

十、脐疝修补术

1. 概述 正常的脐部由浅筋膜、腹直肌鞘和腹横筋膜融合而成的腱膜层组成。胎儿发育到一定阶段，内脏被牵引入腹腔内，脐孔逐渐闭锁。胎儿出生断脐后，脐也为结缔组织形成坚实的瘢痕而闭锁。在出生 1 个月，脐静脉变为肝圆韧带，脐动脉和脐尿管随后变为膀胱侧韧带和膀胱中韧带。当脐孔先天性关闭不良，或由于不正确的断脐，或由于脐部腱膜层发育不良，也可由于剧烈运动引起腹内压突然增大，使脐孔愈合困难，均会导致脐疝。脐疝的疝囊是由内层的腹膜和外层的皮肤组成，脱出的内容物多为小肠或网膜。犊牛脐疝的内容物与疝囊壁多不发生粘连。

2. 术前准备 脐疝部承受强大的腹内压，张力较大，术前应注意降低腹内压，术前 24 小时禁食。

3. 保定与麻醉 病牛仰卧保定或半仰卧保定，全身麻醉配合硬膜外腔麻醉。

4. 手术方法 沿脐疝基部一侧做一弧形切口，切口长度能以上翻皮瓣显露疝囊为度。皮肤切开后，继续沿皮下浅筋膜分离，直达疝孔周围，在疝囊顶部或基部切开，显露内容物和疝轮。用手指探查疝轮附近有无内脏粘连，如有粘连应予以解除。若疝轮不大，可采用疝轮两侧缘重叠缝合。切除疝轮表层的纤维瘢痕环，形成新鲜创面。用 10 号丝线做间断水平纽孔状缝合。待全部缝合完毕，再将缝线逐一打结，上下缘重叠后，以结节缝合把上侧缘的边缘缝于下侧缘上，注意缝针不要刺入过深，以免损伤腹腔内脏器。最后修整疝囊和皮肤，予以间断缝合。大的疝囊与疝轮，由于病程较久常与内脏粘连。可在疝囊基部切开，此处多无粘连，手指伸入囊内，扩大切口，剥离粘连，剥离后的肠管部分切除，吻合后还纳于腹腔。对大网膜尽量不切除。疝轮较大不能闭合时，可采用疝囊重叠缝合，以闭合疝轮。

十一、剖宫产术

（一）适应证与禁忌证

1. 适应证

（1）难产中的胎儿姿势、位置与方向严重反常，矫正后不能拉出。

（2）胎儿过大，双胎难产，胎儿畸形、脑积水、胎儿气肿及大的木乃伊化胎儿等。

（3）骨盆腔狭窄，助产不当引起产道高度水肿，子宫颈与阴道瘢痕收缩、子宫扭转、多胎牛或老年牛的分娩无力，子宫疝或分娩过程中子宫破裂等。

（4）母牛年龄较大发生产力性难产。牛的剖腹取胎术治愈率达 65% 以上。

2. 禁忌证

（1）母牛患病高度虚弱、衰竭，水、电解质与酸碱平衡严重紊乱，全身症状明显恶化，经输液强心后，体况有所改善者，进行本手术应慎重。

（2）难产时间较长，胎儿腐败气肿，应谨慎采用手术。

（二）切口定位

1. 根据胎儿位置确定切口　牛左侧卧保定，术者手在右侧腹壁上触摸胎儿最突出的部位即定为切口部位。切口方向应向前向下。

2. 腹侧壁斜切口　由髋结节下角向脐部做一连线，在此线的中 1/3 处切开。切口方向由后向前下方，并尽量避开腹皮下静脉，切口长度为 25～45cm。

3. 腹下白线旁切口　在腹正中线和腹皮下静脉之间，距乳房基部前方 10cm处，平行腹白线向前做一个 25～45cm 的切口。

（三）手术方法

按腹壁切开法分层切开皮肤、肌肉和腹膜层，暴露腹腔。助手用大块纱布堵塞切口，防止肠管涌出。术者将手伸入腹腔，将大网膜连同肠管推向切口前方，同时手隔子宫壁握住胎儿某一肢体，连同子宫壁缓慢向切口外牵引。也可用双手伸入腹腔，将有胎儿的子宫角托出切口。

对于子宫壁切口，用直圆针做两层缝合。第一层连续全层缝合，经抗生素生理盐水冲洗后用，再做浆膜肌层连续水平褥式内翻缝合。在切口处涂油剂青霉素或其他抗生素油膏。将子宫还纳入腹腔内，经检查网膜和肠管无异常后，关闭腹壁。

（四）术后护理

为了促进子宫收缩，可注射麦角新碱、垂体后叶素及内服益母草浸膏等药物，以利子宫内胎水、胎衣与子宫内分泌物的排出，同时对子宫切口愈合和子宫恢复均有利。为防止腹膜炎，可进行腹腔内脏神经节及交感神经干胸膜外封闭，并连续大剂量应用抗生素。

第四节　奶牛常见外科疾病

一、脓肿

（一）概述

在任何组织或器官内形成外有脓肿膜包裹、内有脓汁潴留的局限性脓腔时，称为脓肿。它是致病菌感染后所引起的局限性炎症过程，如果在解剖腔内（胸膜腔、喉囊、关节腔、鼻窦）有脓汁潴留时则称之为蓄脓，如关节蓄脓、上颌窦蓄脓、胸膜腔蓄脓等。

（二）病因病理

大多数脓肿是由感染引起的，最常继发于急性化脓性感染的后期。致病菌侵入的主要途径是皮肤或伤口。引起脓肿的致病菌主要是葡萄球菌，其次是化脓性链球菌、大肠杆菌、绿脓杆菌和腐败菌。牛有时可见因结核杆菌、放线杆菌感染形成冷性脓肿。此外，由于牛种类不同，对同一致病菌的感受性亦有差异。

除感染因素外，静脉注射各种刺激性的化学药品，如水合氯醛、氯化钙、高渗盐水及砷制剂等，若将它们误注或漏注到静脉外也能发生脓肿。其次是注射时不遵守无菌操作规程而引起的注射部位脓肿。也有的是由于血液或淋巴将致病菌由原发病灶转移至某一新的组织或器官内所形成的转移性脓肿。

（三）症状

1. 浅在急性脓肿　初期局部肿胀，无明显的界限。触诊局温增高、坚实有疼痛反应。以后肿胀的界限逐渐清晰成局限性，最后形成坚实样的分界线；在肿胀的中央部开始软化并出现波动，并可自溃排脓。但常因皮肤溃口过小，脓汁不易排尽。

2. 浅在慢性脓肿　一般发生缓慢，虽有明显的肿胀和波动感，但缺乏温热和疼痛反应或非常轻微。

3. 深在急性脓肿　由于部位深在，加之被覆较厚的组织，局部增温不易触及。常出现皮肤及皮下结缔组织的炎性水肿，触诊时有疼痛反应并常有指压痕。在压痛和水肿明显处穿刺，抽出脓汁即可确诊。

（四）治疗

1. 消炎、止痛及促进炎症产物消散吸收　当局部肿胀正处于急性炎性细胞浸润阶段可局部涂擦樟脑软膏，或用冷疗法（如复方醋酸铅溶液冷敷，鱼石脂酒精、栀子酒精冷敷），以抑制炎性渗出和具有止痛的作用。当炎性渗出停止后，可用温热疗法、短波透热疗法、超短波疗法以促进炎症产物的消散吸收。局部治疗的同时，可根据病牛的情况配合应用抗生素、磺胺类药物并采用对症疗法。

2. 促进脓肿的成熟　当局部炎症产物已无消散吸收的可能时，局部可用鱼石脂软膏、鱼石脂樟脑软膏、超短波疗法、温热疗法等以促进脓肿的成熟。待局部出现明显的波动时，应立即进行手术治疗。

3. 手术疗法　脓肿形成后其脓汁常不能自行消散吸收，因此，只有当脓肿自溃排脓或手术排脓后经过适当地处理才能治愈。脓肿时常用的手术疗法有：

（1）脓汁抽出法：适用于关节部脓肿膜形成良好的小脓肿。其方法是利用注射器将脓肿腔内的脓汁抽出，然后用生理盐水反复冲洗脓腔，抽净腔中的液体，最后灌注混有青霉素的溶液。

（2）脓肿切开法：脓肿成熟出现波动后立即切开。切口应选择波动最明显且容易排脓的部位。按手术常规对局部进行剪毛消毒后再根据情况做局部或全身麻醉。切开前为了防止脓肿内压力过大脓汁向外喷射，可先用粗针头将脓汁排出一部分。切开时一定要防止外科刀损伤对侧的脓肿膜。切口长度与方向要适宜，以保证在治疗过程中脓汁能顺利排出。

（3）脓肿摘除法：常用于治疗脓肿膜完整的浅在性小脓肿。此时需注意勿刺破脓肿膜，预防新鲜手术创被脓汁污染。

二、蜂窝织炎

（一）概述

蜂窝织炎是疏松结缔组织发生的急性弥漫性化脓性感染。其特点常发生在皮下、筋膜下、肌间隙或深部疏松结缔组织；病变扩散迅速，与正常组织无明显界限，伴有明显的全身症状。

（二）病因

引起蜂窝织炎的致病菌主要是溶血性链球菌，其次为金黄色葡萄球菌，亦可为大肠杆菌及厌氧菌等。一般多由皮肤或黏膜的微小创口的原发病灶感染引起；也可因邻近组织的化脓性感染扩散或通过血液循环和淋巴道的转移。偶见继发于某些传染病或刺激性强的化学制剂误注或漏入皮下疏松结缔组织内。

（三）症状

蜂窝织炎时病程发展迅速。局部症状主要表现为大面积肿胀，局部增温，疼痛剧烈和功能障碍。全身症状主要表现为病牛精神沉郁，体温升高，食欲缺乏并出现各系统的功能紊乱。

1. **皮下蜂窝织炎**　常发于四肢（特别是后肢），病初局部出现弥漫性渐进性肿胀。触诊时热痛反应非常明显。初期肿胀呈捏粉状有指压痕，后则变为稍坚实感。局部皮肤紧张，无波动性。

2. **筋膜下蜂窝织炎**　常发生于前肢的前臂筋膜下，鬐甲部的深筋膜和棘横筋膜下，后肢的小腿筋膜下和阔筋膜下的疏松结缔组织中。其临床特征是患部热痛反应剧烈，功能障碍明显，患部组织呈坚实性炎性浸润。

3. **肌间蜂窝织炎**　常继发于开放性骨折、化脓性骨髓炎、关节炎及腱鞘炎。有些是由于皮下或筋膜下蜂窝织炎蔓延的结果。感染可沿肌间和肌群间大动脉及大神经干的径路蔓延。首先是肌外膜，然后是肌间组织，最后是肌纤维。先发生炎性水肿，继而形成脓性浸润并逐渐发展成为化脓性溶解。患部肌肉肿胀、肥厚、坚实、界限不清，功能障碍明显，触诊和他动运动时疼痛剧烈。表层筋膜因组织内压增高而高度紧张，皮肤可动性受到很大的限制。肌间蜂窝织炎时全身症状明显，体温升高，精神沉郁，食欲缺乏。局部已形成脓肿时，切开后可流出灰色、常带血样的脓汁。有时会由于化脓性溶解引起关节周围炎、血栓性血管炎和神经炎。

当颈静脉注射刺激性强的药物时，若漏入到颈部皮下或颈深筋膜下，能引起筋膜下的蜂窝织炎。注射后经 1~2 天局部出现明显的渐进性的肿胀，有热痛反应，但无明显的全身症状。当并发化脓性或腐败性感染时，则经过 3~4 天后局部即出现化脓性浸润，继而出现化脓灶。若未及时切开则可自行破溃而流出微黄白色较稀薄的脓汁。它能继发化脓性血栓性颈静脉炎。当牛采食时由于饲槽对患部的摩擦或其他原因，常造成颈静脉血栓的脱落而引起大出血。

（四）治疗

早期较浅表的蜂窝织炎以局部治疗为主，部位深、发展迅速、全身症状明显者应尽早全身应用抗生素和磺胺药物。蜂窝织炎治疗的原则是减少炎性渗出、抑制感染扩散、减轻组织内压、改善全身状况、增强机体抗病能力。要采取局部和全身疗法并举的原则。

1. 局部疗法

（1）控制炎症发展，促进炎性产物消散吸收：最初 24～48 天以内，当炎症继续扩散，组织尚未出现化脓性溶解时，为了减少炎性渗出可用冷敷，涂以醋调制的醋酸铅散。当炎性渗出已基本平息，为了促进炎性产物的消散吸收可用上述溶液温敷。局部治疗常用 50% 硫酸镁湿敷，也可用 20% 鱼石脂软膏或雄黄散外敷。有条件的地方可做超短波治疗。

（2）手术切开：蜂窝织炎一旦形成化脓性坏死，应早期做广泛切开，切除坏死组织并尽快引流。

2. 全身疗法 早期应用抗生素疗法、磺胺疗法及盐酸普鲁卡因封闭疗法；对病牛要加强饲养管理，特别是多饲喂些富有维生素的饲料。

三、败血症

（一）概述

败血症是指致病菌（主要是化脓菌）侵入血液循环，持续存在，迅速繁殖，产生大量毒素及组织分解产物而引起的严重的全身性感染。一般来说，败血症都是继发的，它是开放性损伤、局部炎症和化脓性感染过程以及术后的一种最严重的并发症，如不及时治疗，病牛常因发生感染性休克而死亡。

（二）病因病理

局部感染治疗不及时或处理不当，如脓肿引流不及时或引流不畅、清创不彻底等，致病菌繁殖快、毒力大，病牛抵抗力降低等均可引起全身化脓性感染。此外，免疫功能低下的病牛，还可并发内源性感染尤其是肠源性感染，肠道菌及内毒素进入血液循环，导致本病发生。

多种致病菌均可引起全身化脓性感染，如金黄色葡萄球菌、溶血性链球菌、大肠杆菌、绿脓杆菌和厌氧性病原菌等。有时呈单一感染，有时是数种致病菌混合感染。其中革兰氏阴性杆菌引起败血症更为常见。随着诊断技术的进步，厌氧菌败血症的检出率也日趋增多。而在使用广谱抗生素治疗全身化脓性感染的过程中，也有继发真菌性败血症的危险。

当机体内存在有化脓性、厌氧性、腐败性感染或混合性感染时，则构成发生全身化脓性感染的基础。但是，有的只发生疖、痈和脓肿等局部感染，而有的则发生蜂窝织炎，甚至有时局部感染较严重，亦不至引起全身化脓性感染。这一方面决定于病牛的防卫功能，而另一方面也取决于致病菌的毒力。

（三）症状

原发性和继发性败血病灶的大量坏死组织、脓汁以及致病菌毒素进入血液循环后引起病牛全身中毒症状。病牛体温明显增高，一般呈稽留热、恶寒战栗、四肢发凉、脉搏细数，牛常躺卧，起立困难，运步时步态蹒跚，有时能见到中毒性腹泻；随病程发展，可出现感染性休克或神经系统症状，病牛可见食欲废绝、结膜黄染、呼吸困难、脉搏细弱。病牛常烦躁不安或嗜睡，尿量减少并含有蛋白或无尿，皮肤黏膜有时有出血点，血液学指标有明显的异常变化，死前体温突然下降。最终器官衰竭而死。

（四）诊断

在原发感染灶的基础上出现上述临床症状，诊断败血症常不困难。但临床表现不典型或原发病灶隐蔽时，诊断可发生困难或延误诊断。因此，对一些临床表现如畏寒、发热、贫血、脉搏细速、皮肤黏膜有淤血点、精神改变等，不能用原发病来解释时，即应提高警惕，密切观察和进一步检查，以免漏诊败血症。确诊败血症可通过血液细菌培养。

（五）治疗

全身化脓性感染是严重的全身性病理过程。因此，必须早期的采取综合性治疗措施。

1. **局部感染病灶的处理**　必须从原发和继发的败血病灶着手，以消除传染和中毒的来源。为此必须彻底清除所有的坏死组织，切开创囊、流注性脓肿和脓窦，摘除异物，排出脓汁，畅通引流，用刺激性较小的防腐消毒剂彻底冲洗败血病灶。然后局部按化脓性感染创进行处理。创围用混有青霉素的盐酸普鲁卡因溶液封闭。

2. **全身疗法**　为了抑制感染的发展可早期应用抗生素疗法。根据病牛的具体情况可大剂量地使用青霉素、链霉素或四环素等。在兽医临床上使用磺胺增效剂取得良好的治疗效果。常用的是三甲氧苄氨嘧啶。注射剂有增效磺胺嘧啶注射液、增效磺胺甲氧嗪注射液、增效磺胺－5－甲氧嘧啶注射液。恩诺沙星作为广谱抗菌药，已被广泛应用。为了增强机体的抗病能力，维持循环血容量和中和毒素，可进行输血和补液。为了防治酸中毒可应用碳酸氢钠疗法。应当补给维生素和大量饮水。为了增强肝脏的解毒功能和增强机体的抗病能力可应用葡萄糖疗法。

3. **对症疗法**　目的在于改善和恢复全身化脓性感染时受损害的系统和器官的功能障碍。当心脏衰弱时可应用强心剂，肾功能紊乱时可应用乌洛托品，败血性腹泻时需要静脉内注射氯化钙。

四、创伤

（一）概念

创伤是因锐性外力或强烈的钝性外力作用于机体组织或器官，使受伤部位皮肤或黏膜出现伤口及深在组织与外界相通的机械性损伤。

（二）症状

创伤的症状有出血、创口裂开、疼痛及功能障碍等。

（三）创伤愈合

1. 创伤愈合的分类　创伤愈合分为第一期愈合、第二期愈合和痂皮下愈合。

（1）第一期愈合：创伤第一期愈合是一种较为理想的愈合形式。其特点是创缘、创壁整齐，创口吻合，无肉眼可见的组织间隙，临床上炎症反应较轻微。创内无异物、坏死灶及血肿，组织仍有能力，失活组织较少，没有感染，具备这些条件的创伤可完成第一期愈合。无菌手术创绝大多数可达第一期愈合。新鲜污染创如能及时做清创术处理，也可以期待达到此期愈合。

（2）第二期愈合：特征是伤口增生多量的肉芽组织，充填创腔，然后形成疤痕组织被覆上皮组织而治愈。一般当伤口大，伴有组织缺损，创缘及创壁不整，伤口内有血液凝块。细菌感染、异物、坏死组织以及由于炎性产物、代谢障碍，致使组织丧失第一期愈合能力时，要通过第二期愈合而治愈。临床上多数创伤病例取此期愈合。

（3）痂皮下愈合：特征是表皮损伤，伤面浅在并有少量出血，以后血液或渗出的浆液逐渐干燥而结成痂皮，覆盖在伤口的表面，具有保护作用，痂皮下损伤的边缘再生表皮而治愈。若感染细菌时，于痂皮下化脓取第二期愈合。

2. 影响创伤愈合的因素　创伤愈合的速度常受许多因素的影响，这些因素包括外界条件方面的、人为的和机体方面的。创伤诊疗时，应尽力消除妨碍创伤愈合的因素，创造有利于愈合的良好条件。创伤感染、创内存有异物或坏死组织、受伤部血液循环不良、受伤部难固定、处理创伤不合理、机体维生素缺乏将会影响创伤愈合。

（五）创伤的治疗

1. 创伤治疗的一般原则　为抗休克、防止感染、纠正水与电解质失衡、消除不利愈合影响和加强饲养管理。

2. 创伤治疗的基本方法

（1）创围清洁法：清洁创围的目的在于防止创伤感染，促进创伤愈合。清洁创围时，先用数层灭菌纱布块覆盖创面，防止异物落入创内。后用剪毛剪将创围被毛剪去，剪毛面积以距创缘周围 10cm 左右为宜。创围被毛如被血液或分泌物黏着时，可用3%过氧化氢和氨水混合液将其除去。再用70%酒精棉球反复擦拭紧靠创缘的皮肤，直至清洁干净为止。离创缘较远的皮肤，可用肥皂水和消毒液洗刷干净，但应防止洗刷液落入创内。最后用5%碘酊或5%酒精福尔马林溶液以5分钟的间隔，两次涂擦创围皮肤。

（2）创面清洗法：揭去覆盖创面的纱布块，用生理盐水冲洗创面后，持消毒镊子除去创面上的异物、血凝块或脓痂。再用生理盐水或防腐液反复清洗创伤，直至清洁为止。

（3）清创手术：用外科手术的方法将创内所有的失活组织切除，除去可见的异物、血凝块，消灭创囊、凹壁，扩大创口（或作辅助切口），保证排液畅通，力求使新鲜污染创变为近似手术创，争取创伤的第一期愈合。

（4）创伤用药：创伤用药的目的在于防止创伤感染，加速炎性净化，促进肉芽组织和上皮新生。药物的选择和应用决定于创伤的性状、感染的性质、创伤愈合过程的阶段等。如创伤污染严重、外科处理不彻底、不及时和因解剖特点不能施行外科处理时，为了消灭细菌，防止创伤感染，早期应用广谱抗菌性药物。对创伤感染严重的化脓创，为了消灭病原菌和加速炎性净化的目的，应用抑菌性药物和加速炎性净化的药物。对肉芽创应使用保护肉芽组织和促进肉芽组织生长以及加速上皮新生的药物。总之，适用于创伤的药物，应具有既能抑菌，又能抗毒与消炎，且对机体组织细胞损害作用小者为最佳。

（5）创伤缝合法：根据创伤情况可分为初期缝合、延期缝合和肉芽创缝合。初期缝合是对受伤后数小时的清洁创或经彻底外科处理的新鲜污染创施行缝合，其目的在于保护创伤不受继发感染，有助止血，消除创口裂开，使两侧创缘和创壁相互接合，为组织再生创造良好条件。适合于初期缝合的创伤条件是：创伤无严重污染，创缘及创壁完整且具有生活力，创内无较大的出血和较大的血凝块，缝合时创缘不致因牵引而过分紧张且不妨碍局部的血液循环等。

临床实践中，常根据创伤的不同情况，分别采取不同的缝合措施。有的施行创伤初期密闭缝合；有的做创伤部分缝合，于创口下角留一排液口，便于创液的排出；有的施行创口上下角的数个疏散结节缝合，以减少创口裂开和弥补皮肤的缺损；有的先用药物治疗3~5天，无创伤感染后再行缝合，称此为延期缝合。经初期缝合后的创伤，如出现剧烈疼痛、肿胀显著，甚至体温升高时，说明已出现创伤感染，应及时部分或全部拆线，进行开放疗法。

肉芽创缝合又叫二次缝合，用以加速创伤愈合，减少瘢痕形成。适合于肉芽创，创内应无坏死组织，肉芽组织呈红色平整颗粒状，肉芽组织上被覆的少量脓汁内无厌氧菌存在。对肉芽创经适当的外科处理后，根据创伤的状况施行接近缝合或密闭缝合。

（6）创伤引流法：当创腔深、创道长、创内有坏死组织或创底潴留渗出物等时，使创内炎性渗出物流出创外为目的。常用引流疗法以纱布条引流最为常用，多用于深在化脓感染创的炎性净化阶段。临床上除用纱布条作为主动引流之外，也常用胶管、塑料管做被动引流。

（7）创伤包扎法：一般经外科处理后的新鲜创都要包扎。当创内有大量脓汁、厌氧性及腐败性感染以及炎性净化后出现良好肉芽组织的创伤，一般可不包扎，采取开放疗法。创伤包扎不仅可以保护创伤免于继发损伤和感染，且能保持创伤安静、保温，有利于创伤愈合。创伤绷带用3层，即从内向外由吸收层（灭菌纱布块）、接受层（灭菌脱脂棉块）和固定层（卷轴带、三角巾、复绷带或胶绷带等）组成。对创伤做外科处理后，根据创伤的解剖部位和创伤的大小，选择适当大小的吸收层和接受层放于创部，固定层则根据解剖部位而定。四肢用卷轴带或三角巾包扎。躯干部用三角巾、复绷带或胶绷带固定。

（8）全身性疗法：受伤病牛是否需要全身性治疗，应按具体情况而定。许多受伤病牛因组织损伤轻微、无创伤感染及全身症状等，可不进行全身性治疗。当受伤病牛出现体温升高、精神沉郁、食欲减退、白细胞增多等全身症状时，则应施行必要的全身性治疗，防止病情恶化。

五、挫伤

（一）概述

挫伤是机体在钝性外力直接作用下，引起组织的非开放性损伤。如被马蹴踢、棍棒打击、车辆冲撞、车辗砸压、跌倒或坠落于硬地上都容易发生挫伤。其受伤的组织或器官可能是皮肤、皮下组织、筋膜、肌肉、肌腱、腱鞘、韧带、神经、血管、骨膜、关节、胸腹腔及内脏器官。机体的各种组织对外力作用具有不同程度的抵抗力。皮下疏松结缔组织、小血管和淋巴管抵抗力最弱；中等血管稍强；肌肉、筋膜、腱和神经抵抗力强；皮肤则具有很大的弹性和韧性，抵抗力最强。

（二）分类与症状

1. **皮下组织挫伤**　多由皮下组织的小血管破裂引起。少量的出血常发生局限性的小的出血斑（点状出血），出血量大时，常发生溢血。皮下出血后小部分血液成分被机体吸收，大部分发生凝固，血色素发生溶解，红细胞破裂后被吞噬细胞吞噬，经血液循环和淋巴循环吸收，挫伤部皮肤初期呈黑红色，逐渐变成紫色、黄色后恢复正常。

2. **皮下裂伤**　发生皮下裂伤时，皮肤仍完整，但皮下组织与皮肤发生剥离，常有血液和渗出液等积聚皮下。如为肋骨骨折，其断端伤及肺部时，在发生裂伤的皮下疏松结缔组织间可形成皮下气肿。

3. **皮下深部组织挫伤**　牛发生的挫伤多为深部组织的挫伤，常见的有以下几种：

（1）肌肉的挫伤：常由钝性外力直接作用引起，轻度的肌肉挫伤常发生淤血或出血，重度的肌肉挫伤肌肉常发生坏死，挫伤部肌肉软化呈泥样，治愈后形成瘢痕，因瘢痕挛缩常引起局部组织的功能障碍。重症病牛不能起立，长时间趴卧后，压迫挫伤部的皮肤和肌肉，渐渐地皮肤也发生损伤，进而形成湿性坏疽。

（2）神经的挫伤：神经的挫伤多为末梢性的，末梢神经多为混合神经，损伤后神经所支配的损伤区域发生感觉和运动麻痹，肌肉呈渐进性萎缩。中枢神经系统脊髓发生挫伤时，因受挫伤的部位不同可发生呼吸麻痹、后躯麻痹、尿失禁等症状。

（3）腱的挫伤：腱的挫伤多由过度的运动、腱的剧烈伸展使一束腱纤维发生断裂或分离，多见于屈肌腱。

（4）滑液囊的挫伤：滑液囊挫伤后常形成滑液囊炎，滑液大量渗出，局部显著肿胀，初期热，形成慢性炎症后，呈无痛的水样潴留。

（5）骨的挫伤：多见于骨膜的局限性损伤。局部肿胀、有压痛，易形成骨赘。

（三）治疗

治疗原则为制止溢血和渗出，促进炎性产物的吸收，镇痛消炎，防止感染，加速组织的修复能力。受到强力外力的挫伤时要注意全身状态的变化；有热痛时实施冷却疗法，使牛安定，消除急性炎症缓解疼痛。热痛肿胀严重时用冰袋冷敷。2～3天后改用温热疗法、中波超短波疗法、红外线疗法等，以恢复功能；炎症慢性化时可进行刺激疗法，涂氨搽剂（氨：蓖麻油＝1:4），樟脑酒精或5%鱼石脂软膏、复方醋酸铅散，引起一过性充血促进炎性产物吸收，对促进肿胀的消退有良好的效果。或用中药山栀子粉加淀粉或面粉，以黄酒调成糊状外敷。

六、血肿

（一）概述

血肿是由于各种外力作用，导致血管破裂，溢出的血液分离周围组织，形成充满血液的腔洞。

（二）病因及病理

血肿常见于软组织非开放性损伤，但骨折、刺创、火器创也可形成血肿。牛的血肿常发生于胸前和腹部。血肿可发生于皮下、筋膜下、肌间、骨膜下及浆膜下。根据损伤的血管不同，血肿分为动脉性血肿、静脉性血肿和混合性血肿。

血肿形成的速度较快，其大小决定于受伤血管的种类、粗细和周围组织性状，一般均呈局限性肿胀，且能自然止血。较大的动脉断裂时，血液沿筋膜下或肌间浸润，形成弥漫性血肿。较小的血肿，由于血液凝固而缩小，其血清部分被组织吸收，凝血块在蛋白分解酶的作用下软化、溶解和被组织逐渐吸收。其后由于周围肉芽组织的新生，使血肿腔结缔组织化。较大的血肿周围，可形成较厚的结缔组织囊壁，其中央仍储存未凝的血液，时间较久则变为褐色甚至无色。

（三）症状

血肿的临床特点是肿胀迅速增大，肿胀呈明显的波动感或饱满有弹性。4～5天后肿胀周围坚实，并有捻发音，中央部有波动，局部增温。穿刺时，可排出血液。有时可见局部淋巴结肿大和体温升高等全身症状。血肿感染可形成脓肿，注意鉴别。

（四）治疗

治疗重点应从制止溢血、防止感染和排出积血着手。可于患部涂碘酊，装压迫绷带。经4～5天后，可穿刺或切开血肿，排出积血或凝血块、挫灭组织，如发现继续出血，可行结扎止血，清理创腔后，再行缝合创口或开放疗法。

七、淋巴外渗

（一）概述

淋巴外渗是在钝性外力作用下，由于淋巴管断裂，致使淋巴液聚积于组织内的一种非开放性损伤。其原因是钝性外力在牛体上强行滑擦，致使皮肤或筋膜与其下部组织发生分离，淋巴管发生断裂。淋巴外渗常发生于淋巴管较丰富的皮下结缔组织，而筋膜下或肌间则较少。

（二）症状

淋巴外渗在临床上发生缓慢，一般于伤后3～4天出现肿胀，并逐渐增大，有明显的界限，呈明显的波动感，皮肤不紧张，炎症反应轻微。穿刺液为橙黄色稍透明的液体，或其内混有少量的血液。时间较久，析出纤维素块，如囊壁有结缔组织增生，则呈明显的坚实感。

（三）治疗

首先使牛安静，有利于淋巴管断端的闭塞。较小的淋巴外渗不必切开，于波动明显部位，用注射器抽出淋巴液，然后注入95%酒精或酒精福尔马林液（95%酒精100mL、福尔马林1mL、碘酊数滴，混合备用），停留片刻后，将其抽出，以使淋巴液凝固堵塞淋巴管断端，而达制止淋巴液流出的目的。应用一次无效时，可行第二次注入。

较大的淋巴外渗，可行切开，排出淋巴液及纤维素，用酒精福尔马林液冲洗，并将浸有上述药液的纱布填塞于腔内做假性缝合。当淋巴管完全闭塞后，可按创伤治疗。治疗时应当注意，长时间的冷敷能使皮肤发生坏死；温热、刺激剂和按摩疗法，均可促进淋巴液流出和破坏已形成的淋巴栓塞，都不宜应用。

八、骨折

（一）概述

由于外力的作用，使骨的完整性或连续性遭受机械性破坏时称为骨折。骨折的同时常伴有周围软组织不同程度的损伤，一般以血肿为主。牛骨折的病因多数是偶发的损伤，主要与饲养管理和保定不当等有关。

（二）骨折的病因

1. 外伤性骨折

（1）直接暴力：骨折都发生在打击、挤压、火器伤等各种机械外力直接作用的部位。如重物压轧、蹴踢、角顶等，常发生开放性骨折甚至粉碎性骨折，大都伴有周围软组织的严重损伤。

（2）间接暴力：指外力通过杠杆、传导或旋转作用而使远处发生骨折。如奔跑中扭闪或急停、跨沟滑倒等，可发生四肢长骨、髋骨或腰椎的骨折；肢蹄嵌夹于洞穴、木栅缝隙等时，肢体常因急旋转而发生骨折。

（3）肌肉过度牵引或突然强烈收缩：可导致肌肉附着部位骨的撕裂。

2. 病理性骨折 病理性骨折是有骨质疾病的骨发生的骨折。如患有骨髓炎、骨疽、佝偻病、软骨病，以及衰老、妊娠后期或高产乳牛泌乳期中，因营养神经性骨萎缩、慢性氟中毒以及某些遗传性疾病如牛卟啉症、四肢骨关节畸形或发育不良等，这时处于病理状态下的骨，疏松脆弱，应力抵抗降低，有时遭受不大的外力，也可引起骨折。

（三）骨折的症状

1. 骨折的特有症状 包括变形、异常活动和骨摩擦音。

（1）变形：骨折断端因受伤时的外力、肌肉牵拉力和肢体重力的影响等，造成骨折端的移位，骨折部外形和解剖结构发生显著变化，常见的移位有成角移位、侧方移位、纵轴移位（重叠、延长或嵌入）、旋转移位等。病肢可呈现弯曲、缩短或延长等异常姿势。

（2）异常活动：完全骨折的患肢在负重或被动运动时，可以发生异常活动，如屈曲、旋转等。但蹄骨、干骺端等部位的骨折与异常活动的关系一般不明显。

（3）骨摩擦音：骨折断端相互触碰，耳靠近骨折部位常可听到骨摩擦音。但在不全骨折、局部严重肿胀或骨折断端嵌入软组织时，通常听不到。

上述三种特有症状，只要出现其中一种，即可确诊为完全骨折。

2. 骨折的其他症状 包括出血与肿胀、疼痛、骨传导音消失、功能障碍、全身反应及开放性骨折时的周围软组织损伤。甚至发生感染、蜂窝织炎、骨髓炎或败血症，导致病牛死亡。

（四）影响骨折愈合的因素

1. **全身因素**　病牛的年龄和健康状况与骨折愈合的快慢直接相关。年老体弱、营养不良、骨组织代谢紊乱以及患有传染病等，均可使骨折的愈合延迟。

2. **局部因素**

（1）血液供应：骨膜在骨折愈合过程中起决定性作用，由于骨膜与其周围肌肉共受同一血管支配，为了保证形成骨痂的血液供应，软组织的完整非常重要。广泛和严重的软组织创伤，复位或外固定、内固定装置不良，操作粗暴等，均可加重软组织、骨髓腔和骨膜的损伤，影响或破坏血液供给，使骨折愈合延迟，甚至不愈合。

（2）固定：复位不良或固定不妥，或过早负重，可能导致骨折端发生扭转、成角移位等不利于愈合的活动，使断端的愈合停留于纤维组织或软骨而不能正常骨化，造成畸形愈合或延迟愈合。

（3）骨折断端的接触面：接触面越大、愈合时间越短。如发生粉碎性骨折，骨折移位严重而间隙过大，骨折间有软组织嵌入以及出血和肿胀严重等，均影响骨折的愈合，有时可以出现病理性愈合。

（4）感染：开放性骨折、粉碎性骨折或使用内固定容易继发感染。若处理不及时，可发展为蜂窝织炎、化脓性骨髓炎、骨坏死等，导致骨折延迟愈合或不愈合。

（五）骨折修复中的并发症

在骨折的修复中，若治疗不及时或处理不当，就可发生压痛、感染、延迟愈合、畸形愈合、不愈合等多种并发症。

（六）闭合性骨折的治疗

骨折经过治疗后，能否恢复生产能力是兽医必须面对的问题。由于病牛的品种、年龄、性别、营养状况不同，发生骨折的部位、性质、损伤程度不一，以及治疗条件、技术水平等因素，骨折愈合的时间长短及愈合后病肢功能恢复的程度有很大差别。闭合性骨折的治疗包括复位与固定、功能锻炼两个环节。

（八）开放性骨折的治疗

新鲜而单纯的开放性骨折，要在良好的麻醉条件下，及时而彻底地做好清创术，对骨折端正确复位，创内撒布抗菌药物，创伤经过彻底处理后，根据不同情况，可对皮肤进行缝合或做部分缝合，尽可能使开放性骨折转变为闭合性骨折，用夹板绷带或有窗石膏绷带做暂时固定，以后逐日对病牛的全身和局部做详细观察。若全身状况良好，局部发热，肿胀不显著，炎症逐日消退，创口闭合，就可更换固定的外固定物；若病牛出现体温上升、局部肿胀、疼痛显著等症状时，必须进一步做全身和局部检查。如果创内化脓，可适当扩大创孔，畅通引流，并按感染化脓创处理。

九、腐蹄病

（一）概述

腐蹄病是趾间皮肤及其下组织发生炎症，特征是皮肤坏死和裂开。常常包括趾间皮肤、蹄冠、系部和球节的肿胀，有明显跛行，并有体温升高。坏死杆菌是最常见的微生物，所以本病又称趾间坏死杆菌病。本病可发生于各种年龄的牛，但多发于 2 ~ 4 岁的牛。在我国，北京地区的犊牛群曾发生本病。

（二）病因

趾间隙由于异物造成挫伤或刺伤，或粪尿和稀泥浸渍，使趾间皮肤的抵抗力减低，微生物从趾间进入，许多学者同意坏死杆菌是本病的病原菌。趾部皮炎、趾间皮肤增殖和黏膜病等可并发本病。美国人用从腐蹄病活体标本上分出的坏死杆菌和产黑色素杆菌，混合接种于划破的趾间隙皮肤或皮内，可引起典型的腐蹄病病变。用感染的组织直接抹片，可看到革兰氏阴性菌和螺旋体。从感染蹄获得的细菌纯培养做传播试验不能成功，但混合腐蹄病原始病变中的革兰氏阴性菌可以得到成功。

（三）症状

在病变发展后几小时内，观察力敏锐的畜主，可注意到一个或更多的肢有轻度跛行，系部和球节屈曲，患肢以蹄尖轻轻负重，约 75% 的病例发生在后肢。在 18 ~ 36 小时之后，趾间隙和冠部出现肿胀，皮肤上有小的裂口，有难闻的恶臭气味，表面有伪膜形成。在 36 ~ 72 小时后，病变可变得更显著，趾间皮肤坏死、腐脱，趾明显分开，趾部甚至球节出现明显肿胀，牛此时有剧烈疼痛，病肢常试图提起。体温常常升高，食欲减退，泌乳量明显下降。再过一两天后，趾间组织可完全腐脱。有的病牛蹄冠部高度肿胀，卧地不起。转归好的病例，以后出现纤维化。在某些病例，坏死可持续发展到深部组织，出现各种并发症，甚至蹄匣脱落。

（四）治疗

全身应用抗生素和磺胺。局部用防腐液清洗，去除任何游离的趾间坏死组织，伤口内放置抗生素或其他化学药品，绷带要环绕两趾包扎，不要装在趾间，否则妨碍引流和创伤开放。口服硫酸锌，可取得满意效果。

（五）预防

除去牧场上各种致伤的原因，保证牛舍和运动场干燥和清洁。更为有效的措施是用硫酸铜或甲醛浴蹄。为了预防，饲料内亦可添加抗生素或化学抑菌剂。在澳大利亚和比利时，用坏死杆菌甲醛疫苗接种已获得成功。

十、趾间皮肤增殖

（一）概述

趾间皮肤增殖是趾间皮肤和（或）皮下组织的增殖性反应。在文献上曾有不同名称，如趾间瘤、趾间结节、趾间赘生物、趾间纤维瘤、慢性趾间皮炎、趾间穹隆部组织增殖等。各种品种的牛都可发生，发生率比较高的有荷兰牛和海福特牛。中国荷斯坦乳牛发生也很普遍。

（二）病因与临床病理

引起本病的确切原因尚不清楚。一般认为与遗传有关，但仍有争论。两趾向外过度扩张（开蹄），引起趾间皮肤紧张和剧伸，或某些变形蹄，泥浆、粪尿等异物对趾间皮肤的经常刺激，都易引起本病。有人观察认为趾骨有外生骨瘤与本病发生有关，也有人观察缺锌时可引起本病。运动场为沙质土壤，蹄部比较清洁的牛群，发病率明显降低。增殖物具有皮肤组织的各层结构，但都增厚十几倍甚至几十倍，皮下组织也增生肥厚。

（三）症状

本病多发生在后肢，可以是单侧的，也可以是两侧的。从趾间隙一侧开始增殖的小病变不引起跛行，因而容易被忽略。增大时，可见趾间隙前部的皮肤红肿、脱毛，有时可看到破溃面。趾间穹隆部皮肤进一步增殖时，形成"舌状"突起，此突起随着病程发展，不断增大增厚，在趾间向地面伸出，其表面可由于压迫坏死，或受伤发生破溃，引起感染，可见渗出物，气味恶臭。根据病变大小、位置、感染程度和患趾受到的压力，出现不同程度的跛行。

在趾间隙前端皮肤，有时增殖成草莓样突起，由于破溃后发生感染，病牛驻立时非常小心，因为局部碰到物体或受两趾压迫时，病牛可感到剧烈疼痛。增殖的突起后期可角化。有跛行时，泌乳量可明显降低。由于趾间有增殖物，可造成趾间隙扩大或出现变形蹄。

（四）治疗

在有炎症期间，清蹄后用防腐剂包扎，可暂时缓和炎症和疼痛，但不能根治。对小的增殖物，可用腐蚀的办法进行治疗，但不易成功。根治的办法是手术切除，手术的方法是将病牛侧卧或在修蹄架中站立保定，注射化学保定剂或电针麻醉，配合局部浸润麻醉，局部常规消毒后，沿增殖物周围将其彻底切除。手术中如不碰破大血管，则出血不多，压迫止血后，局部应用抗生素或防腐剂，创缘可不缝合。切除增殖物后脱出的脂肪不要过多的切除，以免影响趾间皮肤愈合。最后，在两趾蹄尖处钻洞，用金属丝将趾固定于一起并用绷带包扎，外装防水蹄套。

十一、蹄叶炎

（一）概述

蹄叶炎又称为弥散性无败性蹄皮炎，可分为急性、亚急性和慢性，通常侵害几个趾。最常发病的是前肢的内侧指和后肢的外侧趾。蹄叶炎可能是原发性的，也可能继发于其他疾病，如严重的乳腺炎、子宫炎和酮病。蹄叶炎可发生于乳牛、肉牛和青年公牛。母牛发生本病与产犊有密切关系，而且年轻母牛发病率高。乳牛中以精料为主的饲养方式发病率高。

（二）病因

长期以来人们认为牛蹄叶炎是全身性代谢紊乱的局部表现，但确切原因尚无定论，倾向于综合性因素所致，包括分娩前后到泌乳高峰时期吃过多的碳水化合物精料、不适当运动、遗传和季节因素等。试验中给牛注射组胺或革兰氏阴性杆菌内毒素，均可诱发蹄叶炎；向瘤胃内注射乳酸成功地诱发了羊的蹄叶炎；黄牛过食精料后，其血浆中的内毒素含量增高；变形蹄奶牛血清中内毒素和组胺的含量均升高。所以，以上几种物质被认为与蹄叶炎的发生关系密切。

许多学者认为最初被侵害的部位是蹄真皮血管层，组织学上可见充血、水肿、血栓形成和出血。这些变化可能与毒素和内毒素直接作用有关。

（三）症状

急性时，症状非常典型。病牛运步困难，特别是在硬地上。站立时弓背，四肢收于一起；如仅前肢发病时，症状更加严重，后肢向前伸，达于腹下，以减轻前肢的负重。有时可见前肢交叉，以减轻两内侧患指的负重。病牛不愿站立，常长时间躺卧，在急性期早期可见明显的出汗和肌肉颤抖。体温可升高，脉搏可加快。牛蹄叶炎时血压降低。

局部症状可见肢的静脉扩张，前肢的动脉搏动明显，蹄冠的皮肤发红，触诊病蹄可感到增温，特别是靠近蹄冠处。蹄底角质脱色，变为黄色，有不同程度的出血。发病后不久（1周以后），放射学摄片时可看到蹄骨尖移位。亚急性蹄叶炎时，很少能检查到全身症候，许多牛局部症候也很轻微。许多病牛可能没有被发现或被误认为其他疾病。

急性型如不在早期抓紧治疗，总是变成慢性型。慢性蹄叶炎不仅可引起不同程度的跛行，也是发展为其他蹄病的原因之一，这是由于生角质层被破坏所致。慢性蹄叶炎的临床症状没有急性的严重，常常没有全身症状。可看到病牛站立时以球部负重，蹄底负重不确实。时间较长后，病牛全身状态变坏，出现蹄变形、蹄延长，蹄前壁和蹄底形成锐角。由于角质生长紊乱，出现异常蹄轮。由于蹄骨下沉、蹄底角质变薄，甚至出现蹄底穿孔。

病理组织学损害基本是血管性的，急性时真皮充血水肿，毛细血管有血栓，可看到出血和淋巴细胞积聚。表皮内生角质物质明显缺乏，生发层的细胞变形。慢性蹄叶炎有相似的变化，可看到陈旧的血栓，真皮层形成纤维组织和毛细血管增殖，明显缺乏生角质物质。

（四）治疗

首先应除去病因，给抗组胺制剂，也可应用止痛剂。瘤胃酸中毒时，静脉注射碳酸氢钠液，并用胃管投给健康牛瘤胃内容物。慢性蹄叶炎时注意护蹄，维持其蹄形，防止蹄底穿孔。

（五）预防

分娩前后应避免饲料的急剧变化，产后增加精料的速度应慢。给精料之后应给适量的饲草。饲料内可添加碳酸氢钠。可让牛自由舔盐，以增加唾液分泌。

（汪纪仓　王亚垒　朱华丽）

第八章　奶牛产科疾病与繁殖障碍

第一节　奶牛生殖系统的结构与生理功能

奶牛生殖系统由卵巢、输卵管、子宫、阴道、尿生殖前庭和阴门组成。

一、卵巢

卵巢左右各一个，位于骨盆腔前口的两侧，以系膜悬吊于腹腔的胁襞部，子宫角起始部的上方。未产母牛的卵巢位置较为靠后，多在骨盆腔内，经产奶牛的卵巢一般位于耻骨前缘的前下方。牛的卵巢一般为 15~20g，呈扁椭圆形，右侧通常比左侧略大。卵巢前端窄厚，为输卵管端，通过输卵管系膜包连输卵管；后端宽薄，为子宫端，借卵巢固有韧带与子宫角相连。卵巢背侧有卵巢系膜附着，系膜中部有血管、淋巴管、神经出入卵巢，即为卵巢门。卵巢固有韧带与输卵管系膜之间形成卵巢囊。

卵巢由被膜与实质构成。被膜的外层是浅层上皮，在胚胎期和幼年时期为单层立方上皮，随着年龄增长逐渐变为单层扁平上皮；内层是白膜，由致密结缔组织构成。实质分主质区和血管区，主质区由各级卵泡、黄体和结缔组织组成。成熟的卵泡突出于卵巢表面，将卵细胞排出卵巢，然后形成黄体。如果排卵后受精，黄体继续发育增大直到妊娠后期，称为妊娠黄体，即真黄体；如果没有受精，黄体很快退化（假黄体），被结缔组织取代，称为白体。血管区由血管、淋巴管、神经和平滑肌结缔组织等构成。卵巢的主要功能是产生卵细胞，分泌雌激素。卵细胞由成熟卵泡排出的卵母细胞形成，雌激素由卵泡膜细胞分泌。妊娠期，卵巢的黄体分泌孕酮。

二、输卵管

输卵管包裹在输卵管系膜内，长 15~30cm，前 1/3 段较粗，称为壶腹部，它是卵子受精处，其余部分较细，称为峡部，前端接近卵巢，扩大部呈漏斗状，漏斗边缘有许多皱褶，称输卵管伞，牛的输卵管伞不发达。

输卵管的功能是承受并输送卵子。卵巢排出的卵子被输卵管伞接受，借助纤毛的运动将卵子运输到漏斗，送入壶腹输卵管以分节蠕动及逆蠕动，黏膜及输卵管系膜的收缩，以及纤毛活动引起的液流活动，卵子通过壶腹的黏膜皱褶被送到壶腹峡连接部。精子从子宫进入输卵管受精部位完成获能。精子与卵子在输卵管壶峡部接受受精形成受精卵，然后在输卵管内卵裂运行进入子宫。

输卵管分泌输卵管液。输卵管液为受精和受精卵的卵裂提供适宜的环境，在输卵管的分泌细胞和卵巢激素的影响下，不同的生理阶段，分泌的量是不同的，发情时分泌增多，分泌物质主要为黏蛋白和黏多糖，它是输卵管内卵子与精子运载媒体，也是精子与卵子及早期胚胎的培养液。

三、子宫

子宫可分为子宫颈、子宫体及子宫角三部分。子宫基部之间有一纵隔，将两角分开，形成两个子宫角基部的角间沟。子宫颈长 5～10cm，粗 3～4cm，壁厚而硬，在不发情时子宫颈封闭很紧，发情时开放松弛。子宫颈与阴道连接处粗壮，称为子宫颈口，有放射状皱褶。子宫颈的环状层很厚，分为两层，彼此嵌合，使颈管形成螺旋状。子宫角长 20～30cm，弯曲如绵羊角状，位于骨盆腔内，子宫黏膜上有凸出表面的半圆形子宫阜 70～120 个，怀孕时子宫阜即发育成为母体胎盘。子宫体是两个子宫会合的地方，长 2～4cm 的圆筒状管道，两角基部之间的纵隔之上有一纵沟，俗称角间沟。

四、阴道

阴道为母牛的交配器官，也是排出管。阴道的背侧是直肠，腹侧为膀胱和尿道，阴道腔为一扁平的缝隙，前端为子宫颈突出其中，后端和尿生殖前庭与尿道外口为界。阴道长 20～30cm。

五、尿生殖前庭

尿生殖前庭是从阴瓣到阴门裂的短管，长 10cm，在前庭两侧壁黏膜下层有前庭大腺，发情是分泌增多。

六、阴门

阴门为母牛生殖道的最末端部分，由左右两片构成，中间形成阴门裂。

第二节　母牛发情鉴定与妊娠

一、母牛发情鉴定

发情鉴定是母牛繁殖工作中一项重要技术环节。通过发情鉴定，可以判断牛的发情阶段，预测排卵时间，及时掌握母牛发情程度，确定最佳配种时间，以提高受胎率。

（一）母牛的发情特点

1. **发情季节**　饲养管理良好、气候温暖地区全年发情；饲养不良时，寒冷季节停止发情；大部分奶牛在炎热季节发情持续期变短。

2. **发情周期**　平均 21（18～24）天，青年母牛短 1 天。

3. **产后发情**　气候温暖，饲管优良，无产后病，挤奶 2 次/天的 30～50 天；气候炎热或寒冷条件下的 60～70 天，挤奶次数多或产后患病的更迟。

4. **发情期**　性兴奋平均 18（10～24）小时；发情开始后 28～32 小时，或性兴奋结束后 10～14 小时开始排卵，且夜间（22～24 时）排卵较多。发情开始后 10 小时至发情结束后 6 小时开始配种，实践中上午观察到发情下午配种，下午观察到发情则第二天上午配种。

（二）母牛的发情鉴定

母牛发情期较短，但发情时外部表现比较明显，因此母牛的发情鉴定主要靠外部观察，并结合试情和阴道检查。操作熟练的技术人员，可利用直肠检查来触摸卵巢变化及卵泡发育程度以判断发情阶段和确定配种时期。

1. **外部观察**　一般早晚观察，母牛发情时常有公牛或其他母牛跟随爬跨，并且爬跨其他母牛。发情初期的母牛并不接受爬跨，后来才愿接受爬跨。此时表现静立不动，两后肢叉开举尾。另外，发情母牛精神不安，食欲减退、哞叫、反刍减少或停止，产乳量下降，常弓腰举尾，频频排尿。发情盛期阴户肿胀、充血、皱襞展开、潮红、湿润，阴道、子宫黏膜充血，子宫颈口开张，从阴门流出大量透明黏液，牵缕性强。发情后期黏液量少，黏性差，呈乳白色而浓稠，流出的黏液常黏在阴唇下部或臀部周围。处女母牛从阴门流出的黏液常混有少量血液，呈淡红色。

2. **直肠检查**　牛的卵泡体积不大，发情期短，一般在发情期配种一次或两次即可，多不用直肠检查来鉴定排卵时间。但有些母牛常出现安静发情或假发情，有些母牛营养不良，生殖器官功能衰退，卵泡发育缓慢，排卵时间延迟或提前。对这些母牛通过直肠检查判断其排卵时间是很有必要的。

二、母牛的妊娠管理

妊娠管理是奶牛生产的关键环节，奶牛经配种、妊娠、产犊后才能产奶。

（一）妊娠诊断

母牛配种后最好进行 3 次妊娠诊断，第 1 次在配种后 60~90 天，第 2 次在配种后 4~5 个月，采用直肠检查法；第 3 次在停奶前，采用腹壁触诊法。有条件时可在配种后 30~60 天采用超声妊娠诊断法进行早期妊娠诊断，其主要目的是检出未怀孕母牛。

（二）预产期测算

黑白花奶牛的妊娠期平均为 280 天左右，范围在 255~305 天。青年母牛的妊娠期比经产母牛短 3 天，怀母犊比怀公犊妊娠期短 2 天，怀双胎比怀单胎短 4 天。

奶牛预产期推算方法："月减 3，日加 5"，即预产月份为配种月份减去 3，如果配种月份小于或等于 3，则先加 12 再减 3；预产日期为配种日期加 5，如果配种日期在月底，加 5 后预产日期就可能推到下月初。

（三）加强奶牛饲养管理

为确保奶牛妊娠顺利完成，要做到科学实用的饲养管理，充分利用当地饲养条件满足奶牛生产和繁殖的营养需要。日粮中一定要添加矿物质及多种维生素，特别是青绿饲料，尤其要注意添加的数量足够，以免造成繁殖障碍不能及时受胎，以及终身生产性能不能充分发挥。特别要加强产后母牛的饲养管理，以防止繁殖疾病的发生，保证奶牛正常配种繁殖。

第三节　妊娠与分娩期疾病

一、流产

流产是指未到预产期，但由于胎儿或母体异常而导致妊娠过程发生紊乱，或二者之间的正常关系受到破坏而导致的妊娠中断。妊娠的各阶段均有流产的可能，以怀孕早期较为常见，夏季高发。

【病因】引起奶牛流产的原因大致可分为感染性流产和非感染性流产。最常见的是非感染性流产。

1. 非感染性流产　原因包括营养性流产、损伤性流产、中毒性流产、药物性流产等。

（1）胎儿及胎膜异常：包括染色体异常，胎盘异常，胎膜水肿、扭转，胎膜无绒毛或绒毛发育不全，以及脐带水肿等。

（2）母牛的疾病：包括重剧的肝脏、肾脏、胃、心脏、肺脏、肠和神经系统疾病，或大失血、局限性子宫内膜炎、子宫发育不全等生殖器官疾病。也见于长途运输导致的母牛应激反应，牛舍湿热、强日光照射造成的中暑等。

（3）营养性流产：奶牛长期饲养方式粗放，特别是在奶牛干奶期营养不足，饲料单一，维生素 A、维生素 E、维生素 D、矿物质（微量元素）等缺乏，造成母牛瘦弱，胎儿营养不足，以及母牛生殖激素分泌上的紊乱而引起流产。妊娠期饲喂冰冻饲料、发霉变质的草料（如霉变的玉米、发霉的酒糟）等均易造成妊娠母牛流产或生下弱犊牛。

（4）机械性损伤：因管理粗放，奶牛经常互相顶撞，人为粗暴式驱赶，剧烈的跳跃、跌倒、抵撞、蹴踢、挤压、鞭打、惊吓等，包括粗暴式的直肠检查，运动场及牛舍地面太滑等因素造成母牛流产。

（5）药物流产：误用大量的泻剂、皮质激素药、发汗药、驱虫剂、麻醉剂和可引起子宫收缩的药品等都易使孕母牛流产。

（6）习惯性流产：习惯性流产多是由于子宫内膜变性硬结及瘢痕，子宫发育不全，近亲繁殖或卵巢功能障碍所引起。

2. 感染性流产

（1）传染性疾病：如布鲁杆菌病、钩端螺旋体病、弧菌病、病毒性腹泻、传染性气管炎等。

（2）霉菌性流产：如衣原体病、李氏杆菌病、流行性热等。

（3）寄生虫性流产：如滴虫病、肉孢子虫病、新孢子虫病等。

【症状】

1. **隐性流产**　配种后经检查确诊怀孕的母牛，过一段时间复查妊娠现象消失。受精卵附植前后，胚胎组织液化被母体吸收，子宫内部不残留任何痕迹。常无临床症状，多在母牛重新发情时发现。

2. **小产**　即排出死亡未经变化的胎儿。母牛流产前，阴道流出透明或半透明的胶冻样黏液，偶尔混有血液，具有分娩的临床征兆但不明显；直肠检查胎动不安；阴道检查子宫颈口闭锁，黏液塞尚未流失。乳牛的乳房和阴唇在流产前2～3天才肿胀。

3. **早产**　排出不足月的活犊，与正常分娩具有相似的征兆。早产胎儿体格虽小，体质虽差，但若经精心护理，仍有成活的可能，胎儿如有吮吸反射，应尽力挽救，帮助吮食母乳或人工乳，并注意保暖。

4. **胎儿干尸化**　又称木乃伊，多发于妊娠 4 个月左右。胎儿死在子宫内，因子宫颈口仍关闭，无细菌侵入感染子宫，胎水及死胎的组织水分被母体吸收，呈干尸样。母牛妊娠现象不随时间延长而发展，也不出现发情，到分娩期不见产犊，直肠检查发现子宫内有坚硬固体，无胎动和胎水波动，卵巢有黄体。阴道检查子宫阴道部无妊娠变化。

5. 胎儿浸溶 妊娠中断后，死亡胎儿的软组织分解为液体流出，而骨骼仍留在子宫内。病牛精神沉郁，体温升高，食欲减退或废绝，消瘦，腹泻；常努责并从阴门流出红褐色黏稠污秽的液体，具有腐臭味，内含细小骨片，最后仅排出脓液，尾根及坐骨节结上黏附着黏液的干痂。直肠检查，可摸到子宫内有骨片，捏挤子宫有摩擦音。阴道检查，子宫颈口开张，阴道内有红褐色黏液、骨碎片或脓汁淤积。

6. 胎儿腐败 胎儿死亡后，腐败菌侵入，引起胎儿软组织腐败分解，产生二氧化碳、硫化氢和氨等气体，积于胎儿皮下、胸腹腔和肠管内。临床症状类似于胎儿浸溶，母牛精神不振，腹围增大，强烈努责，阴道内有污褐色不洁液体排出，具腐败味。直肠检查，可触摸到胎儿胎体膨大，有捻发音。

【治疗】

1. 先兆性流产 对外观有流产征兆，但子宫颈塞尚未溶解的母牛，应以保胎为主。使用抑制子宫收缩药予以保胎，每隔 5 天肌内注射孕酮 100~200mg，或每隔 2 天皮下注射 1% 硫酸阿托品 15~20mg。禁止阴道检查和直肠检查，保证安静的饲养环境。如果母牛起卧不安，胎囊已进入产道或胎水已破，应尽快助产，肌内注射垂体后叶素或新麦角碱。必要时可截胎取出胎儿，用消毒液反复冲洗子宫，并投入抗生素。

2. 不可挽回性流产 如果子宫颈口已开，有黏液流出，则以引产为主。使用雌二醇 20~30mL，肌内或皮下注射，同时皮下注射催产素 40~50 单位。

3. 滞留性流产 又分为胎儿干尸化、胎儿浸溶和胎儿腐败分解三种情况。

（1）胎儿干尸化：如子宫颈已开，可先向子宫内灌入大量温肥皂水或液状石蜡，再取出干尸化的胎儿；如子宫颈尚未打开，可肌内注射雌二醇 20~30mg，一般 2~5 小时后可排出胎儿。经上述方法处理无效时可以反复注射，或人为打开宫颈取出胎儿；子宫颈口打开后可以配合使用促子宫收缩药，增强子宫张力。最后要用消毒液冲洗子宫，或投入抗生素。

（2）胎儿浸溶：肌内注射雌二醇使子宫颈扩张。子宫颈扩张后向子宫内注入温的 0.1% 高锰酸钾溶液，反复冲洗，用手指或器械取出胎儿残骨。最后用生理盐水冲洗子宫，投入抗生素，同时注射促子宫收缩药，促使液体排出。

（3）胎儿腐败分解：可切开胎儿皮肤排气，必要时可行截胎术。要用消毒液反复冲洗子宫，并投入抗生素。

4. 习惯性流产 应在习惯性流产的妊娠期前半月，每 10 天肌内注射黄体酮 50~100mg。

【预防】加强饲养管理，提高奶牛体质，避免各种意外事故、应激反应和中暑等情况的发生。对于传染性流产，关键是加强免疫、定期做好疫情普查，淘汰或隔离流产的病牛。

二、阴道脱出

阴道壁部分或完全从正常位置突出于阴门之外，称为阴道脱出，中兽医称之为掉肿。有些牛阴道全脱出后，露出子宫颈外口，又称子宫颈脱。本病多发生于奶牛妊娠后期，年老体弱的经产奶牛发病率较高。

【病因】妊娠后期，雌激素分泌过多，或产后患卵巢囊肿产生过量雌激素，导致骨盆内固定阴道的韧带松弛，引起阴道脱出；体弱消瘦或年老经产的营养不良母牛，运动不足导致全身组织特别是盆腔内的支持组织张力减弱；妊娠后期胎儿过大，胎水过多，双胎，瘤胃鼓胀等情况，导致腹内压增高诱发此病；便秘、腹泻、分娩瘫痪、直肠脱出等均可能继发此病。

【症状】阴道部分脱出多发生于产前，奶牛卧地时，可见两侧阴唇之间夹着一个拳头大的粉红色球状物体，或露出于阴门之外，站立时多能自行复位。治疗不及时，则脱出的部分越来越大，发展为阴道完全脱出，甚至反复脱出，且脱出后需要较长时间自行缩回，或者不能自行缩回。严重者可能出现膀胱通过尿道外口脱出。

脱出早期，阴道黏膜呈粉红色，表面光滑湿润。脱出时间过久，黏膜发生瘀血、水肿、干燥，呈紫红色或暗红色甚至出现龟裂，流出带血的液体。如果脱出黏膜被粪便、垫草和泥土等擦伤、污染，则极易感染、坏死，感染区域有炎性渗出物或血液流出。病牛常表现精神不安，剧烈地努责，时做排尿姿势。常引起直肠脱、胎儿死亡和流产。

【治疗】临床上常用保守疗法和手术疗法。

1. **保守疗法** 轻度阴道部分脱出的病牛，特别是距离分娩较近时，可将母牛饲养在前低后高的地方，使后躯高于前躯。避免卧地过久，每天适量增加运动，给予易消化的饲料，添加钙剂（乳酸钙，80g/次，每天3次）。可将病牛尾巴拴在一侧，防止擦伤和感染。脱出部分可以涂抹抗生素软膏。妊娠期的阴道脱，可每天注射孕酮 $50 \sim 100mg$。

2. **手术疗法** 阴道完全脱出和不能自行复位的病例，要进行局部清理和整复手术。

（1）术前清理：脱出部分用生理盐水或 0.1% 高锰酸钾溶液或 0.05% ~ 0.1% 新洁尔灭溶液消毒，再用 3% 温明矾溶液清洗，使其收缩变软。水肿严重的可用毛巾热敷 10~20 分钟，使其体积变小。

（2）保定和麻醉：病牛取前低后高体位。努责强烈的施行荐尾或尾椎间隙的轻度硬膜外麻醉。感染发炎部位涂布抗生素软膏或油膏，损伤部位创口较大的应予缝合。对于阴道脱出部分出现坏死的病牛，应行阴道黏膜下层切除手术。阴道黏膜用0.25%普鲁卡因局部麻醉，将坏死部位的黏膜和肌层切除，注意不能伤到浆膜。同时，对于膀胱扩张突入阴道和即将分娩或有流产迹象的病牛不能应用此法。

（3）整复：用消毒纱布将脱出的阴道托起至阴门部，趁病牛不努责时将脱出的阴道从子宫颈开始往阴门内推送。待全部送入后，再用拳头将阴道顶回原位。手臂应在阴道内停留一段时间，也可以将装满温水的饮料瓶放在阴道内，防止努责时阴道再次脱出。

（4）固定：采用双内翻缝合固定法缝合阴门。使用医用18号缝合线四股，从右侧阴唇距阴门裂3.5～4cm处的外侧皮肤进针，在同侧距阴门裂3.5～4cm内侧黏膜处出针。同样，在左侧距阴门裂3.5～4cm处内侧黏膜进针，在同侧距阴门裂3.5～4cm外侧皮肤处出针。阴门下1/3不缝合，便于排尿。另外，为了防止强烈努责时缝线勒伤组织，在阴门两侧外露的缝线上套一段细胶管。妊娠后期的病牛，出现分娩征兆应立即拆除缝线。

（5）术后护理：病牛保持前低后高的体位，避免趴卧，适量运动。每天用碘甘油或抗生素软膏涂布阴道。为防止继续努责，可适当使用镇静剂，如有全身症状，应连续注射3天抗生素，完全愈合后再拆线。

三、妊娠水肿

妊娠水肿指妊娠末期奶牛的腹部、乳房、会阴和后肢等部位发生的水肿。临床上表现为孕牛体弱、气虚、初胎和胎大的孕牛较重。如果水肿面积不大，症状较轻则是妊娠末期的正常现象，但是若水肿面积大，症状严重，则是病理状态。一般发生于产前一个月左右，产前10天左右最严重。

【症状】水肿常从腹下及乳房开始，有时可蔓延至前胸、阴门，甚至波及后肢的跗关节及系关节等处。肿胀呈扁平状，左右对称，皮温低，触之如面团，指压有痕，被毛稀少部位的皮肤紧张而有光泽。严重则出现食欲减退、四肢无力、行走摇摆、起立困难等情况。

【防治】

（1）改善饲养管理，限制饮水，减少精饲料和多汁饲料喂量，给予母牛丰富的、体积小的饲料，按摩或热敷患部，加强局部血液循环。

（2）促进水肿消散，可强心利尿。方法是：用50%葡萄糖500mL、5%氯化钙200mL、40%乌洛托品60mL混合静脉注射；20%安钠咖20mL皮下注射；每天1次，连用5天。

（3）中药以补肾、理气、养血、安胎为原则，肿势缓者，可内服加味四物汤或当归散，肿势急者，可内服白术散。

四、难产与助产

难产是指由于各种原因而使分娩的第一阶段（开口期），尤其是第二阶段（胎儿排出期）明显延长，如不进行人工助产，则母体难以或不能排出胎儿的产科疾病。难产如果处理不当，不仅会危及母体及胎儿的生命，而且可能造成母牛继发生殖器官疾病，影响以后的繁殖力。

【类型】奶牛正常的分娩过程主要由产力（子宫及腹壁肌肉收缩促使胎儿从子宫内娩出的动力）、产道（胎儿娩出的通道）和胎儿三个因素构成，其中任何一个因素异常，均可引起难产。

1. **母体性难产**　主要是指引起产道狭窄或阻止胎儿正常进入产道的各种因素。包括产力性难产和产道性难产。

（1）产力性难产：如阵缩及努责微弱，努责过强及破水过早，子宫疝。

（2）产道性难产：如子宫捻转，子宫颈狭窄，双子宫颈，阴道及阴门狭窄，软产道肿瘤，骨盆狭窄，幼稚骨盆，骨盆变形。

2. **胎儿性难产**　胎儿性难产比母体性难产更常发生，主要是由于胎儿与骨盆大小不相适应，胎向异常，胎位异常和胎势异常等造成。

（1）胎儿与骨盆大小不相适应：包括胎儿过大，双胎难产（两胎儿同时楔入产道），胎儿畸形及发育异常。

（2）胎儿姿势不正：胎儿正生时姿势不正，如头颈侧弯、头向后仰、头向下弯、头颈捻转、腕部前置、肩部前置、前腿置于头颈上。倒生时姿势不正，如跗部前置、坐骨前置。

（3）胎位异常：正生侧位，倒生侧位，正生下位，倒生下位。

（4）胎向异常：如背部前置竖向，腹部前置竖向，背部前置横向，腹部前置横向。

【病因】主要有遗传因素、环境因素、内分泌因素、饲养管理因素、传染性因素以及外伤性因素等。

1. **遗传因素**　遗传因素在难产的发生上起一定的作用，有些遗传因素可以引起母牛异常而诱发难产；双亲的隐性基因可以引起胎儿畸形而发生难产；另外母牛的先天性异常也可以引起难产，如腹股沟疝、阴道或阴门发育不全等，其中有些疾病可能是由遗传因素异常，由于阻止了胎儿的正常排出，因而引起难产。

2. **环境因素**　子宫供给的营养充足，胎儿体格可能会相对过大而发生难产。

3. **内分泌因素**　激素的比例及浓度可能在难产的发生上起有一定的作用，尤其是孕酮的作用更为明显。如果引起分娩的激素变化延迟发生，或者激素的变化不明显、激素之间比例不平衡，均可导致难产。

4. **饲养管理因素**　饲养管理与难产的发生密切相关。如限制妊娠母牛的运动，营养明显不足或营养过剩，配种过早等饲养管理措施不当，均可引起难产。如果母牛配种过早，则由于身体未能充分发育，骨盆相对较小而引起难产的发病率增加。营养低下、慢性消耗性疾病、寄生虫病等使母牛生长迟缓，骨盆狭小或不全，或生殖道幼稚，对疾病的抵抗力差，无力将胎儿娩出而发生难产。营养水平过高，一方面母牛骨盆区可出现大量脂肪蓄积，引起产道狭窄；另一方面因营养过剩引起胎儿过大，引起难产。

5. **传染性因素**　所有影响妊娠子宫及胎儿的传染病均可引起流产、子宫迟缓、胎儿死亡及子宫炎症。

6. **外伤性因素**　如外伤引起的腹壁疝，妊娠后期耻骨前腱破裂等，由于腹壁难以收缩也可引起难产。

【症状】　出现以下任一情况时都必须及时进行助产。

(1) 母牛阵缩开始后超过 4 小时而不见尿、羊膜囊破裂。

(2) 尿膜囊破裂 2 小时，羊膜囊破裂 1 小时以上，但犊牛双腿仍未露出阴门。

(3) 尿膜囊和羊膜囊在阴门外悬挂 2 小时以上而无阵缩现象。

(4) 犊牛腿露出阴门半小时以上，但胎犊仍不能娩出。

(5) 母牛阵缩乏力，精神变差，痛苦加重，呼吸加快，卧地不起，甚至昏迷等。

【诊断】　诊断前对牛体、场地、检查工具等进行严格消毒，并准备 3 条长约 3m、直径约 0.8cm 的柔软坚韧棉绳作为牵拉胎儿用。将母牛处于前低后高的体位站立保定，如不能久站可行侧卧保定。兽医及助产人员要剪好指甲，防止损伤母牛产道，并遵守无菌操作规程。

1. **全身健康检查**　即对难产母牛的体温、呼吸、心跳、瞳孔反射等方面进行检查，发现呼吸、心脏功能异常时，及时对症治疗。

2. **产道检查**　重点检查难产母牛盆腔是否狭窄，产道是否干燥，有无出血、水肿，排出液体的颜色、气味是否正常，子宫颈开张程度等情况。

3. **胎儿检查**　要查清胎儿进入产道的姿势，是正生还是倒生，以及胎儿大小，胎向变化等情况，准确判定胎儿的死活。

(1) 胎儿正生或倒生的确诊：若胎儿正生，在产道检查时可摸到胎儿的口腔、舌头、脑部和前肢。手伸到胎儿口腔内有吸吮动作，触动眼睛或肢体有生理反应，说明是活胎。若胎儿倒生，手可摸到胎儿的脐带或肛门、尾巴和后肢；倒生时触动胎儿脐部、肛门、后肢有生理反应，说明是活胎。在产道检查时，手触动胎儿各部位没有任何生理反应，证明是死胎。

(2) 胎儿头颈侧弯难产的确诊：胎儿两前腿伸入产道，而头弯于躯干一侧没有伸直，因此不能产出。头颈侧弯在临床上占母牛难产的 50% 以上。难产初期，胎儿头颈位于骨盆一侧，没有进入产道，头颈侧弯程度不大，在母牛阴门口只能看到胎儿的蹄干。随着母牛子宫收缩，胎儿胎体继续向阴门前进，胎儿头颈侧弯程度就越来越加重，此时胎儿两前腿部以上伸出阴门以外，但不见头部、唇部。胎儿头颈侧弯的方位在胎儿腿伸出阴门端的一侧，术者的手顺着其方向能够摸到胎儿头部位于自身胸部侧面。

（3）胎儿腕部前置难产的确诊：腕部前置是由于胎儿前腿没有伸直，腕关节以上部分顶在母牛耻骨前沿，由于胎儿腕关节的屈曲伴发肘关节屈曲，整个前腿呈折叠姿势，增加了肩胛周围的体积而发生难产。如果两侧腕关节部被顶在母牛耻骨前沿，在母牛阴门部位什么都看不见；若是一侧腕关节某部被顶在母牛耻骨前沿，在母牛阴门可看到胎儿的一个前蹄，在产道检查时，手可以摸到胎儿一个或两个前肢，屈曲的腕关节位于母牛耻骨前沿附近。

【助产】对胎儿存活的，要采取保胎护母的治疗原则；对胎儿死亡的，采取保母排胎的治疗原则，及时将死胎取出母牛体外。

1. 胎儿性的难产　主要有胎向、胎位、胎势异常和胎儿过大引起。

（1）胎儿头颈侧弯难产的助产：对胎儿头颈弯曲程度不大，仅头部稍弯，助产者用手握住胎儿唇部把胎头扳正；如果胎头弯曲程度大，要先尽力推动胎儿，使母牛骨盆入口的前方腾出空间，然后用手握住胎儿唇部把胎儿扳正，如果扳胎有困难，可用产科绳打一活结，套在胎儿下颌骨之后并拴紧，术者用拇指和中指掐住胎儿唇舌部向对侧压迫胎儿，助手拉绳，将胎头扳正。

（2）胎儿腕部前置难产的助产：如果是一侧腕关节前置，术者先用手把胎儿前推，用手勾住胎儿蹄尖，向上抬，使胎儿蹄尖伸入母牛骨盆腔；如果是双侧腕部前置，可按上述方法逐步去做。

（3）胎儿过大引起的难产：分娩开始时母牛阵缩及努责均正常，有时尚可见到两蹄尖露出于阴门之外，但胎儿排不出来。产道检查，产道、胎向、胎位和胎势均正常，只是胎儿过大，难以娩出。

2. 母体性的难产

（1）母牛骨盆腔狭窄、胎儿过大的治疗：如果是活胎应采取剖宫产手术；如果是死胎，不可让其在腹内留置，要迅速用长柄钩住胎儿眼眶，拉住胎头，取出母牛体外；实在取不出时可施行碎胎术排胎。

（2）无力分娩的助产：术者将手伸入产道，按照上述注意事项，强行将胎儿拉出。或用催产办法，注射催产素注射液或垂体后叶制剂，牛 8～10mL，必要时待 20～30 分钟后可重复注射 1 次。

3. 助产注意事项

（1）先把胎儿送回产道或子宫腔内、再矫正胎儿的方向、位置、姿势。

（2）强行牵拉胎儿时，术者要配合母牛努责的节律告诉并指导助手牵拉胎儿的力量、方向和时间，以免损伤产道。

（3）为了滑润产道和保护黏膜，对难产母牛的产道可注入消毒的液状石蜡。

（4）矫正胎位无望以及子宫颈狭窄、骨盆狭窄，应及时进行剖腹取胎手术；对胎儿已死而且拉出的确有困难，可用隐刃刀或绞胎器肢解分块取出。

4. 术后护理

（1）手术助产后应肌内注射或静脉注射催产素，促进子宫的收缩和复旧，加快胎衣的排出，助产后如有胎衣不下，则应及时用抗生素处理，以免发生子宫炎。

（2）全身及生殖道用抗生素治疗。术后应于胎膜和子宫内膜之间放入可溶性四环素胶囊，如有必要，也可用广谱抗生素进行全身治疗。

（3）术后应密切观察有无休克等并发症，有无其他产后疾病及产道损伤，应立即治疗。

（4）注意检查体温、呼吸、脉搏有无异常变化。在破伤风散发的地区，为防止术后感染，应于手术同时注射破伤风抗毒素。

【预防】

1. 选择合适的种公牛 某些个体的种公牛，用其配种，其后代难产率显著高于其他种公牛。生产上发现此类公牛，应尽量避免使用这种遗传特性的公牛精液进行配种，以减少犊牛的难产率，提高繁殖母牛的繁殖成活率。

2. 选择体重适宜的母牛 青年母牛配种过早，体重较轻，尚未达到成年母牛的一定标准，会增加难产机会，同时会导致犊牛初生重较低。因此必须使青年母牛体重达到成年牛体重的70%以上才宜配种。中国荷斯坦奶牛成年体重370kg左右，西门塔尔牛325kg左右。

3. 科学饲养 保持适当的膘情对母牛的生产极为有利。膘情太好，会增大饲养成本，造成经济效益相对下降；同时，母牛过肥，增加了难产机会。怀孕母牛胎儿的生产发育，与母牛的营养水平呈正相关，特别是在妊娠后期，如果营养水平过高，必然使胎儿发育过快，体重增加。必须科学饲养，合理搭配饲料，使用经济可行的饲料配方，使犊牛出生重维持在：黑白花奶牛38～40kg，西门塔尔牛36～38kg。

4. 科学护理 青年母牛头胎难产率为4%，经产母牛难产率为1%。其中头胎怀孕母牛约16%产雄犊，11%产雌犊时发生难产，第二胎以后则分别下降为7%和5%。难产死亡犊牛占出生死亡个体的80%，其余20%为骨骼或器官不正常的畸胎。死亡胎儿中雄性个体比雌性个体大，生产时的困难更为严重，故公犊死亡率高于母犊。同时，难产出生的幸存者，多数往往在后1周内死亡。因此对由于难产而出生的犊牛个体，应在出生后1周内加强护理，使犊牛顺利度过这一关键时刻。

5. 母体阵痛微弱和产道狭窄　骨盆狭小和产道扩张不充分，往往导致胎位不正，增加难产程度。防止母体阵痛微弱，可在生产过程中使用激素类药物加以预防，同时保证临产母牛有安静、清洁、舒适的分娩场所。

五、阵缩及努责微弱

母牛分娩时子宫肌和腹肌收缩乏力、次数减少，时间短，导致胎儿不能顺利产出，称为阵缩及努责微弱。

【病因】妊娠母牛饲养管理不当，粗饲料不足，营养不良，或精饲料供应过多，导致奶牛过度肥胖，长期缺乏运动或母牛年老体弱等是诱发本病的主要原因。妊娠末期，雌激素、前列腺素分泌不足或孕酮过多、催产素分泌量少等也可以引起本症。另外，胎儿过大、胎水过多、子宫疝、双胎、及子宫发育不全等，也可引起阵缩及努责微弱。继发性原因，包括身性疾病如瘤胃弛缓、布氏杆菌病、子宫内膜炎可引起肌纤维变性，导致母牛阵缩及努责微弱。

【症状】母牛妊娠期满，出现分娩症状，但阵缩及努责力度微弱，每次阵缩时间短，间隔时间长，或经过一阶段不太强阵缩之后，突然停止阵缩，持久不能产出胎儿。产道检查，可以发现子宫颈松软开张，子宫颈黏液塞完全软化。在子宫颈前可摸到胎儿，胎势、胎位、胎向均无异常。

【助产】阴道检查子宫颈已松软并完全开张时，应按助产的常规方法，通过直肠或隔着腹壁对子宫进行按摩。也可用手伸进产道内，抚摸产道黏膜及按摩子宫颈，刺激功能恢复，缓缓地拉出胎儿。也可以用子宫收缩剂，如肌内注射催产素 300 单位；或使用麦角注射液 0.2～0.5mg，因为麦角碱药效剧烈，此法只限于子宫颈完全开张，胎势、胎向及胎位都正常时使用，否则可能引起子宫破裂。当子宫使用收缩剂无效，子宫颈开张很小，无法拉出胎儿时，应施行剖宫产术。

六、子宫扭转

妊娠子宫的一侧子宫角或子宫角的一部分，围绕其纵轴扭转，造成分娩困难的现象，称为子宫扭转。

【病因】妊娠后期，特别是临产前，母牛因腹痛而急剧地起卧、滚转，子宫内的胎儿不能与母体腹部同步转动，子宫向一侧转动，发生扭转。特别是母牛起卧时，前躯低于后躯，子宫垂向前下方，并且子宫角大部分未被子宫系膜所固定而游离，当牛急剧改变体位时，极容易发生本病。

【症状】发病初期，母牛表现为不安、阵发性腹痛、脉搏及呼吸加快、食欲废绝，体温正常。随着时间延长，腹痛加剧直到麻痹。如果子宫扭转发生在分娩时，母牛虽有分娩表现，但阴门久不露出胎膜及流出胎水，一侧阴唇稍微陷入阴道内且有皱襞。阴道检查，阴道腔变窄呈漏斗状，深部有螺旋状的黏膜皱襞，子宫阔韧带紧张，两侧张力不同，韧带静脉怒张，子宫体在耻骨前扭转堆叠。扭转发生在子宫颈之前时，阴道内变化不明显。

【治疗】子宫扭转的奶牛，除了扭转程度较小并能够通过产道握住胎儿的情况可以尝试产道矫正、直肠矫正、翻转母体等方法外，临床上主要采用剖宫产方式治疗。原因是子宫扭转奶牛，多是经过人工助产无效，且体力衰竭，产道水肿、出血、损伤、感染，处于危重状态，如再采用常规方法，病牛难以支撑。因此以抢救母牛为主，全身支持疗法，及时行剖宫产。

1. **产道矫正法** 母牛站立保定，前高后低体位，手握胎肢，向扭转相反方向转动胎儿，同时，可在母牛左下腹部往上顶数次（左侧扭转时）。

2. **翻转母体法** 以体躯为纵轴转动母牛。如果子宫向左扭转，就让母牛左侧卧地，反之右侧卧地。将两前肢及后肢分别捆扎在一起，分别系上长绳以便牵拉翻转。保持前低后高的体位。统一指挥，每转一次，检查一次子宫是否复位。若子宫复位，可感到产道松阔，阴道皱襞消失。

上述方法无效时，立即剖腹矫正或行剖宫产。

七、卵巢囊肿

卵巢囊肿是引起奶牛发情异常和不育的重要原因，是奶牛的多发病。卵巢囊肿是指卵巢上有卵泡结构，其直径超过 2.5cm，存在时间在 10 天以上，同时卵巢上无正常黄体结构的一种病理状态。

卵泡囊肿和黄体囊肿是卵巢囊肿的一种特殊形式。卵泡囊肿比较薄，成单个或多个存在于一侧或两侧卵巢上，表现为频繁地发情（慕雄狂）或根本不发情。黄体囊肿一半多为单个存在于一侧卵巢上，壁较厚，通常不发情。

【病因】确切原因尚不完全清楚。目前认为卵巢囊肿可能与内分泌功能失调、促黄体素分泌不足、排卵功能受到破坏有关。

【症状】卵泡囊肿时，病牛一向发情不正常，发情周期变短，而发情期延长，或者出现持续而强烈的发情现象，成为慕雄狂。母牛极度不安，大声哞叫，食欲减退，频繁排粪排尿，经常追逐或爬跨其他母牛。病牛性情凶恶，有时攻击人畜。直肠检查时，通常可发现卵巢增大，在卵巢上有一个或两个以上的大囊肿，略带波动。黄体囊肿时主要表现是母牛不发情。直肠检查时，卵巢体积增大，可摸到带有波动的囊肿。为了鉴别诊断，可间隔一定时间进行复查，如超过一个发情期以上没有变化，母牛仍不发情，可以确诊。

【诊断】诊断卵巢囊肿一般是首先调查了解母牛的繁殖史，然后进行临床检查。如果发现有慕雄狂病史、发情周期短或者不规则及乏情时，即可怀疑患有此病。直肠检查时，通常可发现卵巢增大，在卵巢上有大的囊肿突出于卵巢表面。卵巢囊肿为变化性的结构，产后早期发生的囊肿，有时尤需治疗就可自行消退，恢复正常的发情周期，但也可能发生新的囊肿。

正常排卵前的卵泡直径也可达到2.5cm，但触诊时发现壁薄，表面光滑，突出于卵巢表面，而且排卵前的子宫有发情的症状，触诊时张力增加，而患卵巢囊肿的牛子宫与乏情牛相似，比较松软。不同发育期及退化阶段的黄体也易于与卵巢囊肿相混，但随着黄体的发育，其质地变成与肝脏类似，此时很容易与卵巢囊肿区别。

【治疗】多采用激素疗法治疗囊肿，效果良好。

1. 促性腺激素释放激素类似物　奶牛每次肌内注射400～600μg，每天一次，可连续1～4次，但总量不得超过3 000μg。一般在用药后15～20天，囊肿逐渐消失而恢复正常发情排卵。

2. 垂体促黄体素　无论卵泡囊肿或黄体囊肿，牛一次肌内注射200～400国际单位，一般3～6天后囊肿症状消失，形成黄体，15～20天恢复正常发情。如用药1周后未见好转，可第二次用药，剂量比第一次稍增大。

3. 绒毛膜促性腺激素　具有促使黄体形成的作用。牛静脉注射2 500～3 000国际单位或肌内注射0.5万～1万国际单位，溶于5mL蒸馏水中。

4. 孕激素　孕酮或其他制剂治疗牛卵巢囊肿，旨在阻止发情行为。应用剂量：孕酮油溶液50～100mg皮下注射，14天为1个疗程，注射结束后几天内，约有60%的牛开始正常发情，50%的牛于45天接受配种。

第四节　产后期疾病

一、胎衣不下

胎衣不下也称胎衣滞留。正常情况下，夏季奶牛产后4～8小时，冬季12小时以内胎衣即可自然排出，母牛分娩后，胎衣不能在12小时内自然完全脱落，即可判断为胎衣不下。奶牛胎衣不下的发病率通常在10%～25%，有的牛场高达30%～40%，甚至某些季节高达50%以上。该病治疗不当时易继发子宫内膜炎等多种疾病，不少胎衣不下母牛因不孕而被淘汰，重度的可引起败血症，造成病牛死亡，给奶牛业造成了严重的经济损失。

【病因】导致奶牛胎衣不下的发病原因极为复杂，一般认为与下列因素有关。

1. 饲养管理不当　奶牛营养不良，产前过度消耗；或过度饲喂精料，运动不足，机体过肥；或分娩过程中受到惊吓刺激造成早产、流产、分娩异常等，都能导致张力降低，发生胎衣不下；随着胎儿出生重的增大，胎衣不下发生率稍增高；随着分娩月龄及胎次的增加，胎衣不下发生率增加；凡不正常的分娩，如流产、死胎、双胎等，胎衣不下发生率都大大增加。

2. 子宫收缩乏力　胎衣不下的最基本原因是由于胎儿胎盘上的绒毛不能从母体胎盘的腺窝中分离。健康奶牛由于子宫肌较强的收缩力，使子宫腔变小，绒毛膜的皱襞增大，血管被压缩，血液循环减慢，供血减少，腺窝的紧张度减轻；加上胎儿胎盘血液循环停止，使绒毛的膨胀压力降低，故胎儿与母体胎盘之间失去联系，胎衣顺利排出。当奶牛孕期缩短、应激等导致子宫收缩力减弱、子宫弛缓时，上述过程减弱或停止，致使胎儿胎盘与母体胎盘部分地或全部地不能分离而发生滞留。

3. 子宫内膜感染　怀孕期间子宫受到感染（布鲁杆菌、沙门杆菌、李氏杆菌、弓形体或病毒等引起的感染），发生轻度子宫内膜炎及胎盘炎，使胎儿胎盘和母体胎盘发生粘连，流产后或产后易发生胎衣不下。细菌、病毒、霉菌等感染，都能引起子宫内膜及胎盘发炎，继而引起结缔组织增生，导致胎儿胎盘和母体发生粘连，发生胎衣不下。

4. 季节的影响　夏秋两季胎衣不下发生率明显高于冬春两季，高温高湿导致胎衣不下发病率明显升高。

5. 饲料中营养缺乏　胎衣不下与营养有关，日粮中矿物质、维生素缺乏与不足，特别是与钙磷代谢紊乱、硒和维生素 E 缺乏关系密切。低血钙使子宫肌肉张力减退和收缩无力，神经、肌肉敏感性降低，导致难产和胎衣不下；硒和维生素 E 的缺乏使胎衣不下发病率大大增加。

总之，胎衣不下是多种因素共同作用的结果，营养、季节、应激、内分泌紊乱等都直接或间接影响胎盘组织的功能和胎儿－母体胎盘的分离，造成胎衣不下的发生。

【症状】胎衣不下，初期一般没有全身症状，经 1～2 天后，停滞的胎衣开始腐败分解，从阴道内排出污红色混有胎衣碎片的恶臭液体，腐败分解产物若被子宫吸收，可出现败血型子宫炎和毒血症，病牛表现体温升高、精神沉郁、食欲减退、泌乳减少等。胎衣不下分为部分胎衣不下及完全胎衣不下。

1. 部分胎衣不下　即一部分从子叶上脱下并断离，其余部分停滞在子宫腔和阴道内，一般不易觉察，有时发现弓背、举尾和努责现象。入手检查，可摸到少部分胎衣紧紧扣住母体胎盘子叶上。部分胎衣垂附于阴门外，初期为粉红色，因易受外界污染，胎衣上附着粪末、草屑、泥土。或因粪尿浸渍发生腐败，尤以在夏季炎热天，胎衣色呈熟肉样，气味腥臭难闻，子宫颈开张，阴道有褐色、稀薄发酵腐臭的分泌物，大部脱落时，仅有少部或个别子叶而留于子宫内，或经 3～4 天后，由阴道内排出腐败的、灰红色、熟肉样的胎衣块。

2. 全部胎衣不下　即全部胎衣停滞在子宫和阴道内，仅少量胎膜垂挂于阴门外或看不见胎衣，其上有脐带血管断端和大小不同的子叶。产道入手检查，可摸到大部分胎衣仍滞留在阴道及子宫内，进一步检查可发现胎衣与子宫内膜子叶黏着、扣紧部分较多。24小时后未将胎衣排出者，胎衣开始腐败并有恶臭味，入手检查产道及子宫内，环境温度高，蓄积有炎性产物及发臭的胎水，有的如果冻样。病牛弓腰举尾，不断努责做排尿状。体温升高至39.5℃以上，食欲减退。5天以上未排出者，食欲废绝，全身症状明显。

【治疗】胎衣不下的治疗方法很多，概括起来可分为药物疗法和手术剥离两类。

1. **产后对症用药**　高产奶牛刚分娩后血钙含量普遍下降，分娩时耗能较多，加之开始泌乳，在未来数小时需要较多的能量，因此产后应尽早静脉注射25%葡萄糖1 000mL，5%氯化钙500mL，10%氯化钠500mL，10%安钠咖20mL。

2. **促进子宫收缩**　常使用激素类药物，由于母牛某些营养物质的缺乏和运动不足，致使母牛出现子宫弛缓或收缩微弱，在奶牛分娩24小时内注射缩宫素100～150单位；或已烯雌酚50～200mg肌内注射，每天1次或隔天1次；或马来酸麦角新碱注射液5～15mg肌内注射、甲基硫酸新斯的明30mg肌内注射、比赛可灵（氯化铵甲酰甲基胆碱）注射液20～50mg一次皮下注射，效果也确实可靠。

3. **胎盘分离**　10%氯化钠500～1 500L，也可用2 000～3 000mL或3 000～5 000mL子宫内灌注。或10%高渗盐水1 000mL，土霉素2g，溶解后加热至40℃，一次灌入子宫内。促胎盘溶解，可用胃蛋白酶20g，稀盐酸15mL加水300mL，子宫内注入。也可用胰蛋白酶等。

4. **防腐败和感染**　使用全身性抗生素进行预防，常采用青霉素2 200单位/kg，每天1次。若为了减少药物对奶品质量的影响，可选用头孢噻呋2mg/kg，每天1次，连续3～7天，一直到胎衣排出。通常向子宫内投放抗生素、磺胺类或其他抗菌杀菌药物。如果全身状况欠佳或伴有体温升高，则需补液、冲洗子宫，并在子宫内放置广谱抗生素。

5. **内服中药治疗**　中兽医认为胎衣不下是气虚血亏、气血运行不畅、子宫活动力减弱的结果。对于其治疗应以补气益血为主，佐以行滞祛瘀、利水消肿。

6. **手术剥离**　先用温水灌肠，排出直肠中积粪，或用手掏尽。再用0.1%高锰酸钾液洗净外阴。手术者将手臂消毒后，先用0.1%碘酊消毒，然后再涂上凡士林。将外露的胎衣用高锰酸钾水洗净消毒，将胎衣捻转拧成绳索状，后用左手握住外露的胎衣，右手顺阴道伸入子宫，寻找子宫叶。由近及远逐个逐圈地分离子胎盘。先用拇指找出胎儿胎盘的边缘，然后将食指或拇指伸入胎儿胎盘与母体胎盘之间，把它们分开，剥完一个子宫角，再剥另一个子宫角。直到全部剥离完为止。如粘连较紧，须慢慢剥离，力求完整取出胎衣。剥离完后用生理盐水冲洗子宫，最后在子宫内置入抗菌消炎药物，如青霉素320万单位，链霉素200万单位，粉剂土霉素50g或宫炎王1支，术后1周内隔天用高锰酸钾水冲洗产道1

次。体温升高的剥离要慎重，以免炎症扩散，加重病情。

加强饲养管理，保持牛栏和运动场的清洁卫生，在不影响牛奶均衡生产的情况下，尽量避开夏季产犊并做好防暑降温工作，减少热应激；加强怀孕母牛的饲养管理，保证奶牛体质健壮；对产前、产后奶牛加强护理，对有胎衣不下先兆的生产牛要提前采取治疗措施，不使胎衣在子宫内残留时间过长；凡有不正常分娩发生，都要尽早采取措施，以保护子宫不受过度损害。

二、生产瘫痪

生产瘫痪是奶牛分娩前后突然发生的一种严重的营养代谢性疾病，又称乳热病或低血钙症，主要特征是病牛知觉丧失，四肢瘫痪，全身肌肉无力。主要发生于高产奶牛，尤其是产奶量最高的胎次（一般是在 3～6 胎次），此病多于产后1～3天突然发生，少数发生在分娩过程中。本病多为散发，但是复发率较高。患病奶牛，即使是在治疗顺利的情况下，治愈后产奶量也会下降10%左右。

【病因】

1. **低血钙**　一般奶牛产后血钙水平都会降低，但病牛的血钙水平下降尤其明显，比正常情况下降 30% 左右；同时血磷和血镁含量也会降低。目前认为导致奶牛产后血钙降低的因素有以下几种，生产瘫痪的发生可能是其中一种或多种因素共同作用的结果。

（1）分娩前后大量钙质进入初乳，其量超出了母体从肠道吸收和动用骨骼钙量的总和，导致血钙迅速降低。

（2）干乳期饲喂高钙饲料时，血中钙浓度升高，会使甲状腺分泌降钙素增多，刺激骨基质钙化过程，以致骨骼中可迅速动员的钙减少。另一方面，血钙升高可抑制甲状旁腺素的分泌，肠道吸收钙的能力亦减弱，以至于不能应付开始泌乳时血钙的大量消耗。另外，分娩时雌激素增加，可抑制食欲，使肠胃对钙质吸收减少。

（3）镁在钙代谢途径的许多环节中具有调节作用，当发生低血镁时，机体从骨骼中动员钙的能力降低，进而可能诱发生产瘫痪。

2. **脑皮质缺氧**　奶牛分娩后腹内压急剧下降，血液重新分配，内脏器官相对充血，同时大量血液进入乳房，引起脑组织暂时性贫血，同时产后大量的血糖进入乳房合成乳糖，使得血糖降低，二者都使大脑皮层受到抑制，影响甲状旁腺的功能，使其分泌激素的功能减退，不能很快动员骨钙以维持血钙的正常水平。中枢神经系统对缺氧极为敏感，一旦脑皮质缺氧，既表现出短暂的兴奋和随之而来的功能丧失的症状。

【症状】多数病牛是产后 3 天内发病，少数在分娩过程中或分娩前数小时发病，根据临床表现可分为典型（重型）和非典型（轻型）两种。

1. **典型病例**　典型的生产瘫痪，从发病到出现典型症状不超过 12 小时。初期食欲减退或废绝，不反刍，排尿、排粪停止，泌乳量迅速下降。病牛站立不稳，四肢肌肉震颤，不愿走动，后肢交替踏脚。1 ~ 2 小时内病牛即出现瘫痪症状，不久即出现意识障碍，甚至昏迷；眼睑反射减弱或消失，瞳孔散大，对光线照射无反应；皮肤对疼痛刺激无反应；肛门松弛；个别的发生喉头及舌麻痹；听诊心音及脉搏减弱。

2. **非典型病例**　主要是头颈姿势不自然，头颈部呈现"S"状弯曲，病牛精神极度沉郁，但不昏睡，食欲废绝，各种反射减弱，但不完全消失，有时能勉强站立，但站立不稳，行动困难，步态摇摆。体温一般正常，不低于37℃。

【诊断】依据分娩前后数日内突然发生轻瘫，昏睡，体温低于正常，反射迟钝等典型症状，以及应用钙制剂治疗迅速的疗效，不难建立诊断。但应注意与以下病症的鉴别诊断。

1. **母牛卧倒不起综合征**　病牛虽不能站立，但试图爬行，知觉不消失，食欲正常，体温可偏高，典型姿势呈"蛙式"，对钙制剂反应差。

2. **低血镁症**　特征是兴奋性、敏感性高，抽搐并伴有强直性痉挛，对钙制剂反应慢，不受品种、年龄的限制。

3. **奶牛酮病**　特征是酮血、酮尿、酮乳，低血糖，呼出的气体有酮味。

【治疗】治疗以静脉注射钙剂和乳房送风为主，同时可采用补糖和对症治疗。

1. **糖钙疗法**　10% 葡萄糖酸钙 300 ~ 500mL 静脉注射（在其中加入 4% 的硼酸可以提高葡萄糖酸钙的溶解度和溶液稳定性）。为了防止发生低血镁症，同时静注 25% 硫酸镁 100mL。钙制剂注射要注意注射速度，并且要观察心脏的情况。钙制剂可重复注射，但最多不能超过 3 次，如 3 次注射无效说明补钙疗法不适应此个体。也可以将 50% 葡萄糖 200mL，5% 葡萄糖 1 000mL，20% 安钠咖 20mL，10% 葡萄糖酸钙 400mL 混合，一次静脉注射，同时，用 10mg 硝酸士的宁做荐尾硬膜外腔注射，该法可以缩短疗程，提高效果。

2. **乳房送风疗法**　本法特别适用于对糖钙疗法反应不佳或者复发的病例。乳房送风可使流入乳房的血液减少，随血液流入初乳而丧失的钙也减少，血钙水平得以提高。打入空气前要挤净乳房中的牛奶，并用酒精消毒乳头。四个乳区均应打满空气，直至乳房皮肤紧张，乳房基部的边缘清楚隆起，轻敲乳房呈现鼓音为标准，再用纱布扎住乳头，防止空气逸出。通常，乳房送风 30 分钟后，病牛全身状况好转，可以苏醒站立，1 小时后可将结扎布条除去。如乳房已有感染，可先注入 1% 碘化钾溶液，然后再进行打气。

3. **乳房内注入鲜奶法**　本法原理与乳房送风法相同，效果比送风法更好。向病牛乳房内注入新鲜的乳汁，每个乳区各 500 ~ 1 000mL。所用鲜乳汁必须无乳房炎且严格消毒。

【预防】

1. **干奶期**　控制精料喂量，保证蛋白质供应，但蛋白含量不能过高；增加粗饲料的喂量。为防止母牛产后能量储备不足或过肥，干奶期能量水平不应过低或过高，对于营养良好的母牛，从产前2周开始减少蛋白质饲料。同时，干奶期应给奶牛补充充足的维生素和微量元素。加强饲养管理，保持牛舍卫生清洁和空气流通，舍饲牛经常晒太阳，以利于维生素 D₃ 的合成和促进饲料中钙的吸收，适当增加妊娠母牛的运动量。

2. **分娩前**　注意控制饲料中钙、磷的比例，二者比例保持在 1.5∶1～1∶1 之间为宜，特别是产前2周，钙水平不宜过高。产前四周到产后一周，每天在饲料中添加30g氧化镁，可以防止血钙降低时出现的抽搐症状，对低血镁症有较好的预防效果。也可在产前3～5天每天静脉注射20%葡萄糖酸钙、25%葡萄糖液各500mL，以预防产后瘫痪。

3. **分娩后**　最初3天不要把初乳挤得太干净，保留一半左右，以维持乳房内有一定的压力和防止钙损失过多。

三、子宫内膜炎

奶牛子宫内膜炎，是子宫黏膜各种炎症的总称，主要是因为分娩时或产后子宫感染而引起，如果治疗不及时，往往造成长期不孕。

【病因】

1. **病原感染**　配种、人工授精、阴道检查、难产、剥离胎衣、整腹子宫脱出等过程中消毒不严和各种原因所致的阴道损伤之后，引起的细菌感染，是子宫内膜炎常见的原因。产房卫生条件差，临产母牛外阴、尾根部未彻底清洗消毒，助产或剥离胎衣时术者的手臂、器械消毒不严，阴道炎、子宫脱、流产死胎、胎衣滞留腐败分解，恶露停滞等，均可引起产后继发子宫内膜感染。

2. **营养因素**　日粮营养价值不全，维生素（特别是维生素A）、微量元素及矿物质缺乏或者矿物质比例失调时，母牛的抗病力降低，容易发生子宫内膜炎。土壤中钴、镁、锰等微量元素的缺乏也易发生胎衣不下和子宫内膜炎。维生素A、维生素E、维生素 B₁、维生素 B₂ 或激素代谢的紊乱，是母牛产后并发症（胎衣不下、子宫轻度感染和子宫内膜炎）发生和发展的主要诱因。母牛内分泌失调，也是引起奶牛子宫内膜炎的重要诱因。

3. **继发因素**　一些传染病，如布鲁杆菌病、结核病、滴虫病、牛流行热、梨形虫病等，可能继发本病症。

【症状】根据病理过程，子宫内膜炎可分为急性子宫内膜炎和慢性子宫内膜炎。

1. **急性子宫内膜炎**　母牛表现为精神沉郁，体温升高，食欲减少，有时出现拱腰、努责及排尿姿势，不时从阴道内流出大量污红色或棕黄色黏液脓性分泌物，有腥臭味，内含絮状物或胎衣碎片，常附着尾根，形成干痂，特别是在卧下时排出较多。阴道检查时，子宫颈外口肿胀、充血和稍张开，有时见到其中有分泌物排出。直肠检查时，可触摸到子宫角增大，疼痛，壁厚呈面团样硬度，有时有波动。

2. 慢性子宫内膜炎

（1）卡他性子宫内膜炎：母牛发情不正常，或者发情虽正常但屡配不孕，即使妊娠也容易流产；发情期频繁或延长并有出血现象，有时从阴门流出较多的混浊带有絮状物的黏液。阴道检查时子宫颈外口肿胀、充血，并有黏液。直肠检查时子宫壁变厚，一个或两个子宫角粗大、弹性减弱，收缩反应微弱。

（2）化脓性子宫内膜炎：母牛不发情或发情微弱或持续发情，卧下时，从阴门内排出较多的污白色混有脓汁的分泌物。阴道检查时，子宫颈外口充血、肿胀，有时有溃疡，有脓性分泌物排出；直肠检查时，一侧或两侧子宫角增大，子宫壁厚而软，收缩反应减弱或消失。有时由于子宫颈黏膜肿胀和组织增生而变狭窄，致使脓性分泌物积留于子宫内不能排出，导致子宫角明显增大，子宫壁紧张而有波动、触诊疼痛。有时子宫内和有棕黄色、红褐色或灰白色稀薄或稍稠的液体，直肠检查时子宫角增大，触诊感觉子宫壁很薄，有明显的波动感。

【诊断】

1. 临床诊断　病牛经常从阴道内自流多量黏性分泌物，结合情期变化和黏液性质，可以建立初步诊断。如量多而稀薄，形如蛋清样，就可视为卡他性子宫内膜炎；如量少而浓稠，如脓痰样，就可视为脓性子宫内膜炎。当子宫角患有炎症时，休情期的子宫角体积增大，充实度降低或有松弛感。发情阶段由于生殖器官处在充血水肿状态，更加显示了子宫角的柔软松弛特点，似有囊中有水的波动感。在直检过程中，牛体受到触摸刺激，努责行为表现明显，子宫内炎性产物极易排出体外。

2. 实验室诊断

（1）白细胞检查：在发情期采集子宫颈口外的黏液进行涂片，用95%的酒精固定，用姬姆萨法染色，在油镜下进行白细胞计数。检查100个视野，根据白细胞数量判断是否患病及严重程度：白细胞数少于10个判为阴性（-），10个及以上为阳性（11~30个判为+、31~80个判为++、81~150个判为+++、150个以上判为++++）。

（2）子宫内膜活检：隐性子宫内膜炎活检可见大量中性白细胞，组织血管扩张充血，子宫内膜腺体萎缩，子宫内膜刮下的标本上有较多的淋巴细胞和淋巴样细胞。

（3）精液生物学诊断：用2.9%的柠檬酸钠解冻精液，保持38℃分开滴在载玻片上2滴，再将待检子宫黏液各1滴加到精液里，上盖玻片，放到显微镜下观察。若精子在黏液中失去活力或者被凝集，说明牛患有隐性子宫内膜炎。

【治疗】子宫内膜炎的治疗原则是增强机体抵抗力，消除炎症及恢复子宫功能、增强子宫的血液供给、促进子宫内积液的排出和消除子宫的感染。

1. **冲洗子宫**　在母牛发情时或应用雌激素制剂（如已烯雌酚）促使子宫颈松弛开张之后，用淡消毒液（如0.05%~0.1%高锰酸钾，0.05%新洁尔灭液等）冲洗子宫，然后可根据情况往子宫内注入抗菌药（如青霉素、链霉素等）或者直接放入抗生素胶囊。有条件的兽医可进行细菌分离，做药敏试验。

2. **激素疗法**　如果子宫颈尚未开张，可肌内注射雌激素制剂促进颈口开张。开张后肌内注射催产素或静脉注射10%氯化钙液100~200mL，促进子宫收缩，诱导宫内分泌物排出。

3. **全身疗法**　全身使用抗生素治疗奶牛子宫内膜炎时，适用于感染严重的子宫内膜炎，全身症状较明显，或已继发其他感染的病例。

【预防】加强饲养管理，提高机体的抵抗力。冬季青绿饲料缺乏的季节，要喂胡萝卜和优质干草，以满足牛对胡萝卜素的需要；严格遵守人工授精的无菌操作，分娩、助产及难产、剥离胎衣等要严格消毒并要避免操作粗暴引起生殖器官的损伤；产后要加强母牛的护理，防止产后疾病的发生；早期发现生殖器官疾病要及时治疗，在治愈前不要配种。

四、子宫内翻及脱出

奶牛子宫内翻指奶牛子宫角前端翻入子宫腔或阴道内，奶牛子宫脱出指奶牛子宫全部翻出于阴门之外。二者为程度不同的同一个病理过程。奶牛的发病率约为0.3%，子宫脱出多见于产程的第三期，有时则在产后数小时之内发生，产后超过1天发病的较少见。

【病因】主要包括以下几方面：孕期饲养管理不当，饲料单一、质量差；母牛缺乏运动，体质虚弱无力；过度劳役致使母牛会阴部组织松弛，无力固定子宫；助产不当，强力拉出胎儿；瘤胃鼓气，瘤胃积食，便秘，腹泻等。

【症状】

1. **子宫部分脱出**　子宫角翻至子宫颈或阴道内而发生套叠，病牛仅有不安、努责和类似疝痛的症状，通过阴道检查才可发现。

2. **子宫全部脱出**　子宫角、子宫体及子宫颈外翻于阴门外，且可下垂到跗关节，脱出的子宫黏膜上常附有部分胎衣和子叶。子宫黏膜初为红色，以后变成紫红色，子宫水肿增厚，呈肉冻状，表面发裂，流出渗出液。

【治疗】子宫部分脱出时，只要加强护理，防止脱出部位再扩大及受损即可，可将病牛的尾巴固定，以防摩擦脱出部位，避免感染。而子宫全部脱出时，必须进行整复。

1. **清洗子宫**　病牛拴系保定在头低尾高的地方，用 0.1% 高锰酸钾溶液（30～40℃）冲洗脱出子宫的表面及周围的污物，剥离子宫上附着的异物、坏死组织和未脱落的胎衣。如果脱出部分水肿明显，可用消毒针头乱刺黏膜挤压排液，黏膜上的小创伤可涂以抑菌防腐药。脱出时间较长要剥离掉结痂，用消毒纱布沾净。

2. **整复子宫**　整复开始前用 2% 普鲁卡因注射液 100～200mL 浸润子宫。由两助手用纱布将子宫托起至与阴门等高，从靠近阴门的部分开始，先将阴道推入阴门，再将子宫颈、子宫体、子宫角依次推入阴门。推进的过程中，牛多出现努责，在努责后趁势推进。子宫恢复正常位置后，插入一只手在阴道里，轻轻向前推压，左右摇动，以防努责时再脱。对体型大，腹底深，推进的子宫不能完全复位的奶牛，会再次出现努责不安，可用 500mL 规格的盐水瓶装入 30℃ 左右的温水，送入阴道，用瓶底顶住子宫内壁向前向下推压，使子宫舒展、复位。同时，为防止感染和促进子宫收缩，可向子宫内投放抗生素。最后用洁净的毛巾贴在阴门上，待牛出现努责时向内顶压数十分钟即可，也可以用纽扣状缝合固定阴门。术后使牛一直保持在头低尾高的状态，饮喂温麸皮水 5～10kg，注意不要让病牛趴卧，适量增加运动。

3. **对症治疗**　加强护理。

五、产后截瘫

产后截瘫是母牛分娩后发生运动障碍的一种疾病，多数是由于胎儿过大或产道狭窄、难产、助产方法不当或助产时间过长引起。

【症状】分娩后，病牛体温、脉搏、反刍等一切正常，但后肢不能站立，即使抬起也不能自行站立，表现为后肢无力。通常患侧后肢向外劈开，一侧神经受损，则一侧患肢外展；若两侧闭孔神经受损，则两侧患肢外展，膝关节不能弯曲，并向外前伸，不能负重。后躯皮肤痛觉反射正常，无髋关节及股胫关节脱位、骨盆骨折及腰椎损伤等。

【诊断】产后截瘫、生产瘫痪、关节脱臼、酮病、牛妊娠毒血症、骨软症、瘤胃酸中毒，其类似症状都是卧地不起，注意诊断鉴别。

1. **生产瘫痪**　食欲废绝，体温低于正常，昏睡、眼睑反射减弱或消失，瞳孔散大，用钙剂治疗，80% 可痊愈。

2. **关节脱臼**　髋关节凹陷或凸出，直检可触知关节异常。

3. **酮病**　初期食欲反常，局部肌肉抽动，甚至盲目徘徊或冲撞。后期症状如同生产瘫痪，呼出气体及尿液有特殊异味，通过糖钙治疗效果尚佳。

4. **牛妊娠毒血症**　初期便秘，后期腹泻，粪便黄色恶臭。发病多在前 2 个月，发病率 1%，死亡率 100%。

5. **瘤胃酸中毒** 由于大量摄入精料引起病牛心跳加快、脉搏加快、呼吸急促，精神沉郁，眼无神，眼球下陷。使用高糖、高钙无效。

【治疗】可针灸或电针百会、巴山、肾俞、大胯、肾棚、小胯、汗沟及邪气等穴；皮下或百会穴注射 0.2% 硝酸士的宁 5 ~ 10mL，每天 1 次，连用 2 天。对病情较重的奶牛适量补钙、补糖和维生素 B_1、维生素 B_2，同时，可肌内注射地塞米松 10 ~ 30mg，能加速疾病恢复。或采用醋灸法，将醋涂布于腰部，再用酒精涂布，点燃涂布于腰部的酒精，等燃烧后，用厚毛巾将腰部覆盖，有一定的疗效。

六、产道及子宫损伤

临床上常见的产道损伤包括阴门及阴道损伤、子宫颈损伤、子宫破裂及穿孔；骨盆部分的损伤包括骨盆韧带和神经的损伤以及骨盆骨折等。

【病因】本病主要见于分娩与助产过程中，子宫颈及阴道开张不全即强行拉出胎儿；胎儿过大，胎位及胎势不正且产道干燥，未经完全矫正并灌入润滑剂的情况下即强行拉出胎儿；助产时使用产科器械助产不慎滑脱，或截胎时胎儿骨骼断端未充分保护等造成产道损伤；人工授精或治疗生殖器官疾病时操作失误，管理不善，如滑跌、角斗等也可导致产道损伤。

【治疗】

（1）阴门及会阴的损伤容易缝合，可以按一般外科方法处理。新鲜撕裂创口可按褥式缝合法缝合。阴门血肿较大时，可在产后 3 ~ 4 天切开血肿，清除血凝块；形成脓肿时，应切开脓肿并引流。

（2）阴道黏膜肿胀并有创伤的病牛，可向阴道内注入乳剂消炎药，或在阴门两侧注射抗生素。如果创口生蛆，可滴入敌百虫，将蛆虫杀死后取出，再按外科处理。

（3）如果发展成蜂窝织炎，应待脓肿形成后，切开排脓并按外伤处理。对阴道壁发生透创的病牛，应迅速将突入阴道内的肠管、网膜用消毒溶液冲洗干净，涂以抗菌药液，推回原位。膀胱脱出时，应将其表面洗净，用注射器针头穿刺膀胱，排出尿液，再撒上抗生素粉，轻推复位。阴道周围脂肪脱出的可将其剪掉。将脱出器官及组织复位处理后，立即缝合创口。

（4）子宫颈的损伤，可用双爪钳将其拉出阴门，然后进行缝合。如伤口出血不止，可将浸有防腐消毒液或涂有乳剂消炎药的大块纱布塞在子宫颈内，压迫止血，同时肌内注射止血药物。阴门撕裂缝合后按外科方法处理。

（5）子宫不全破裂的病例，取出胎儿后仅将抗生素放入子宫内即可，不要冲洗子宫，每天或隔天 1 次，连用数次；同时注射子宫收缩剂；子宫完全破裂，如裂口不大，取出胎儿后可将穿有长线的缝针由阴道带入子宫，进行缝合。在闭合手术切口前，应向子宫内放入抗生素。因腹腔有严重污染，缝合子宫后，要用灭菌生理盐水反复冲洗，并用吸干器或消毒纱布将存留的冲洗液吸干，再将青霉素注入腹腔内，最后缝合腹壁。无论是完全或是不完全子宫破裂，除局部治疗外，还要肌内或腹腔内注射抗生素，连用 3~4 天，防止发生腹膜炎及全身感染。如失血过多，应输血或输液，并注射止血剂。

第五节　乳房疾病

一、临床型乳房炎

【病因】

1. **自身因素**　随着年龄的增加，奶牛体质减弱，免疫功能下降，乳房在挤奶过程中长期受挤压，造成乳头、乳管的机械损伤增多，导致病原微生物侵入。

2. **营养因素**　对于高产奶牛而言，高能量、高蛋白质的日粮有利于提高产奶量，但同时也增加了乳房的负荷，使机体的抵抗力降低。

3. **环境因素**　奶牛生活环境卫生条件差，尤其是气温高、湿度大的夏季，病原微生物大量繁殖，使乳房易受感染。

4. **管理因素**　挤奶操作不规范是乳房炎发生的主要原因之一，而挤奶机械使用不当则直接损伤乳房，使乳房遭受病原微生物侵袭而发生乳房炎。

5. **继发因素**　口蹄疫、布鲁杆菌病、结核病、流感、胎衣不下、子宫内膜炎、产后败血症等均可继发奶牛乳房炎。另外妊娠、分娩、不良气候（严寒、酷暑等）、饲料发霉变质等都会在一定程度上影响奶牛的正常生理功能，致使乳房炎发病增多。

【症状】临床型乳房炎的症状包括乳房局部变化，乳量和乳质变化，全身变化。

1. **浆液性乳房炎**　常呈急性经过，乳房红肿热痛，乳汁稀薄含絮状物。严重的病牛具有全身反应，体温升高，精神抑郁，食欲下降甚至丧失。

2. **纤维素性乳房炎**　乳房内发生纤维素性渗出，挤不出乳汁或仅能挤出几滴乳清或脓液。乳房患部红肿热痛，且发硬，体温升高至40℃，食欲废绝。

3. **化脓性乳房炎**

（1）化脓性卡他性乳房炎：患区红肿热痛，乳量减少，乳汁水样含絮状凝块，混有脓液，严重者有全身症状，体温升高至41℃，食欲废绝，反刍停止。

（2）乳房脓肿：肿块较小且位置较深时不易检查出来，当脓肿块较大时，乳房表现出红肿热痛，位置浅表的大脓块可能会向外破溃。乳量减少明显，乳汁呈黏液脓性，病牛体温升高，食欲下降，严重者形成脓毒败血症。

（3）出血性乳房炎：乳汁呈淡红色或红色，混有絮状物或凝血块，乳房肿胀，疼痛剧烈，病牛体温升高，精神沉郁，食欲废绝。

（4）乳房坏疽：乳房患部出现紫红色斑块，触诊坚硬，乳汁中带血。当乳汁腐败分解时呈红褐色，恶臭。若出现败血症时，病牛体温升高至41℃，呼吸困难，食欲废绝，剧烈腹泻。

【治疗】

1. **消炎抑菌**　选用青霉素、链霉素、红霉素、庆大霉素等抗生素注射到乳房内，每天2次，连用3~5天；病重者用量加0.5~1倍。一定要彻底治愈后再停药。也可同时结合红外线照射以增强疗效。

2. **封闭疗法**　常用于乳房炎急性期。在乳房基底部，分3~4点，进针8~10cm，0.25%~0.5%的普鲁卡因150~300mL，青霉素40万单位；封闭前叶时，需将乳叶向下方推压，充分暴露乳房和腹壁的间隙，在乳房侧面转向前方的交界处，将封闭针头朝向对侧膝关节刺入，注射时注意扩大浸润面。后叶刺针点在乳房中线旁开2cm乳房基部的后缘，将针头对向同侧腕关节方向刺入。

3. **全身疗法**　除局部用药外，重症病牛还应肌内或静脉注射抗菌药物。并给予强心、补液、解毒等对症治疗措施。

4. **手术疗法**　对于乳房浅在脓肿，可切开排脓，行外科疗法；对于深在性脓肿，可先抽出脓汁，再向脓肿腔内注入抗生素或防腐消毒药。但注入的防腐药液，一定要抽出；对已形成坏疽性溃疡时，先注入10%硫酸铜，再用0.1%高锰酸钾溶液或3%过氧化氢溶液洗涤。如果坏疽部分较大，可切除乳房患部。

5. **中药治疗**　穿山甲30g、郁金50g、通草20g、川芎15g、没药20g、蒲公英30g、全当归40g、连翘20g、防风20g、荆芥20g、路通25g、干草20g，共研细末，每天1剂，连服4~5天，有清热、消肿、排脓之功效。

【预防】保持环境和牛体卫生，及时清扫圈舍污物，定期消毒牛舍。乳房清洗要彻底，可用40~50℃温水、0.1%高锰酸钾液或0.02%~0.03%氯化钠溶液。管道、乳杯每天洗涤1次，乳杯内鞘每周消毒1次，可在0.25%氢氧化钠液中煮沸15分钟，或在5%氢氧化钠液中浸泡。

二、隐性型乳房炎

奶牛隐性型乳房炎是一种无临床症状的乳房炎症表现，也称为亚临床乳房炎。由于乳房和乳汁无异常现象，只有通过对病原菌或体细胞检验才可诊断。隐性型乳房炎发病率是临床型乳房炎的15~40倍。严重时可发展为临床型乳房炎。

【病因】

1. **生物性因素**　主要病原菌包括金黄色葡萄球菌、无乳链球菌、其他链球菌、大肠杆菌类、环境来源的肠道球菌等。也包括凝固酶阴性葡萄球菌、牛棒状杆菌、表皮葡萄球菌、微球菌等。

2. 其他因素

（1）内源性感染：如急性子宫内膜炎、结核、布鲁杆菌病、胃肠炎、产后败血症等疾病，多数伴有局部反应的隐性乳房炎的发生。隐性乳房炎也可由创伤性子宫炎，脓性心包炎、血管栓塞性内脏器官等疾病的转移而引起。

（2）环境卫生差：如牛舍运动场地不清洁，消毒不合格，牛床潮湿；挤奶前不洗手，不清洗乳头，真空泵调节器不清洁，或挤奶器上的橡皮管不经常更换，或清洗挤奶器不加任何消毒剂；乳房炎病牛排泄物随意排泄、头三把奶随意挤到牛床上等。

（3）外伤性因素：各种外伤或挤奶操作不当，如挤乳机负压过大、挤奶中抽动时间过长、速度过快，甚至在不关闭阀门的情况下，强行拉下乳杯或者导乳管使用不当等原因，而使乳头管或乳池黏膜损伤等。

（4）应激因素：日粮营养不均衡，如亚硒酸钠、维生素 E、维生素 A 缺乏等。不良气候（包括严寒、酷暑等）、惊吓、饲料发霉变质、兽医操作不规范等，在一定程度上致使乳房炎发病增多。

【诊断】由于隐性乳房炎无明显的临床症状，所以以实验室诊断为主要依据。

1. 乳汁细胞学检查　加州乳房炎测试法（CM 法），根据乳汁中体细胞数含量的多少来判断是否患有隐性乳房炎。试剂为氢氧化钠 15g，烷基硫酸钠（钾）30～50g，溴甲酚紫 0.1g，蒸馏水 1 000mL，混合。取被检乳 2mL，加入 2mL 试剂摇匀，通过颜色变化判定 pH 值，通过混合物凝集状况判定乳汁体细胞数。

2. 乳汁 pH 检验法　乳房炎发生时，乳汁中的 pH 值上升，通过测定乳汁 pH值便可以达到判定目的。主要试剂为 47% 酒精 500mL，溴麝香草酚蓝 1.0g，5% 氢氧化钠 1.3～1.5mL，搅拌混匀，呈绿色，pH 值为 7.0。取被检乳 5mL，加试剂 1mL，混合，观察颜色判定。黄绿色（pH 值为 6.5 以下）为正常乳，绿色（pH 值为 6.6）为可疑，蓝色至青绿色（pH 值≥6.6）为阳性。

3. 乳汁氯化物测定法　主要试剂为甲液：硝酸银 1.3415g，蒸馏水 1 000mL；乙液：铬酸钾 10g，蒸馏水 100mL。取被检乳 1mL，加甲液 5mL 再加乙液两滴，振荡试管，混合观察判定，黄色为阳性，表示氯化钠含量超过 0.14%，棕红色为阴性。

【治疗】

1. 乳房灌注抗菌药液　先将患病奶牛乳区的分泌物挤净，用酒精消毒乳头管口，将连有乳胶管的乳导管经乳头管口插入奶牛乳头内，然后注入一定量的抗菌药液，要轻轻捻搓奶牛乳头管片刻。然后用双手按奶牛乳头、乳池、乳腺组织的顺序轻轻向上按摩，使药液充分接触奶牛患区乳腺组织。每天用药 2 次，连用

3 天。

2. **奶牛乳头药敷**　奶牛乳头药敷是防治隐性乳房炎行之有效的方法，每次挤奶后 1 分钟内进行乳头药浴热敷，长期坚持方可见效。

3. **乳房基部封闭疗法**　将 0.25% ~ 0.5% 的盐酸普鲁卡因注射液 40 ~ 80mL 加入抗生素，用长针头注入奶牛乳房基底部的结缔组织内，实施封闭疗法。

【预防】

1. **定期监测**　通过对隐性乳房炎的测定，及时了解牛群乳房健康状况，对乳中 pH 值偏高，氯化物含量超标、体细胞数偏高的奶牛采取相应的防治措施。

2. **加强饲养管理**　饲喂的草料要求多样化，搭配要合理，饮用水必须清洁，拟订合理的饲养管理标准。为增强奶牛体质，也可让奶牛每天运动不少于 4 小时。

3. **保持牛舍卫生**　牛舍要具有良好的通风设施，符合兽医卫生标准，圈舍内环境要求经常打扫，定期消毒。牛体表面要经常刷拭、清洁，尽量减少环境中致病微生物，以降低乳房炎的感染概率。

4. **保证挤奶卫生**　挤奶前用 0.1% 高锰酸钾溶液清洗乳头和乳房，并同时进行乳房按摩，洗净后用干净毛巾擦干乳房，每次挤奶后 1 分钟内，应在预先配好的药液内浸浴 30 秒。挤奶员指甲要剪短磨平，挤奶机械彻底消毒，确保运转功能正常。

5. **防治乳房炎**　奶牛干乳期，最后一次挤乳后向每一个乳区内注入适量的抗菌药物，可预防奶牛隐性乳房炎的发生。

6. **防止病原侵入**　保持奶牛群的"封闭"状态，避免因外来奶牛的引进或出入带来新的传染源。

三、乳池和乳头管狭窄及闭锁

【病因】本病主要由于长期不良地刺激乳池和乳头管，使其发生慢性增生性炎症所致。乳头末端受到损失或发生炎症，也可引起乳头管黏膜下及乳头括约肌间结缔组织增生，从而导致狭窄。

【症状】

（1）乳头管狭窄时，乳头乳池充盈，外观无异常，但挤奶不畅，乳汁呈点滴状或细线状排出。乳头管口狭窄的病牛，挤奶时乳汁射向改变。

（2）乳头管完全闭锁时，池内无乳，乳池呈实性，乳头发硬，挤不出奶。手指捏捻乳头末端，可感知乳头管内有增生物，触诊乳头基部乳池棚有结节，但缺乏移动性。

【治疗】本病的治疗主要是通过手术方法扩张狭窄部或去除增生物，但本病容易复发，难以根治。

四、乳房坏疽

奶牛乳房坏疽又称坏疽性乳房炎，多发生于产后几日内，临床表现为乳头及乳房组织形成大面积坏疽，造成全身性败血症而引起严重的全身症状。主要是母牛分娩时助产不当，造成产道损伤或乳头外伤，病菌经损伤部位侵入机体，大量繁殖引起感染而形成的乳房炎。

【病因】细菌经乳头管直接侵入乳房是最主要的途径；或者因患腹膜炎、产后瘫痪等疾病，细菌随血液到达乳房而发病；当乳房或乳头皮肤发生外伤时，细菌经损伤部位淋巴液进入淋巴管，沿淋巴管侵入皮下组织，最后侵害乳腺组织。

【症状】

1. **全身症状**　病牛食欲缺乏或废绝，体温41℃以上，但表皮温度降低，有凉感。拱腰努责，起立困难，呼吸急促，可视黏膜发绀，反刍停止，腹泻，皮下充气，触诊有捻发音。

2. **乳房变化**　先是一个乳区或两个乳区的皮肤出现紫红色斑点，触诊时有疼痛感；几小时后，患区乳房肿大，皮温变凉，疼痛感消失，皮肤呈黑红色，能从乳头内挤出少量黑褐色有气泡的稀薄液体，有时能挤出大量腐败臭味的气体；个别的乳房气肿，触诊有捻发音，随着病情的发展，波及整个乳房，发展到后期，从乳头内自动留出黄色、透明的液体，乳头及乳房发生坏疽性溃疡，严重者，坏死乳头和乳房脱落。

【治疗】发病初期用大剂量抗生素肌内注射或静脉注射，以预防败血症。患区内可注入1%的高锰酸钾溶液，反复冲洗，最后送入160万～320万单位的青霉素。患区乳房皮肤涂擦碘甘油；皮下气肿严重时，要上下方各打开一个小口，再注入1%的高锰酸钾溶液反复冲洗。最后做引流条，每天冲洗2次。为了改善脱水症状，给予复方氯化钠液、生理盐水液、葡萄糖液等输液；乳房坏疽严重的病牛应淘汰。

【预防】保持牛舍及奶牛体表清洁。经常刷拭牛体，保持乳房清洁，对较大的乳房，特别是下垂的乳房，要注意保护，免受外伤；牛床应干燥，不积留粪尿，垫草应干燥清洁；运动场应平整，排水通畅、干燥，定期消毒。加强助产卫生、产后护理及排出的恶露处理，尽量减少污染畜体的后躯。

五、酒精阳性乳

酒精阳性乳是指与68%～72%的酒精融合，产生细微颗粒和凝结快现象乳的总称。这种乳的热稳定性较差，当温度超过120℃时容易凝固而阻塞管道，使乳无法通过板式换热器。并且乳凝在管壁上，导致设备难以清洗，给乳品加工带来困难。而且这种乳难以储存，风味也差。

【病因】 酒精阳性乳发生的绝对原因目前尚不清楚，出现酒精阳性乳的奶牛不一定都是患有乳房炎的牛。造成这种现象的原因主要包括以下几点。

1. 挤乳不规范 自动挤奶机管道、挤乳罐消毒不严格，挤奶环境卫生差，牛奶保藏、运输不当及未及时冷却等，细菌大量生长繁殖、乳糖分解、乳酸升高，蛋白变性等原因皆有可能导致酒精阳性乳。

2. 饲养管理差 日粮不平衡，可消化粗蛋白和总消化养分的过度或缺乏；矿物质的不足或过量，日粮中矿物质钙、磷、镁、钠等的含量及比例直接影响牛乳矿物质含量的变化；饲料发霉变质，易引起乳牛生理状况发生改变、体内代谢平衡失调。

3. 乳中无机离子含量变化 牛乳中钙、磷、磷酸盐、柠檬酸盐之间的平衡是维持牛奶稳定性的必要条件。如果其中任何一种含量变化，都会影响牛乳稳定性。

4. 乳蛋白稳定性降低 牛奶蛋白质成分是酪蛋白（占 3/4）、乳白蛋白（占 1/6），以及很少量的乳球蛋白及免疫蛋白。酪蛋白具有亲水性，能和钙、磷结合、吸附，凝聚成非溶性的微胶粒分散于溶液中。因此酪蛋白成分改变也是酒精阳性乳发生的原因之一。

5. 疾病的并发 多种潜在性的疾病如肝功能障碍、繁殖功能障碍、骨软症，都易出现酒精阳性乳。

【诊断】 患酒精阳性乳的牛常突然发生，奶牛本身无特异性的生理和病理变化；发病持续时间长短不一，差异较大。临床上只有通过乳汁检查才能确诊。

【防治】 目前没有特效治疗方法。因此，加强饲养管理，改善饲养环境条件，减少各种应激因素，增强奶牛机体抵抗力是防止酒精阳性乳的有效途径。

1. 加强饲养管理 根据奶牛不同生理阶段的营养需要，合理供应日粮。精料特别是蛋白饲料的喂量不应过高或不足。注意日粮中钙、磷、镁、钠的含量和比例。粗饲料要充足，供给足量优质干草。严禁给奶牛饲喂发霉、变质、腐败的饲料。炎热季节要做好防暑降温工作；冬季应做好防寒保暖工作，在运动场内铺垫褥草、设置挡风墙等。

2. 药物治疗 药物治疗的目的是调节奶牛机体全身代谢、解毒保肝、改善乳腺功能。

（1）0.1% 柠檬酸钠液 50mL，挤奶后乳房内灌注，每天 2 次；或柠檬酸钠 150g，分 2 次内服，连服 7 天。

（2）磷酸二氢钠 40～70g，内服，每天 1 次，连服 7 天。

（3）丙酸钠 150g，内服，每天 1 次，连服 7 天。

（4）恢复乳腺功能可用 2% 甲硫基脲嘧啶 20mL 肌内注射，与维生素 A 合用效果更好。

（5）对于发情奶牛，可肌内注射黄体酮。

六、泌乳不足及无乳

奶牛产后泌乳不足或无乳通称为缺乳，此病一般是母牛在泌乳期间受到某种因素的影响而造成乳腺功能紊乱，导致泌乳量显著减少，甚至完全无乳。

【病因】母牛缺乳的诱因是多方面的，其中饲料营养不足通常是主要原因。天气过于炎热或寒冷，母牛食欲骤减或不食，或在冬春季节长期缺乏青饲料和优质干草，精饲料供给不足等，导致产后可少乳或无乳。初产母牛、年老体弱母牛或受某些全身性、热性疾病的影响，致使乳腺功能发生萎缩，激素腺体功能紊乱。因乳腺发育不全而缺乏泌乳能力，以及新陈代谢紊乱等，均可致泌乳减少或无乳。

【病状】临床主要表现为泌乳量减少或无乳，乳房、乳头缩小，乳房皮肤松弛无弹性，触诊乳腺组织变软；犊牛日渐消瘦，被毛枯燥，生长发育受阻等，甚至衰竭或继发其他疾病而死亡。

【预防】改善饲养管理，日粮中给足易消化而又富含蛋白质、维生素及矿物质营养的精饲料、青饲料及多汁饲料，及时供给充分而清洁的饮水。冬春季节牛舍保持温暖、清洁、通风与干燥，增加阳光照射；夏暑季节则应着重做好牛舍的通风换气和降温防暑工作。在改善饲养管理的基础上，可根据病情酌情采用中草药进行催乳治疗。

七、人工诱导泌乳

奶牛生产中，经常遇到奶牛患不孕症长期不能正常发情配种受胎，导致奶牛不产奶，造成较大的经济损失。这时就需要采取有效措施治疗奶牛不孕症，即人工诱导泌乳。

【原理】通过注射雌激素、孕酮等，使奶牛体内这两种激素的浓度升高，促进乳腺管、腺泡系统的生长发育，待生长发育充分后，开始常规挤奶。

【适应证】主要为先天性不孕青年牛和经产久配不孕母牛。也用于正常母牛第一胎人工泌乳。

【方法】

1. **第1~4天** 雌二醇0.05mg/kg，黄体酮0.1mg/kg，肌内注射，每天上午7：00和下午7：00各1次。

2. **第5~7天** 利血平3~5mg，肌内注射。隔天注射1次，连用4次。乳牛对本药极为敏感，每天剂量不能超过5mg，总剂量不能超过15mg，以防中毒。

3. **注射黄体酮的第二天开始** 每天早中晚按摩乳房，每次5分钟，水温50~60℃。按摩后，模拟挤奶动作，以建立条件反射。

4. 牛奶处理　最初 12 天的牛奶由于雌激素的含量较高，应废弃。

第六节　繁殖障碍与不孕症

一、奶牛不孕症

奶牛不孕症是指奶牛暂时性的不能生育，而不育则是指永久性的不能生育，奶牛达到配种年龄后或产后 6 个月不能配种受胎者均属不孕症。实际生产中，20 月龄以上的育成母牛、产后 80 天以内的经产母牛、年泌乳量过万千克的高产牛在 120 天之内不能再次受孕的，均可称为不孕。也可以认为，不孕症是多种因素作用于机体而引起的一种综合表现，是奶牛的一个常发病和多发病。

【病因】

1. 饲养管理不当　营养问题导致母牛分娩后容易罹患胎衣不下、乳热症、酸中毒、酮病、消化不良和真胃移动等疾病，这些是造成奶牛繁殖障碍的诱因。常见问题包括：

（1）干奶期饲养不合理，精饲料不足，奶牛体膘评分不到 3.5～3.75 分。

（2）分娩后加饲料过早，奶量提升过快，至产后 60 天时奶牛仍处于能量和蛋白质负平衡。

（3）干奶期精料量过多、奶牛过肥（体膘≥4.5）、产前未使用低钙日粮，钙磷比过高。

（4）产奶高峰期饲料中的瘤胃可降解蛋白质过量，血液中和奶中尿素氮含量过高。

（5）脂溶性维生素（A、D、E）和烟酸供给不足。

（6）微量元素锰、硒、铜、碘缺乏。

2. 产科疾病　母牛在分娩前后体质虚弱，抵抗力较差，此时如果环境卫生条件差、接产技术不到位，均可造成以下几种产科疾病和产后感染。

（1）难产：在胎位不正、助产过迟、用力过大、助产工具不洁时，均可危及母牛和犊牛的安全，并可造成生殖器官的感染。

（2）胎衣不下：一般母牛分娩后 6 小时左右胎衣即自行脱落，但当母牛体质过弱或饲料中长期缺乏维生素 A、维生素 E 和硒等微量元素时，可导致胎衣 12 小时以上仍然不能自动脱落。此时如果不及时采取治疗措施，致使胎衣继续滞留、腐烂，或人工剥离时卫生条件差、剥离不干净等，均可使子宫感染。

（3）子宫积脓：子宫感染化脓性细菌以后，可能出现积脓现象。此时触摸子宫胀大，母牛既无怀孕症状，又不表现发情。

3. 卵巢疾病　卵巢功能是否健全和生殖密切相关，但是卵巢常因母牛内分泌紊乱、营养失衡、子宫疾病等影响，表现出多种不健康状态，最终导致奶牛不孕。临床上常见奶牛卵巢疾病包括卵巢静止、卵巢功能不全、卵巢萎缩、卵巢囊肿、持久黄体等。

4. 其他因素 主要包括非感染因素引起的久配不孕，包括发情鉴定不准确，输精时间、部位不当，精液品质差，环境热应激等，以及一些传染性疾病所引起的繁殖障碍。

【防治】不孕症对奶牛来说，不但常发而且难治，所涉及的致病因素和疾病种类较为复杂，临床上还无特异的治疗方法和特效药，所以综合防控就显得十分重要。

（1）正确判定母牛发情。不漏掉发情牛，不错过发情期，是防止奶牛不孕症的先决条件。对奶牛应在每天的早、午、晚做好仔细的发情观察，对不发情或隐性发情的牛，应进行阴道检查，观察阴道黏膜、黏膜状态及子宫颈口开张情况；直肠检查，触摸子宫、卵巢及卵泡的状况；适当用催情药进行催情，如肌内注射氯前列烯醇注射液4mL或肌内注射孕马血清进行催情促排。

（2）在正确发情鉴定的前提下，严格遵守人工授精的无菌操作和精液品质检查。对配种2～3次尚未受孕的母牛，可采取在临输精前向子宫中送入青霉素40万～60万单位的方法。

（3）临产母牛应该尽量做到自然分娩，避免过早的人工助产。必须助产时，要让兽医进行助产。助产时要做好卫生消毒工作，防止产道损伤，减少产道感染。

（4）对胎衣不下的牛应及时进行治疗处理。凡胎衣不下的牛，剥离后用抗生素进行子宫灌注。如胎衣粘连过紧，不易剥离者，向子宫中及时灌注抗生素或子宫净化专用药（金霉素2g或土霉素4g或宫康注射液），隔天或每天1次，直到阴道流出的分泌物清亮为止。凡子宫内膜炎或胎衣不下者，一律在产房内治愈后才能出产房。

（5）加强饲养管理，增强牛体健康，减少营养性不孕症的出现。母牛若精料采食过多又运动不足，则容易导致母牛过肥，造成奶牛发情异常，妨碍受孕。高产奶牛若精料饲喂过多，更易引起代谢性疾病，而造成不孕。

（6）犊牛生长期营养不良，发育受阻，会影响生殖器官的发育，易造成初情期推迟，初产时出现难产或死胎，既影响繁殖性能，也影响生产性能。

（7）运动与日光浴对防止奶牛不孕也有重要作用，牛舍通风换气不好，空气污浊，过度潮湿，夏季闷热等恶劣环境，不仅危害牛体健康，还会造成母牛发情停止。因此在饲养管理上要保证优质全价，保证充足的维生素、矿物质，饲料要多样化。当发现不孕症病牛时，应对全身状况仔细检查，找出病因，并采取相应的治疗措施。

二、卵巢功能减退或不全

卵巢功能减退是指卵巢功能暂时发生紊乱，卵巢活动减弱，处于静止状态，表现为无节律性周期或不完全性周期，产后长时期不发情。卵巢功能不全，是指有发情表现而不排卵或排卵延迟以及有排卵而无发情表现。本病为奶牛常发病，尤其是产后高产母牛易见。

【病因】

1. 饲养管理不当　舍饲条件下，奶牛运动不足；饲料品质低劣造成母牛营养不良；或精料饲喂过多，母牛过肥。

2. 内分泌功能紊乱　内分泌失调与母牛衰老、疾病、营养及应激等多种因素变化有关。促黄体素释放不足，影响卵泡成熟和排卵；促乳素分泌过高抑制卵泡生长发育；前列腺素 E 和前列腺素 F 不足，影响卵泡排卵；参与排卵的某些酶类活性下降，如胶原酶，水解酶等。

3. 应激因素　夏季热应激，运输应激，泌乳应激等，均可引起肾上腺皮质分泌功能加强，从而间接干扰排卵机制，使母牛不排卵或排卵延迟。

【症状】病牛卵巢功能减退的母牛，发情周期正常，发情明显或微弱，卵巢中有成熟卵泡，但不排卵或排卵延迟。排卵延迟者，多数因卵子老化或变性，不能受孕。不排卵者，成熟卵泡退化或闭锁，发情症状随即消失。有的牛不发情或发情微弱，在一侧或两侧卵巢中有两个或多个小卵泡发育。卵巢静止时，母牛不发情，卵巢大小和质地正常，卵巢上无卵泡和黄体，有时一侧卵巢上可能有黄体遗迹。卵巢萎缩时，母牛长期不发情，卵巢缩小至小指头大，质地较硬表面光滑，无卵泡和黄体。子宫也往往缩小。乳腺分泌活动降低。

【防治】

（1）首先应该加强奶牛的饲养管理，改善饲养环境，给予全价饲料，加强运动，减少各种应激的影响，提高机体的整体健康水平，促进卵巢功能的发挥。

（2）对于卵巢静止和排卵延迟的母牛，肌内注射促性腺激素释放激素 200～400μg，每天 1 次，连用 2～3 次；或肌内注射促卵泡素 100～200 单位，每天或隔天 1 次，连用 2～3 次，至出现发情为止。卵巢静止、卵巢萎缩、卵泡交替发育或排卵延迟者，肌内注射绒毛膜促性腺激素 1 万～2 万单位。有少数病例重复使用绒毛膜促性腺激素可能发生过敏反应，应注意。肌内注射孕马血清 1 000～2 000 单位，可用于催情和治疗卵巢静止。隐性发情的母牛，可肌内注射已烯雌酚 20～25mg 或苯甲酸雌二醇 4～10mg。

（3）对不发情或发情紊乱的母牛，可利用公牛进行催情，加速其排卵。

三、持久黄体

母牛在排卵（未受精）后，黄体或周期黄体超过其时限而不消失，继续保持其功能的现象称为持久黄体。持久黄体同怀孕黄体及周期黄体有相同的作用，即分泌孕酮，抑制黄体促性腺激素的分泌，导致卵巢不产生新的卵泡，致使母牛长期不发情。

【病因】饲养管理不当，运动不足，饲料单一，缺乏维生素和矿物质，泌乳过多等造成母牛体质下降，雌激素分泌不足，性功能减退是引起本病的主要原因。子宫内膜炎、子宫积液、产后子宫复旧不全等均会影响奶牛黄体的退缩和吸收，成为持久黄体。

【症状】母牛发情周期停止循环，不发情，直肠检查可发现卵巢一侧或两侧体积增大，表面不规则突起，呈蘑菇状，质地较卵巢硬。时隔 10 ~ 14 天，做两次直肠检查，均在同一部位触及黄体，即可诊断为持久黄体。

【防治】改善饲养管理是基本，调整饲料配比，补充矿物质和维生素，特别要加强产后母牛的饲养，尽快消除奶牛的能量负平衡。继发性子宫疾病的要先治疗子宫疾病，消除子宫炎症。为使黄体迅速消退，可肌内注射前列腺素 F 2α 5 ~ 10mg，或氯前列烯醇 0.5 ~ 1.0mg。一周后直肠检查，如无效果可再注射 1 次。也可采用激素疗法，孕马血清促性腺激素（PMSG）1 000 ~ 2 000 单位，1 次皮下或肌内注射；或促卵泡素（FSH）100 ~ 200 单位，肌内注射，隔 2 ~ 3 天后重复 1 次；或者用绒毛膜促性腺激素（HCG）1 000 ~ 5 000 单位，肌内注射；同时隔着直肠按摩卵巢，每次 3 ~ 5 分钟，每天 1 ~ 2 次，连用 3 ~ 5 天。

四、卵巢囊肿

卵巢囊肿分为卵泡性囊肿和黄体性囊肿。卵泡囊肿主要是由于未排卵的卵泡发生上皮变性，卵泡壁结缔组织增生，卵细胞死亡、卵泡液不被吸收或增多而形成卵泡增大。黄体囊肿是由于未排卵的卵泡壁上皮细胞黄体化而形成的。奶牛卵巢囊肿多发于第 4 ~ 6 胎产奶量最高期间，而且以卵泡囊肿居多。

【病因】

1. **子宫疾病** 子宫内膜炎是诱发卵巢囊肿的主要病因，胎衣不下和其他卵巢疾病也可以引起卵巢炎症，使卵巢排卵发生异常。

2. **营养不均衡** 饲料中维生素 A 不足，微量元素硒缺乏，可溶性蛋白、雌激素过多，泌乳盛期运动不足等，可增加卵巢囊肿发生的风险。

3. **内分泌失调** 垂体或其他腺体功能失调或使用激素制剂不当，导致促黄体素分泌不足或促卵泡素分泌过多，使卵巢排卵机制和黄体正常发育受到扰乱。

4. **应激** 卵泡发育过程中气温突然变化可能造成奶牛应激，尤其冬季大风降温比夏季炎热更易诱发应激，从而使奶牛分泌更高水平的黄体酮以致影响发情期黄体生成素的分泌。

5. 生殖道感染 助产或人工授精过程中操作不当造成奶牛生殖道损伤、感染。

【症状】病牛出现无规律的频繁发情或持续发情，发情周期缩短，发情盛期延长，严重时表现为持续强烈的发情行为，即慕雄狂。由于经常处于兴奋状态，过度消耗体力，而且食欲减退，所以病牛通常消瘦，被毛干枯。个别母牛性情变得凶恶，有攻击行为。还有些病牛表现为不发情，多见于产后60天以内。

直肠检查可以摸到卵泡肿大呈球状，泡壁紧绷，内有波动感，直径超过2cm，明显大于正常卵泡。有时会触摸到多个小的囊泡，大小与正常卵泡相近，隔2～3天再进行直肠检查，发现囊泡交替萎缩，但不排卵，囊壁比正常情况厚，子宫角松软不收缩，而正常卵泡此时已排卵，并形成初级黄体。

【防治】针对本病的病因，预防首先要做好饲养管理工作，适量补充维生素A和微量元素硒。有子宫疾病的奶牛要及时治疗，避免助产和人工授精等过程造成生殖道损伤、感染。对于已经发生卵巢囊肿的病牛，治疗主要是采用激素疗法。

（1）促性腺激素释放激素（GnRH），肌内注射。一般用药后15～20天内，囊肿逐渐消退，并开始恢复正常发情、排卵。

（2）促黄体素（LH），一次性肌内注射400～600单位，一般3～6天后囊肿症状消失，15～20天后恢复正常发情。此激素反复使用可能引起过敏反应，且多次使用病牛会产生抗体而疗效下降。如用药1周后未见好转，可第二次用药，剂量比第一次稍增大。

（3）绒毛膜促性腺激素（HCG），静脉注射2 500～3 000单位或肌内注射0.5万～1万单位。

五、排卵延迟及不排卵

排卵延迟是排卵的时间向后拖延。奶牛发情表现、发情周期正常，直肠检查子宫、输卵管、卵巢无异常，并有卵泡发育，但发育后24～84小时仍不排卵者，即为排卵延迟。寒冬季节易发此病。

【病因】垂体前叶促黄体素分泌不足，气温过低、营养不良、挤奶过度等均可引起奶牛排卵延迟。

【症状】病牛外观发情症状与正常发情症状相同，直肠检查子宫、卵巢等均无异常，但发情的持续时间延长。

【治疗】

（1）一次性单纯静脉注射绒毛膜促性腺激素（HCG）2 500～4 000单位，24

小时后直肠检查，在卵泡将要排卵时进行人工授精。一般用药后 30 ~ 48 小时卵泡即破裂排卵。

（2）一次性静脉注射绒毛膜促性腺激素（HCG）3 000 ~ 4 000 单位，同时每天上午和下午各按摩卵巢 1 次，每次 5 分钟。一般用药后 18 ~ 24 小时后即会排卵。也可同时使用电针刺激命门穴、百会穴、双雁翅等。

六、慢性子宫内膜炎

慢性子宫内膜炎是奶牛难妊症中比较常见的一种疾病，其特征是子宫不发生形态上的变化，发情周期正常，排卵正常，但是屡配不孕，严重地影响了奶牛的繁殖力和生产性能，有的病牛不得不因此被淘汰，给奶牛养殖户造成很大的经济损失。

【病因】

1. 管理不当 营养不均衡、催奶过度等导致奶牛抵抗力下降、子宫收缩乏力、产后恶露蓄积；或日常消毒不严格，环境致病菌多，尤其是产房和牛舍卫生条件差，使奶牛产后感染，导致奶牛慢性子宫内膜炎发病率增高。

2. 操作不当 人工授精过程中操作不规范，如进行人工授精或阴道检查时输精器、牛外阴部及人的手臂消毒不严，器械造成子宫损伤等，致使病原进入子宫内而引发炎症。胎衣腐败和手术分离时造成子宫黏膜损伤，或治疗胎衣不下、子宫脱、阴道脱、子宫颈炎等疾病时消毒不彻底、治疗不及时或方法不得当，均为病原微生物的侵入创造了条件。

【症状】病牛体温升高，精神不振，食欲减退，从阴道排出灰白或黄褐色物。尾根或阴门附脓性物，卧下时从阴门排脓。子宫壁变厚，子宫冲洗液呈稀糊状黄色脓液。直肠检查，子宫角增大，如妊娠 2 ~ 4 个月，子宫角收缩反应差。

【治疗】病牛发情停止后的 2 ~ 3 天，待子宫活动由强变弱，子宫颈口开张而未闭合的时候用 0.1% 稀碘液清洗子宫，每次灌注 20 ~ 40mg，每天 1 次，连用 2 ~ 3 天，用此法有利于黏膜深层的渗透杀菌、持久消炎、刺激子宫排出炎性分泌物。同时肌内注射雌二醇 20mg/天，连用 3 天，促进子宫颈的松弛开放和子宫内膜的生长。

中药疗法采用益母草 150g、郁金 30g、蒲公英 30g、赤芍 20g、黄柏 20g、当归 20g、地丁 30g、金银花 20g、连翘 30g，煎药灌服，每天 1 剂，连用 5 天，此法有高效抗菌消炎、兴奋子宫体、促进炎性产物排出、调节子宫内膜生理及免疫功能、促进子宫复原等作用。

【预防】改善饲养管理，提高奶牛抗病能力；在配种助产时严格消毒；产前增加运动量，促进胎衣的成熟；发现胎衣不下时立即采取措施，分娩后要用活血化瘀方促进子宫的收缩恢复。产道损伤时及时治疗；子宫有污秽物排出时，应及时对子宫冲洗，再放入抗生素制剂。

七、子宫积液及子宫积脓

子宫积液是指子宫内积有大量棕黄色、红褐色或灰白色的稀薄或黏稠液体，蓄积的液体稀薄如水者亦称子宫积水。子宫积脓多由脓性子宫内膜炎发展而成，其特点为子宫腔中蓄积脓性或黏脓性液体，子宫内膜出现炎症病理变化，多数病牛卵巢上存在有持久黄体，因而往往不发情。

【病因】奶牛的子宫积脓多发生于产后早期，常继发于分娩期疾病，如难产、子宫内膜炎等。患病时出现的持久黄体是由于子宫感染，子宫内膜异常，导致产后排卵形成的黄体不能退化所致。配种之后发生的子宫积脓，与胚胎死亡有关，其病因是在配种时引入病原微生物或胚胎死亡之后所感染。

【症状】奶牛子宫积脓的典型症状是乏情，卵巢上存在持久黄体，子宫中积有脓性或黏脓性液体。产后子宫积脓的病牛由于子宫颈开张，大多数在躺下或排尿时排出脓液。尾根或后肢沾有脓液或其结痂；阴道检查时也可发现阴道内积有脓液，呈黄白或灰绿色，子宫颈口肿胀明显，多为紫红色，开张不大。直肠检查发现子宫颈粗而硬化，表面皱褶清晰，长 15~20cm，向下倾斜。子宫体不明显，角间沟平坦。子宫角多不对称，角壁变厚而松软，并有波动感，子宫体积的大小与妊娠 6 周至 5 个月的牛相似，两宫角的大小多不相等，查不到子叶、胎膜及胎体。当子宫体积很大时，子宫中动脉可能出现类似妊娠时的脉搏，且两侧脉搏的强度均等，卵巢上存在有黄体。病牛一般无全身症状，在发病初期体温略有升高。

子宫积脓的病程不定，严重的急性病例病情进展较快，如不及时治疗，可能导致死亡，子宫颈开放的病例，病程可以拖延数月之久。

【防治】

1. **子宫冲洗**　子宫冲洗是治疗子宫积脓或子宫积液行之有效的常用方法。所用的冲洗液有高渗盐水、0.05%~0.1%高锰酸钾、0.01%~0.05%新洁尔灭等，每次消耗药液 2 000~3 000mL，将药液加温至 45℃，边注入子宫边排出，直至回液无分泌积液或脓汁。如使用高锰酸钾冲洗，需用生理盐水进行二度冲洗子宫，直到回液无颜色。冲洗结束后，向子宫内灌注抗生素，但青霉素不宜用于产后 2~3 周的早期阶段，因为在此期间，子宫中存在一些耐青霉素微生物，可以释放青霉素酶而阻碍其发挥作用，使青霉素敏感的细菌得到保护。有全身症状的病牛，应同时肌内注射进行全身治疗。

2. **激素疗法**　对子宫积脓或子宫积液的病牛，应用促进子宫收缩的药物，促进子宫颈口开张，使积液或积脓大部分排出。前列腺素 0.3mg，注入子宫内后 24 小时即可使子宫的液体排出，经 3~4 天后病牛可能会出现发情。如此期间子宫颈口开张较小，可肌内注射雌激素。当子宫内容物排尽之后，再注入抗生素以防治感染。另外，促进子宫内液体排出也可使用催产素。催产素与雌激素合用有协同加强的作用，因此在使用催产素之前先用雌激素处理（提前48小时）效果更好；催产素的一般用量为30～50单位。

（张　鹏　韩卫红）

第九章　其他疾病

一、荨麻疹

荨麻疹，俗称风团或风疹块，是机体受到内、外因素刺激所引起的皮肤乳头层和棘状层浆液性浸润所表现的一种过敏性疾病。临床上以牛皮肤突然发生许多圆形或扁平的疹块并迅速消散，且伴有皮肤瘙痒为特征。

【病因】

1. **外源性荨麻疹**　包括某些牛毒，如蚊、蚋、虻、蝇、蚁等昆虫的刺蜇；某些有毒植物，如荨麻、剪股颖草、花粉等；某些药剂，如青霉素、磺胺类、中草药提取剂等；某些生物制品，如注射血清、疫苗接种、结核菌素注射等；外用搽剂，如松节油、芥子泥等；受潮湿、寒凉或冷风刺激等。

2. **内源性荨麻疹**　是指牛本身对某些物质有特异敏感性，与牛个体素质有关。采食变质或霉败饲料，某些异常成分或毒素被吸收；胃肠消化功能紊乱，微生态异常，某些消化不全产物或菌体成分被吸收等。牛对某些高蛋白饲料敏感，摄食后易发本病。

3. **感染性荨麻疹**　如毒素中毒等病的过程中或痊愈后，由于病毒、细菌、毒素对牛体持续作用而致敏，当再次接触该病原时即可发病。

【症状】发生荨麻疹，不同的个体全身症状不同，一般有烦躁不安，食欲降低，呼吸加快，流清涕或流涎。典型病例在接触变应原的数分钟至数小时内，突然发病，皮肤上突然出现疹块，呈白色、淡红色或红色突起，丘疹扁平状或呈半球状，豌豆至核桃大，数量迅速增多，遍布全身，这种疹块部分相互融合，形成大面积肿胀，质地较硬，被毛直立。偶见丘疹顶端发生浆液性水疱或破溃结痂。由动植物刺激引起者，多伴有奇痒，表现摩擦，啃咬，以致皮肤破溃，浆液外出。感染性荨麻疹，常有体温升高。

【诊断】根据病史和临床症状（突然发生、在皮肤上有大小、数量不等的扁平疹块），容易诊断。

【治疗】荨麻疹的治疗原则是除去病因，脱敏，防止皮肤感染。

1. **除去病因**　如因与植物接触，吸入环境中致敏原而发病，应迅速脱离致敏环境；如因霉败或有毒饲料所致，应及时更换饲料；如因潮湿、寒冷、光照引起者，应采取相应的保护措施等。如因食入所为，可缓泻、清理胃肠，排除异常内容物等；如因寄生虫毒素所致，应定期驱虫。

2. 脱敏　缓解致敏反应是治疗的关键。常用抗组胺类药和拟交感神经药物。盐酸苯海拉明、盐酸异丙嗪、地塞米松磷酸钠注射液肌内或静脉注射。

3. 防止皮肤感染　对湿疹荨麻疹或后遗的湿疹，要彻底清洗皮肤，用1%醋酸溶液或2%酒清涂擦，或用止痒合剂（薄荷1g，石炭酸2mL，水杨酸2g，甘油5mL，70%酒精加至100mL），具有止痒作用。剧痒不安者，可用盐酸普鲁卡因静脉注射。

二、湿疹

湿疹是由多种因素引起的表皮及真皮浅层的炎症性皮肤病，属于轻型过敏反应。临床上以患部皮肤出现红斑、丘疹、水疱、脓疱、糜烂、结痂及鳞屑等多形性皮损，并伴有热、痛、痒症状为特征。可发生于任何部位，常见于面部、四肢内侧、乳房等处。

【病因】湿疹的发生取决于以下三方面的因素。

1. 环境因素　环境包括群体环境与个体环境，群体环境致病因素是指室外大范围的空气、水、土壤、放射源、致敏花粉植被、致敏菌源等。个体环境包括农药、人工饲料、饲料添加剂、防腐剂、化学涂料、塑料制品、杀虫剂等。当牛长期生活在这种不良环境中易引起湿疹。化学性物质、皮肤污染分泌物和渗出物（尤其在肛门、会阴、脐部、创围等周围）刺激，机械性作用（局部皮肤受压迫、皮肤的相互摩擦等），吸血昆虫刺蛰，体外寄生虫（虱、蜱、疥螨、蚊、蝇等）的叮咬以及微生物的作用等也可以致病。

2. 感染因素　某些湿疹与微生物的感染有关。这些微生物包括金黄色葡萄球菌、烟曲霉、镰刀霉、黑曲霉及黑根霉等。

3. 内在因子　多见于摄入致敏饲料或细菌毒素所致，与营养物质缺乏，体内代谢紊乱有关。也与病灶感染、细菌毒素有关。

【症状】临床上，一般按病程和皮损表现分为急性、慢性两种。

1. 急性湿疹　一般有明显瘙痒，部位对称，按典型经过分红斑期、丘疹期、水疱期、脓疱期、糜烂期、结痂期、鳞屑期。

（1）红斑期：患部皮肤充血、潮红，无色素皮肤可见大小不一的红斑，指压退色，轻度肿胀，多呈对称性分布，称为红斑性湿疹。

（2）丘疹期：随病情发展，在潮红皮肤上或周围健康皮肤上出现界限明显的粟粒大到豌豆大、数目多少不定、质地较硬的隆起，称丘疹性湿疹。

（3）水疱期：当丘疹的炎性渗出物增多时，丘疹内充满透明浆，变成水疱，称为水疱性湿疹。

（4）脓疱期：水疱发生感染后，形成有蔓延趋势的脓疱，附近淋巴结肿大，称为脓疱性湿疹。

（5）糜烂期：脓疱或小水疱破溃后，露出鲜红的糜烂面，创面湿润，发出腥臭气味，并伴有奇痒和疼痛。称为糜烂性或湿润性湿疹。

（6）结痂期：糜烂面上的渗出物凝固干燥后，形成黄色或褐色痂皮，称为结痂性湿疹。

（7）鳞屑期：湿疹末期痂皮脱落，炎症减轻，新生上皮增殖和角质化，局部覆以细小的、白色糠秕状脱屑，称鳞屑性湿疹。

临床上，湿疹的发展不一定呈典型经过，有些牛的湿疹从红斑期直接到鳞屑期。

2. **慢性湿疹**　多由急性湿疹持续或反复发作转变而成，病程与急性湿疹大致相同，其特点是病程长，皮肤肥厚，被毛粗刚，同时伴发色素沉着和瘙痒。病牛局部皮肤因摩擦而脱毛，出血。发生于趾间的湿疹，特称趾间糜烂。

【诊断】依据明显的临床症状和皮肤的特异性变化，结合病史调查、饲料检查、内部器官状态、神经系统功能的状态综合分析，容易诊断。注意与疥螨虫病、荨麻疹、霉菌性皮炎相鉴别。

【治疗】除去病因，脱敏，消炎，防止啃咬和摩擦患部。

1. **局部处理**　首先局部剪毛，清除皮肤一切污垢、汗液、痂皮、分泌物等。再用温水或具有收敛作用的溶液清洗，如3%的硼酸溶液，1%～2%鞣酸溶液，5%的醋酸铅溶液（加入10%的明矾）等，然后涂布含有糖皮质激素的软膏，如氢化可的松、醋酸氢化可的松、强的松龙等膏剂或水剂。在急性湿疹的水疱期、脓疱期或糜烂期湿疹，应使用具有收敛作用的防腐剂。如3%～5%的龙胆紫，5%的亚甲蓝，2%的硝酸银溶液或用亚甲蓝硼砂溶液（亚甲蓝3g、硼砂5g、蒸馏水120mL）。随着渗出物的减少，可涂布氧化锌软膏。

2. **消炎**　对于皮肤的严重感染者，除局部涂布消炎药物外，尚可肌内注射或静脉注射青霉素、先锋霉素类药物。

3. **脱敏**　常用盐酸苯海拉明肌内注射0.5～1.0g，或用盐酸异丙嗪0.25～0.5g肌内注射，每天1～2次。地塞米松注射液10～20mg，每天2次肌内注射，严重者，配合静脉注射维生素C、葡萄糖酸钙、氯化钙、硫代硫酸钠等。

【预防】本病的预防关键是减少应激原刺激。应保持皮肤清洁、干燥，厩舍要通风良好，使牛经常运动，并给以一定时间的光照，给予富有营养且易消化的饲料。对已知过敏原，应尽量避免第二次接触。

三、应激性综合征

应激性综合征是牛遭受不良因素刺激时，表现出发育受阻，生产性能和产品质量降低，免疫力下降，严重者引起死亡的一种非特异性反应的综合征。

【病因】环境中引起应激的原因十分复杂，一般多指能引起牛有明显临床表现的因素。饲养管理中的各种刺激，如注射疫苗、运输、驱赶、追捕、斗架、拥挤、混群、电刺激、离群、手术、检疫等，或温度、湿度、光照的突然改变，饲养方式的突然改变均可诱发应激性疾病。另外，日粮中维生素 E 和微量元素硒缺乏也可造成营养性应激。并且，该病的发生具有遗传倾向。

【症状】应激综合征的临床表现多种多样，不同品种的临床症状有一定差异。猝死型，又称突毙综合征，常于受惊吓、运输、高温或注射时发生，不表现任何临床症状而突然死亡。神经型病牛常表现异常兴奋，磨牙、吼叫、瞪眼、呼吸浅表，倒卧后很快死亡。轻度病例表现有胃肠炎、前胃弛缓、瘤胃鼓气、瘤胃积食等病症状，产奶量急剧下降。

【诊断】依据病史和特征性的临床症状可做出初步诊断，根据病理剖检变化、血液指标测定等可做进一步确诊。注意与中暑、硒－维生素 E 缺乏症、肌红蛋白尿等疾病鉴别。

【治疗】首先消除应激原，同时选择抗应激药物，对症治疗。因为应激原可引起变态反应性炎症或过敏性休克，所以最好选用糖皮质激素肌内或静脉注射。缓解酸中毒可选用5%的碳酸氢钠溶液。配合应用维生素 C、维生素 E、维生素 B 及微量元素锌、硒、铬等，有较好的效果。此外，发热严重者，应配合退热药物。有胃肠炎、胃鼓气等严重继发病者，同时治疗继发或并发症。

【预防】加强饲养管理，改善环境条件，减少各种因素的应激。

（1）饲养密度不宜过大，保证牛舍内空气流动，以防有害气体滞留过多。检疫及接种注射时，应尽量减少追赶、捕捉的次数和强度。

（2）加强营养，优化日粮中的能量和蛋白质。在改换日粮或改变饲养方式时，应有一个适应期。在炎热的季节，适当补充维生素 C、维生素 E，具有一定的抗热应激作用。

（3）运输过程中，尽量减少对牛只的刺激，要选择适当的季节运输，避开炎热的夏季。并注意运输工具的通风和饮水条件。装卸时尽量避免追赶、捕捉。运输前可给予少量的镇静剂以减少应激作用。

（杨自军　刘凤军）

第十章 奶牛用药知识

药物是治疗和预防牛病不可缺少的物质基础，了解药物作用，清楚药物作用机制有利于合理、安全、高效地应用药物。疫苗的接种也是牛场不可忽略的环节，合理的接种疫苗能增强牛的抵抗力，降低疾病发生的概率。

第一节 药物的作用及影响药效的因素

一、药物的作用

药物在临床治疗上可能产生很多效果，对治疗疾病有利的称为治疗作用，而其他与用药目的无关或有害的称为不良反应。但大多数药物在表现治疗作用的同时往往存在不同程度的不良反应，这就是药物的两重性。

（一）治疗作用

1. **对因治疗** 药物的作用是消除疾病的原发致病因子。如用洋地黄治疗慢性、充血性心力衰竭引起的水肿，化疗药物杀灭病原微生物达到控制感染性疾病的目的。

2. **对症治疗** 药物作用是为了改善疾病症状。如解热镇痛药可使病牛体温下降但如果病因不除，药物作用过后会再次升高。因此除去一些严重症状如呼吸衰竭、惊厥等，必须用药解除症状再考虑对因治疗的，一般情况下都要先考虑对因治疗。

（二）不良反应

1. **副作用** 常用治疗剂量下产生的与治疗无关或危害不大的不良反应。副作用一般是可以预见但很难避免的。治疗目的不同副作用又可称为治疗作用，如术前阿托品给药是为了抑制腺体分泌，减轻对心脏的抑制，其抑制胃肠平滑肌就视为副作用，但在解除痉挛疝时抑制腺体分泌就成了副作用，抑制胃肠平滑肌就成了治疗作用。

2. **毒性反应** 毒性反应一般是用药剂量过大或用药时间过长而引起的。毒性反应一般是可以预知的，临床上要尽量避免。用药后立即发生的称急性毒性，常表现心血管和呼吸功能损害；也有长期用药蓄积产生的，多表现肝、肾和骨髓的损害。

3. 变态反应 变态反应又称过敏反应，本质是免疫反应。这种反应与剂量无关，反应性质各不相同。牛只对某种药发生过敏反应的应避免再次使用此药。

4. 继发性反应 继发性反应是药物治疗引发的不良后果。如长期用四环素类广谱抗生素会破坏胃肠原有菌群平衡，以致一些不敏感菌或抗药菌大量繁殖引发中毒性肠炎或全身感染。

5. 后遗效应 指停药后血药浓度已降至阈值以下时的残存药理效应。可能由于药物与受体的牢固结合，靶器官药物尚未消除，或者由于药物造成不可逆的组织损害所致。

二、影响药效的因素

（一）药物方面

1. 剂量 在一定剂量范围内药物的作用随着剂量增加而增强，如小剂量的巴比妥具有催眠作用，但随剂量增加会表现出镇静、抗惊厥和麻醉作用。也有少数药物随剂量加大而发生性质改变。如碘酊2%浓度具有杀菌作用，10%浓度则表现刺激作用；人工盐小剂量具有健胃作用，大剂量则表现泻下作用。临床用药时，要规范用药，根据药物的理化性质、毒副作用和病情发展的需要适当调整剂量，以便更好发挥药效。

2. 剂型 剂型会影响药物吸收的多少与快慢。如内服液剂比片剂吸收速率要快，因为片剂在胃肠内有一个崩解释放有效成分的过程。新型剂型的不断研究，缓释、控释等在临床的应用对药物的影响越来越大。

3. 给药途径 给药途径不同，药物吸收速度不同。静脉＞肌内＞皮下注射＞口服＞经肛＞贴皮。

4. 给药方案 包括给药剂量、途径、时间间隔和疗程。给药途径不同主要影响药物利用度和吸收速度。确定时间间隔是为了确保下次给药前要维持血液中最低有效浓度。大多数药物必须按一定剂量和时间间隔多次给药才能达到治疗效果，称为疗程。

5. 联合用药及药物相互作用 临床上适当运用两种或两种以上药物联合使用达到提高药效、消除或减轻某些毒副作用的目的。但是，同时使用两种以上药物，在体内的器官、组织中（如胃肠）或作用部位（如细胞膜、受体部位）上，药物均可发生相互作用，使药效或不良反应增强或减弱。

（二）牛方面

不同品种、性别、年龄、是否怀孕的牛，以及个体差异等，都会影响药物的作用。

（三）饲养管理和环境因素

机体的健康状态可以直接或间接影响药效，而牛的健康主要取决于饲养和管理水平。良好的饲养管理水平，舒适的生长环境对于牛的健康以及疾病的治疗效果都有着密切关系。

第二节　奶牛场的合理用药

合理用药就是以当代药物学及疾病的系统知识与理论为基础，安全、有效、经济、适当的使用药物。奶牛场临床药物使用时应考虑以下几个原则。

1. **正确诊断**　药物合理应用的先决条件是正确的诊断，对牛发病过程没有正确的认识，药物治疗便是无的放矢，不但没有好处，反而可能延误诊断、耽误治疗。

2. **用药要有明确的指征**　根据病情选用药效可靠、安全、方便、廉价的药物。反对滥用药物，尤其是抗生素类。

3. **了解用药在牛体内的药动学知识**　根据药物作用及药动力学知识，科学合理用药，把握用药时期，注意用药剂量，选择合适的用药方法等。

4. **预期药物的疗效和不良反应**　根据疾病的病理学过程和药物的药理作用特点以及它们之间的相互关系，药物的效应应该是可以预期的。要考虑到疾病的复杂性，认真观察药效和毒副作用，随时调整用药方案。

5. **避免使用多种药物或固定剂量的联合用药**　确诊后兽医要选择安全有效的药物进行治疗，一般情况下不应同时使用多种药物，尤其是抗菌药，因为多种药物治疗增加了药物相互作用的概率，也给病牛增加了危险。另外要慎用固定剂量的联合用药，因为它使兽医失去了调整剂量的机会。

6. **避免药物残留，注意用药安全**　药物在奶牛中的残留会影响奶的品质，因此用药时要注意药物休药期，防止药物残留对总储奶罐中奶品质的影响。

7. **孕牛用药要慎重**　怀孕母牛与未孕母牛用药效果差异极大，因此要注意孕牛的用药剂量和用药种类，避免对胎儿产生不利影响。

第三节　奶牛场常用药物及疫苗

一、常用药物

（一）抗菌类

青霉素（青霉素 G，苄青霉素）：难溶于水，有钾盐和钠盐。抗菌谱较窄，对繁殖期的革兰氏阳性菌及部分革兰氏阴性菌作用较好，可用于牛放线菌肉芽肿、破伤风、炭疽、乳房炎、子宫内膜炎等。肌内注射，牛每千克体重 0.5 ~ 1 万单位，每天 2 ~ 3 次。牛乳房灌注 20 万单位/乳室，每天 1 ~ 2 次。

氨苄青霉素（安比西林）：广谱青霉素，用于牛炭疽、放线菌、气肿疽、坏死杆菌及绿脓杆菌所引起的感染，常与庆大霉素联合使用。静脉或肌内注射，4 ~ 15mg/kg。需要注意与庆大霉素联合使用时不宜混合注射，以免使庆大霉素效价降低。

头孢噻肟：对革兰氏阳性菌和革兰氏阴性菌均有抗菌作用，尤其是对肠杆菌科细菌的活性极强。用于敏感菌所致的呼吸道、泌尿道、消化道感染、皮肤和软组织、腹腔及败血症等。静脉、肌内或皮下注射，25 ~ 50mg/kg，每天 3 次。

链霉素：对多种革兰氏阴性菌，如产气杆菌、大肠杆菌、痢疾杆菌、沙门杆菌、巴氏杆菌等有效。对细菌引起的呼吸道、消化道、泌尿道感染等有较好效果。犊牛可内服，每次 100 万单位，每天 2 ~ 3 次。肌内注射，每次每千克体重 150 万单位每次，每天 2 次。注意与两性霉素、红霉素、新生霉素钠、磺胺嘧啶钠在水中相遇会出现混浊，可损害听觉和肾脏，故不能联合使用。

庆大霉素：性质较稳定，广谱抗菌，对革兰氏阴性菌效果比革兰氏阳性菌效果强。主要用于绿脓杆菌、变形杆菌、大肠杆菌、沙门杆菌、耐药金色葡萄球菌等引起的呼吸道、泌尿生殖道感染及败血症等系统或局部感染。肌内或静脉注射，每次每千克体重 1 ~ 1.5mg，每天 2 次，连用 3 ~ 5 天。乳室灌注，每乳室 250 ~ 400mg。注意：对链球菌感染无效，临床应用时要剂量足，疗程不宜过长，以免产生耐药性。

土霉素（氧四环素）：广谱抗生素，对革兰氏阳性菌和革兰氏阴性菌均有抑制作用，对衣原体、立克次氏体、支原体、螺旋体等也有一定抑制作用。主要用于防治牛大肠杆菌、沙门杆菌、巴氏杆菌感染，急、慢性呼吸道病，也可用于放线菌病、钩端螺旋体病、气肿疽等，也用于治疗子宫内膜炎、坏死杆菌病。犊牛内服，每头 10 ~ 20mg，每天 2 ~ 3 次。静脉或肌内注射，每千克体重 2.5 ~ 5.0mg，每天 2 次。注意：成年牛不宜用，防止引发前胃病，禁与碱性物质、含氯物质及金属离子药物混合使用。长期使用可诱发二重感染、维生素缺乏等不良症状。

强力霉素（脱氧土霉素）：性质稳定，是一种长效、高效、广谱、低毒的半合成四环素类抗生素。抗菌谱与土霉素类似但作用要强 2 ~ 10 倍，对土霉素、四环素耐药的金色葡萄球菌仍有效果。内服易吸收，排泄慢，持续时间长。对牛的大肠杆菌、沙门杆菌、支原体病有较好效果。内服，每千克体重 1 ~ 3mg，每天 1 次。静脉注射，每千克体重 1 ~ 2mg，每天 1 次。注意：本品虽毒性小，一般不会引起菌群失调，但仍不可长期使用。

泰乐菌素：对革兰氏阳性菌和部分革兰氏阴性菌有抗菌作用，如金黄色葡萄球菌、化脓链球菌、肺炎双球菌、化脓棒状杆菌等。皮下或肌内注射，每千克体重 2～10mg，每天 2 次，注意日用量不宜超过 62mg。

林可霉素（洁霉素）：主要对革兰氏阳性菌如金黄色葡萄球菌、溶血性链球菌、肺炎球菌的抑菌效果较强。对某些厌氧菌和支原体有较强抗菌作用，如破伤风杆菌、梭状芽孢杆菌等。静脉或肌内注射，每千克体重 10～20mg，每天 2 次。

诺氟沙星（氟哌酸）：抗菌谱广，对支原体、大肠杆菌、沙门杆菌、巴氏杆菌、绿脓杆菌等革兰氏阴性菌有较强杀菌作用。用于呼吸道、泌尿生殖道、皮肤感染等。内服，犊牛每千克体重 10～20mg，每天 2 次。

环丙沙星（环丙氟哌酸）：用于呼吸道、消化道、泌尿道、支原体及细菌混合性感染。内服，每千克体重 2.5～5mg。静脉或肌内注射每千克体重 2.5kg，每天 2 次。

磺胺间二甲氧嘧啶钠（SMZ）：主要用于敏感菌引起的呼吸道、消化道和泌尿道感染及葡萄球菌病、链球菌病、传染性鼻炎、幼畜球虫病等。内服，首次量 0.14～0.2g，维持量为 0.07～0.1g，每天 2 次。静脉或肌内注射，每千克体重 0.07～0.1g，每天 2 次。

（二）作用于消化系统的药

1. 健胃、促反刍类

马钱子酊：味苦，主要用于治疗食欲不振、消化不良、胃肠弛缓及瘤胃积食。内服，一次量，牛 10～30mL。注意，长期或大量服用可致中毒。

龙胆酊：味苦，主要用于治疗食欲减退、消化不良。内服，龙胆末，每头每次 20～50g，龙胆酊，每头每次 50～100mL。

陈皮酊：芳香味，具有促进胃肠蠕动和分泌、轻度抑菌和制酵等作用。用于消化不良、胃鼓胀、积食、咳嗽多痰。内服，每头每次 30～100mL。

人工盐：有 44% 硫酸钠、18% 氯化钠、2% 硫酸钾混合配成。小剂量促进胃肠蠕动，中和胃酸，加强消化。内服，每头每次 50～150g 可健胃，每次 200～400g 可达到缓泻目的。

稀盐酸：助消化药，用于治疗胃酸不足引起的消化不良、食欲不振、急性胃扩张及瘤胃鼓气。内服，牛 15～30mL。

乳酶生：具有抑菌、制酵、助消化和止泻作用。可用于治疗消化不良、胃肠鼓气和腹泻。内服一次量 10～30g。饲前服药，不宜与抗生素、吸附剂、酊剂、鞣酸合用。

干酵母：常用于治疗食欲不振、消化不良和 B 族维生素缺乏。内服，一次量 120～150g。

2. 制酵与消沫药

鱼石脂：防腐制酵，促进胃肠蠕动。内服一次量 10～30g。用时 2 倍乙醇溶解后加水稀释成3%～5%溶液。

二甲硅油：不溶于水和乙醇，表面张力低，效果较好。内服，每头每次3～5g，用时配成2%～5%的酒精溶液。

松节油：外用作皮肤刺激药物治疗各种慢性炎症，内服可治疗反刍兽瘤胃积食，瘤胃泡沫型鼓胀。内服一次用量20～40mL，可用2～4倍的植物油混合使用降低刺激性。肾炎和胃肠炎牛忌用。

3. 泻药、止泻药、收敛药

硫酸钠：大肠便秘时配4%～6%溶液灌服。可用于排除肠内毒物、辅助驱虫药排虫。小剂量每次15～50g具有健胃作用，大剂量每次400～800g具有泻下作用。

硫酸镁：内服小剂量健胃，大剂量致泻。20%的溶液外用有消炎、排毒、止痛的功能，可用于治疗慢性炎症及化脓感染。

液状石蜡：润滑性泻药，对肠道黏膜起润滑和保护作用，是一种比较安全的泻药，适用于小肠便秘。也用于牛的瘤胃积食、前胃弛缓、瓣胃阻塞等。内服，每次量500～1 500mL，犊牛60～120mL。

植物油：润滑肠道，软化粪便，促进排粪。适用于小肠便秘、瘤胃积食等。内服，每次量500～1 000mL。

鞣酸蛋白：有收敛、止泻和保护作用用于急性胃肠炎和非细菌性腹泻。内服，每次量10～20g。

药用炭：具有止泻和阻止毒物吸收的作用，其吸附作用与其含水量有关，水分越少吸附作用越强。用于肠炎、腹泻及内服毒物中毒等。

白陶土（高岭土）：具有吸附和止泻作用，其吸附作用稍逊药用炭。常作用于幼畜腹泻。内服，每次量100～300g。

（三）解热镇痛药

乙酰水杨酸钠（阿司匹林）：具有较强的解热镇痛、消炎抗风湿，促进尿酸排泄作用，常用于多种原因引起的发热、风湿症及神经、肌肉、关节痛。内服，每次量15～30g。

对乙酰氨基酚（扑热息痛）：解热镇痛作用持久缓和，主要用于犊牛。内服一次量10～20g，注射液肌内注射5～10g。

氨基比林：具有明显的解热镇痛和消炎作用，治疗肌肉痛、关节痛、神经痛等。与巴比妥类联合使用可加强镇痛效果。肌内或皮下注射，每次量0.6～1.2g。

安乃近：氨基比林和亚硫酸钠的合成药，作用迅速，持续时间较长。解热镇痛作用较强，也有一定消炎和抗风湿的作用。内服，一次量4～12g。肌内注射，3～10g。

吲哚美辛（消炎痛）：有消炎、解热、镇痛作用。主要用于治疗风湿性关节炎、骨关节炎、神经痛、腱鞘炎等。内服，每次每千克体重 1mg。

甲氯酚酸（抗炎酸）：具有消炎、镇痛、解热作用。用于治疗急、慢性类风湿性关节炎。内服，1.25～2.5g。

（四）驱虫药

伊维菌素：对牛的消化道和呼吸道线虫有良好驱除效果。皮下注射，每次每千克体重 0.2mg。

阿苯达唑：对牛大多数胃肠道线虫及幼虫均有良好效果。内服，一次量，牛 10～15mg。

芬苯达唑：对牛的各种线虫均有驱除效果。对吸虫需用较高剂量，7.5～10mg/kg，连用 6 天，对肝片吸虫及牛前后盘吸虫童虫均有良好效果。

敌百虫：广谱驱虫药，不仅对消化道线虫有效，而且对某些吸虫（如姜片吸虫、血吸虫）也有一定效果，外用也可作杀虫药。对牛毒性很大。内服，20～40mg/kg。

硝氯酚：对驱除肝片吸虫较理想，对各种前后盘吸虫移行期幼虫也有较好效果。内服 6～8mg/kg。

吡喹酮：主要用于牛吸血虫病，也用于绦虫病和囊尾蚴病。内服，一次量，10～35mg/kg。

硫双二氯酚：对牛的多种绦虫和吸虫具有良好驱除效果，是一种广泛应用的驱虫药。内服，40～60mg/kg。

氯硝柳胺：对牛的莫尼茨绦虫、裸头绦虫等都有效，给药前需空腹一夜。内服，一次量，60～70mg/kg。

舒拉明：可用于牛的伊氏锥虫。静脉注射，15～20mg/kg。

（五）消毒防腐药

苯酚：可杀灭细菌繁殖体、真菌和某些病毒。5% 水溶液可浸泡外科器械，2%～5% 水溶液可喷洒用具，1% 水溶液用于皮肤止痒，0.5% 的用于生物防腐。忌与碘、溴、高锰酸钾、过氧化氢等配伍应用。

福尔马林（甲醛溶液）：对细菌繁殖体、芽孢、真菌和病毒均有杀灭作用。一般消毒用 1% 溶液，浸泡器械用 2% 溶液，熏蒸消毒时每立方空间用福尔马林 14mL，高锰酸钾 7g。

氢氧化钠（烧碱）：对细菌繁殖体、芽孢和病毒均有较强杀灭作用。2% 热溶液喷洒消毒圈舍、饲槽、车辆等，3%～5% 热溶液消毒炭疽芽孢污染的地面。

氧化钙（生石灰）：对大多数细菌繁殖体有杀灭作用，10%～20% 的石灰乳涂刷圈舍墙壁、畜栏、地面等。乳剂要现配现用，撒粉于干燥地面没有消毒作用。

含氯石灰（漂白粉）：除杀菌作用外也具有除臭的作用。喷洒地面墙壁用

5%～10%乳剂，浸泡器具1%～3%溶液，饮水消毒6～10g/m³。

二氯异氰尿酸钠：高效消毒剂，对细菌、真菌、芽孢、病毒等均有效果，并有灭藻、去污、除臭、漂白的功效。灭菌、病毒用0.5%～1%溶液，器具、车辆0.005%～0.01%溶液，饮水0.00005%。

过氧乙酸：高效、速效、广谱消毒剂。饮水消毒1%溶液，浸泡消毒0.04%～0.2%溶液，地面、墙壁消毒0.5%溶液，熏蒸消毒4%～5%溶液。

酒精：常用消毒防腐药，可杀灭繁殖型细菌，70%～75%溶液涂擦皮肤或浸泡器械。

苯扎溴铵（新洁尔灭）：阳离子表面活性剂，对多数细菌有杀灭作用，对病毒、真菌、芽孢作用较弱，0.1%～2%溶液的用于圈舍和空间喷洒，0.1%的溶液可浸泡器具和手臂。

碘：对细菌、芽孢、真菌、病毒和某些原虫、螨虫均有强大杀灭作用。一般皮肤消毒用2%的碘酊，慢性皮肤炎症用10%碘酊，黏膜炎症用5%碘甘油涂抹。

过氧化氢溶液（双氧水）：有抗菌、除臭和清洁创面的作用，尤其适用于厌氧菌。1%～3%的溶液用于清洗脓疮，0.3%～1%的溶液清洗口腔黏膜。

甲紫：对革兰氏阳性菌和多种真菌有较强抑制作用，有防腐和收敛作用。烧伤和皮肤霉菌病用0.1%～1%溶液，皮癣和脓皮病用2%～10%软膏，结膜、角膜的冲洗用0.1%溶液。

（六）作用于血液循环系统的药

地高辛：能减缓心率，具有较强利尿作用，本品排泄快，蓄积作用小。内服，每千克体重全效量0.08mg，静脉注射0.01mg。

维生素 K_3：维生素 K_3 的作用是促进肝脏合成凝血酶原，促进血浆凝血因子Ⅶ、Ⅺ、Ⅹ在肝脏合成。肌内注射，0.1～0.3g/kg，每天2～3次。

酚磺乙胺（止血敏）：能使血小板数量增加，增强血小板的聚集和黏附力，促进凝血活性物质释放。适用于各种出血。肌内或静脉注射，1.25～2.5g。

安特诺新（安络血）：可增强毛细血管对损伤的抵抗力，增进断裂毛细血管端的回缩，降低毛细血管的通透性，减少血液渗出。肌内注射，0.1～0.3g/kg，每天2～3次。

肝素：体内外均有迅速抗凝血作用。主要用于输血及血样抗凝，防治急性血栓性疾病和血管内凝血。静脉或皮下注射，100～130单位/kg体重。体外抗凝，每500mL血液用100单位。

枸橼酸钠：用于输血和血样保存。4%的枸橼酸钠注射液，每100mL全血加10mL。

（七）急救解毒药

阿托品：具有缓解胃肠和气管平滑肌痉挛，制止腺体分泌，解救有机磷中毒等作用。皮下注射 15～30mg。较大剂量易导致胃肠扩张、鼓气。中毒时可用拟胆碱药解救。

肾上腺素：主要用于抢救心脏骤停、过敏性休克、局部止血，配合局麻药合用，延长局麻时间。皮下或肌内注射 2～5mL，静脉注射 1～3mL。

碘解磷定：胆碱酯酶复活剂，用于有机磷杀虫药中毒解救。缓慢的静脉注射，15～30mg/kg。抢救中毒时同时使用阿托品。

二硫基丙醇：主要用于解救汞、砷、锑的中毒，也可用于解救铋、锌、铜等中毒，但对铅中毒疗效较差。肌内注射，一次量 2.5～5mg/kg，前两天每天 4～6 小时 1 次，第三天开始 2 天 1 次，7～14 天 1 个疗程。

硫代硫酸钠（大苏打，次亚硝酸钠）：解救氰化物中毒，也用于砷、铋、汞、铅等中毒的解救。静脉或肌内注射，5～10g。

乙酰胺（解氟灵）：解救有机氟杀虫药和灭鼠药氟乙酰胺、氟乙酸钠中毒。肌内注射，0.1～0.3g/kg。

亚甲蓝：静脉注射，一次量，解救高铁血红蛋白血症 1～2mg/kg，解救氰化物中毒 10mg/kg。

（八）镇静麻醉药

氯丙嗪：应用于镇静、麻醉前给药，解除平滑肌痉挛、镇痛、降温、抗休克等。肌内注射，1～2mg/kg 体重。静脉注射，0.5～1mg/kg。

二甲苯胺噻唑（静松灵）：镇痛性保定药。肌内注射，黄牛 0.2～0.6mg，水牛 0.4～1mg。

戊巴比妥：与水合氯醛或硫喷妥钠配伍进行复合麻醉。静脉注射 15～20mg/kg。

（九）液体补充剂

0.9% 生理盐水，5% 葡萄糖，10% 氯化钠，10% 葡萄糖，碳酸氢钠，氯化钾等。

（十）生殖系统用药

雌二醇：治疗胎衣不下、子宫炎和子宫蓄脓，小剂量催情，诱导泌乳。肌内注射，5～20mg/kg。

黄体酮（孕酮）：治疗黄体功能不全引起的流产，卵巢囊肿引发的慕雄狂，也可以用同期发情。肌内注射，50～100mg/kg。

绒毛膜促性腺激素：临床可用于同期发情促进排卵，提高受胎率，也用于母牛发情和习惯性流产。肌内注射，每头 1 000～5 000 单位，每天 2～3 次。

缩宫素：常用于催产和引产，治疗产后子宫出血、胎衣不下排出死胎等。肌内注射，每头 75～100 单位。

垂体后叶素：小剂量催产，大剂量用于产后止血、产后子宫复原及促进乳的生成。静脉、肌内或皮下注射，一次量 50 ~ 100 单位。

（十一）其他

氨茶碱：用于痉挛性支气管炎、哮喘、心力衰竭时的气喘及心性水肿的辅助治疗。肌内注射，每次量 1 ~ 2g。

氢化可的松：用于乳腺炎、眼部炎症、皮肤过敏性炎症、关节炎和腱鞘炎等。静脉注射，一次量 0.2 ~ 0.5g。

地塞米松：糖皮质类激素，肌内或静脉注射，一次量 5 ~ 20mg。乳房注射，每乳室 10mg。

苯海拉明：抗组胺药，治疗过敏性疾病，烧伤、冻伤、湿疹，也具有中枢抑制、局麻和抗胆碱作用。内服，0.6 ~ 1.2g。肌内注射，100 ~ 500mg。

维生素 C：具有参与体内氧化还原反应、解毒、增强机体抗病力和抗炎、抗过敏的作用。内服、皮下、肌内或静脉注射，2 ~ 4g/次。

三磷酸腺苷（ATP）：用于心力衰竭、心肌炎、进行性肌肉萎缩等。肌肉或静脉注射，0.1 ~ 0.3g/次。

药物的使用是为了尽快缓解病情，进而治疗疾病，所以身为兽医人员应具备一定药理知识，要做到尽可能地合理用药。值得注意的有几类药物，一是抗菌类药物，此类药物使用时应遵循早期应用的原则即在细菌性疾病感染初期应用越早越好，另外选用的药物要使针对的细菌敏感，首次加倍量，不可频繁换药，联合用药等。二是解热镇痛药，要了解病因准确使用剂量。三是糖皮质激素类，用于感染性急症，但要慎用，不用于止痛与普通发热，要注意孕牛禁用。

二、常用疫苗

1. **口蹄疫灭活苗** 牛口蹄疫 O 型灭活疫苗，肌内注射，1 岁以下犊牛每头注射 1mL，成年牛注射 2mL，免疫期为 6 个月。牛口蹄疫 A 型灭活疫苗，6 月龄以上成年牛每头注射 2mL，6 月龄以下犊牛为 1mL，首免 1 个月后进行 1 次强化免疫，免疫期 4 ~ 6 个月。

2. **炭疽芽孢杆菌苗** 无毒炭疽芽孢菌苗，成年牛每头皮下注射 1mL，1 岁以下每次 0.5mL。Ⅱ号炭疽芽孢菌苗，不论牛只大小，每头每次皮下注射 1mL。两种疫苗均在注射后 14 天产生免疫力，免疫期 1 年。

3. **气肿疽灭活苗** 不论年龄大小，牛颈部或肩脚后缘皮下注射 5mL，对 6 月龄以下免疫的犊牛，在 6 月龄时应再免疫 1 次。在注射疫苗后 14 天产生免疫力，免疫期为 1 年。

4. **破伤风类毒素** 大牛皮下注射 1mL，小牛皮下注射 0.5mL，注射于颈部中央 1/3 处。注射后 1 个月产生免疫力。注射后免疫 1 年。第二年再注射 1mL，免疫期可达 4 年。

5. **牛巴氏杆菌苗** 国内用黄牛、水牛或牦牛源多杀性巴氏杆菌 B 型菌株制成牛巴氏杆菌灭活苗,体重 100kg 以下的,每头牛皮下或肌内注射 4mL。100kg 以上的牛只,每头注射 6mL。注射疫苗后 21 天产生免疫,免疫期可达半年以上。

6. **牛传染性胸膜肺炎弱毒苗** 氢氧化铝苗肌内注射,成年牛 2mL,6～12 月龄 1mL;盐水苗皮下注射,成年牛 1mL,6～12 月龄 0.5mL。生效期 21～28 天。免疫期 1 年。2～15℃保存时间 6 个月。本品仅限于疫区或受威胁区使用。

7. **牛传染性鼻气管炎疫苗** 牛传染性鼻气管炎弱毒疫苗,适用于 6 月龄以上牛免疫。按疫苗注射头份,用生理盐水稀释为每头份 1mL,皮下或肌内注射。间隔 30～45 天,两次注射免疫,免疫期可达 1 年以上,不会引起牛犊发病和妊娠牛流产。

8. **牛流行热油佐剂灭活疫苗** 在吸血昆虫滋生前 1 个月接种,第一次接种后间隔 3 周再进行第二次接种,成年牛每头皮下注射 4mL,犊牛 2mL。第二次接种后 3 周产生免疫力,免疫期半年。

9. **布鲁杆菌苗** 检疫阴性的牛进行免疫预防,一是布鲁杆菌 19 号冻干苗,只用于处女牛,6～8 月龄皮下注射 1 次,18～20 月龄再注射 1 次,每头每次 5mL。免疫期 6 年。二是布鲁杆菌羊型 5 号冻干弱毒苗,用于 3～8 月犊牛,皮下注射 250 亿个活菌。室内气雾每头 400 亿个活菌。免疫期 1 年。以上两种菌苗公牛、母牛、孕牛不宜用。三是布鲁杆菌猪型 2 号冻干菌苗,不受怀孕限制,均可使用。

10. **牛瘟兔化弱毒疫苗** 用于防治牛瘟。血液苗或淋脾组织苗(1∶100)无论大小牛一律肌内注射 2mL,冻干苗按瓶签规定方法稀释使用,适用于黄牛、水牛和乳牛预防注射,注射后微有反应或无反应。

11. **狂犬病疫苗** 每次肌内注射 25～50mL,若做紧急预防可在间隔 3～5 天后再注射 1 次。

12. **大肠杆菌苗** 多价血清型大肠杆菌灭活菌苗,或是由疫区分离的菌株灭活制得,怀孕母牛免疫,每头 2～5mL,犊牛可从初乳中获得母源抗体。

13. **牛沙门杆菌灭活苗** 1 岁以下牛肌内注射 1mL,1 岁以上牛肌内注射 2mL。为增强免疫力,1 岁以上牛在首免后 10 天,用相同剂量的疫苗再免疫 1 次;在已发病牛群中,应对 2～10 日龄犊牛肌内注射 1mL,怀孕牛在产前 45～60 天在兽医监护下注射 1 次,所产犊牛应在 30～45 日龄免疫 1 次,剂量均为 1mL。

(张菲菲)

附　录

奶牛常用生理常数表

（一）奶牛的正常体温、呼吸数与脉搏数

正常体温	呼吸数	脉搏数
37.5~39.5℃	12~16 次/分	60~70 次/分

（二）奶牛的几种消化指标

反刍次数	反刍持续时间	食团咀嚼次数	瘤胃蠕动	嗳气次数	排粪量
4~8 次/天	40~50 分/次	40~60 次/食团	2~3 次/分	20~40 次/分	15~40kg/天

（三）奶牛的几种生殖常数

性成熟	11 月龄
初次配种年龄	16~18 月龄
妊娠期	276~285 天
发情周期	成年母牛 21 天（18~25 天） 育成母牛 20 天（18~24 天）
发情持续时间	成年母牛 18 天（6~36 天） 育成母牛 15 天（10~21 天）
排卵时间	发情停止后 4~16 小时
产后第一次发情间隔时间	30~72 小时

（四）奶牛血液的生理生化指标

红细胞（万/mm³）	597.5±86.8	血清钾（mg/100mL）	16~27.1
白细胞（个/mm³）	9 411.8±2 130.6	血清钠（mg/100mL）	338.1~373.98
血红细胞（g/100mL）	9~14	血清钙（mg/100mL）	9.71~12.14
血小板（万/mm³）	26.1±5.3	血清磷（mg/100mL）	3.2~8.4

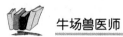
续表

嗜酸性白细胞（个/mm³）	700	血清镁（mg/100mL）	4.2~4.6
血糖（mg/100mL）	60~90	血液非蛋白氮（mg/100mL）	30~65